普通高等院校计算机基础教育“十三五”规划教材

网页设计与制作技术
（MOOC版）

李　枫　程传鹏　朱家荣　主　编

蔡晓龙　李　娟　张睿萍
　　　　高丽平　叶　嫣　副主编

周雪燕　杨要科　李国伟
　　　　　　　　梁智斌　参　编

内容简介

本书根据教育部《高等学校文科类专业大学计算机教学基本要求》编写而成，内容涵盖了制作网页相关的软件技术及工具的使用，以网页的制作为主，并涉及简单网站的管理与维护，可为综合网站的开发打下基础。

本书以网页制作为主线，讲解与网页内容制作相关的技术与工具的使用方法。其中：网页制作讲解的是 Dreamweaver CC，它是实践 HTML 5 的优秀操作环境，具有高效、所见即所得以及操作简单等诸多的优点，非常适合初学者进行基本的网站制作；图像制作选择的是在平面设计领域被普遍使用的 Photoshop CC，可使学习者制作出网页中所需的 Logo 图像、Icon 图标、产品效果图等；网页动态内容选择使用 Flash CC 软件来制作，以制作小型的网页动态元素为目的，讲解 Flash 的使用方法。

本书适合作为高等院校文科或艺术类专业“网页设计”课程的教材，也可以供具有一定计算机操作基础的网页设计初学者自学使用。

图书在版编目（CIP）数据

网页设计与制作技术：MOOC 版 / 李枫，程传鹏，朱家荣主编. —北京：中国铁道出版社，2018.11(2019.2 重印)
普通高等院校计算机基础教育“十三五”规划教材
ISBN 978-7-113-24930-4

Ⅰ. ①网… Ⅱ. ①李… ②程… ③朱… Ⅲ. ①网页制作工具—高等学校—教材 Ⅳ. ①TP393.092.2

中国版本图书馆 CIP 数据核字（2018）第 229279 号

书　　名：网页设计与制作技术（MOOC 版）
作　　者：李　枫　程传鹏　朱家荣　主编

策　　划：韩从付　周海燕　　**读者热线**：（010）63550836
责任编辑：周海燕　彭立辉
封面设计：乔　楚
封面制作：刘　颖
责任校对：张玉华
责任印制：郭向伟

出版发行：中国铁道出版社（100054，北京市西城区右安门西街 8 号）
网　　址：http://www.tdpress.com/51eds/
印　　刷：三河市宏盛印务有限公司
版　　次：2018 年 11 月第 1 版　2019 年 2 月第 2 次印刷
开　　本：787 mm×1 092 mm　1/16　**印张**：19.25　**字数**：430 千
书　　号：ISBN 978-7-113-24930-4
定　　价：49.00 元

前　言

本书由长期从事计算机基础教学的一线教师，结合当前计算机基础教育的发展趋势，按照教育部《高等学校文科类专业大学计算机教学基本要求》编写而成。

多媒体网页设计是一门为高校入学新生开设的课程，主要针对的是文科、艺术类专业。之所以开设这门课程，主要是考虑到当前互联网发展的实际情况。随着我国经济实力的不断增强，我们的发展将会更加注重质量，而“互联网+”的提出对人才提出了更高的要求。之前的网站开发是计算机专业要学习的内容，但现在则需要各专业都要掌握一定的网站开发能力。对于文科、艺术类专业的学生，需要其掌握一定的网页制作技能，但不需要其掌握编程技能。所以，本书选择将图像处理、动画制作与网页制作这三项内容作为教学的主要内容，以网页制作为主，以图像处理和动画制作为辅助，以满足此类专业的学习要求。

本书网页制作部分的教学内容选择讲解 HTML 的最新标准，以及使用 HTML 制作网页的主流软件工具，以期能让学生用相对少量的学习时间，迅速掌握网页制作的相关技术与方法，以适应文科、艺术类专业的自身特点。图像处理部分的教学内容也仅选取讲解初级和中级的内容，不涉及复杂的图像处理技术，以尽量少的学习时间，使学生掌握网页中图像元素的制作方法。动画制作部分的教学内容也是为制作网页而精心选择的，制作的动画必须要能在网页中使用，可以是一些华丽的按钮，也可以是一些实际页面中的动画元素。受课时限制，教学内容也是初级和中级水平，以掌握软件工具的操作方法及动画的基本制作技术为主要目的。

在教学内容规划方面，各章内容均以实例为主，以实例来讲解各个教学知识点，以达到快速掌握的教学效果。各章教学知识点也是精心挑选的，最终的目的是能在制作网页的过程中具体应用。

本书共分 11 章，其中：第 1 章介绍网页设计基础知识、多媒体素材基础知识；第 2 章介绍 Photoshop CC 的图像基本编辑功能，内容包括文件操作与画布调整、屏幕显示控制、图像的缩放、裁剪与倾斜、图像的色调调整与图像修饰等；第 3 章介绍 Photoshop CC 的图像综合处理技术，内容包括图层的操作、抠图与图像合成、蒙版、路径、通道的使用等；第 4 章介绍 Flash 动画的基础知识，内容包括 Flash CC 的工作环境、Flash CC 绘图基础、动画制作基础、元件的创建与编辑；第 5 章 Flash 动画制作内容，包括动画的制作与设置、声音和应用等；第 6 章介绍网页制作的语言规范 HTML，内容包括 HTML 的发展、HTML 的基本结构、HTML 的主要标记等；第 7 章介绍 Dreamweaver 的基本操作，通过创建一个简单网站，介绍站点的创建与管理，搭建起设计和制作网页的框架；第 8 章介绍使用 Dreamweaver 制作网页的过程中，各种网页基本元素的添加方法，包括文本、图像、Flash 动画、视频与音频等，还包括为这些元素设置超链接，以及在网页中加入表单等内容；第 9 章介绍常用的网页布局技术，主要有表格、AP 元素、框架、CSS 样式表等内容；第 10 章介绍在 Dreamweaver 网站中使用模板和库的方法，以及制作网页动态效果需要用到的行为和命令等，另外还通过案例介绍了使用JavaScript脚本实现网页特效的方法；第11章在介绍网站制作基本流程的基础上，给出一个综合案例，通过该案例，可使学生全面掌握开发一个主题网站的全过程，并进一步巩固网站建设与网页制作的相关知识和技能。

本书涵盖了3个软件工具的使用，规划的课程总学时为60学时，但在具体的教学中，可以根据课程学时的多少或内容的侧重点有选择地讲授。若以60学时为参考，具体的学时安排建议如下：

章　节	课堂教学	上机实习	章　节	课堂教学	上机实习
第1章	2学时	2学时	第6章	2学时	2学时
第2章	2学时	2学时	第7章	2学时	2学时
第3章	4学时	4学时	第8章	4学时	4学时
第4章	2学时	2学时	第9章	4学时	4学时
第5章	4学时	4学时	第10章	2学时	2学时
			第11章	2学时	2学时

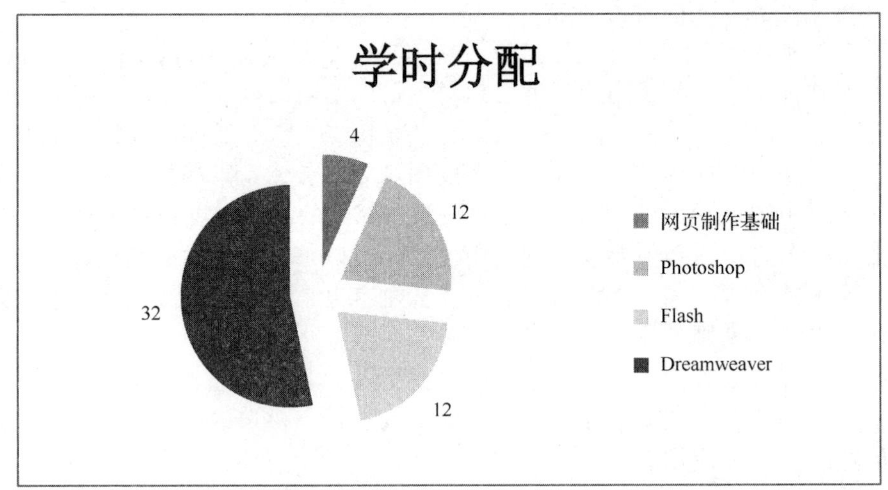

本书由李枫、程传鹏、朱家荣任主编，蔡晓龙、李娟、张睿萍、高丽平、叶嫣任副主编，周雪燕、杨要科、李国伟、梁智斌参与编写。

本书注重实践，同时也有必要的理论讲解，内容完整、实例丰富，实用性强。每章均提供习题，方便读者复习和上机实习。本书适合作为高等院校文科或艺术类专业“网页设计”课程的教材，也可以供具有一定计算机操作基础的网页设计初学者自学使用。

本书还提供如下教学支持：PPT课件、原始素材、MOOC视频、案例成品文件，可到 http://www.tdpress.com/51eds/下载。

由于时间仓促，编者学识水平有限，书中疏漏和不妥之处在所难免，敬请读者批评指正。

编　者

2018年6月

目　　录

网页设计概论 «<

本章导读

电子商务、QQ、网络购物、远程教育、远程医疗等为人们构筑了一个绚丽多彩的网络世界，各类网站无不通过 Internet 来开展业务和展示自我风采。因此，网页制作与设计技术已成为当今社会需求的一项基本的计算机技能。本章将讲解网页设计的基础知识，为以后学习网页制作打好基础。

本章要点

- 网页设计基础知识。
- 与网页设计相关的多媒体技术。

1.1 网页设计基础知识

网页设计是近 20 年以来新兴的艺术设计领域。它是一门以计算机互联网为载体，用交互方式、视觉化方式传播信息的设计艺术。网页设计强调的是对网站内所有页面以及它们之间相互关系的系统设计，网页设计因此也称为网站设计。

1.1.1 Internet 与 Web

Internet（因特网）是一个把分布于世界各地不同结构的计算机网络，通过各种传输介质互相连接起来的网络。Internet 上的信息资源极为丰富，分为信息资源和服务资源两类。它的主要功能包括网上信息查询、网上交流、电子邮件、文件传输和远程登录等。

World Wide Web 简称 WWW 或 Web，也称万维网，是 Internet 提供的最主要的信息服务，是以超文本置标语言（HyperText Markup Language，HTML）与超文本传输协议（HyperText Transfer Protocol，HTTP）为基础，能够以十分友好的接口提供 Internet 信息查询服务的浏览系统。Web 采用客户机/服务器工作模式，所有的客户端和 Web 服务器统一使用 TCP/IP 协议，统一分配 IP 地址，使得客户端和服务器的逻辑连接变成简单的点对点连接。在 WWW 工作过程中，用户所使用的本地计算机是运行 Web 客户程序的客户机，通过 Internet 访问分布在世界各地的 Web 服务器。用户浏览 Web 上的信息需要使用 Web 浏览器。

1.1.2　网页、网站与主页

1．网页

网页是用户通过浏览器在 Internet 中看到的页面，如图 1.1 所示。网页通常是用 HTML 编写的集文本、图片、声音和动画等信息元素为一体的页面文件。网页经由网址读取，在浏览器输入网址后，经过一个复杂而又快速的过程，网页文件被传送到用户的计算机，再通过浏览器解释网页的内容，显示给用户。按照 Web 服务器不同的响应方式，可以将网页分为静态网页和动态网页。

图 1.1　浏览网站

网页采用超文本格式，它除了包含文本、图像、声音、视频等元素外，还含有指向其他网页或页面的超链接。

文本、图像、声音、视频等多媒体技术使网页的画面生动活泼，超链接使文本按三维空间的模式进行组织，信息不仅可按线性方式搜索，而且可按交叉方式访问。除此之外，网页的元素还包括动画、表单、程序等。

从文件角度讲，网页文件又称 HTML 文件，其扩展名为.html 或 htm。这种网页的内容完全用 HTML 来编写，制作完成后其内容固定不变，因此又称其为“静态网页”。全部由“静态网页”构成的网站称为“静态网站”。

现在的网页一般都以数据库技术为基础，并配合其他一些编辑语言。网页中的内容基本上都通过数据库中的数据来生成和管理，HTML 只负责描述网页的基本外观，这种类型的网页称为“动态网页”，由“动态网页”构成的网站称为“动态网站”，动态网站是现今网站的主流形式。

根据制作动态网站所采用的编程语言的不同，生成网页的扩展名可以是.jsp、.asp、.aspx、.php、.phpx 等，这通常说明了在网站规划阶段，开发团队所确定的系统平台及开发工具等方案。

在浏览器的菜单栏中选择“查看”→“源文件”命令，即可打开一个网页文件并看到网页的源代码，如图 1.2 所示。

图 1.2 查看网页源代码

网页的源代码通过各式各样的标记对页面上的文字、图片、表格、声音等元素进行描述（例如字体、颜色、大小），而浏览器则对这些标记进行解释并生成页面，从而得到现在所看到的画面，如图 1.3 所示。

图 1.3 浏览器“翻译”后显示的网页页面

网页作为一种文本文件，可以用任意文本编辑器编辑，例如 Windows 系统中的记事本程序。具体操作步骤如下：

① 选择“开始”→“程序”→“附件”→“记事本”命令，启动“记事本”程序。

② 在记事本中输入 HTML 代码（有关 HTML 的详细讲解参见第 6 章的相关内容），如图 1.4 所示。

③ 保存文件，例如以文件名 html1.htm 保存到 D 盘根目录下，此时该文件将显示 IE 图标，表示可以用 IE 打开。

④ 双击文件图标，打开该文件，显示效果如图 1.5 所示。

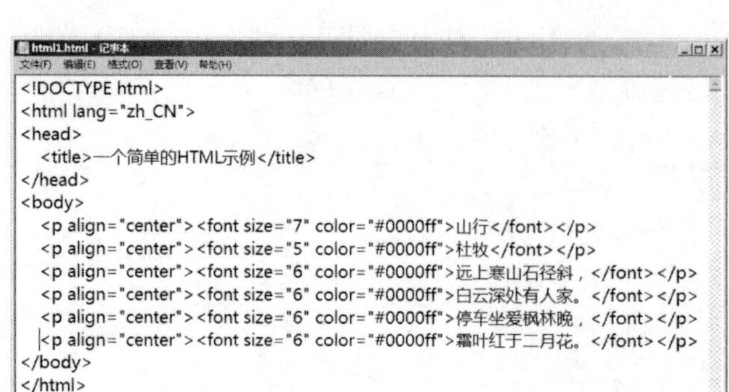


```
<!DOCTYPE html>
<html lang="zh_CN">
<head>
   <title>一个简单的HTML示例</title>
</head>
<body>
   <p align="center"><font size="7" color="#0000ff">山行</font></p>
   <p align="center"><font size="5" color="#0000ff">杜牧</font></p>
   <p align="center"><font size="6" color="#0000ff">远上寒山石径斜，</font></p>
   <p align="center"><font size="6" color="#0000ff">白云深处有人家。</font></p>
   <p align="center"><font size="6" color="#0000ff">停车坐爱枫林晚，</font></p>
   <p align="center"><font size="6" color="#0000ff">霜叶红于二月花。</font></p>
</body>
</html>
```

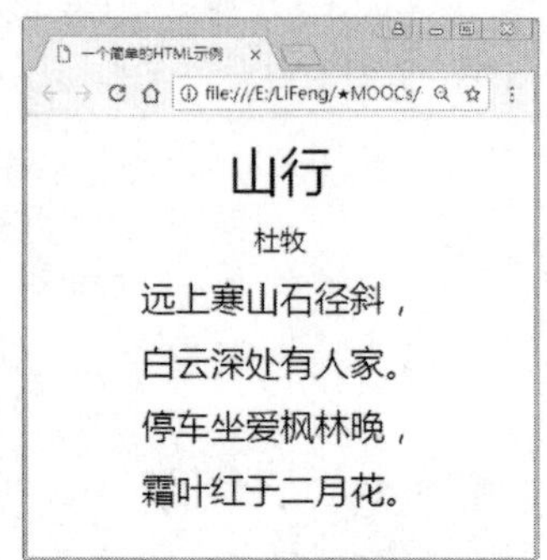

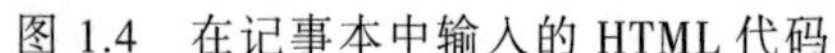

图 1.4　在记事本中输入的 HTML 代码

图 1.5　浏览器中显示的效果

2. 网站

网站（Website）又称站点或 Web 站点，它是 Web 中的一个个结点，每个结点存放不同的内容。

网站是指根据一定的规则，使用 HTML 等工具制作的用于展示特定内容的相关网页的集合。一般情况下，站点中的多个网页具有共同的主题、相似的性质，按一定的方式组织成一个整体，用来描述一组完整的信息或一个部门、一个企业的情况，或组成一个具有 Web 应用服务的信息系统。

网站总是由一个主页和其他具有超链接文件的页面构成。

3. 主页

主页是网站中的一个特殊页面，是进入网站的门户，通常也是进入一个网站的默认页面。不同的 Web 服务器都支持设计者自定义主页文件的名字，但一般都将主页默认命名为 index.html 或 default.html 文件。

主页总是与一个网址（URL）相对应，一般来说，主页是一个网站中非常重要的网页，也是访问最频繁的网页。它是一个网站的标志，体现了整个网站的制作风格和性质。主页上通常会有整个网站的导航目录，所以主页也是一个网站的入口或者说主目录。网站的更新内容一般都会在主页上突出显示。一般来说，浏览者访问一个网站，首先看到的就是网站的主页。

4. 网页的基本元素

网页的基本元素包括文本、图像、超链接、动画等。

文本和图像是构成网页的最基本的元素，其中文本能准确表达信息的内容和含义，因此多数网页中的信息以文本为主。

图像在网页中具有提供信息、展示作品、表达网站风格和装饰外观的作用，在网页中可以使用多种格式的图像，最常用的是 GIF、JPEG 和 PNG 这三类图像。

动画是一组静态图像连续播放的结果，使用动画可以更有效地吸引浏览者的注意。

网页中除文本、图像和动画外，声音和视频也已经成为网页中的重要元素。对于不同格式的声音文件，需要用不同的方法将它们添加到网页中。视频文件的采用会让网页变得更精彩、有动感。

超链接技术是 WWW 流行起来的最主要的原因，网页中的超链接是从网页的热点指向其他目标的链接，链接的目标可以是另一个网页，也可以是一幅图像、一个电子邮件地址、一个文件或者本网页中的其他位置。热点通常是文本、图像或图片中的区域。

导航栏的作用是引导浏览者浏览网站，其本质是一组超链接，这组超链接的目标是本站的主页及其他重要网页。在设计网站中的每个网页时，可以在其中显示一个导航栏，这样，浏览者就可以方便快捷地转向其他网页。

1.1.3　网站分类与赏析

网站有多种分类，根据不同的分类方式可以将网站分成不同的类型。根据网站所用编程语言可分为 ASP 网站、PHP 网站、JSP 网站、ASP.NET 网站等；根据网站的用途分类，可分为门户类（综合网站）、企业信息类、娱乐类、搜索类、教育类、电子商务类等；根据网站的性质分类，可分为个人网站、商业网站、政府网站等。

一个完美的网站应该从内容、易用性、设计风格、安全性、性能、W3C 标准、SEO 等七大类别进行评价。下面介绍一些精彩的网站供大家欣赏。

提示： W3C（World Wide Web Consortium，万维网联盟）是专门致力于创建 Web 相关技术标准并促进 Web 向更深、更广发展的国际组织。

搜索引擎优化（Search Engine Optimization，SEO）是一种利用搜索引擎的搜索规则，来提高目的网站在有关搜索引擎内的排名的方式。

1. 门户类网站

特点：网站提供综合性互联网信息资源以及相关的互联网信息服务。在此类网站中，比较有名的国际门户网站有谷歌、雅虎等，而在中国，有名气的国内门户网站有新浪、网易、搜狐、腾讯、百度、新华网、人民网、凤凰网等。

图 1.6 所示为凤凰网网站的首页（http://www.ifeng.com），提供全维度内容服务的同时，但却将内容组织得井井有条，丰富而不失条理。

图 1.6　凤凰网

2．企业信息类网站

特点：此类网站是企业为宣传、推广自身产品和文化而创建的，通过网站可以为客户提供一站式服务。

图 1.7 和图 1.8 所示为华为公司的网站（http://www.huawei.com）的截图，其网站特点是根据不同的国情设计了许多子网站，但各子网站仍保持了相似的风格，这说明华为非常强调企业文化在全球的统一。

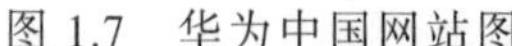

图 1.7　华为中国网站图

图 1.8　华为美国网站

3．教育类网站

特点：顾名思义，此类网站专门提供各种教育服务。教育类网站可以提供各种不同的教学内容，天文、地理、音乐、文学无所不包，其面向的对象也非常宽泛，可以是儿童甚至可以是特殊群体（如残障人士）。

图 1.9 所示为美国哈佛大学指导学生就业的网站（www.employment.harvard.edu）。页面风格简洁明快，结构清晰，有强烈的文化气息，富有积极向上的感染力。

4．产品信息类

特点：此类内容通常可以作为购物网站中的一个链接页面存在，但是就算企业产品单一，也要考虑建立相应的网站及页面进行宣传推广。

图 1.10 所示为美国著名化妆品护肤产品品牌“H_2O+”（www.h2oplus.com）的网站截图。网站以蓝白色为主的色彩搭配尽显清新雅致的设计风格，网页整体的视觉效果和企业产品的形象相一致。

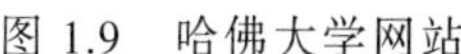
图 1.9　哈佛大学网站

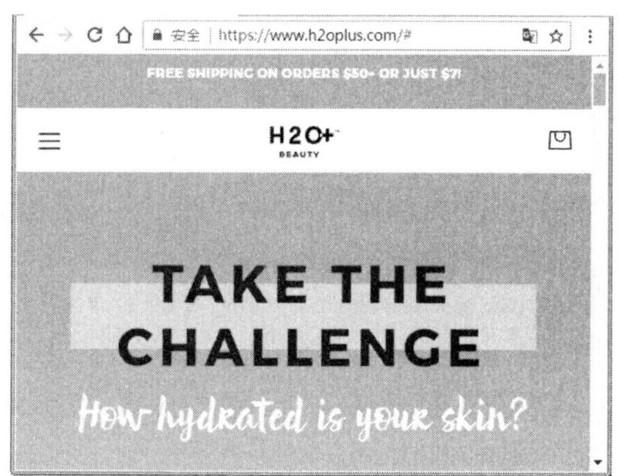

图 1.10　H_2O+网站

1.1.4　网页色彩与布局

色彩是艺术设计中不可或缺的元素。好的色彩设计给人以强烈的视觉冲击力和艺术感染力，色彩的使用在网页设计中起着非常关键的作用，有很多网站以其成功的色彩搭配令人过目不忘。色彩既是网页作品的表述语言，又是视觉传达的方式和手段。

1. 色彩的基本知识

颜色是因为光的折射而产生的，红、黄、蓝被称为三原色，其他的色彩可以用这三种色彩调和而成。颜色可以分为非彩色和彩色两类：非彩色是指黑、白、灰系统色；彩色是指除了非彩色以外的所有色彩。任何色彩都有饱和度和透明度的属性，属性的变化产生不同的色相，因此可以制作出几百万种色彩。

色彩可以分为暖色系和冷色系两大类：暖色系由红色调组成，如红色、橙色和黄色，给人以温暖、舒适和活力和感觉；冷色系来自于蓝色色调，如蓝色、青色和绿色，这些颜色将对色彩主题起到冷静的作用，因此用作网页的背景比较好。

2. 色彩搭配技巧

不同的颜色会给浏览者不同的心理感受。红色是一种激奋的色彩，所产生的刺激效果使人产生冲动、热情、活力的感觉。绿色给人以和睦、宁静、健康、安全的感觉，它和橙色、淡白搭配，可以产生优雅、舒适的气氛。黄色具有快乐、希望、智慧和轻快的个性，它的明度最高。蓝色是最具凉爽、清新、专业的色彩，白色具有洁白、明快、纯真、清洁的感觉。蓝色和白色混合，能体现柔顺、淡雅、浪漫的气氛。黑色具有深沉、神秘、寂静、悲哀感觉。灰色具有中庸、平凡、温和、谦让和中立的感觉。

（1）色彩搭配原则

在选择网页色彩时，除了考虑网站本身的特点外，还要遵循一定的艺术规律，从而设计出精美的网页。

- 色彩的鲜明性：网站的色彩一定要鲜明，这样的网站容易引起人的注意，从而给浏览者耳目一新的感觉。
- 色彩的独特性：网页的用色必须要有自己独特的风格，要与众不同，这样才能给浏览者留下深刻的印象。

- 色彩的艺术性：网站设计是一项艺术活动，因此必须要遵循相应的艺术规律。展现的形式是由网站的内容决定的，在兼顾网站自身特点的同时，还需要进行大胆的艺术创新，使网站设计既符合要求，又具有一定的艺术特色。
- 色彩搭配的合理性：主题是决定色彩选取的重要依据，不同的主题应当选用不同的色彩。例如，科技型网站的专业可以使用蓝色体现，女性的柔情则需要用粉红色体现。

（2）网页色彩搭配方法

网页配色是指一个颜色的合集，也非常重要，网页颜色的搭配合理与否会直接影响到访问者的情绪。好的色彩搭配会给访问者带来很强的视觉冲击，不恰当的色彩搭配则会让访问者浮躁不安。

- 同种色彩搭配：指首先选定一种色彩，然后调整其透明度和饱和度，将色彩变淡或加深，从而产生新的色彩，这样的页面看起来色彩统一，具有层次感。
- 邻近色彩搭配：邻近色是指在色环上相邻的颜色，如绿色和蓝色、红色和黄色即互为邻近色。采用邻近色搭配可以使网页避免色彩杂乱，易于达到页面和谐统一的效果。
- 对比色彩搭配：一般来说，色彩的三原色（红、黄、蓝）最能体现色彩间的差异。色彩的强烈对比具有视觉诱惑力，对比色可以突出重点，产生强烈的视觉效果。通过合理使用对比色，能够使网站特色鲜明、重点突出。在设计时，通常以一种颜色为主色调，其对比色作为点缀，以起到画龙点睛的作用。
- 暖色色彩搭配：指使用红色、橙色、黄色、集合色等色彩的搭配。这种色调的运用可为网页营造出稳性、和谐和热情的氛围，如图 1.11 所示。
- 冷色色彩搭配：指使用绿色、蓝色及紫色等色彩的搭配，这种色彩搭配可为网页营造出宁静、清凉和高雅的氛围。冷色色彩与白色搭配一般会获得较好的视觉效果，如图 1.12 所示。

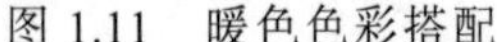
图 1.11　暖色色彩搭配

图 1.12　冷色色彩搭配

- 有主色的混合色彩搭配：指以一种颜色作为主要颜色，并辅以其他色彩混合搭配，形成缤纷而不杂乱的搭配效果。
- 文字与网页的背景色对比要突出：指底色深，文字的颜色就应浅，以深色的背景衬托浅色的内容（文字或图片）；反之，底色淡，文字的颜色就要深些，以浅色的背景衬托深色的内容（文字或图片）。

3．网页布局

网页是否精彩，能否吸引浏览者，除了色彩的搭配、文字的变化、图片的处理等因素外，网页的布局也是非常重要的因素。

（1）网页布局的基本概念

页面尺寸：网页的尺寸和显示器大小及分辨率有关。在分辨率为 1 024×768 像素的情况下，页面的显示尺寸为 1 007×600 像素；在分辨率为 800×600 像素的情况下，页面的显示尺寸为 780×428 像素；在分辨率为 640×480 像素的情况下，页面的显示尺寸为 620×311 像素。以上数据表明，分辨率越高，页面的尺寸越大。

（2）页面布局类型

常见的网页布局有如下类型：

- 国字形：也称为“同”字形或“口”字形，是一些大型网站的常用类型。页面顶部是网站的标志、横幅广告条及主导航栏，下面左右两侧是二级导航条、登录区、搜索引擎、广告条、友情链接等，中间是主体部分，底部放置基本信息、联系方式、版权声明、链接区、广告条等。
- 拐角形：去掉“国”字形布局最右边的部分，给主内容区释放了更多空间。这种布局上面是标题及广告横幅，左侧是导航链接等，右侧是很宽的正文，下面也是网站的辅助信息。
- “三”字形：又称为上中下形，是一种简洁明快的艺术性网页布局，在页面上有横向色块，色块中放置文字、广告条、版权声明等，这是页面布局最基本的形式。
- “川”字形：整个页面在垂直方向分为三列，网站的内容按栏目分布在这三列中，最大限度地突出主页的索引功能，一般适用在栏目较多的网站。“川”字形页面布局经常结合“三”字形布局一起使用。
- 封面型：也称为 POP 型。页面布局类似一张精美的平面设计宣传海报，这种结构常用于时尚类站点和个人网站的首页。
- Flash 型：这种布局与 POP 海报型版面布局是类似的，整个网页内容就是一个 Flash 动画，画面通常比较绚丽、有趣。由于 Flash 具有功能强大的交互功能，所以页面表达的信息更加丰富，视听效果也更具有魅力，是一种比较新潮的布局方式。

1.2 多媒体素材基础

随着多媒体技术的日趋成熟，网页设计中也越来越多地融入多媒体技术，图片、动画、色彩、音频、视频是网页最基本的信息和表现手段。本节主要介绍网页设计中所涉及的多媒体技术，包括图像处理技术、动画技术、音频与视频技术等内容。

1.2.1 颜色的基本概念

颜色是视觉系统对可见光的感知结果，人眼可见光的波长为 380~780 μm 之间的电磁波。颜色与波长有关，不同波长的光呈现不同的颜色。现实中的颜色在计算机中可以用亮度、色相和饱和度来描述，在现实中人眼看到的任意彩色光都是这 3 种特性的综合效果。

1. 颜色的三要素

（1）亮度

亮度（Brightness）是指颜色的明暗程度，是光作用于人眼时所引起的明亮程度的感觉，它与被观察物体表面的光线反光系数有关。反射系数越大，亮度也就越大。极端情况下，光线全部被物体所吸收，人们看到的只能是黑色的物体。

（2）色相（或色调）

色相（Hue）是指颜色的相貌，是人眼看到一种或多种波长的光时所产生的彩色感觉，它反映颜色的种类和基本特性。简单讲色相就是颜色，不同波长的光构成不同的颜色。如果用三棱镜将白光加以折射，就会产生全部的色相。

（3）饱和度

饱和度（Saturation）也常称为纯度或彩度，是色彩的鲜艳度或深浅程度，是由颜色掺入白色光的程度决定的。对于同一色相的彩色光，饱和度越深颜色越纯。例如，当红色加进白光后，由于饱和度降低，红色被冲淡成粉红色。饱和度的增减还会影响到颜色的亮度，例如在红色中加入白光后增加了光能，因而变得更亮了。所以，在某色相的彩色光中掺入别的彩色光，会引起饱和度的变化。任何一种色相只要和黑、白、灰中的任意一种混合饱和度就会降低。

通常把色相、饱和度统称为色度，表示颜色的类别和深浅程度。

2. 三基色原理

在计算机图像数字化的过程中，色彩的表示，运用到色度学中的三基色（RGB）原理。

三基色是这样的 3 种颜色：它们相互独立，其中任意色均不能由其他两色混合产生。自然界常见的各种彩色光，都可由 3 种颜色相互独立的光组成，有两种基色系统：一种是加色系统，其三基色是红（Red）、绿（Green）、蓝（Blue）；另一种是减色系统，其三基色是青色（Cyan）、品红（Magenta）和黄色（Yellow）。

不同比例的三基色光相加得到的彩色称为加色混合（见图 1.13）。其规律如下：

红色+绿色=黄色

红色+蓝色=品红

绿色+蓝色 = 青色

红色+绿色+蓝色 = 白色

因为这种相加混色是利用 R、G、B 颜色分量产生颜色，所以称为 RGB 相加混色模型。相加混色用于摄影、舞台照明设计等，同时也是计算机中定义颜色的基本方法。

图 1.13　相加混色原理

1.2.2　图像的色彩模式

在对图像和视频信号进行处理和显示时，必须把它们按照一定的模式显示出来。

色彩模式是指在计算机上打印或显示图像时表示颜色的数字方法。通常在不同的应用环境采用不同的色彩模式，例如，计算机显示器采用 RGB 模式，打印机输出彩色图像用 CMY 模式，另外还有其他的颜色模式，如灰度模式、HSB 模式、Lab 模式、安全色等。

1. 灰度模式

该模式只有灰度色（图像的亮度），没有彩色。在灰度色图像中，每个像素都以 8 位或 16 位表示，取值范围在 0（黑色）~ 255（白色）之间。

2. RGB 模式

RGB 模式是工业界的一种颜色标准，通过对红、绿、蓝 3 个颜色通道的变化以及它们之间的相互叠加来得到各式各样的颜色。这个标准几乎包括了人类视力所能感知的所有颜色，是目前应用最广的颜色模式之一。

网页制作中使用最广泛的是 RGB 色彩模式的十六进制显示模式，即用 3 个 00 ~ FF 的十六进制数来表示组成颜色的红、绿、蓝色的数值。例如，000000 表示黑色，FFFFFF 表示白色，FF0000 表示红色，0000FF 表示蓝色，总共有 2^{24} 种颜色。

3. CMY 模式

计算机屏幕显示彩色图像时采用的是 RGB 模式，而在打印时一般需要转换为 CMY 模式。CMY 模式是使用青色（Cyan）、品红（Magenta）、黄色（yellow）3 种基本颜色按一定比例合成色彩的方法。CMY 采用相减混色模型。

虽然理论上利用 CMY 三种颜色混合可以制作出所需要的各种色彩，但实际上等量的 CMY 混合后并不能产生完备的黑色或灰色。因此，在印刷时常加一种真正的黑色（Black），这样 CMY 模式又称为 CMYK 模式。

CMYK 色彩不如 RGB 色丰富饱满，在 Photoshop 中会导致运行速度比采用 RGB 色慢或部分功能无法使用。

4. HSB 模式

HSB 模式是基于人类感觉颜色的方式建立起来的，对于人的眼睛来说，能分辨出来的是颜色的色相、饱和度和亮度，而不是 RGB 模式中各基色所占的比例。HSB 颜色就是根据人类对颜色分辨的直观方法，将自然界的颜色看作由色相、饱和度、亮度组成。

5. Lab 模式

Lab 颜色模式通过 A、B 两个色调参数和一个光强度来控制色彩，A、B 两个色调可以通过-128~128 之间的数值变化来调整色相，其中 A 色调为由绿到红的光谱变化，B 色调为由蓝到黄的光谱变化，光强度可以在 0 ~ 100 数值范围内调节。

6. 安全色

图像在网络发布时，色彩的显示可能会受到浏览器端的操作系统和浏览器的影响，同一种颜色也会在不同的浏览器中显示出不同的亮度或者色相。通常把在不同操作系统和浏览器中显示效果一致的 216 种颜色称为网络安全色。辨别一种颜色是否是网络安全色的方法是看其颜色值，任何由 00、33、66、99、CC 或者 FF 组合而成的颜色都是 Web 安全色。例如，003366、0066FF 等。通常在 Photoshop 的颜色拾取框中可以直接选取的颜色都是 Web 安全色。

1.2.3 图像的基本属性

1. 图形与图像

数字图像的种类有两种：图形和图像。它们也是构成动画或视频的基础。

图形又称矢量图形、几何图形或矢量图，是经过计算机运算而形成的抽象化结果，由具有方向和长度的矢量线段构成。计算机在显示图形时从文件中读取指令并转化为屏幕上显示的图形效果，如图 1.14 所示。

图形的描述使用坐标数据、运算关系以及颜色描述数据。由于图形不直接采用逐个描述像点的方法，因此数据量很小。但是，图形的显示需要大量的数据运算，稍微复杂的图形就要花费较多的运算时间，显示速度受到影响。矢量图形通常用于表现直线、曲线、复杂运算曲线等，主要用于计算机辅助设计、工程制图、广告设计、美术字和地图等。

图像又称点阵图像或位图图像，是指在空间和亮度上已离散化的图像，如图 1.15 所示。一幅图划分为 M 行×N 列，行与列的交叉处为一个像素，每个像素点用若干个二进制位表示该像素的颜色和亮度，因此，在计算机中对应于该像素点的值是它的亮度或颜色等级，像素的颜色等级越多则图像越逼真。

图 1.14 矢量图

（a）原图

（b）放大后

图 1.15 位图图像及其放大后的效果

图形与图像的区别为：图形与图像的构成原理不同。图形的数据量相对较小，图像的数据量相对较大。图像的像素点之间没有内在联系，在放大与缩小时，部分像素点被丢失或重复添加，导致图像的清晰度受影响；而图形由运算关系支配，放大与缩小不会影响图形的各种特征。图像的层次和色彩丰富，表现力较强，适于表现自然的、细节的景物；图形则适于表示变化的曲线、简单的图案和运算的结果等。

2. 图像分辨率

分辨率是用于度量图像单位长度数据量的参数，其高低直接影响图像的质量。分辨率通常表示为 ppi（像素/英寸）和 dpi（点/每英寸）。计算机显示领域用 ppi 度量分辨率，而 dpi 用于打印、印刷领域等。

（1）显示分辨率

显示分辨率是指数字化的图像经过计算机显示系统（如显卡、显示器）描述时，屏幕呈现出横向和纵向像素的个数，单位是 ppi，其值是横向像素×纵向像素。常见的标准显示分辨率有 800×600 像素、1 024×768 像素、1 280×1 024 像素等。

（2）扫描分辨率

扫描分辨率是指每英寸扫描到的点，单位是 dpi。它表示一台扫描仪输入图像的细腻程度，数值越大扫描的图像转化为数字图像越逼真，扫描仪的质量越好。

（3）打印分辨率

打印分辨率是打印机输出图像时采用的分辨率，单位是 dpi。同一台打印机可以使用不同的打印分辨率，打印分辨率越高，图像输出质量越好。

3. 颜色深度

颜色深度是指记录每个像素所使用的二进制位数。对于彩色图像来说，颜色深度决定了该图像可以使用的最多颜色数目。对于灰度图像（颜色数量大于两种的图像）来说，颜色深度决定了该图像可以使用的亮度级别数目。颜色深度值越大，显示的图像色彩越丰富，画面越自然、逼真，但数据量也随之激增。

在实际应用中，彩色图像或灰度图像的颜色分别用 4 位、8 位、16 位、24 位和 32 位二进制数表示，其各种颜色深度所能表示的最大颜色数如表 1.1 所示。

表 1.1　各种颜色深度的颜色数量

颜色深度/bit	数　值	颜 色 数 量	颜 色 评 价
1	2^{1}	2	二值图像
4	2^{4}	16	简单色图像
8	2^{8}	256	基本色图像
16	2^{16}	65536	增强色图像
24	2^{24}	16777216	真彩色图像
32	2^{32}	4294967296	真彩色图像
64	2^{64}	68719476736	真彩色图像

图像文件的大小是指在磁盘上存储整幅图像所需的字节数，计算公式如下：

$$\text{图像文件的字节数} = \text{图像分辨率} \times \text{颜色深度}/8$$

例如，一幅 640 × 480 像素的真彩色图像（24 位），未压缩的原始数据量为：

$$640 \times 480 \times 24/8 = 921\,600\ \text{B} = 900\ \text{KB}$$

提示：单色图像指颜色单一的图像，最简单的形式是只有黑白两色的图像，称为二值图像。单色图像的复杂形式是同一种颜色的灰度发生变化，形成不同的灰度层次。因此，单色图像又称为“灰度图像”。

1.2.4 图像文件的格式

图像文件格式是图像处理的重要依据。同一幅图像采用不同的文件格式保存时，图像颜色和层次的还原效果不同，这是由于采用了不同压缩算法的缘故。常用的图像文件有以下几种：

1. BMP 格式

BMP（Bitmap）是 Microsoft 公司为 Windows 系列操作系统设置的标准图像文件格式。BMP 文件格式具有以下特点：每个文件存放一幅图像，可以多种颜色深度保存图像（如 16 色、256 色、24 位真彩色模式）。

BMP 文件可以使用行程长度编码（RLE）进行无损压缩，也可以不压缩。不压缩的 BMP 文件是一种通用的图像文件格式，几乎所有 Windows 应用软件都能支持，但文件较大。

2. GIF 格式

GIF（Graphics Interchange Format）格式文件为网络传输和 BBS 用户使用图像文件提供方便。目前，大多数图像软件都支持 GIF 文件格式，它特别适合于动画制作、网页制作以及演示文稿制作等领域。GIF 文件格式具有以下特点：采用无损压缩的方式，产生的文件很小，下载速度快，但最多只支持 256 种颜色。

3. JPEG 格式

JPEG（Joint Photographic Experts Group）格式文件用有损压缩方式去除冗余的图像和彩色数据，在获得极高压缩率的同时能展现十分丰富和生动的图像，换句话说，就是可以用最少的磁盘空间得到较好的图像质量。因此，JPEG 文件格式适用于在 Internet 上传输图像。JPEG 文件格式具有以下特点：适用性广，大多数图像类型都可以进行 JPEG 编码，对于数字化照片和表达自然景物的图像采用 JPEG 编码方式具有非常好的处理效果。

4. TIF 格式

TIF 格式是由 Aldus 和 Microsoft 公司联合开发的图像文件格式，最初用于扫描和桌面出版业，是一种工业标准格式。它被许多图形图像软件所支持。文件有压缩和非压缩两种形式，非压缩的 TIF 文件可独立于软件和硬件环境。

5. PNG 格式的图像文件

PNG(Portable Network Graphic)图像是网络传输中的一种无损压缩图像文件格式，可以保存灰度模式、索引颜色模式、图层、帧等图像信息，在大多数情况下，它的压缩比大于 GIF 格式图像，利用 Alpha 通道可以调节图像的透明度，可提供 16 位灰度图像和 48 位真彩色图像。

6. PSD 格式的图像文件

PSD 图像是著名的图像处理软件 Photoshop 中使用的一种标准图像格式文件，可以不同图层分别存储，从而能够保存图像处理的每一个细节部分，便于图像的编辑和再处理。

1.2.5 计算机动画概述

1. 动画的概念

英国动画大师约翰•海勒斯（John Halas）对动画有一个精辟的描述："动作的变化是动画的本质"。动画是一种源于生活而又以抽象于生活的形象来表达运动的艺术形式。

所谓动画是一种通过连续画面来显示运动和变化的技术，通过一定速度播放画面以达到连续的动态效果。也可以说，动画是一系列物体组成的图像帧的动态变化过程，其中每帧图像只是在前一帧图像上略加变化。计算机动画是指借助于计算机生成一系列连续图像画面，并可动态实时播放的计算机技术。

2. 计算机动画

根据动画的性质和运动方式，计算机动画可分为逐帧动画（又称帧动画）、实时动画（又称算法动画）和矢量动画。按照动画的表现形式分类，可以分为二维动画、三维动画和变形动画三大类。

逐帧动画是指构成动画的基本单位是帧，许多帧组成一幅动画。逐帧动画借鉴传统动画的概念，每帧的内容不同，当连续播放时，通过逐帧显示动画的图像序列形成动画视觉效果。逐帧动画具有非常大的灵活性，几乎可以表现任何想表现的内容。逐帧动画主要用在传统动画片的制作、网页的制作，以及电影特技的制作方面。

实时动画是采用各种算法来实现运动物体的运动控制，计算机对输入的数据进行快速处理，并实时将结果显示出来。例如，游戏机中的动画就是实时动画。

矢量动画是指通过计算机进行处理，使矢量图产生运动效果形成的动画。其画面只有一帧，主要表现变换的图形、线条、文字和图案。

1.2.6 音频与视频基础

1. 模拟音频和数字音频

声音是通过一定介质（如空气、水等）传播的连续的波。它有3个重要指标：振幅、周期和频率。振幅反映声音的强弱，频率或周期反映声音的音调高低。频率在20 Hz~20 kHz称为音频波，频率小于20 Hz的波被称为次音波，频率大于20 kHz的波则称为超音波。

声音质量用声音信号的频率范围来衡量，频率范围又称"领域"或"频带"，不同种类的声源其频带也不同。一般而言，声源的频带越宽，表现力越好，层次越丰富。

模拟音频，声音是由物体的振动产生的。这种声音的震动通过传声器的转换，可以形成声音波形的电信号，这就是模拟音频信号。

数字音频是由许多0和1组成的二进制数，可以以声音文件（WAV或MIDI格式）的形式存储在磁盘中。使用音频卡（声卡）的A/D转换器（模拟/数字转换器）将模拟音频信号进行采样和量化处理，即可获得相应的数字音频信号。

2．常见的音频文件格式

声音文件又称音频文件，用来记录自然声和计算机等电子设备产生的声音。声音文件分为两大类：一类是采用 WAV 格式的波形的音频文件；另一类是采用 MIDI 格式的乐器数字化接口文件。对于 WAV 格式的文件，通过数字采样获得声音素材；而对于 MIDI 格式的文件，则通过 MIDI 乐器的演奏获得声音素材。

WAV 波形音频文件是一种最直接的表达声波的数字形式，扩展名为“.wav”。WAV 是 wave 一词的缩写，意为“波形”。获取波形音频素材可以利用传声器录音，还可以将音响设备、录音机、收音机、电视机以及所有声源的音频输出信号接入声卡线路输入端进行录音。

MIDI（Musical Instrument Digital Interface）是乐器数字化接口的缩写。它是一种数字音乐的国际标准。MIDl 规定了电子乐器与计算机内部之间连接界面和信息交换方式，MID 格式文件的扩展名为“.mid”。

3．视频的基本概念

视频是一组连续地随时间变化的图像，与加载的同步声音共同呈现动态的视觉和听觉效果。常见的视频信号有电影和电视。视频用于电影时，采用 24 帧/秒的播放速率，用于电视时采用 25 帧/秒的播放速率。视频和动画没有本质的区别，只是二者的表现内容和使用场合有所不同。视频和动画之间可以借助于软件工具进行格式转换。

4．视频文件的格式

视频文件可以分为两大类，其一是影像文件，例如常见的 DVD。影像文件不仅包含了大量图像信息，同时还容纳了大量的音频信息。所以，影像文件一般可达几兆字节至几十兆字节，甚至更大。其二是流式视频文件，它是随着互联网的发展而诞生的，例如在线实况转播，就是建立在流式视频技术之上的。

AVI 文件是由 Microsoft 公司开发的一种数字音频与视频文件格式，被大多数操作系统直接支持。它将视频和音频混合交错地存储在一起，调用方便、图像质量好。但 AVI 文件没有限定压缩标准，不同压缩标准生成的 AVI 文件，必须使用相应的解压算法才能将其播放出来，而且文件体积过于庞大。

MOV 文件是 Apple 公司开发的一种音频、视频文件格式。MOV 格式支持 25 位彩色，支持领先的集成压缩技术，提供了 150 多种视频效果，并配有提供了 200 多种 MIDI 兼容音响和设备的声音装置，包含了基于 Internet 应用的关键特性，具有跨平台、存储空间要求小的技术特点。

此外，还有 MPEG、DAT、RM、ASF、WMV 等格式的文件。

1.2.7 常用多媒体素材及网页制作工具

网页的本质是 HTML 源代码，但是直接使用 HTML 编辑网页则相对效率较低。现在绝大多数的网页制作工具都是通过“所见即所得”的编辑工具完成的，由于网页中含有文本、图片、图像、动画、音频、视频等多种信息表达形式，所以还需要使用素材处理工具创作一些素材或进行素材加工。

1. 图像处理工具

最常用的图像处理软件是 Photoshop 和 Fireworks。

Photoshop 是由 Adobe 公司推出的功能强大的图像处理软件，也是迄今为止世界上最畅销的图像编辑软件。Photoshop 可分为图像编辑、图像合成、校色调色及特效制作部分。Photoshop 具有广泛的兼容性，采用开放式结构，能够外挂其他的处理软件和图像输入输出设备，支持多种图像格式以及多种色彩模式。Photoshop 不仅提供了强大的选取图像范围的功能，可以对图像进行色调和色彩的调整，而且还提供了强大的绘画功能和滤镜功能，并完善了图层、通道和蒙版功能。随着 Adobe 公司收购 Macromedia 公司，Photoshop 与 Dreamweaver 等软件的集成也越来越紧密。

Fireworks 是一款全方位的网页图形制作工具，它既具有图形处理功能，又具有网页编辑功能。它主要用于创建高质量、低尺寸的图形，与 Dreamweaver 有着非常紧密的集成关系。

2. 媒体处理工具

媒体处理软件主要有 Flash、音频处理软件和视频处理软件等。

Flash 是一款优秀的 Web 矢量动画制作软件，它建立了 Web 上交互式的矢量图形和动画的工业标准。Flash 图形是压缩的矢量图形，而且采用了网络流式媒体技术，所以突破了网络宽带的限制，可以在网上迅速传输。同时，由于矢量图形不会因为缩放而导致影像失真，因此在 Web 上有广泛的应用。

常见的音频处理软件有 Audition、GoldWave 等，常用的视频处理软件有 Premiere、After Effect 等。

3. 网页编辑工具

网页编辑工具可分为两类：HTML 编辑器和“所见即所得”编辑器。

（1）HTML 编辑器

使用 HTML 编辑器可以简化 HTML 代码的编辑过程，提高网页制作效率。HTML 编辑器一般都提供如自动完成、代码显示等方便 HTML 代码编写的功能。常见的 HTML 编辑器包括 HomeSite（集成在 Dreamweaver 中）和 BBEdit 等。

（2）“所见即所得”编辑器

“所见即所得”编辑器的作用就是用直观可视的方式直接编辑网页中的文本、图形、颜色等网页元素及属性，网页设计的效果可以同时展现出来。“所见即所得”编辑器给网页制作带来了极大的方便，是初学者快速掌握网页制作技术的较好选择。目前应用最广泛的网页编辑工具有 Dreamweaver 和 FrontPage。

提示： *在“所见即所得”网页编辑器中制作的网页难以精确地达到与浏览器完全一致的显示效果，这一点在编辑网页时必须注意。*

FrontPage 作为微软公司的办公软件之一和 Office 的其他软件具有高度的兼容性，适用于初学者使用。

Dreamweaver 是由 Adobe 公司推出的网页编辑工具。支持最新的 XHTML 和 CSS 标准。Dreamweaver 采用了许多先进技术，利用它能够快速高效地创建出跨越平台和浏览器限制的极具表现力和动感效果的网页，使网页创作过程变得非常简单。Dreamweaver 不仅提供了强大的网页编辑功能，而且提供了完善的站点管理机制，它是一个集网页创作和站点管理两大利器于一身的创作工具。

习　题

问答题

1. 分析一些著名网站的网页设计风格、色彩的运用、网页布局及组成元素，说明网页与网站之间的关系。

2. 根据色彩搭配的方法要点，对比天猫、京东等大型购物网站，谈谈你对其网页配色的看法。

3. 上网查看不同的网页，并分析其属于哪种布局。

4. 阐述矢量图形与位图图像的区别。

5. 图像分辨率的单位是什么？阐述其意义。

图像基本编辑 ‹‹‹

本章导读

网站中包含了大量的图像素材，制作网页不可避免地要用到图像，网页设计者应该有针对性地掌握一些网页图像处理方法和技巧。本章从 Photoshop CC 的基本操作入手，介绍网页图像的基本编辑和操作。

本章要点

- Photoshop CC 的工作环境和基本操作。
- 图像的简单处理。
- 图像颜色与色调的调整。

2.1 Photoshop CC 简介

Photoshop 可用于设计和制作网页页面，将制作好的页面导入到 Dreamweaver 中进行处理，再用 Flash 添加动画内容，从而生成互动的网站页面。Photoshop CC 具备最先进的图像处理技术、全新的创意选项和极佳的性能，多达数百项的设计改进给用户带来全新的体验。

2.1.1 窗口布局

1. 软件界面

安装完 Photoshop CC 后，会在 Windows 桌面上出现一个程序快捷图标，双击该图标就可以启动 Photoshop CC。也可以选择“开始”→“程序”→Adobe Photoshop CC 命令来启动程序。

Photoshop CC 界面（某个工作状态）如图 2.1 所示。可以看出，Photoshop CC 的界面构成元素主要包括菜单栏、选项栏、工具箱、面板及选项卡组、状态栏和图像画布工作区等。其中，工作区是绘画和编辑处理图像的主要区域，其他所有工具和命令都是为工作区中的图像处理服务的。

2. 工作区布局

在 Photoshop CC 中，打开一个图像，就会创建一个文档窗口；打开多个图像时，则会在图像工作区顶部出现多个文档选项卡，单击某一个选项卡，就可以将相应文档切换为当前操作窗口。左右拖动选项卡，可以调整文档的排列顺序。同时打开多个图像文件时，可以通过“窗口”→“排列”命令控制各个文档窗口的排列方式，如图 2.2 所示。

图 2.1 Photoshop CC 界面

图 2.2 设置文档排列方式

3. 屏幕模式

除改变工作区布局方式外，Photoshop CC 还可通过改变屏幕模式进一步提高操作效率。图 2.1 所示的屏幕模式称为“标准屏幕模式”。根据习惯及使用熟练程度不同，Photoshop CC 还可以切换为其他两种模式：“带有菜单栏的全屏模式”和“全屏模式”。切换方法有如下两种：

- 单击“视图”→“屏幕模式”命令，在其中选择相应的菜单项。
- 单击工具箱下方的按钮，在 3 种模式中循环切换。

2.1.2 工具箱和面板

Photoshop CC 的工具箱包含几十个用于图像处理的工具。单击工具箱顶部的双箭头，可以将工具箱切换为单排（或双排）显示。为了方便选取，功能相近的工具被分组，形成工具组，这类按钮的右下角以黑三角进行标识，用鼠标长按（或右击）此类按钮，可以在弹出的菜单中选择不同工具。图 2.3 所示为T按钮的工具箱。

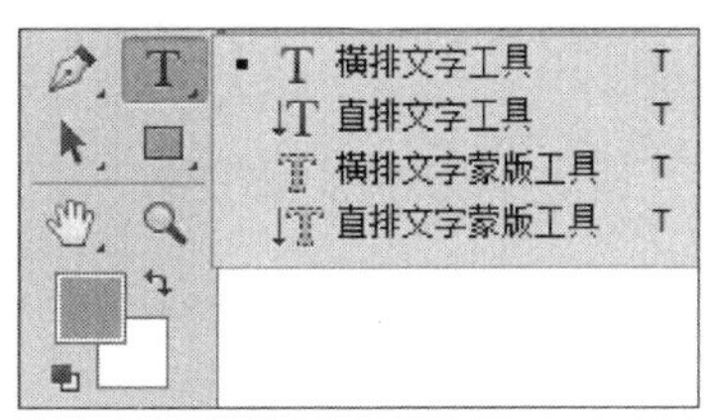

图 2.3　工具箱

选择某个工具后，还需要调整工具的参数设置，这些都是通过工具选项栏实现的。图 2.4 所示为在选中“画笔工具”后，选项栏显示的内容。需要说明的是，不同工具的可调选项是不同的。

图 2.4　“画笔工具”选项栏

Photoshop CC 提供的各种工具的功能，以及如何使用这些工具，将在下面的章节中通过案例进行说明。其中，有些工具本书没有详细介绍，读者可以参考其他文献。

在使用 Photoshop 处理图像的过程中，需要通过面板设置颜色、工具参数以及执行编辑命令。Photoshop 中包含 20 多个面板，可以在“窗口”菜单中打开所需要的面板。面板通常以选项卡的形式成组出现，这些面板组可以折叠和展开，还可以通过拖动鼠标，改变面板的位置、大小，或者进行自由组合。图 2.5 所示为颜色面板和直方图面板。

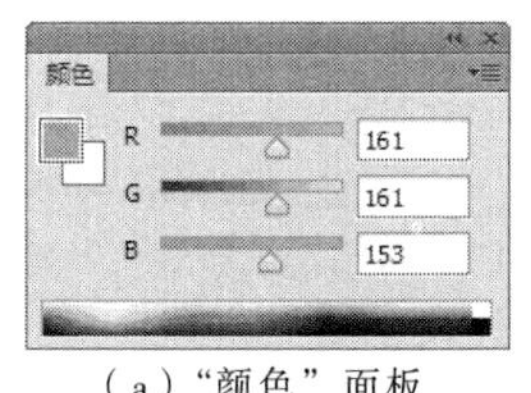

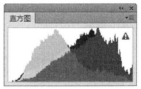

（a）“颜色”面板

（b）“直方图”面板

图 2.5　面板

2.2 Photoshop 基本操作

2.2.1 文件操作

Photoshop 文件的基本操作包括：新建、打开、存储（包含存储为）和关闭。这些操作都通过“文件”菜单完成，如图 2.6 所示。

1．创建文件

Photoshop 启动后，并不会自动新建文件或者打开图像文件，创建文件的方法是选择“文件”→“新建”命令，之后打开如图 2.7 所示的“新建”对话框。

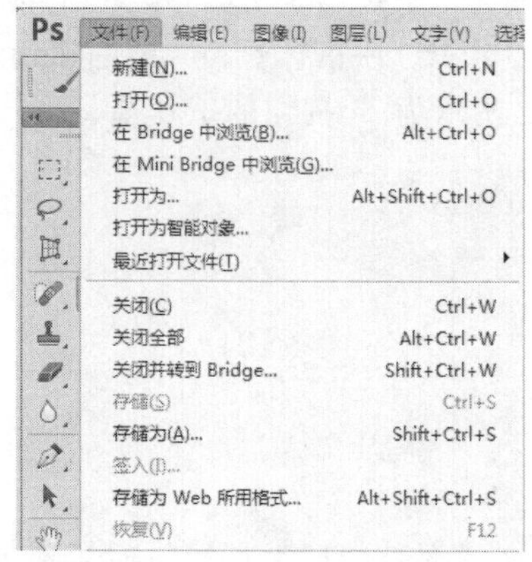

图 2.6　文件的基本操作

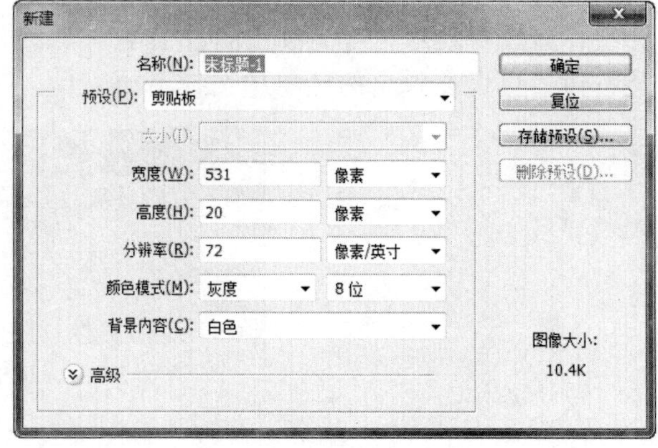

图 2.7　“新建”对话框

图中各项设置的说明如下：

- 名称：创建时的文件名，也可在保存时修改。
- 预设：预先存储各种选项模板，可方便、快速地确定新建文件的各项参数。
- 宽度/高度：设置作品的大小。需要先确定度量单位，再设置画布大小。
- 分辨率：图像在单位尺度上的像素数。尺度有英寸、厘米两种。
- 颜色模式：在计算机上创作时应选择 RGB 颜色，右侧选择每个颜色通道的灰度等级（以若干比特位描述）。输出创作结果时，再根据目标传媒来决定转换为 CMYK 或 Lab 等颜色模式。
- 背景内容：默认背景为白色，也可设置为背景色或透明。

2．打开文件

如果对已有图像文件进行处理，可以选择“文件”→“打开”命令，也可以将鼠标放在程序界面空白处双击，还可以直接将图像文件拖动至 Photoshop 程序界面中打开图像文件。

3．保存文件

保存创作作品（文件）的方法有两种，其一是选择“文件”→“存储”命令，也可以选择“文件”→“存储为”命令，将文件存储为一个名字不同的新文档，或者存储为其他的文档格式。

在保存作品文件时，默认保存为*.PSD 文件类型。这是 Photoshop 的固有格式，能很好地保存层、通道、路径、蒙版及压缩方案等信息内容，而不会导致数据丢失。但是，只有少量的其他应用程序能够支持这种格式。

创作作品的最终结果是要在具体场景中使用，因此在设计完成后，要将其保存为通用的图像格式。常见的通用图像格式有 BMP、PNG、JPEG、GIF、TGA、TIFF 等。需要在存储文件时，选择文件格式，如图 2.8 所示。

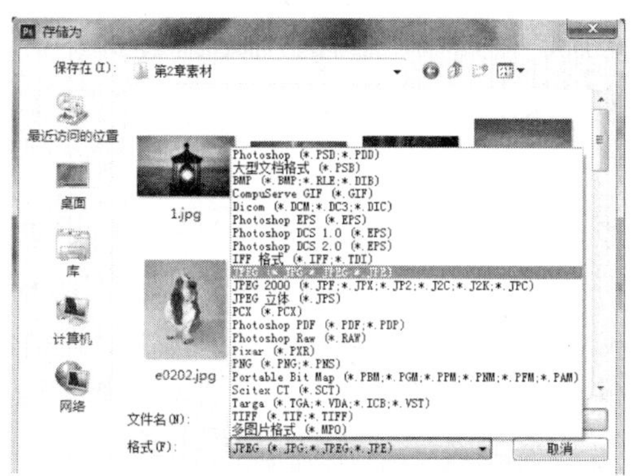

图 2.8 选择文件格式

表 2.1 列出了设计网页时经常用到的几种文件格式。

表 2.1 常用的文件格式及说明

文件格式	说明
PSD/PDD	Photoshop 默认格式，可以存储成 RGB 或 CMYK 模式，可以保存 Photoshop 的层、通道、路径等信息，是目前唯一能够支持全部图像色彩模式的格式，缺点是存储文件占用磁盘空间大，在一些图形程序中没有得到很好支持
GIF	用于显示 HTML 文档中的索引颜色图形和图像。GIF 采用无损压缩存储，在不影响图像质量的情况下，可以生成很小的文件，但最多只支持 8 位（256 色）图像
JPEG	用于显示 HTML 文档中的照片和其他连续色调图像。与 GIF 格式不同，JPEG 保留 RGB 图像中的所有颜色信息，但其采用的有损压缩会丢失部分数据，并影响图像品质
PNG	作为 GIF 的替代品开发，用于无损压缩和在 Web 上显示图像。与 GIF 不同，PNG 支持 24 位图像。PNG 保留图像中的透明度，可使图像中某些部分不显示出来，用来创建一些有特色的图像
BMP	Windows 操作系统中的标准图像文件格式，能够被 Windows 应用程序广泛支持，其包含的图像信息较丰富，几乎不进行压缩，但占用磁盘空间过大

2.2.2 调整画布及图像大小

1. 调整画布

画布大小在创建文件时指定，是整个文档的工作区域，好比手工绘画时所用的画板，它限定了作品的空间大小。例如，图 2.7 中的“宽度”和“高度”值，可以在需要时随时调整。调整的方法是选择“图像”→“画布大小”命令，在打开的“画布大小”对话框中进行调整，如图 2.9 所示。

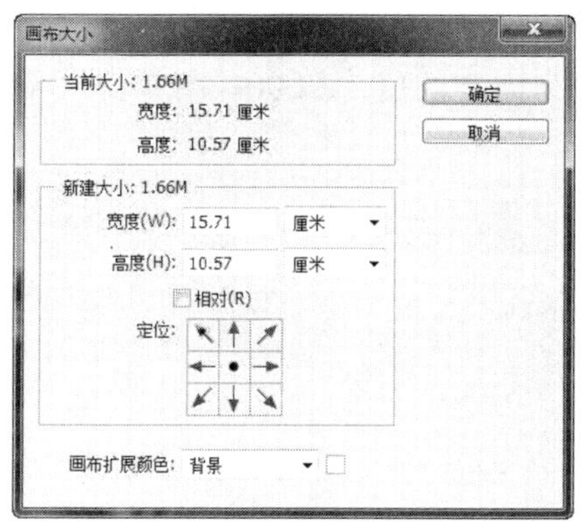

图 2.9 “画布大小”对话框

提示：无论是减小画布的宽度还是高度，都会造成现有作品的部分内容被剪切去除，因此在必须缩小画布前要认清这一点。

2．调整图像大小

从网上下载的图片或者用数码照相机拍摄的照片，用于不同场合时，图片的大小和分辨率往往不能恰好符合要求。例如，网页某处为图像的预留空间为 400×300 像素，或者网站允许上传的图片最大为 300 KB 等，前者指定了图片本身的尺寸大小，而后者规定了图片文件的最大存储空间。这就需要对图像的分辨率和大小进行调整。

【案例 2.1】将教学资源中的文件“ch02\素材\e0201.jpg”（1 280×1 024 像素），缩小为 400×320 像素，大小不超过 100 KB。

案例 2.1 视频

分析：由于缩放前后图片的长宽比例均为 5:4，因此本例为等比例缩放。

① 打开教学资源中的指定文件“ch02\素材\e0201.jpg”。

② 选择“图像”→“图像大小”命令，打开“图像大小”对话框，如图 2.10 所示。

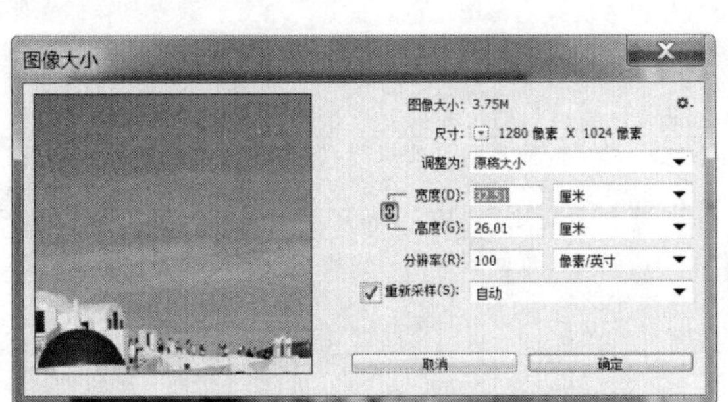

图 2.10　改变图像大小

③ 将“约束长宽比”按钮调整为“限制长宽比”状态，将宽度和高度的单位改为“像素”，然后在“宽度”文本框中输入“400”。

④ 单击“确定”按钮，关闭对话框，完成图片的缩放。

⑤ 选择“文件”→“存储为 Web 所用格式”命令，在打开的对话框右上角选择 JPG 格式，如图 2.11 所示。然后，单击右侧的下拉按钮，选择“优化文件大小”，如图 2.12 所示。

⑥ 将图像文件大小改为需要的值（如 90k），单击“确定”按钮，将文件存储为 e0201-1.jpg。

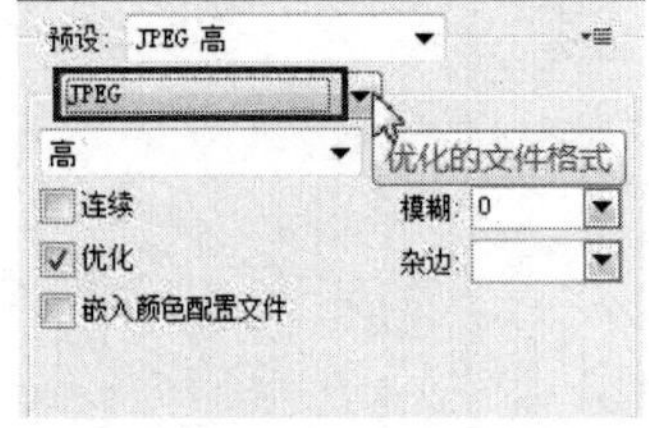

图 2.11　存储为 Web 所用格式

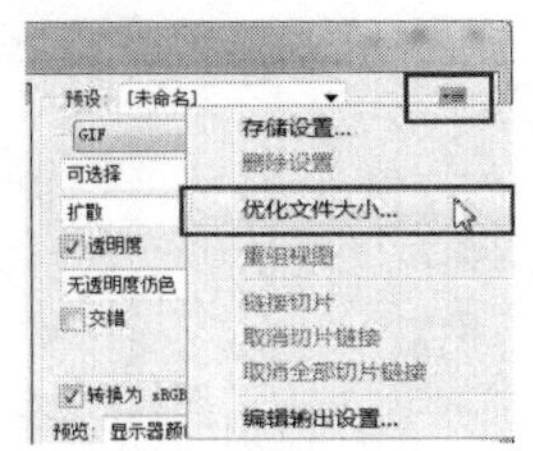

图 2.12　优化文件大小

2.2.3 还原与重做

编辑图像的过程中，如果操作出现了失误，或者对创建的效果不满意，可以撤销操作，或者将图像恢复为最近保存过的状态，Photoshop 提供了能够帮助用户恢复操作的功能。

1. 使用菜单还原操作

选择“编辑”→“还原”命令，或者按下【Ctrl+Z】快捷键，可以撤销对图像所做的最后一次修改，连续执行该命令可以连续撤销操作。选择“编辑”→“重做”命令或按【Ctrl+Shift+Z】快捷键可取消还原操作。

2. 使用历史记录面板还原操作

Photoshop 会将编辑图像时的每一步操作记录在“历史记录”面板中，通过该面板，可以将图像恢复到操作过程中的某一步状态，也可以再次回到当前的操作状态。

选择“窗口”→“历史记录”命令，即可打开“历史记录”面板，如图 2.13 所示。在“历史记录”面板中，单击记录中的某一个操作步骤，就可以将图像恢复到该步骤执行后的图像状态。如果要还原所有被撤销的操作，只需单击最后一步操作即可。

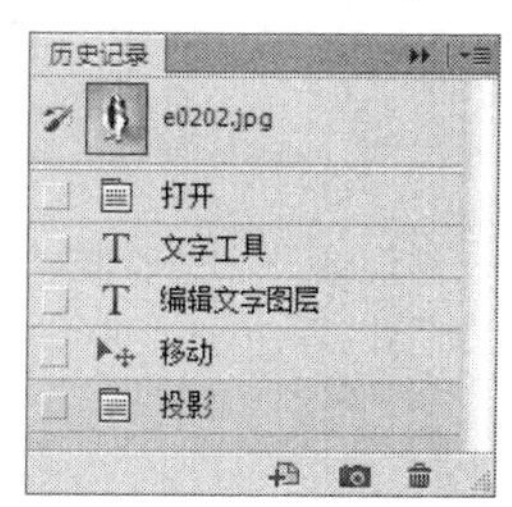

图 2.13 “历史记录”面板

“历史记录”面板能保存 20 步操作，其还原能力有限，如果有需要，可以选择“编辑”→“首选项”→“性能”命令，打开“首选项”对话框，在“历史记录状态”选项中（见图 2.14）增加历史记录的保存数量，但设置的保存数量越多，占用的内存就越多。

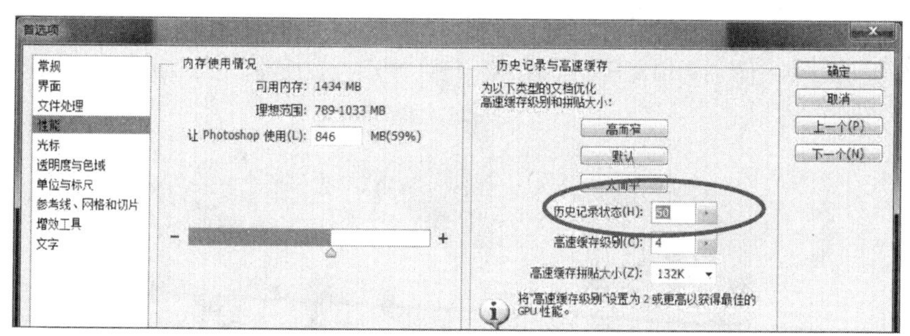

图 2.14 历史记录设置

2.3 图像的简单处理

通过前面的介绍，相信读者对 Photoshop CC 已经有了初步的认识。从本节开始，将逐步延伸到图像的编辑、修饰等具体操作。

2.3.1 图像的变换

在 Photoshop 中，图像的变换包括缩放、旋转、斜切、透视、扭曲和变形等。打开图像后，只要图像不是背景图层，选择“编辑”→“自由变换”命令（或者【Ctrl+T】快捷键），图像四周就会出现定界框及控制点，如图 2.15 所示。下面就可以从“编辑”→“变换”菜单中选择不同的变换效果，如图 2.16 所示。在执行不同的图像变换时，控制点的个数和作用是不同的。将鼠标定位在定界框的控制点上，拖动鼠标，就能进行相应的图像变换。

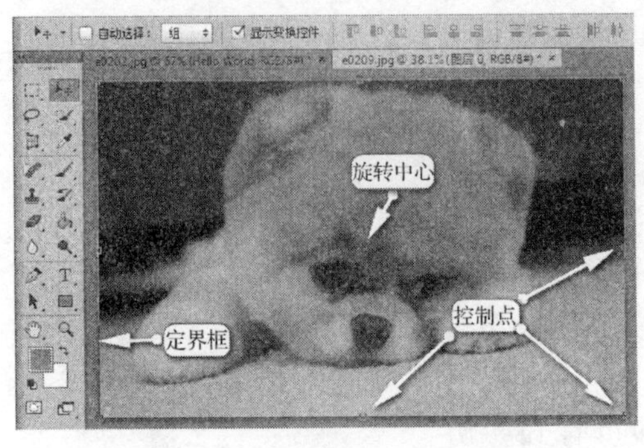

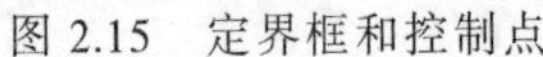
图 2.15　定界框和控制点

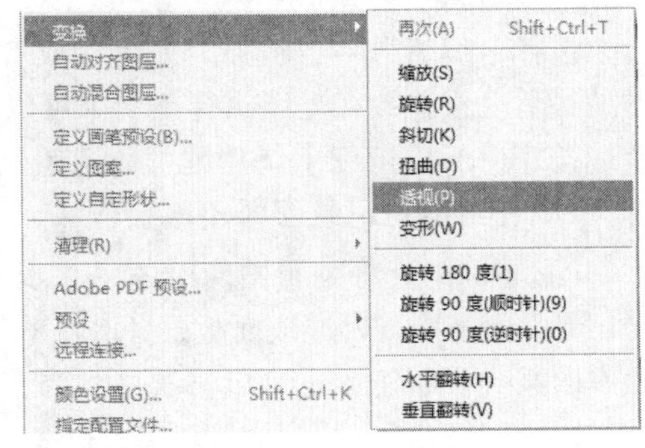

图 2.16　图像变换

除了使用菜单对图像进行变换操作外，还可以使用“显示变换控件”对图像进行变换。当选择移动工具时，其选项栏中增加了“显示变换控件”选项。勾选该选项后，在当前图层对象四周显示定界框和控制点（见图 2.15），可以直接进行旋转、缩放和翻转操作。在按下【Shift】键的同时拖动 4 个角的控制点，可以等比例缩放图像；按下【Alt】键的同时拖动 4 个角的控制点，可以以旋转点为中心缩放图像；按下【Ctrl】键的同时拖动控制点，可以进行变形操作；按下【Ctrl+Shift+Alt】快捷键的同时拖动控制点，可以进行透视变换。

【案例 2.2】将教学资源“ch02\素材\e0202.jpg”中的茶杯加上漂亮的贴图。

① 打开素材文件“ch02\素材\e0202.jpg”和“ch02\素材\e0203.jpg”，如图 2.17 所示。

图 2.17　原始素材

② 使用移动工具将贴图图像拖入到茶杯文档中，按【Ctrl+T】快捷键，显示出图像的定界框，按下【Shift】键，等比例缩小图片到合适大小，然后选择“编辑”→“变换”→“变形”命令，或在图像上右击选择“变形”命令，图像上会出现变形网格，如图 2.18 所示。

案例 2.2 视频

③ 拖动图片 4 个角上的锚点，使之与茶杯 4 个角的边缘对齐，如图 2.19 所示。

④ 调整图片 4 个角锚点上的方向点，使图片按照杯子的形状变形，并按下【Enter】键确认，如图 2.20 所示。

⑤ 打开“图层”面板，把“图层 1”的混合模式改为“柔光”（见图 2.21），使贴图效果更加真实，效果如图 2.22 所示。

图 2.18 图像变形

图 2.19 调整 4 个角

图 2.20 调整边缘

图 2.21 图层混合模式

图 2.22 柔光效果

⑥ 在“图层”面板中选中图层 1，按【Ctrl+J】快捷键复制图层，使贴图更加清晰，如图 2.23 所示。

⑦ 为了使效果更加自然，将最上方图层的不透明度改为 50%，最终效果如图 2.24 所示。

⑧ 将作品保存为 e0202-1.psd。

图 2.23　复制图层效果

图 2.24　更改透明度效果

2.3.2　图像的裁剪

为了使图像画面的构图更加完美，经常需要在图片的后期处理中，适当进行裁剪，通过二次构图，使主体更加突出，画面的构成更趋合理，从而使照片焕发出新的活力。Photoshop 的裁剪工具可以对图像进行裁剪，重新定义画布的大小。

【案例 2.3】按照构图，裁剪出一张可用于网页标题的图片。

① 打开教学资源中的文件“ch02\素材\e0204.jpg”，如图 2.25 所示。

② 选择“裁剪工具”，在图片上用鼠标拖动出一个裁剪框。

③ 根据构图需要，对裁剪框的大小和框内图像的内容进行调整。将鼠标移动到裁剪框内，按下鼠标可以移动和旋转图片，直到出现在裁剪框中的画面为满意的内容。通过裁剪框四周的 8 个控制柄，可以改变裁剪框的大小，如图 2.26 所示。

案例 2.3 视频

图 2.25　原始图片

图 2.26　调整裁剪框的内容和大小

④ 调整结束，按【Enter】键，将缩小后的图片另存为 e0204-1.jpg，如图 2.27 所示。

图 2.27　裁剪后效果

提示： 确认裁剪，除了按【Enter】键，还可以双击裁剪框，或者单击选项栏上的✓按钮。若要取消裁剪，可以按【Esc】键，或者单击选项栏上的⊘按钮。

若需要保留裁剪掉的内容，只需在确认裁剪之前，取消勾选工具选项栏中的“删除裁剪的像素”选项，如图 2.28 所示。完成裁剪后若想重新显示被裁剪区域，只需再次选择“裁剪工具”，点击画面即可看到之前裁切时被隐藏的部分，可以重新进行裁剪或者恢复原图。

图 2.28　裁剪工具选项栏

单击工具选项栏中“比例”下拉按钮，可以设置图片的裁剪比例，也可以在该按钮右侧的两个文本框中输入长宽比。

2.3.3　矫正倾斜的图像

裁剪工具选项栏中的拉直按钮可以很方便地矫正倾斜的图像。

【案例 2.4】矫正画面倾斜的图片。

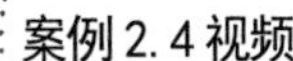

① 打开教学资源中的文件“ch02\素材\e0205.jpg”。

② 选择“裁剪工具”，在上方工具选项栏单击“拉直按钮”，用鼠标在图片上沿着地平线画出一条参考线，如图 2.29 所示。

③ 松开鼠标，得到矫正后的画面如图 2.30 所示。用裁剪工具裁剪出合适的大小后按【Enter】键确认。

图 2.29　画出参考线

图 2.30　矫正后的画面

④ 将图片另存为 e0205-1.jpg。

提示： 如果采用 Photoshop 以前版本的裁剪习惯，即裁剪时旋转裁剪框而不是图片，则可以单击工具选项栏中的按钮，在打开的下拉面板中选择使用经典模式。

2.3.4　改变倾斜透视

图片上的倾斜透视有两类：一是物体自身存在倾斜面，如楼梯、房顶、斜坡等；二是因视点太高或太低，产生俯视倾斜透视或仰视倾斜透视，使得立方体或类似形体有一组或一组以上的边线，呈现出近大远小的效果。Photoshop CC 的“透视裁剪工具”能够很方便地通过裁剪纠正透视效果，得到符合正常视觉习惯的照片。

【案例 2.5】矫正图片中的倾斜透视。

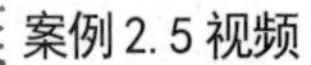

① 打开教学资源中的文件“ch02\素材\e0206.jpg”。

② 选择“透视裁剪工具” ，将鼠标移入到背景图片中，点击图片左上角，作为起始点，按住左键拉对角线到图像右下角。放开左键，生成一个矩形网格。

③ 移动各方向控制点，使裁剪框左右两边线与建筑物左右边线平行，如图 2.31 所示。

④ 按 Enter 确认，完成后的效果如图 2.32 所示。

图 2.31 裁剪并矫正倾斜透视

图 2.32 完成后的效果

2.4 颜色与色调调整

一张好的照片或图像，除了要有好的内容以外，色彩和层次感也非常重要，恰当地使用色彩，能够使图像更具表现力。Photoshop 提供了大量的色彩、色调调整工具，它们大多都在“图像”→“调整”菜单中。

2.4.1 调整曝光

摄影作品在拍摄时，要兼顾强光和弱光，如果光线过强，就会曝光过度。曝光过度的图像，明亮处一片白色，暗处也会明亮起来，本来黑色的景物会变成灰色，灰色的景物会变得明亮。曝光不足则相反，灰色的景物变成黑色。曝光正常的图像，以灰度等级来衡量，灰度等级越多，层次感强。Photoshop 中的很多工具都可以很好地调整曝光。

1. 色阶调整曝光不足

色阶调整是利用直方图信息，对图像的明暗、对比度以及偏色问题进行处理的基本手段。对于直方图的认识可以总结为：左黑右白。左边滑块代表暗部，右边滑块代表亮部，而中间滑块则代表中间调即灰度。纵向的高度代表像素密集程度，越高，代表分布在这个亮度上的像素越多。对于一张“正常”的图像来说，直方图应该是中间高两边低，如图 2.33 所示。这张图像的直方图信息可以这样分析：图像的最左侧有高度，但是很少，说明这张图像有适量阴影；最右边也有较少高度，说明有适量高光；中间分布了较多像素，说明灰度等级较高，所以这是一张曝光正常的图像。

图 2.34 所示的直方图中，最左侧几乎没有高度，说明阴影很少，这张图像中间调也比较少，但它最右边像素却直接达到了最高处，这说明这张图像中存在大量的高光，由此可以判断，这张直方图对应的应该是高调图片，或者是过度曝光。同理，图 2.35 所示直方图为低调图片或曝光不足。

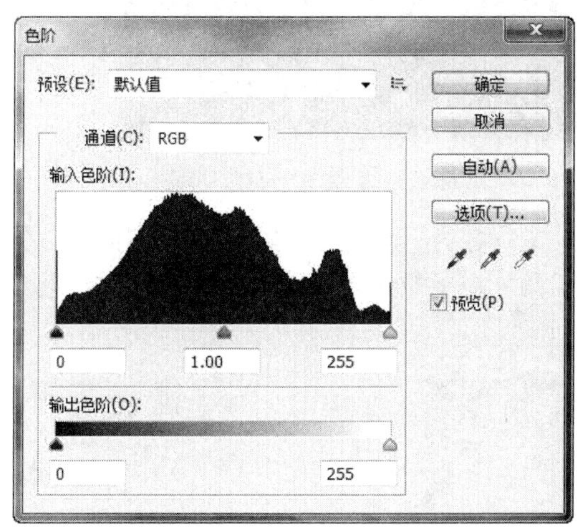

图 2.33　曝光正常图像的直方图

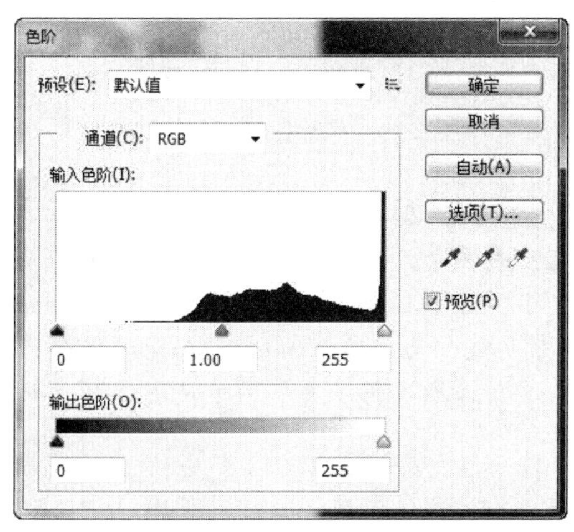

图 2.34　曝光过度或高调图片的直方图

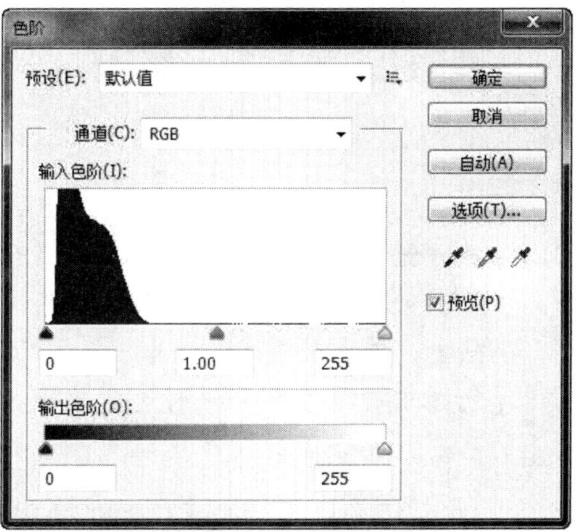

图 2.35　曝光不足或低调图片的直方图

【**案例 2.6**】调整曝光不足的图像。

① 打开教学资源中的文件“ch02\素材\e0207.jpg”，如图 2.36 所示。

案例 2.6 视频

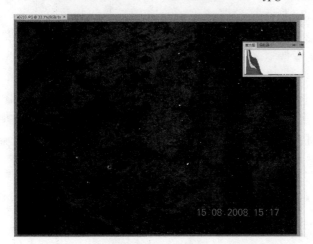

图 2.36　原图及“直方图”调板

② 复制背景图层，并命名为“调整”，如图 2.37 所示。在“图层”面板的左上角单击“正常”边的倒三角，在下拉菜单中选择图层的混合模式为“滤色”，如图 2.38 所示。

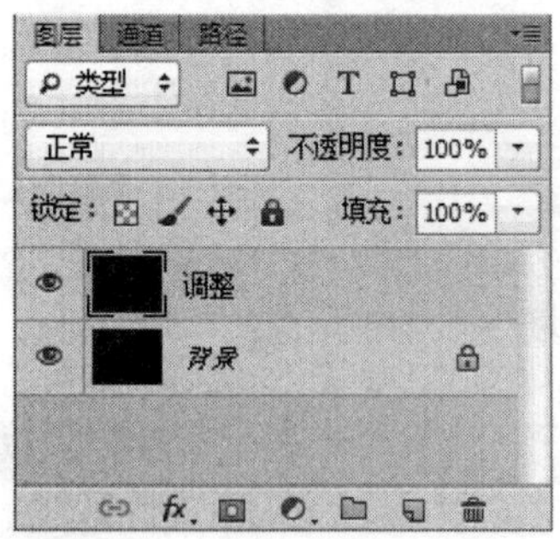

图 2.37　创建调整图层图

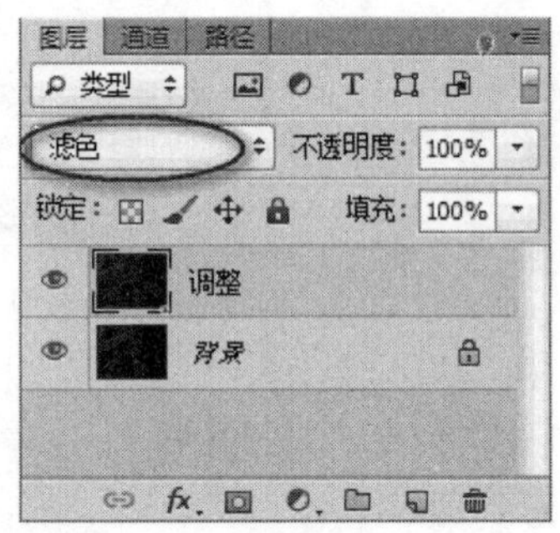

图 2.38　修改图层混合模式

提示：最好不直接在图像原图层上进行调整，而使用调整图层来调整图像，这样可以在操作错误时返回，并且可以进行连续的色调调整，而无须扔掉图像图层中的数据。但是，使用调整图层会增加图像的文件大小，并且需要更多的内存支持。

小贴士：滤色，在 Photoshop 其他的版本中也被称为屏幕（Screen），能对混合图层图像色调中的黑色部分进行透明处理，背景图像维持原始状态。属于使图像的色调变亮的系列，混合后的图像色调比原色亮。

③ 此时图像已经变亮，但是，还没有达到理想中的效果。选择“图像”→“调整”→“色阶”命令，打开“色阶”对话框。在全通道即 RGB 模式下，调整白色滑块和灰色滑块适当向左移动，增加图像的亮场，如图 2.39 所示。

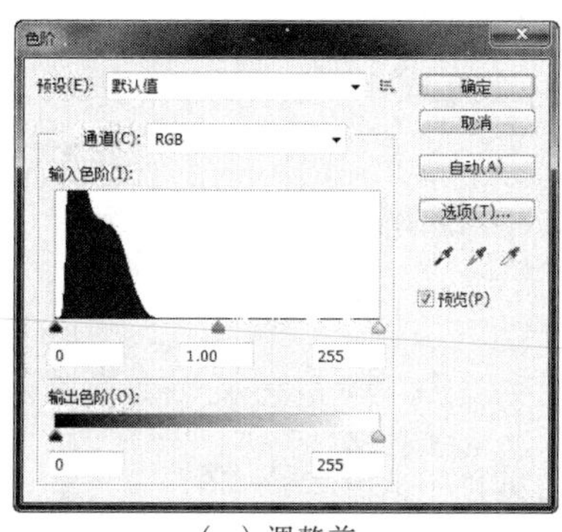

(a) 调整前

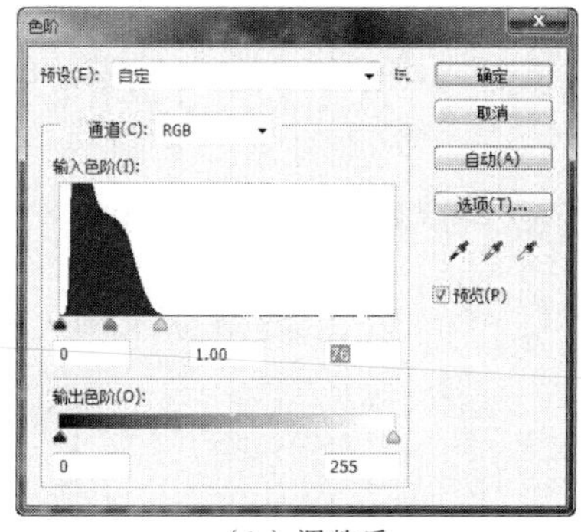

(b) 调整后

图 2.39 色阶调整前后对比图

④ 单击“确定”按钮，调整后的效果如图 2.40 所示。

图 2.40 调整后的效果

2. 曲线调整曝光不足

曲线工具是 Photoshop 中最强大的调整工具，可以综合调整图像的亮度、对比度和色彩，使画面色彩显得更为协调。通过曲线工具，可调节全部或单个通道的对比度、任意局部的亮度、颜色。曲线上可以添加 14 个控制点，这意味着可以对色调进行非常精确的调整。选择“图像”→“调整”→“曲线”命令，可以看到曲线面板，如图 2.41 所示。

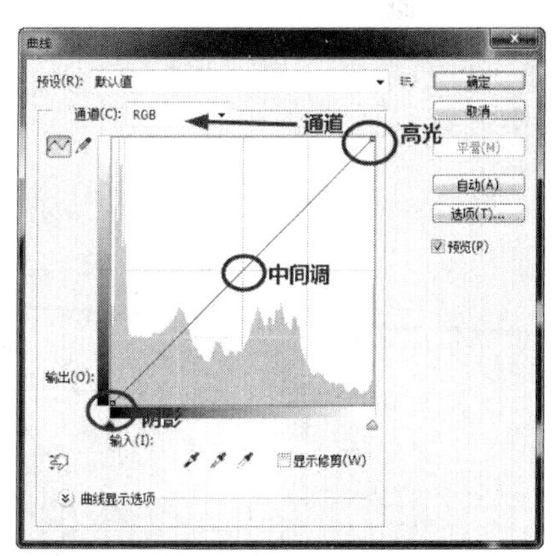

图 2.41 “曲线”面板

水平方向的渐变条为输入色阶，代表像素的原始强度值，垂直方向的渐变条为输出色阶，代表调整曲线后像素的强度值。调整曲线前，这两个数值是相同的。当在曲线上增加控制点，使曲线向上凸时，输出色阶大于输入色阶，图像会变亮；当在曲线上增加控制点，使曲线向下凹时，输出色阶小于输入色阶，图像会变暗；当曲线调整成“S”形时，可使高光区变亮，阴影区变暗，从而增强图像对比度；反“S”形曲线则会减少图像对比度，如图 2.42 所示。其他调整方法原理类似，请大家自己分析。曲线上最多能够有 16 个控制点，能够把整个色调范围（0 ~ 255）分成 15 段来调整，因此，对色调的控制非常精确，能够调整一定色调区域内的像素，而不影响其他像素。

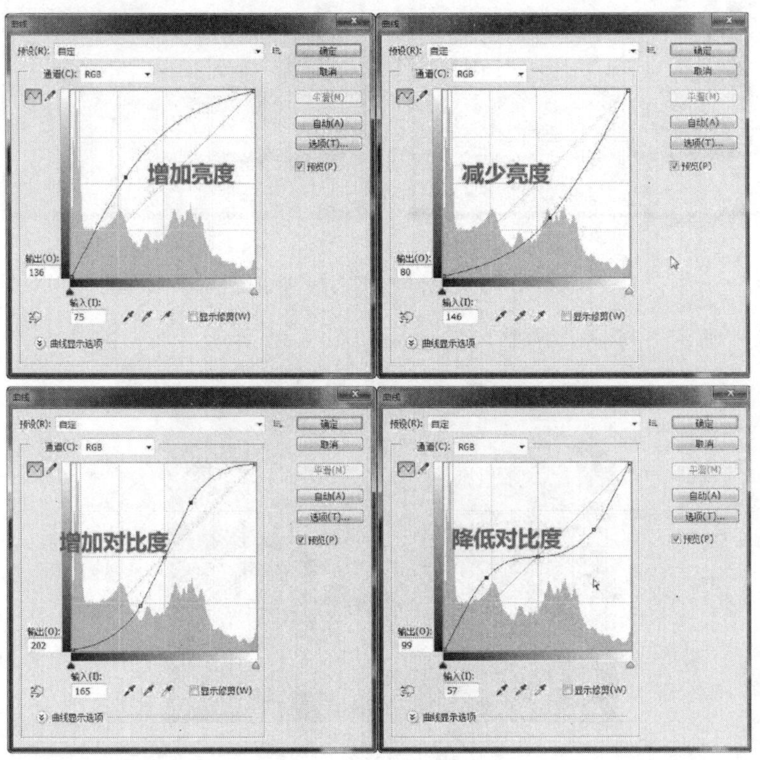

图 2.42　曲线调整效果

【案例 2.7】用曲线调整严重曝光不足的照片。

① 打开教学资源中的文件“ch02\素材\e0208.jpg”，如图 2.43 所示。照片由于曝光不足显得特别昏暗。

图 2.43　原始图像

案例 2.7 视频

② 复制背景图层，命名为“调整”。

③ 选择“图像”→“调整”→“曲线”命令，在默认全通道 RGB 中调整曲线为图 2.44 所示形状，增加图片亮度。调整后的结果如图 2.45 所示。

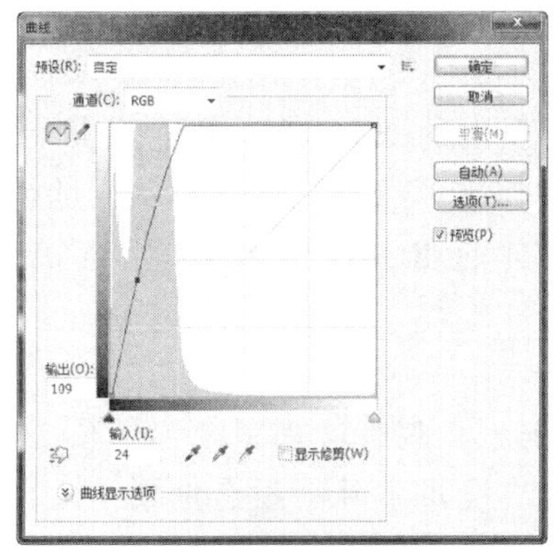

图 2.44 调整曲线

图 2.45 曲线调整曝光效果

3. 阴影/高光调整逆光

逆光拍摄的影像，往往远景亮而近景暗，而夜晚近距离闪光拍摄的影像则正相反，阴影/高光工具主要针对此种情况。该工具不是简单地将图像整体调亮（或调暗），该命令允许分别控制图像的阴影或高光，对图像的局部进行加亮或变暗处理。非常适合校正强逆光而形成剪影的照片，也适合校正由于太接近照相机闪光灯而有些发白的焦点。

【案例 2.8】调整逆光拍摄的图像。

① 打开教学资源中的文件“ch02\素材\e0209.jpg”。

② 选择“图像”→“调整”→“阴影/高光”命令，Photoshop 会分析图像，并设置“阴影”和“高光”的选项值（见图 2.46），调整这两个数值使图像达到最佳效果。

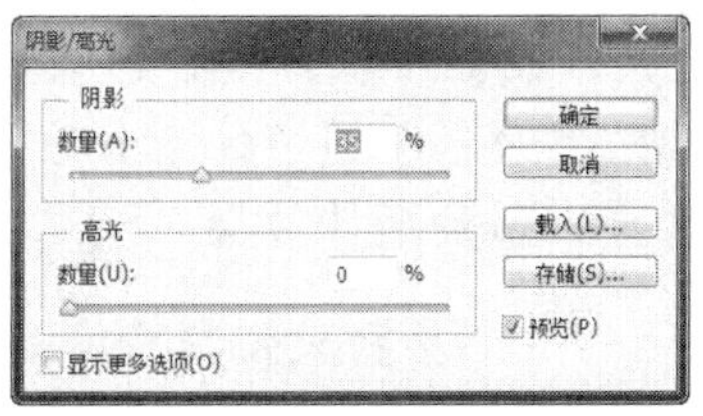

图 2.46 “阴影/高光”对话框

案例 2.8 视频

③ 调整前后的图像对比如图 2.47 所示。

（a）原始图

（b）结果图

图 2.47 调整前后对比图

2.4.2 校正偏色

物质原本是黑白灰色的，在正常白光照射下，反射的 RGB 三个颜色分量相等。当眼睛（或拍摄器材）出了问题，或在数字化（如扫描）过程中使用了错误的设置，或者不同色温的复杂光源照射时，得到的照片中物体的 RGB 值就不相等，这就是偏色。这里介绍两种校正偏色的方法。

【案例 2.9】利用“色彩中和”校正偏色。

① 打开教学资源中的文件“ch02\素材\e0210.jpg”，观察这幅图像（见图 2.48），图像偏红，查看直方图的信息，绿和蓝通道的右侧（亮场）几乎没有像素。

案例 2.9 视频

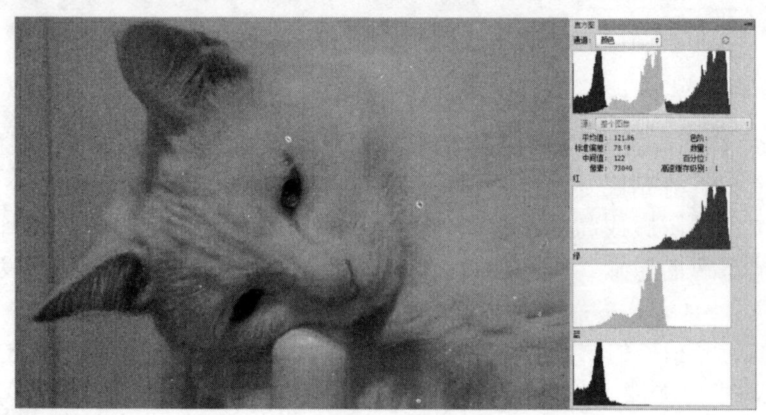

图 2.48 偏色图片

② 选择“图像”→“调整”→“匹配颜色”命令，打开“匹配颜色”对话框，如图 2.49 所示。选中“中和”复选框，通过预览可以直接看到调整后效果。

③ 单击“确定”按钮，矫正过的效果及各个通道像素分布如图 2.50 所示。

④ 利用曲线工具或色阶将图片调亮，达到最佳效果。

小贴士：中和功能，使得图像颜色的 3 个基色成分在整体上趋向为某种均衡值，使三基色成分总体趋于平均。

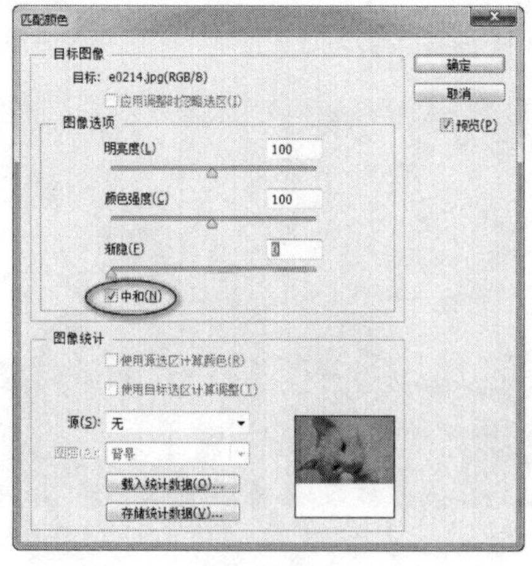

图 2.49 “匹配颜色”对话框

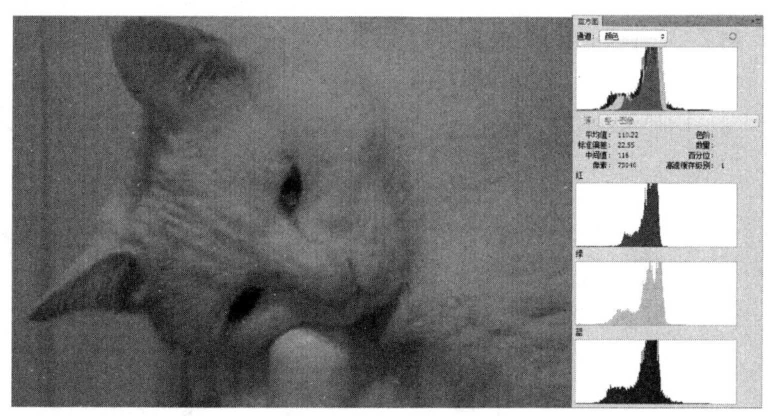

图 2.50 矫正后效果

【案例 2.10】利用灰场校正偏色。

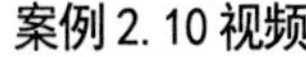
案例 2.10 视频

① 打开教学资源中的文件“ch02\素材\e0211.jpg”，如图 2.51 所示。

② 在背景图层上方新建一个图层。选择“编辑”→“填充”命令，在打开的“填充”对话框如“使用”下拉列表中选择“50%灰色”，单击“确定”按钮，如图 2.52 所示。

图 2.51 偏色的原图

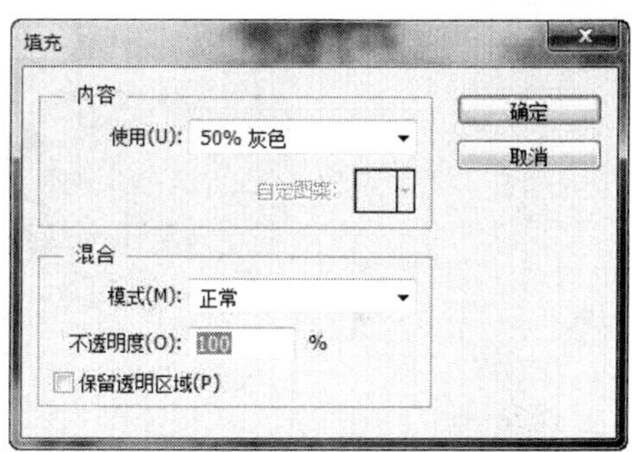

图 2.52 “填充”对话框

③ 将图层的混合模式设置为“差值”，可以看到图像已经发生变化，如图 2.53 所示。

图 2.53 设置图层混合模式

④ 单击“图层”面板下的 ◎. 按钮，选择“阈值”，创建一个阈值图层，如图 2.54 所示。

⑤ 将“阈值”滑块拖到最左边，此时画面变成白色，然后慢慢向右拉，直到白

色的图像上开始出现黑点。出现第一个黑点时，停止拖动，这个黑点就是图像中的中性灰。选择“放大镜”工具，将图像放大，使黑点变成合适的大小。

⑥ 选择工具箱中的颜色取样工具，按住【Shift】键，在黑点位置单击，完成取样，如图 2.55 所示。

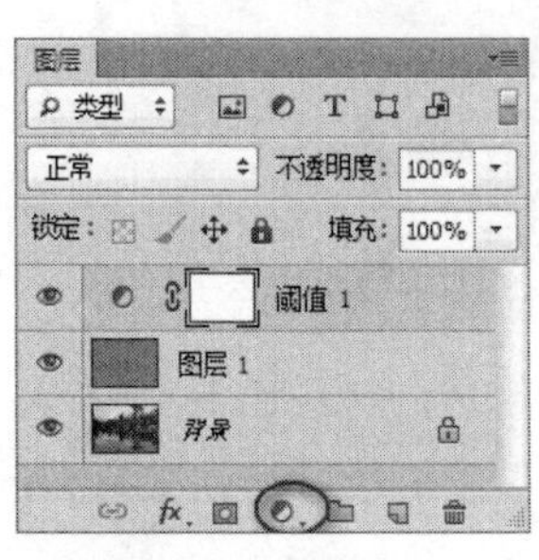

图 2.54 创建阈值图层

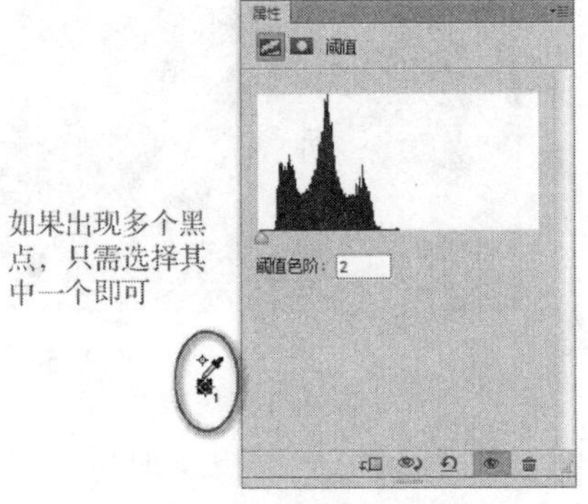
如果出现多个黑点，只需选择其中一个即可
阈值
阈值色阶：2

图 2.55 取样

⑦ 隐藏新建的两个图层，单击“图层”面板下的按钮，选择“曲线”，创建一个曲线调整图层，如图 2.56 所示。选择“曲线”面板中的灰场设置吸管，单击上一步标记的地方。

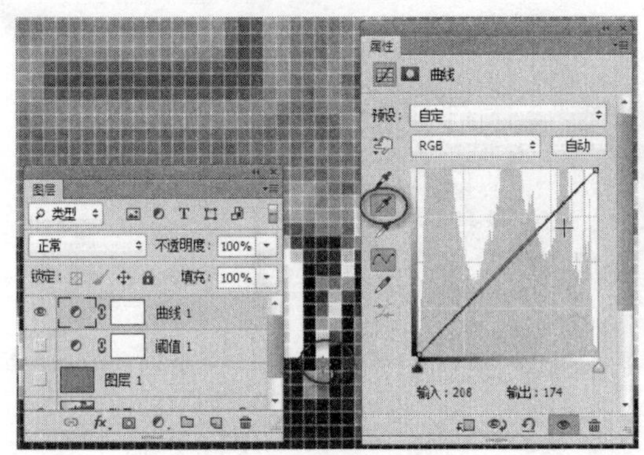

图 2.56 设置黑场和白场

⑧ 选择曲线面板中的黑场吸管，单击图像最暗处，重新设置图像黑场，用白场吸管在最亮处单击，重新设置图像白场，矫正前后的对比图如图 2.57 所示。

（a）原始图

（b）结果图

图 2.57 矫正前后的对比图

说明：本案例的重点及难点都在灰场取样，仅调整黑场和白场是不能校正偏色的，必须同时确定正确的灰场。

2.4.3 渲染色彩

色彩是图片非常重要的组成部分，不同的对比度、饱和度等设置将直接影响图片的视觉效果。Photoshop 的色彩调整工具主要有色相/饱和度、色彩平衡等。

1. 色相/饱和度

色相/饱和度是基于视觉感受的色彩模式，共有色相（所属色系）、饱和度（鲜艳程度）和明度（亮度）3 个调整选项。色相/饱和度是最直接的原色调整手段，可以在原图基础上进行颠覆性的改变，因此它是一种色彩调整的基本手段。

【案例 2.11】用色相/饱和度实现季节的变化。

① 打开教学资源中的文件“ch02\素材\e0212.jpg”，图片是夏天的色彩，下面通过色相/饱和度将图片调整成秋天的效果。

② 选择“图像”→“调整”→“色相/饱和度”命令，在“色相/饱和度”对话框中设置“编辑”的目标为“绿色”通道，需要将图像中的绿色变为红色，向左拖动“色相”滑块，直到变为红色即可，如图 2.58 所示。

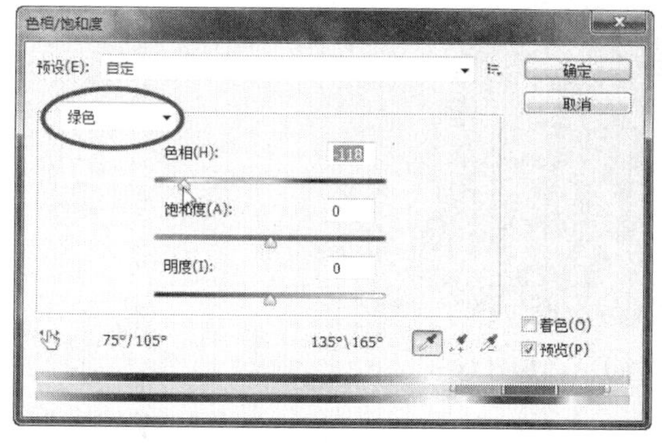

图 2.58 “色相/饱和度”对话框

案例 2.11 视频

③ 调整前后的对比如图 2.59 所示。

（a）原始图

（b）结果图

图 2.59 调整前后的对比图

说明： 色相/饱和度工具的功能是将指定的颜色域用另一颜色域替换，从而改变图像的色相。结合使用“饱和度”和“明度”，可调整图像的艳丽度和亮度。

2．色彩平衡

色彩平衡工具适用于调整照片的色彩倾向，因为它能够以加强和减弱互补色的方式对照片的色调进行改变。工具定义了 3 对互补色，当使用滑块加强其中一种颜色的时候，就会削弱另外一种颜色，因此，该工具可以很容易地使一张照片突出某一种色调。

【案例 2.12】用色彩平衡给头发染色。

① 打开教学资源中的文件“ch02\素材\e0213.jpg”。

② 选择工具箱中的“快速选择”工具，在头发区域拖动，创建选区，如图 2.60 所示。

图 2.60　创建选区

案例 2.12 视频

③ 选择“图像”→“调整”→“色彩平衡”命令，在“色彩平衡”对话框中，调整不同颜色的滑块，可以得到各种发色效果，如图 2.61 所示。

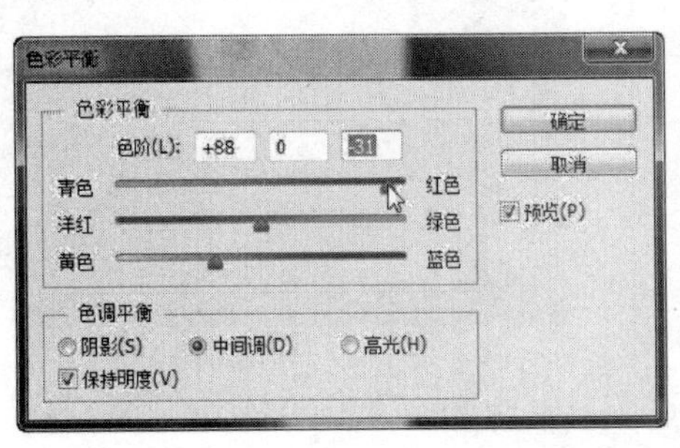

图 2.61　通过色彩平衡改变发色

2.4.4 图像修饰

1. 污点修复画笔修复瑕疵

污点修复画笔工具，能够自动将需要修复区域的纹理、光照、透明度和阴影等元素与图像自身进行匹配，快速修复污点。污点修复画笔工具取样图像中某一点的图像，将该点的图像修复到当前要修复的位置，并将取样像素的纹理、光照、透明度和阴影与所修复的像素相匹配，从而达到自然的修复效果。

【案例 2.13】修复脸上的污点。

案例 2.13 视频

① 打开教学资源中的文件“ch02\素材\e0214.jpg”。

② 选择工具箱中的“污点修复画笔工具”，通过选项栏设置“直径”及“硬度”，如图 2.62 所示。

③ 在图像中单击有污点的位置，去除污点。

④ 图 2.63 所示为修复前与修复后的对比。

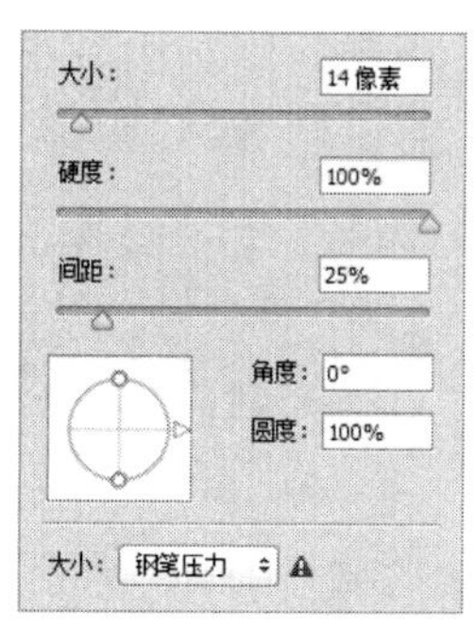

图 2.62　工具选项

（a）修复前

（b）修复后

图 2.63　修复前后对比图

提示：该工具组中还有个功能相近的“修复画笔工具”。它们的不同在于，“修复画笔工具”要先结合【Alt】键取一个参照位置，然后用参照（或其附近）位置上的像素修复目标位置上的像素。

2. 修补工具复制图像

修补工具与修复画笔工具类似，它可以用其他区域或图案中的像素来修复选中的区域，并将样本像素的纹理、光照和阴影与源像素进行匹配。该工具需要用选区来定位修补范围。

【案例 2.14】复制蛋黄变双黄蛋。

案例 2.14 视频

① 打开教学资源中的文件“ch02\素材\e0215.jpg”。

② 选择工具箱中的“修补工具”，选中工具选项栏中的“目标”单选按钮，如图 2.64 所示。

图 2.64　选项栏设置

③ 在画面中单击并拖动鼠标创建选区，将蛋黄选中，如图 2.65 所示。

④ 将鼠标放在选区内，拖动鼠标复制蛋黄，放在合适的位置。按【Ctrl+D】快捷键取消选择，效果如图 2.66 所示。

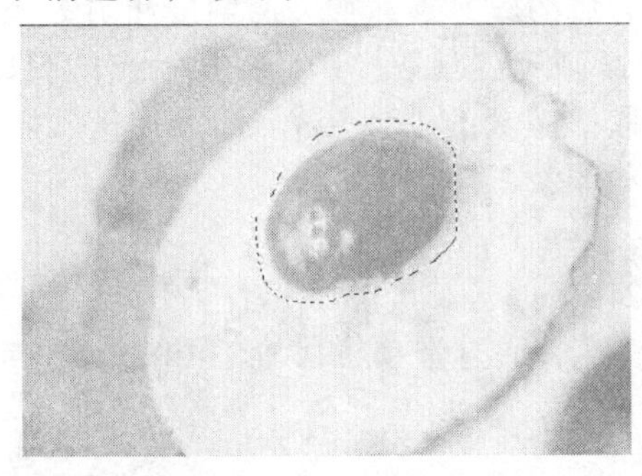

图 2.65　创建选区

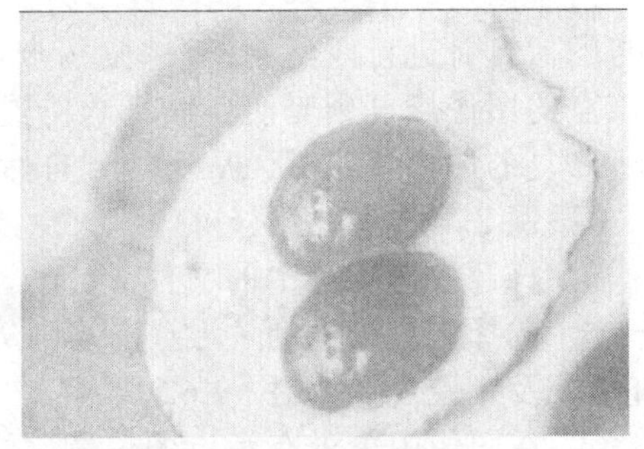

图 2.66　复制图像

3．加深与减淡工具美化图像

加深工具可以使涂抹过的区域颜色变深，减淡工具可以使涂抹过的区域颜色减淡、变亮。

【案例 2.15】闪亮的婚纱。

① 打开教学资源中的文件“ch02\素材\e0216.jpg”。

② 选择工具箱中的“加深工具”，在工具栏的范围选项中选择“阴影”（见图 2.67），调整好画笔大小，用画笔在婚纱背景部位反复进行涂抹，使背景部分变暗。

③ 选择工具箱中的“减淡工具”，在工具栏的范围选项中选择“中间调”，在婚纱上涂抹，使婚纱呈现变亮的效果。

图 2.67　选项栏设置

④ 涂抹前后的对比图如图 2.68 所示。

（a）涂抹前

（b）涂抹后

图 2.68　涂抹前后的对比图

4．内容感知移动工具修复图像

内容感知移动工具可以将选中的对象移动或扩展到图像的其他区域，可以重组和混合图像，产生出色的视觉效果。

【案例 2.16】戏水的天鹅。

① 打开教学资源中的文件“ch02\素材\e0217.jpg”，按【Ctrl+J】快捷键复制“背景”图层，如图 2.69 所示。

图 2.69 复制“背景”图层

② 选择“内容感知工具”，在工具选项栏将模式设置为“移动”，如图 2.70 所示。在画面中创建选区，将天鹅及倒影选中。

图 2.70 内容感知工具选项设置

③ 将选区向画面左侧拖动，天鹅会移动到新的位置，原位置的内容被自动填充。如图 2.71 所示。按【Ctrl+D】快捷键取消选区，可用“污点修复画笔”或“图章工具”将原位置水面处理一下，使效果更完美。

④ 如果创建好选区，将“内容感知工具”在工具选项栏的模式设置为“扩展”，拖动选区，可以在画面中复制出多个天鹅，效果如图 2.72 所示。

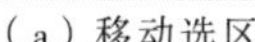
（a）移动选区

（b）移动后的效果

图 2.71 移动选区及移动后的效果

图 2.72　内容感知工具扩展选区

5．用液化滤镜美化图像

液化工具是修饰图像和创建艺术效果的强大工具，能创建推拉、扭曲、旋转、收缩的变形效果，可用来修饰图像的任意区域。使用液化对话框中的变形工具在图像上单击并拖动鼠标即可进行变形操作，变形集中在画笔区域中心，并会随着鼠标在某个区域内的重复拖动而得到增强。

【案例 2.17】修饰完美脸型。

① 打开教学资源中的文件“ch02\素材\e0218.jpg”。

② 选择“滤镜”→“液化”命令，打开“液化”对话框，选择向前变形工具，设置大小和压力，如图 2.73 所示。

图 2.73　“液化”选项设置

案例 2.17 视频

③ 将鼠标放在左侧脸部边缘，单击并向里拖动鼠标，使脸部轮廓向内收缩，再用相同方法修饰右侧脸部。

④ 再处理一下下巴和嘴角，单击“确定”按钮，对比效果如图 2.74 所示。

（a）修饰前

（b）修饰后

图 2.74 修饰前后对比图

6. 滤镜+历史记录画笔制作特殊效果

历史记录画笔是 Photoshop 中的图像编辑恢复工具，使用历史记录画笔，可以将图像编辑中的某个状态还原出来。使用历史记录画笔可以起到突出画面重点的作用。

【案例 2.18】 制作动感跑车效果。

① 打开教学资源中的文件“ch02\素材\e0218.jpg”。

② 选择“图像”→“调整”→“去色”命令，将图像变为黑白灰度图像。

③ 选择“滤镜”→“模糊”→“径向模糊”命令，在打开的“径向模糊”对话框中，设置“模糊方法”为“缩放”，数量为 35，单击“确定”按钮，效果如图 2.75 所示。

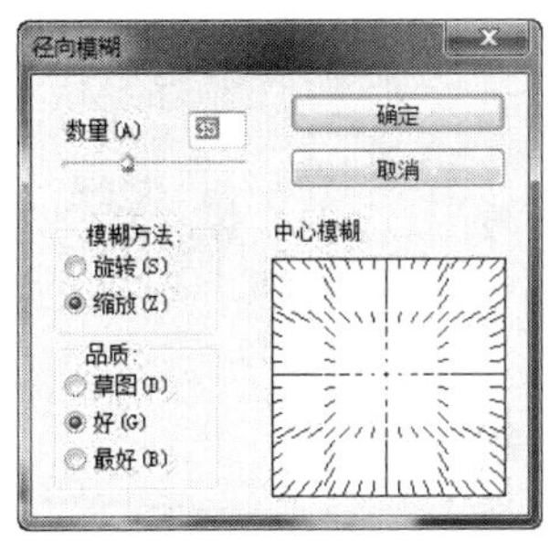

案例 2.18 视频

图 2.75 滤镜模糊选项设置及效果

④ 在“历史记录”面板中设置历史记录画笔的源为最初打开的图像，如图 2.76 所示。

图 2.76 设置历史记录画笔的源

⑤ 在工具箱中选中“历史记录画笔”，设置合适的直径和硬度，涂抹图像中的跑车，涂抹过的区域将恢复最初图像的状态，效果对比图如图 2.77 所示。

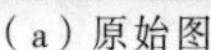

（a）原始图

（b）效果图

图 2.77　效果对比图

习　　题

一、问答题

1. 画布大小和文件大小有什么区别？
2. Photoshop 提供哪些能够帮助用户恢复操作的功能？
3. 使用裁剪工具时，怎样取消按比例裁剪？
4. 修复画笔和污点修复画笔有什么不同？

二、操作题

1. 使用素材“ch02\素材\h0201.jpg”及“ch02\素材\h0202.jpg”，利用色阶调整功能，制作纯净的蓝天白云。
2. 使用素材“ch02\素材\h0203.jpg”，利用曲线调整工具，将黄昏景色还原为普通白天的景色。
3. 找一张合适的夜晚近距离闪光拍摄的问题图像，利用阴影/高光工具，将图像恢复正常。
4. 找一张合适的图像，利用修复画笔工具修复图像中的污点或瑕疵。
5. 找一张合适的图像，利用色阶工具修复图像的偏色问题。
6. 找一张合适的图像，利用色相–饱和度工具改变图像整体或局部的风格。
7. 使用滤镜创造一张特定的效果图。

第 3 章

图像综合处理 ‹‹‹

本章导读

在掌握 Photoshop CC 基本操作的基础上，通过学习本章，进一步了解和掌握复杂图像处理的技术与手段，并能制作出具有特殊效果的图像。

本章要点

- 图层的概念、操作方法，图层样式与混合模式，图层的填充与调整。
- 抠图工具与抠图方法、图像合成技术。
- 蒙版、路径与通道的概念与应用。
- Photoshop 中的文字处理方法。

3.1 图　　层

利用 Photoshop 提供的图层技术，可以随心所欲地修改图像的各个部分而且互不影响，简化了图像编辑操作，对图层还可以分别添加各种特效，增强图像的效果，使图像的合成变得很轻松，效果也更为丰富。

3.1.1 图层概述

在 Photoshop 中，图层是制作复杂图像效果所必需的处理手段。可以将图像的不同部分分层存放，图层就像玻璃纸，当在每张玻璃纸上分别画上不同的图案，并将它们叠放在一起时，就会看到组合出的新的图案，去除或修改某张玻璃纸上的内容会产生不同的结果，且并不影响其余玻璃纸上的内容。但是，Photoshop 也提供了图层的混合模式操作，各个图层之间，也可以在叠放时，互相影响，产生各种特殊效果。

所以，借助图层这个手段，可以把一副图像的各部分细节，用不同的图层来分别存放和处理。Photoshop 建立许多图层处理完图像效果后，如果保存为 JPG 格式，图层会自动合并，再次打开，所有图层细节都消失，跟普通图像无异。如果保存时选择是 PSD 格式，下次打开，所有图层仍然存在，可以继续针对各个图层进行处理。

【案例 3.1】观察一副图像在使用图层前后操作上的区别。

① 打开图像“CH03/素材/e0301.jpg”，尝试移动白云的位置。

② 打开图像“CH03/素材/e0301.psd”，图 3.1 所示为图像窗口及“图层”面板中的内容。单击“图层”面板中各个图层的名称，观察各个图层内容。单击“白云”图层，移动白云位置到更高处。同理，移动蝴蝶位置；移动房子位置。

案例 3.1 视频

图 3.1　图像窗口及“图层”面板

3.1.2　图层基本操作

1.“图层”面板和“图层”菜单

Photoshop 提供了“图层”面板和“图层”菜单来对图层进行编辑操作。“图层”面板显示了当前图像的所有图层信息，并可以调整图层的叠放顺序、不透明度等参数。很多操作，例如，为图层添加蒙版、进行图层内容的选择等，在“图层”面板和“图层”菜单中都可以找到。相对来说，用“图层”面板更为便捷。此处着重介绍“图层”面板。

“图层”面板（见图 3.2）是 Photoshop 中非常重要的面板窗口，专门用于图层的操作和管理，其中有各种用于操作图层的按钮及选项。选择“窗口”→“图层”命令，可以打开“图层”面板。可以看出，有几个图层依次排列，最先创建的图层在最底层，上层图层的内容叠加部分会遮盖下层图层的内容。在图层上按住鼠标左键可以上下移动当前图层的位置。

“图层”面板上各项功能说明如下：

- 图层混合模式：用于设置图层间的混合模式，决定了当前图层的图像中的像素如何与底层图像中的像素混合。使用混合模式可以轻松地制作出许多特殊的效果。
- 图层透明度：调整该百分比可以产生半透明效果。该设置对整个图层起作用，包括各种图层特效，如阴影、外发光等。
- 填充透明度：调整该百分比也可产生半透明效果。该设置只对图层上的填充颜色起作用，而对图层特效不起作用。
- 图层锁定：其右侧 4 个按钮及功能分别是：锁定透明像素（图层透明像素不可编辑）、锁定图像像素（图层非透明像素不可编辑）、锁定位置（图层图像不可移动）及锁定全部（禁止任何操作）。
- 图层可见：每个图层左侧都有一个指示图层可见性的图标，控制图层是否可见，不可见图层中的内容不会出现在最终效果图中。
- 链接图层按钮：将两个以上的图层链接起来，链接的图层右侧都会显示该指示图标。链接的图层具有同时移动、缩放、变形及合并的特点。当某个局部由多个图层构成时，此功能非常重要。

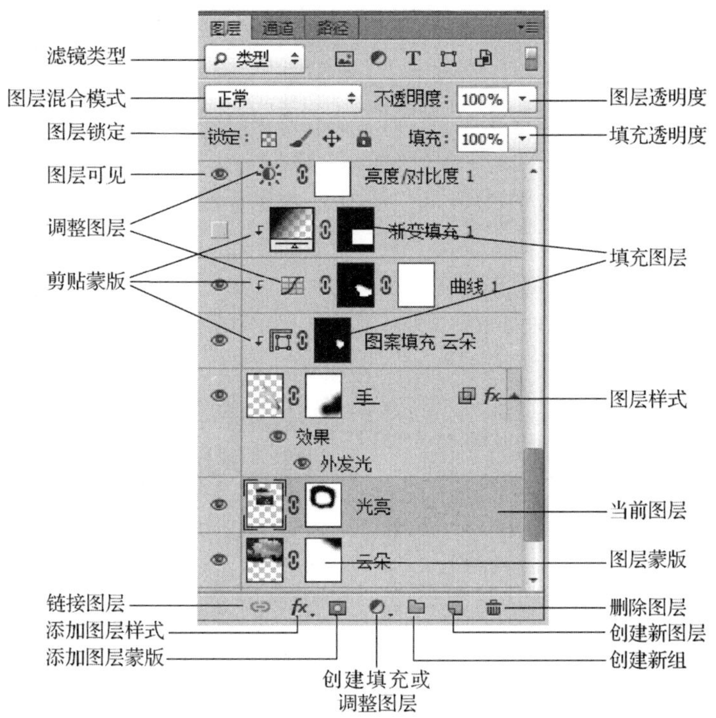

图 3.2 “图层”面板

- 添加图层样式按钮fx.：为选中的图层添加图层样式，同样的操作也可选择“图层”→“图层样式”命令来完成。
- 图层样式：使用了图层样式的图层会有该指示标记。此处使用了外发光。
- 添加图层蒙版按钮◘：为选中的图层添加蒙版，当在蒙版中绘制黑、白、灰色像素时，并不破坏实际图像，但却可产生隐藏、显示及半透明化等局部图像效果。
- 图层蒙版：添加蒙版的图层具有该操作区。左侧是图像的缩略图区，右侧是蒙版区，两者之间通常会有一个链接按钮，表示它们之间的绑定关系。蒙版中的黑色区域表示图像中不显示的部分。
- 创建填充或调整图层按钮◐.：填充图层包含特定的填充效果，结合图层混合模式可产生丰富的混合效果。调整图层记录的是该图层的调整方式及参数信息，类似于选择“图像”→“调整”命令中的工具进行图像处理。不同的是，这两种图层处理方法在达到最终效果的同时并不对实际图层中的像素做任何修改，不需要时可随时删除。
- 调整图层：使用调整图层后产生的指示标记，调整方法不同该指示标记也不同。此处添加了调整层对图像进行了亮度对比度和曲线调整，原图不受影响。
- 填充图层：使用填充图层后产生的指示标记。此处添加了渐变和图案填充，原图不变，但外观改变。
- 剪贴蒙版：使用剪贴蒙版后产生的指示标记，箭头指向剪贴蒙版所适用的图层。图中的 3 个剪贴蒙版图层中的内容，仅在最下层所限定的形状范围内显示。

- 创建新组按钮：若效果图中的某个局部由多个层共同描述，则可用此按钮创建组（类似文件夹），并将相关图层放在其下，使图层的操作及关系更清晰。
- 创建新图层按钮：在当前选中的图层之上建立新的图层，若拖动已有图层至此按钮上，还可达到复制现有图层的目的。
- 删除图层按钮：单击该按钮可以删除选中的图层，也可以拖动图层至此按钮上来删除该图层。

【案例 3.2】分层绘制 RGB 三原色。

案例 3.2 视频

① 新建一个图像，大小为 500×500 像素，分辨率为 72 像素/英寸，背景透明。

② 选择“椭圆选框工具”，然后同时按住【Alt】和【Shift】键，拖动鼠标画一个圆形选区。

③ 设置前景色为纯红（RGB 值为：255，0，0），然后选择“油漆桶工具”，单击选区将其填充为红色，按【Ctrl+D】快捷键取消选区。打开“图层”面板，双击“图层 1”文字，将图层说明文字改为“红”。

④ 按【Ctrl+J】快捷键复制“红”图层，然后将新建图层的说明文字改为“绿”。设置前景色为纯绿（RGB 值：0，255，0），选择“油漆桶工具”，单击“绿”图层中的红色圆，将其替换为绿色。用移动工具将绿色圆调整到红色加点的左下方。

⑤ 仿照步骤④制作“蓝”图层，填充纯蓝（RGB 值：0，0，255），并移动到右下方。

⑥ 完成后的效果及“图层”面板中的情况如图 3.3 所示。

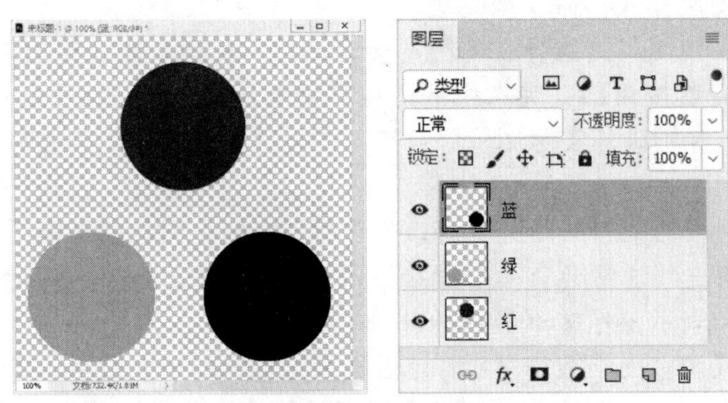

图 3.3　分层绘制 RGB 三原色

2．图层的管理操作

Photoshop CC 允许在一副图像中创建近 8 000 个图层，实际上，数十个图层已经使人眼花缭乱。一个综合的平面设计作品，除了对图层内容效果的设计操作，用户也需要对若干个图层进行很多次管理，例如，调整叠放次序以改变内容层次、对图层分组分类管理、对图层多次合并等。

对图层的管理主要有以下一些操作：创建和使用图层组对图层分组存放管理，方便查找；移动、复制和删除图层，改变图像内容的叠放次序，快速添加相同内容，删除多余内容；为了防止在操作过程中不小心改变其他层的内容，还可以将有些层进行锁定；如果想很方便地一次移动多个图层的内容，或者对多个图层的内容统一进行翻转变形等操作，可以把相邻或者不相邻的图层进行链接；为了节省空间，也可以对已经设置好效果不再变动的多个图层内容进行合并、拼合或者盖印操作，成为一个图层；对多个图层的内容，还可以进行对齐或者分布操作，使不同图层的内容快速地整齐排列。

【案例 3.3】多图层的管理操作。

案例 3.3 视频

① 打开教学资源文件“ch03\素材\e0302.psd”，可以看到文件中存在若干个图层，其中一部分为不显示状态，“图层”面板如图 3.4 所示。

② 选中“橙背”图层，然后在按住【Ctrl】键的同时单击“蓝背”“绿背”图层，将 3 个图层都选中。

③ 选择“图层”→“对齐”→“顶边”命令，将 3 个图层顶边对齐。选择“图层”→“分布”→“水平居中”命令将 3 个图层整齐排列，如图 3.5 所示。

图 3.4 图层面板

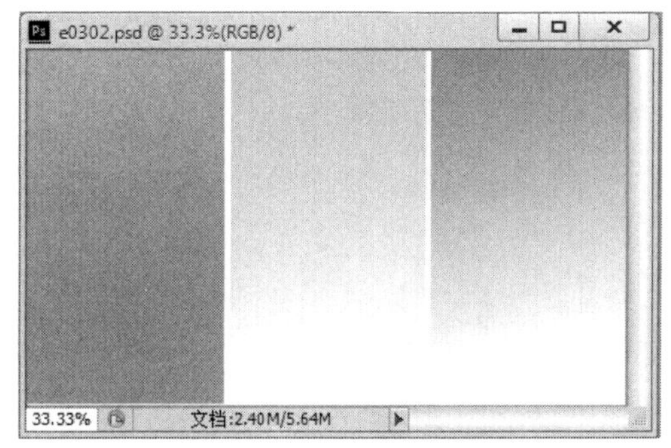

图 3.5 图层对齐和分布

④ 双击“背景”图层，在打开的“新建图层”对话框（见图 3.6）中，单击“确定”按钮，将背景图层转换成名为“图层 0”的普通图层（背景图层不可以进行图层混合模式等图层操作）。

⑤ 单击“图层”面板中的“创建新组”按钮，创建新组“组 1”，双击“组 1”改名为“背景”，用鼠标将“橙背”“蓝背”“绿背”3 个图层拖入组内。完成后的“图层”面板如图 3.7 所示。

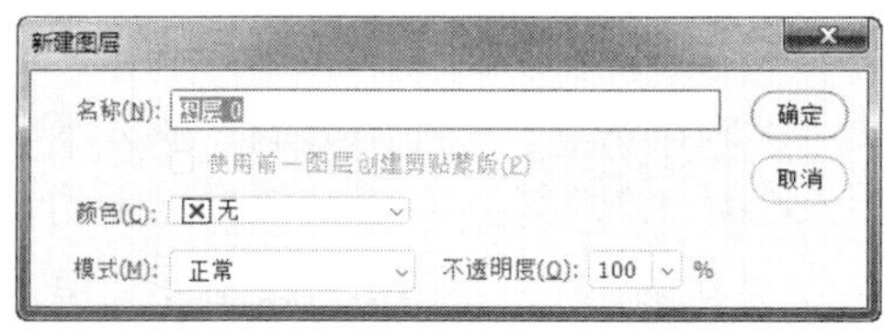

图 3.6 “新建图层”对话框

图 3.7 建立“背景”图层分组

⑥ 单击图层的“图层可见”图标👁，使所有图层可见。依同样的方法，创建新组“实惠”，把“礼品袋”“红礼盒”“橙礼盒”“粉礼盒”图层拖入其中；创建新组“新鲜”，把“草莓”“蔬菜”“水”“鱼”“新鲜”图层拖入其中；创建新组“品质”，把“品质”“火焰”“红色纱带”“红酒”“酒杯 1”“酒杯 2”图层拖入到“品质”组。完成图层分组后的图层面板如图 3.8 所示。

⑦ 单击“实惠”组的三角按钮打开“实惠”组，单击“红礼盒”图层，拖动到“图层”面板底部的“创建图层”按钮，复制出新的图层“红礼盒”拷贝；用同样的方法复制其他的“礼盒”图层，“图层”面板如图 3.9 所示。改变各个礼盒大小，并拖动图层上下移动改变图层的叠放顺序，达到多个礼盒堆放的效果，如图 3.10 所示。

⑧ 按住【Ctrl】键选中所有“礼盒”图层，右击，在弹出的快捷菜单中选择“合并图层”命令，并把合并后的图层重命名为“礼盒”。

⑨ 保存文档为 e0302a.psd。

图 3.8　所有图层分组后

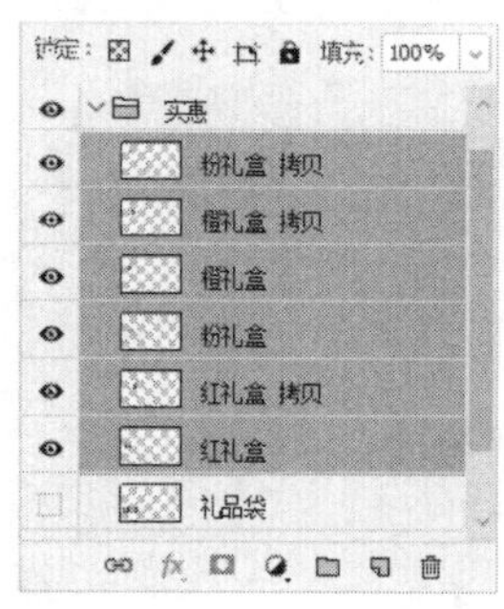

图 3.9　多图层描述礼盒

图 3.10　图层复制及合并

3.1.3　图层的混合模式

图层间不仅仅只有相互覆盖的关系，上下层之间还可按照特定的算法进行像素颜色的合成运算，这称为图层混合模式。如果是完全覆盖，在图层混合模式中称为“正常”模式。混合图层有两种方法：一种是利用“图层”面板的“图层混合模式”；另一种是利用“图层样式”的“混合选项”。在案例 3.2 中，3 个图层之间是完全覆盖的关系。

1. 基本混合模式

较为简单的图层混合，可以通过调整“图层”面板上的“图层透明度”和“填充透明度”，改变上面图层的透明度实现与下层的混合。若想达到更理想的效果，可以单击图 3.11 中的“图层混合模式”下拉按钮，在提供的 20 几种图层混合模式中选择合适的进行图层合成的效果设置。例如，修改案例 3.2，将上面两个图层的混合模式修改为“滤色”，可以发现图层混合之后，产生了新的颜色，如图 3.12 所示。在实际的操作中，可以尝试各种混合模式来选择最好的混合效果。

图 3.11 图层面板中的混合模式

图 3.12 使用图层混合模式

【案例 3.4】为超市海报运用图层混合模式。

案例 3.4 视频

① 打开教学资源文件“ch03\素材\e0302a.psd”。

② 打开“图层”面板中的“品质”组，选中“酒杯 1”图层，单击“图层混合模式”并选择“线性减淡（添加）”。可以看出，图片的黑色背景基本消失，这组的混合模式基本可以实现黑背景消失，酒杯变得透亮虚无，正好做背景效果，设置前后对比效果如图 3.13 和图 3.14 所示。“滤色”混合模式对具有白色背景的图片混合具有好的效果。

图 3.13 使用图层混合前

图 3.14 使用图层混合后

③ 打开“图层”面板的“新鲜”组。选择“水”图层并按【Ctrl+J】快捷键复制图层，命名为“水副本”并将其拖动调整到原“水”图层的下方，并进行自由变换旋转，如图 3.15 所示。分别选择两个“水”图层，将它们的混合模式都改为“深色”混合，混合后的效果如图 3.16 所示。水和下面的蔬菜水果较好地进行了混合。

④ 保存文档为 e0302b.psd。

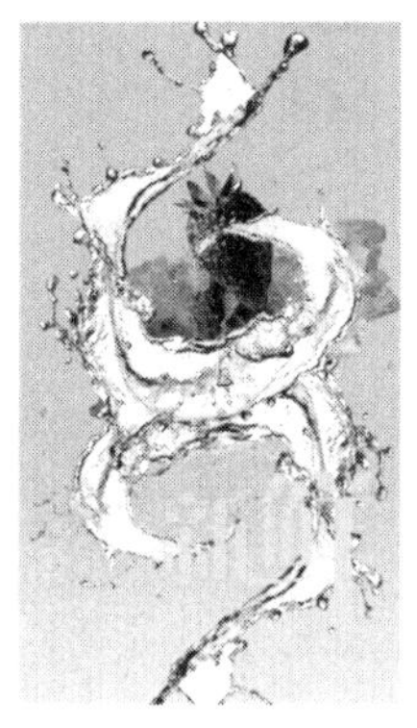

图 3.15 使用图层混合前

图 3.16 使用图层混合后

【案例 3.5】为运动会海报应用图层混合模式。

案例 3.5 视频

① 打开教学资源文件“ch03\素材\yundonghui.psd”。

② 选择图层“奔跑 1”，将图层混合模式修改为“强光”。

③ 选择图层“横曲线”和“竖曲线”，将图层混合模式修改为“正片叠底”。

④ 选择图层“奔跑 2”，将图层混合模式修改为“差值”。

⑤ 打开教学资源文件“ch03\素材\e0320.jpg”，拖入到 yundonghui.psd，并移动图层顺序到背景图层的上方，将其图层混合模式修改为“正片叠底”，将不透明度修改为 27%。

⑥ 保存文件为 yundonghui1.psd，修改前后的效果对比如图 3.17 所示。

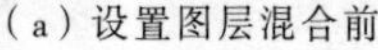

（a）设置图层混合前

（b）设置图层混合后

图 3.17　设置图层混合前后对比

2. 图层样式混合选项

混合模式是两个或多个图层之间对应像素颜色的运算方式。使用图层样式提供的混合选项功能也可以实现上下图层的混合效果。在“图层”面板中选择要设置混合效果的图层，选择“图层”→“图层样式”→“混合选项”命令，打开如图 3.18 所示的对话框。

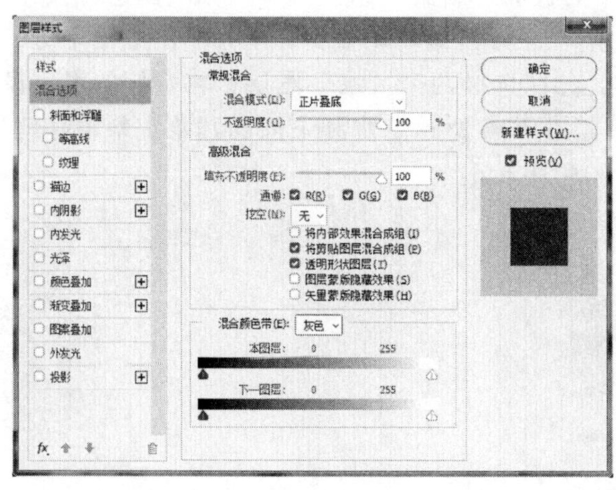

图 3.18　“图层样式”对话框

在“常规混合”选项组中所提供的“混合模式”和“不透明度”设置，和前面所讲的功能无异。在“高级混合”选项组中提供了许多高级混合选项，其中，各项参数的说明如下：

- 填充不透明度：用于设置不透明度。其填充内容由“通道”选项中的 R、G、B 来控制。
- 挖空：用于指定哪个图层被穿透，从而显示出下一图层的内容。
- 混合颜色带：Photoshop 中很早就出现的图像合成技术，其基本原理是设置上、下两个图层的明暗区间值，屏蔽上层的区间外像素，置顶下层的区间外像素。

【案例 3.6】利用酒瓶与天空合成新的效果图。

案例 3.6 视频

① 用 Photoshop 打开教学资源文件“ch03\素材\e0321.jpg”（图 3.19）和“ch03\素材\e0322.jpg”（见图 3.20），选择“移动工具”拖动酒瓶至天空窗口，关闭原始的酒瓶窗口，调整酒瓶图层与天空图层对齐。

图 3.19　蓝天图像

图 3.20　酒瓶图像

② 选择“图层 1”（酒瓶图层），选择“图层”→“图层样式”→“混合选项”命令，在左侧列表中选择“混合选项”。

③ 在右侧“混合颜色带”列表框中选择“灰色”，将“本图层”右侧的滑块向左调整至“242”位置，将“下一图层”右侧的滑块向左调整至“175”。

④ 按住【Alt】键，将“下一图层”右侧的滑钮向左拖动至“137 / 175”位置。

⑤“图层样式”对话框及完成后的图像效果如图 3.21 所示。

图 3.21　设置选项及效果图

对“图层样式”对话框中的几个选项说明如下：

- “混合颜色带”：共有“灰色”“红”“绿”“蓝”4 种方式。“灰色”表示所有 RGB 原色使用相同的明度过滤值，其余 3 种方式仅依据单个原色。
- 本图层：下方的黑、白两个滑块设置本图层中欲保留的灰度范围。两个滑块两侧明度范围的所有像素被屏蔽。
- 下一图层：下方的黑、白两个滑钮的含意与“本图层”刚好相反，两个滑块两侧明度范围的所有像素被翻转至顶层显示。

黑、白滑块均可以通过按住【Alt】键分开，用于描述一个过渡范围，使边缘柔和从而产生更真实的效果。

【案例 3.7】运用图层样式混合选项。

① 打开教学资源文件“ch03\素材\e0302b.psd”。

② 在“图层”面板中展开“品质”组，选中“红色纱带”，选择“图层”→“图层样式”→“混合选项”命令，在打开的对话框中，取消选中“高级混合”选项组中的“填充不透明度”下的“R”通道复选框，并将不透明度设置为 90%，如图 3.22 所示。设置前后效果对比如图 3.23 所示。

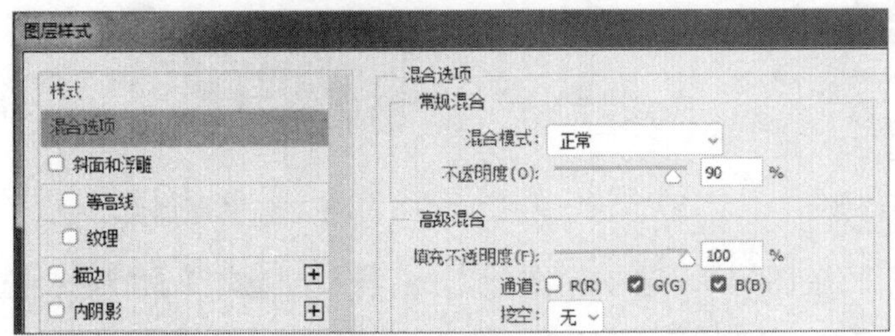

图 3.22　设置混合选项

案例 3.7 视频

（a）设置前

（b）设置后

图 3.23　设置混合选项前后对比

③ 将文件保存为 e0302c.psd.

3.1.4　图层样式

图层样式是针对单个图层加入的特殊效果，例如，添加投影、阴影、内发光等，这些样式会为图像处理效果增色不少，在图像处理中使用得非常广泛，尤其是文字的处理，更离不开图层样式。

为图层添加图层样式的方法。选择相应图层后，选择“图层”→“图层样式”→

“×××”命令（其中“×××”为子菜单项），之后在图层样式对话框中进行设置即可。

去除图层样式的方法：选择具有图层样式的图层后，选择“图层”→“图层样式”→“清除图层样式”命令。

图层样式添加后，还可以复制、粘贴到其他图层上使用，选择“图层”→“图层样式”中的“拷贝图层样式”命令和“粘贴图层样式”命令即可。

上面提到的图层样式的各种操作，同样可以通过“图层”面板快速地完成。

【案例 3.8】为运动会海报添加图层样式。

案例 3.8 视频

① 打开案例 3.5 所保存素材“ch03\素材\yundonghui1.psd”。

② 选择“奔跑 1”图层，然后选择“图层”→“图层样式”命令，分别为该图层设置外发光（见图 3.24）、描边（见图 3.25）、斜面和浮雕（见图 3.26）效果，使本图层层次突出。使用图层样式后，相应图层会附带一组样式的简报，如图 3.27 所示。

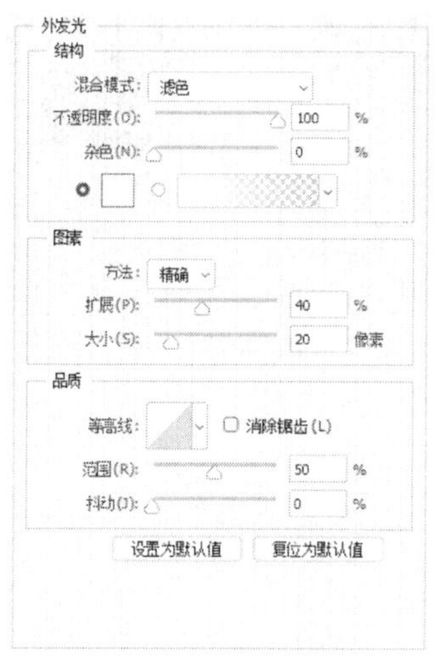

图 3.24 设置外发光效果

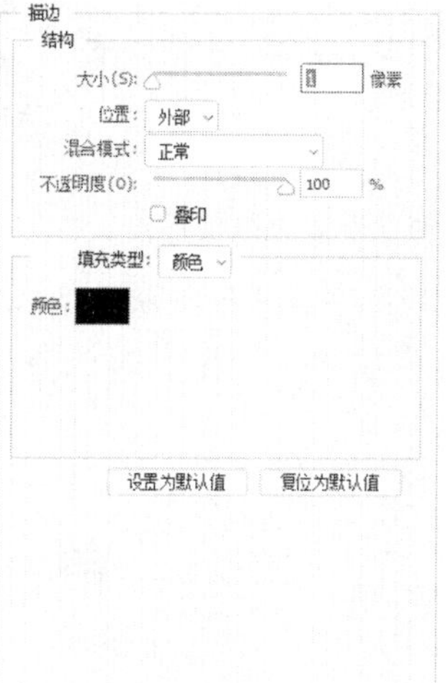

图 3.25 设置描边效果

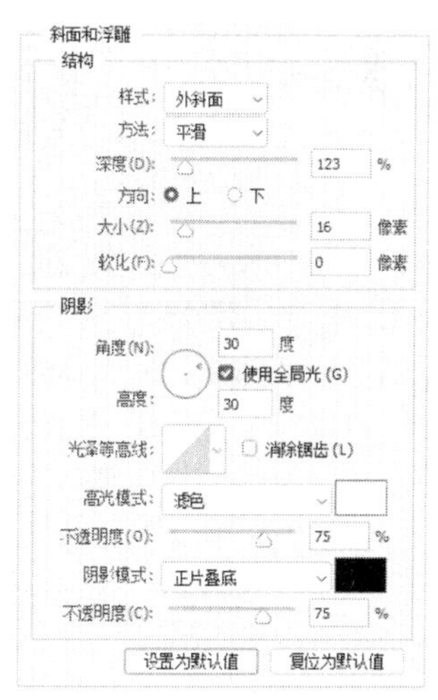

图 3.26 设置斜面和浮雕效果

③ 再次选择“奔跑 1”图层，选择“滤镜”→“风格化”→“风”命令，为图层添加奔跑中风的效果。完成后的效果如图 3.28 所示。

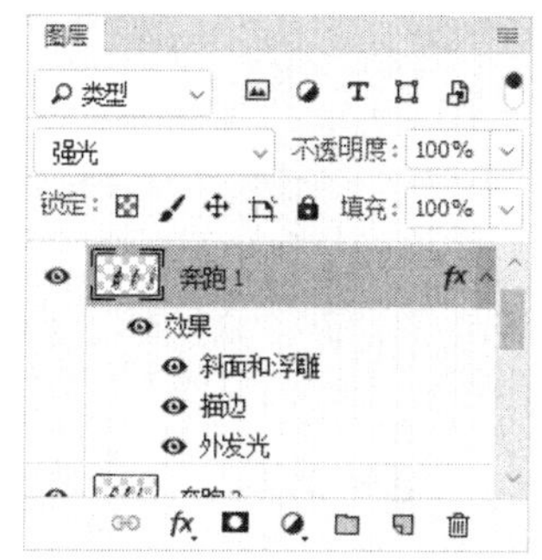

图 3.27 带有图层样式的图层

图 3.28 设置本图层样式和滤镜后的效果

④ 用同样的方法，可以为“奔跑 2”图层添加“斜面和浮雕”“内阴影”“投影”效果；为“影子 1”添加“内阴影”和“投影效果”，把图片层次进一步拉开。具体参数可以边调整、边观察预览效果进行设置。

⑤ 保存文档为 yundonghui2.psd。

【案例 3.9】为超市广告海报添加文字图层样式效果。

① 打开案例 3.7 所保存的素材“ch03\素材\e0302c.psd”。

② 展开“新鲜”组，选择“新鲜”图层，选择“图层”→“图层样式”→“投影”命令，然后设置投影的各项参数，距离 5 像素，扩展 7%，大小 10 像素，效果对比如图 3.29 所示。

③ 展开“实惠”组，新建图层，在礼品袋下方添加文字“实惠”，选择合适的字体和大小并调整好文字的位置。

案例 3.9 视频

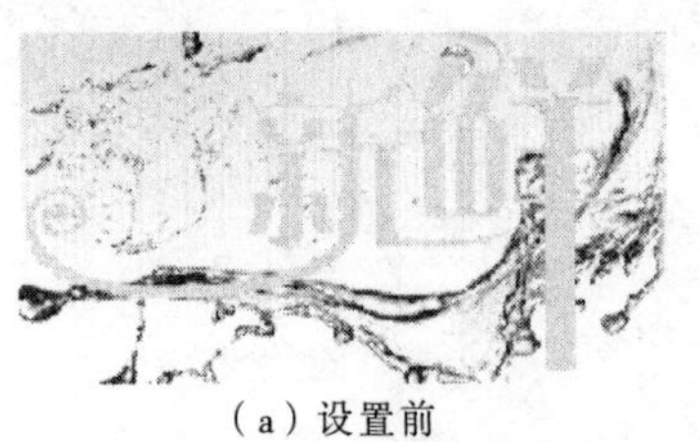
（a）设置前

（b）设置后

图 3.29　设置投影效果前后

④ 选择“图层”→“图层样式”命令，参照图 3.30 中的参数，为图层添加斜面和浮雕、内阴影、外发光效果，其中外发光的颜色值设置为“#abf8f5”。

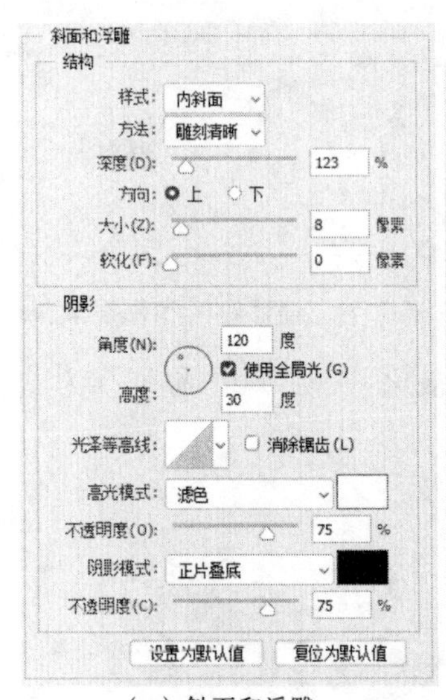

（a）斜面和浮雕

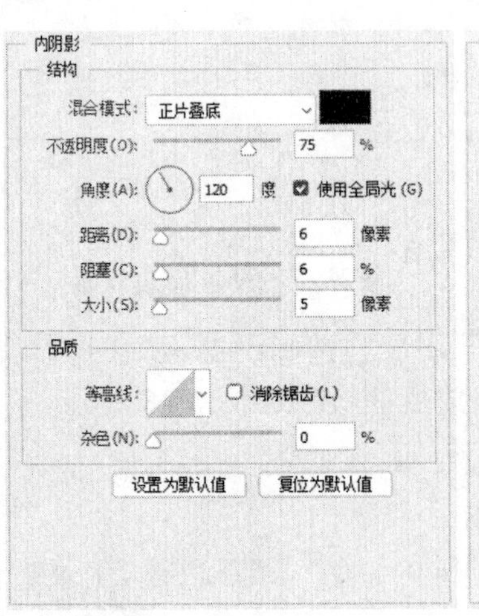

（b）内阴影

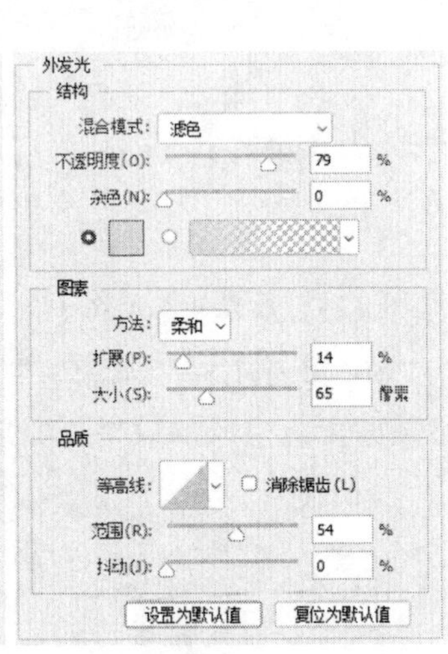

（c）外发光

图 3.30　图层样式参数

⑤ 打开图片“ch03\素材\e0302.jpg”，选择“编辑”→“定义图案”命令将珍珠定义为图案，然后关闭该窗口。

⑥ 选择“品质”图层，选择“图层”→“图层样式”命令，参照图 3.31 和图 3.32

中的参数进行设置，为图层添加图案叠加、外发光、投影、描边效果。其中，图案叠加选取自定义的珍珠图案；外发光颜色选取“橙→黄→深橙”色渐变。描边选取颜色为金黄色（# F4BD00）。文字效果对比如图 3.33 所示。

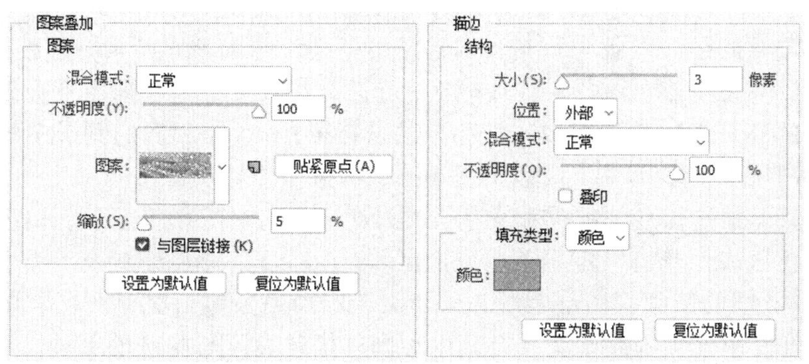

（a）图案叠加　　　　（b）描边

图 3.31　图案叠加与描边参数

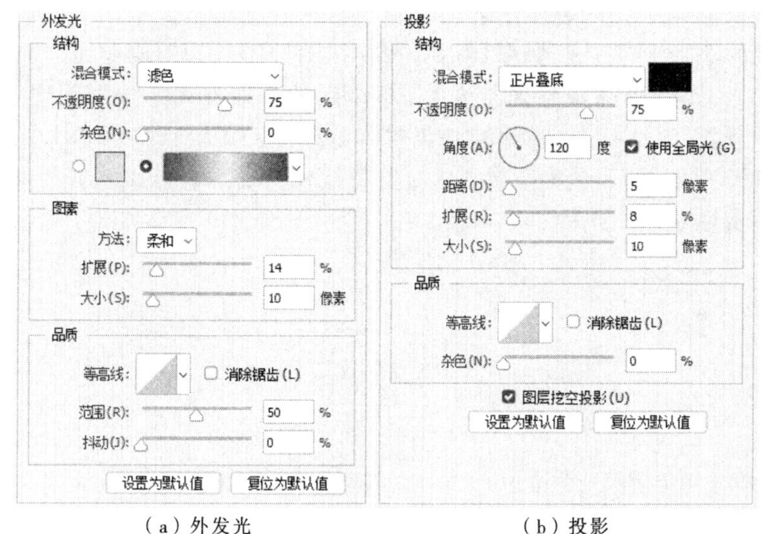

（a）外发光　　　　（b）投影

图 3.32　外发光与投影参数

（a）设置前　　　　（b）设置后

图 3.33　设置前后效果对比

⑦ 保存文件为 e0302d.psd。

3.1.5 使用蒙版

蒙版是 Photoshop 图像处理中经常使用的一种手段。使用蒙版可以隐藏图层中的局部区域，也可使局部或整体产生半透明的效果，结合图层混合模式会产生更多的图像效果。最重要的是，蒙版与填充和调整图层一样，能保护原始素材不被破坏。

蒙版类似一张覆盖在图层上的玻璃纸，可任意在玻璃纸上涂抹而不会破坏图像本身，被涂黑的部分无法看到图像（即相应部分被屏蔽）。在后面的例子中将看到，添加了蒙版的图层上会多出一个或多个缩略图，即蒙版缩略图。

蒙版中只能绘制黑色、白色和灰色三类颜色，黑色区表示屏蔽区，白色区表示非屏蔽区，灰色区表示具有一定不透明度的区域。

Photoshop 中的蒙版有图层蒙版、矢量蒙版和剪贴蒙版三类。图层蒙版是位图形式的蒙版，可使用画笔等绘图工具在其中绘画以描述显示与隐藏的部分。矢量蒙版中只能用钢笔等矢量工具绘制，以封闭的矢量图形描述显示与隐藏的部分。剪贴蒙版比较特别，它是用一个图层去填充另一个图层，即用另一图层（基层）的形状（或非透明区）来限制剪贴蒙版中的显示内容。

图层蒙版的添加方法是选择图层后，选择“图层”→“图层蒙版”命令，在展开的子菜单（见图 3.34）中选择添加方式。矢量蒙版的添加方法是选择图层后，选择“图层”→“矢量蒙版”命令，在展开的子菜单（见图 3.35）中选择添加方式。一般都选择“显示全部”。剪贴蒙版的添加方式是先选择欲作为剪贴蒙版的图层，然后选择“图层”→“创建剪贴蒙版”命令。

图 3.34　图层蒙版子菜单

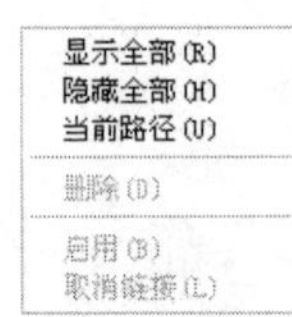

图 3.35　矢量蒙版子菜单

蒙版也可以复制、移动和删除，在“图层”面板中拖动蒙版缩略图可移动蒙版，按住【Alt】键并拖动蒙版缩略图可复制蒙版，拖动蒙版缩略图至“删除图层”按钮 可删除蒙版，选择“图层”→“释放剪贴蒙版”命令可将作为剪贴蒙版的图层恢复为普通图层。

【案例 3.10】为超市广告海报添加图层蒙版效果。

① 打开案例 3.9 所保存素材“ch03\素材\e0302d.psd”。

② 打开“品质”组，选择“红色纱带”图层，选择“图层”→“图层蒙版”→“显示全部”命令，前景色设为黑色，调整画笔大小，用画笔在酒瓶和酒杯上与红色纱带重合的地方画，使上方部分红色纱带隐藏在酒杯后面。把左面红色纱多带出来的部分也用黑色画笔涂掉，切记要在蒙版上涂画。效果对比如图 3.36 所示。“图层”面板上显示如图 3.37 所示。

案例 3.10 视频

（a）使用前

（b）使用后

图 3.36 使用蒙版前后效果对比

红色纱带

图 3.37 “图层”面板中的图层蒙版

③ 打开图片“ch03\素材\e0303.jpg”，拖到海报中，放在“礼品袋”图层下方，“礼盒”图层上方，改图层名字为“六边形蓝背”，可以看到把下方礼盒全部遮挡。为本图层添加图层蒙版，用黑色画笔在蒙版上六边形区域涂画，露出下方礼盒。六边形边缘区域可以用灰色画笔涂画，使其有透明效果。右边多出部分也用黑色画笔涂抹。效果如图 3.38 所示，图层面板如图 3.39 所示。

图 3.38 图层蒙版效果

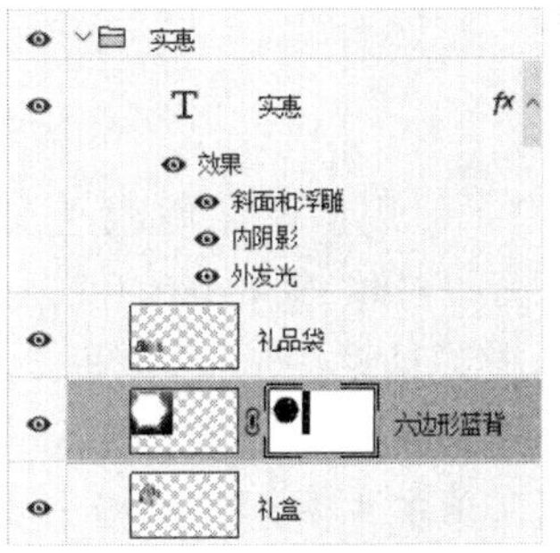

图 3.39 “图层”面板中的图层蒙版

④ 打开“新鲜”组，选择“水副本”图层，添加图层蒙板，用黑色画笔把多余部分画掉，如图 3.40 所示。“图层”面板如图 3.41 所示。

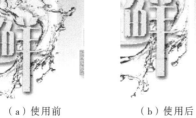

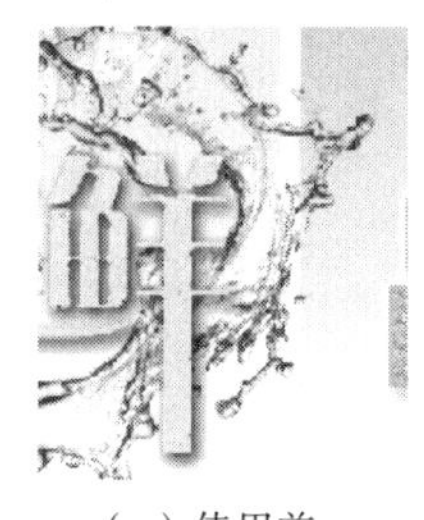
（a）使用前

（b）使用后

图 3.40 使用蒙版前后对比

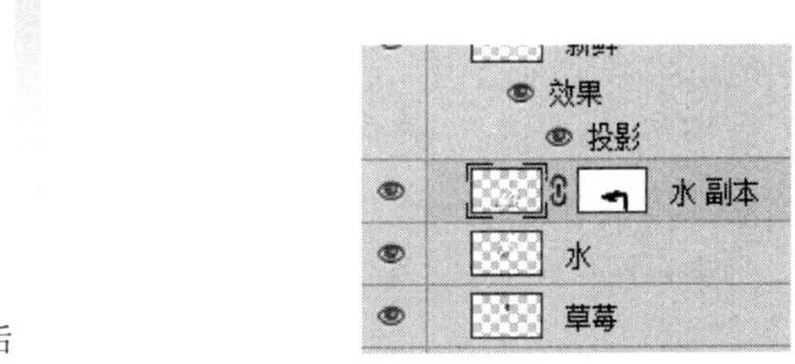

图 3.41 “图层”面板中的图层蒙版

⑤ 保存文件为 e0302e.psd。

【案例 3.11】使用剪贴蒙版和文字蒙版。

① 打开案例 3.8 所保存素材“ch03\素材\yundonghui2.psd”。

② 打开素材“ch03\素材\e0304.jpg”火焰图片，拖入 yundonghui2.psd 最上层，取名为火焰。单击工具栏中的文字工具，选择“横排文字工具”，如图 3.42 所示。在新拖入的火焰图片上写字“火一样的激情”，调整文字的大小和字体。

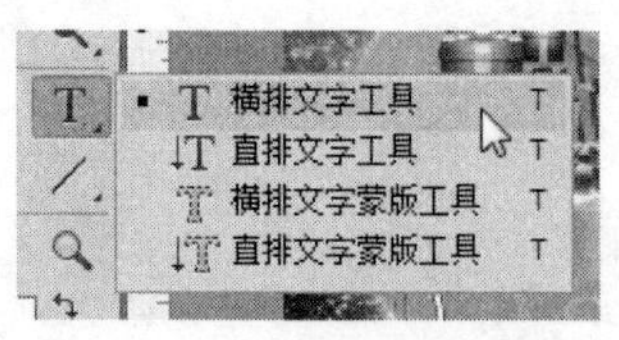

图 3.42　横排文字工具

案例 3.11 视频

③ 把“火焰”层移动到文字层的上方，单击选择“火焰”层，选择“图层”→“创建剪贴蒙版”命令，可以发现火焰层仅在下方文字区域内显示了颜色，文字变成了火焰色；为文字添加图层样式“斜面和浮雕”、“描边”、“内阴影”和“投影”，其中描边颜色选择深褐色。效果和“图层”面板如图 3.43 所示。

图 3.43　利用剪贴蒙版制作火焰字

④ 除了使用剪贴蒙版设置文字图片颜色效果，文字蒙版工具也可以达到这样的效果。打开“ch03\素材\e0305.jpg”绿叶图片，拖入 yundonghui2.psd 最上层，取名为绿叶。单击工具栏中的文字工具，选择“横排文字蒙版工具”，如图 3.42 所示，在绿叶图片合适位置输入“绿色运动 绿色理念”，选择合适的字体和大小。完成后文字显示为选区，单击“图层”面板下方的“添加图层蒙板”按钮，可以将文字选区变成蒙版，效果如图 3.44 所示。用同样的方法，在海报的左侧添加图片 e0306.jpg 并用竖排文字蒙版工具添加文字“中原工学院第 27 届大学生运动会”。

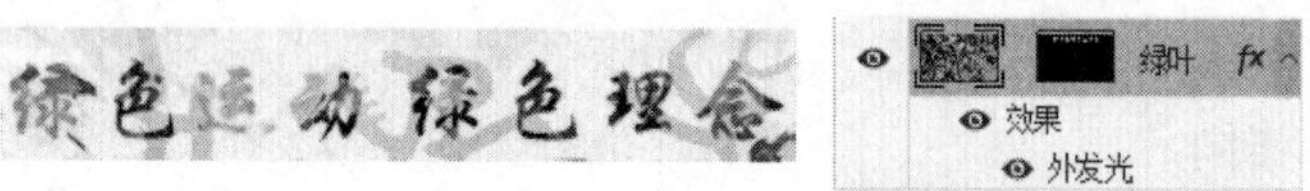

图 3.44　用横排文字蒙版工具制作绿叶字

⑤ 最终效果如图 3.45 所示。保存文件为 yundonghui3.psd。

图 3.45　运动会宣传海报效果

3.1.6 填充图层和调整图层

填充图层是具有实色、渐变或图案等填充效果的层，可以通过混合模式、不透明度及填充不透明度等方式影响其下面的图层。调整图层是包含图像调整信息(如色阶、曲线等)的层，可以像图像调整工具（如色阶、曲线等）那样调整其下面的图层。

添加填充图层的方法是选择“图层”→“新建填充图层”命令；添加调整图层的方法是选择“图层”→“新建调整图层”命令。以上操作打开的子菜单如图 3.46、图 3.47 所示。

纯色(O)...
渐变(G)...
图案(R)...

图 3.46　新建填充图层

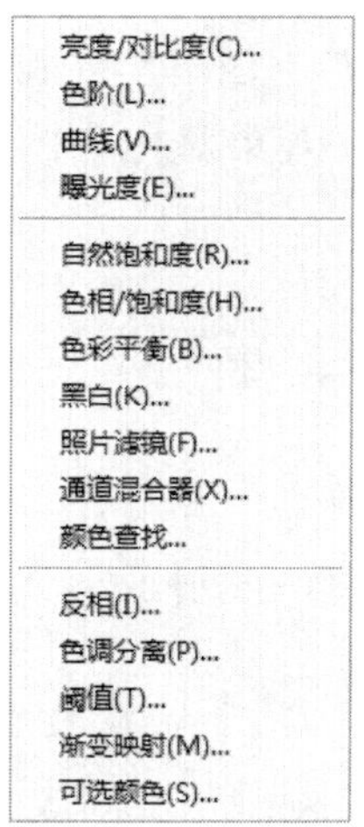

图 3.47　新建调整图层

添加这两种图层后，可以在“图层”面板中双击其左侧的缩略图来调整控制选项。也可以选择“图层”→“更改图层内容”命令，以改变填充图层和调整图层的影响方式，甚至可以将填充图层转变为调整图层或反之。

填充图层和调整图层的图层样式同样可以复制并应用到其他图层，这与普通的图层样式操作方式相同。删除填充图层和调整图层的方法也与普通图层相同。

【案例 3.12】利用填充图层修改效果。

① 用 Photoshop 打开教学资源文件“ch03\素材\e0302e.psd”。

② 选择“新鲜”组中的“鱼”图层。

③ 选择“图层”→“新建填充图层”→“纯色”命令，打开如图 3.48 所示的对话框，选中“使用前一图层创建剪贴蒙版”复选框，单击“确定”按钮。

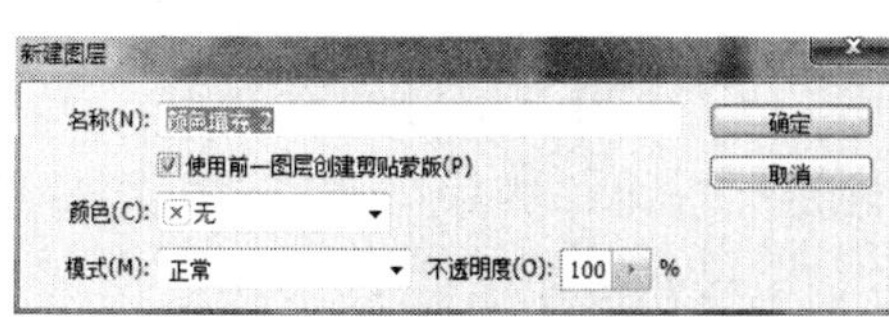

图 3.48 “新建图层”对话框

案例 3.12 视频

④ 在打开的“拾色器”对话框中输入颜色值为 277604，单击确定，如图 3.49 所示。

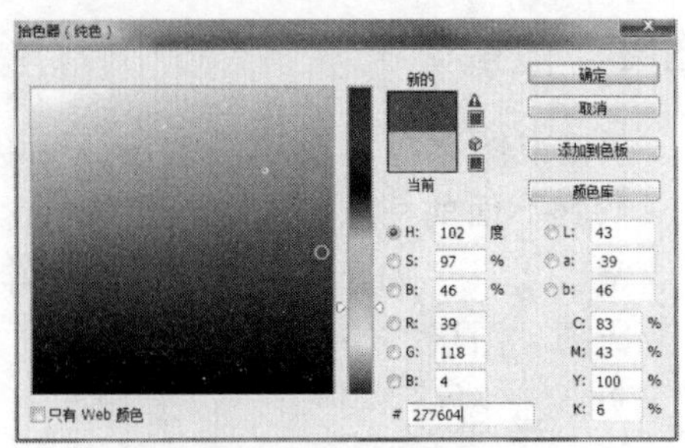

图 3.49　选择填充颜色

⑤ 完成后“图层”面板添加了一个填充图层，如图 3.50 所示。水状蓝色鱼变成了绿色的鱼。效果对比如图 3.51（a）和 3.51（b）所示，超市海报的最终效果如图 3.52 所示。

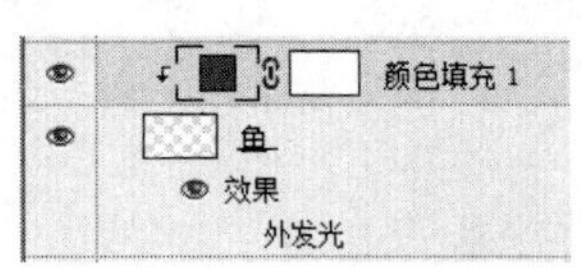

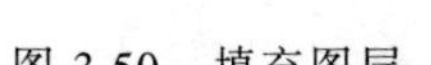

图 3.50　填充图层

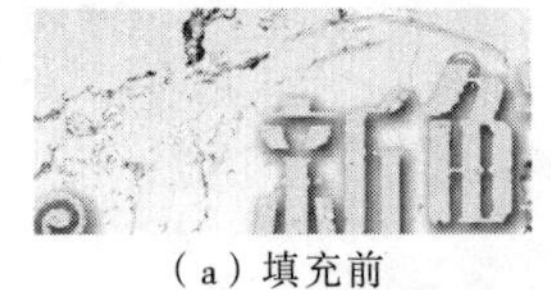

（a）填充前

（b）填充后

图 3.51　填充图层前后效果对比

图 3.52　超市海报最终效果

提示： 双击填充图层左侧的缩略图，可打开“渐变填充”对话框对各个选项进行调整。

【案例 3.13】 利用调整图层给辣椒换色。

案例 3.13 视频

① 用 Photoshop 打开教学资源文件“ch03\素材\e0307.jpg”。

② 双击背景层将其转换为普通图层“图层 0”。

③ 选择“图层 0”，选择“图层”→“新建调整图层”→“色相/饱和度”命令，在打开的“新建图层”对话框中，选中“使用前一图层创建剪贴蒙版”复选框，单击“确定”按钮，然后在“属性”面板中，进行如下设置，如图 3.53 所示，图层状态如图 3.54 所示。使用调整图层前后效果对比如图 3.55 所示。

提示： 选“使用前一图层创建剪贴蒙版”复选框后，添加的填充图层及调整图层将以其下的图层作为剪贴蒙版，此类图层共同对其下方某个相邻的图层起作用，这在“图层”面板中以缩进及箭头来明确地表示。

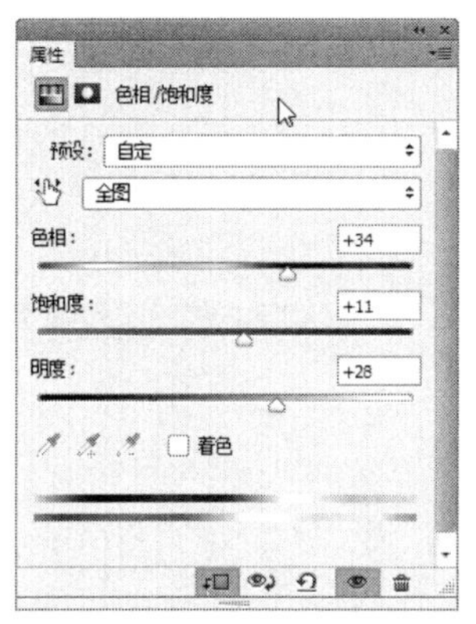

图 3.53　色相饱和度调整图层

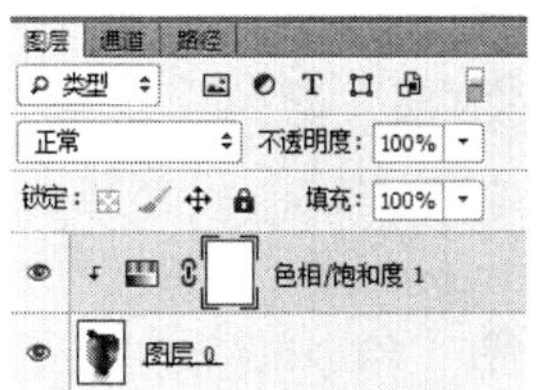

图 3.54　图层状态

（a）使用前

（b）使用后

图 3.55　使用调整图层前后效果对比

使用填充图层和调整图层的最大好处在于，原始素材不会受到任何影响，还可以随时改变填充图层的各项参数及调整图层的调整手段，不需要时可随时删除。增加更多的填充或调整图层可复合多种填充或调整方式以制作更精妙的效果。

3.2　抠图技巧

在日常处理图像时，经常需要将某一部分图像从原始图像中分离出来，成为单独的图层，然后再将这些图层与其他素材合成新的图像或作品。抠图的方法有很多，如利用套索、魔棒、橡皮擦等工具，或者采用蒙版、通道、滤镜、路径等方法。

3.2.1　抠图工具

1．套索工具组

套索工具组中包含 3 个工具。“套索工具”可直接用鼠标画出形状任意的选区。“多边形套索工具”适用于选区边界包含较多直线段的图形。“磁性套索工具”适合于背景对比强烈且边缘复杂的对象。

使用套索工具组中的工具时，应在选项栏中指定一个选区选项。其中：

- 新选区。建立一个新选区，原有选区将自动取消。
- 添加到选区。将新选区添加到原有选区中。
- 从选区中减去。从原有选区中扣除新选区域。

“套索工具”对于绘制手绘线段十分有用。在选区边缘的任意位置按下鼠标，然后沿着边界拖动鼠标到目标位置后，释放鼠标即可创建自由形状的选区。由于在实际操作中很难控制鼠标移动的轨迹，所以“套索工具”常用来修改已经存在的选区，例如在选区内部扣除一个区域。

【案例 3.14】使用“多边形套索工具”抠图。

① 打开教学资源中的指定文件“ch03\素材\e0308.jpg”。

② 选择“多边形套索工具”，在工具选项栏中单击“新选区”。

③ 单击要创建选区边缘的任意处，设置起始点。

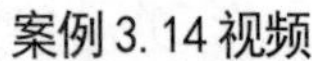

④ 沿着边界移动鼠标到需要转折的位置，单击产生一个端点（锚点）。

⑤ 重复步骤④，当鼠标指针与起始点重合时，指针旁边会出现一个闭合的圆，如图 3.56 所示。此时，单击将完成并建立选区（修改选区可参考下一个案例）。

⑥ 双击“图层”面板中的“背景”层，打开“新建图层”对话框，单击“确定”按钮，将背景图层转换为普通图层。

⑦ 选择“选择”→“反向”命令，反向选择选区，然后按【Del】键删除背景，按【Ctrl+D】快捷键取消选区，最终效果如图 3.57 所示。

图 3.56　建立选区

图 3.57　最终效果

有些对象的轮廓虽然复杂，但其边界与背景的对比较强烈，此时采用“磁性套索工具”更加方便快捷。“磁性套索工具”有几个比较重要的选项，其中：

- 宽度：指定检测的宽度。如果边缘明显，可以适当增加宽度，而进行精细选择时，应该减少宽度。
- 对比度：套索对图像边缘的灵敏度，如果边缘不清晰，则需要提高对比度。
- 频率：频率越高产生的控制点（锚点）越多，选取的区域越精细。

在边缘清晰的图像上，可以采用较大的“宽度”和较低的“对比度”，然后大致跟踪边缘。在边缘较柔和的图像上，则应反之，以便精确地跟踪边缘。

提示：按【Caps Look】键，可以将鼠标指针由改为圆形⊕，或者反之。当鼠标指针为圆形时，按右方括号键【]】，可使圆形指针变大，按左方括号键【[】，可使圆形指针变小。

【案例 3.15】使用“磁性套索工具”抠图。

案例3.15视频

① 打开教学资源中的指定文件“ch03\素材\e0309.jpg”。

② 选择“磁性套索工具”，按图 3.58 所示调整工具栏选项。

羽化: 3 px ☑消除锯齿 宽度: 15 px 对比度: 35% 频率: 60

图 3.58 选项设置

③ 单击选区边缘任意处，设置起始点。沿着边界移动鼠标，将在边界上自动产生一个个锚点。当鼠标指针移动到起始点，指针旁出现一个闭合圆时，单击完成选区，如图 3.59 所示。

提示：在软件不能很好地自动创建锚点的地方，可单击鼠标进行手工设置。按【Del】键可以删除前一个锚点。

④ 放大显示图像，观察选区边缘，对于多选或者少选的部分，可选用“套索工具”或者“多边形套索工具”对局部进行修整。修整时根据需要，选择“添加到选区”（见图 3.60），或者“从选区中减去”，如图 3.61 所示。

⑤ 双击“图层”面板上的“背景”层，将背景图层转换为普通图层。

⑥ 选择“选择”→“反选”命令，按【Del】键删除背景（见图 3.61），按【Ctrl+D】快捷键取消选区。

图 3.59 建立选区

图 3.60 局部加选

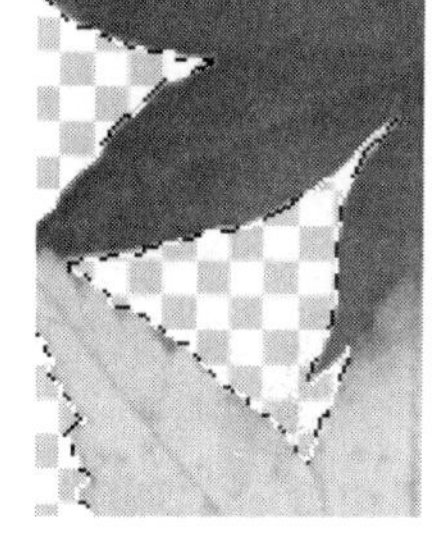

图 3.61 局部减选

2. 魔棒抠图

“魔棒工具”适合选择颜色较一致的区域，而不必像使用套索工具那样跟踪物体的轮廓。使用该工具，应在选项栏上指定颜色的容差，选区的范围等，其中：

- 容差：确定与选定点像素的颜色近似值，数值越大选择的相近颜色的范围越大。
- 连续：只选中连续的区域，否则将会选择整个图像中的相近颜色区域。
- 消除锯齿：创建较平滑边缘的选区。

【案例 3.16】使用“魔棒工具”抠图。

案例3.16视频

① 打开教学资源中的指定文件“ch03\素材\e0310.jpg”。

② 选择“魔棒工具”，在工具选项栏上设置相关参数，如图 3.62 所示。

图 3.62 魔棒工具选项

③ 单击白色背景部分，即可自动产生选区，如图 3.63 所示。

④ 可以使用套索工具，将没有选中的区域，添加到选区。有必要时，放大显示以修改选区的边缘部分。

使用“魔棒工具”时，“容差”的选择和单击的位置都很重要。“容差”不同，或者单击位置不同，都会影响选区的范围。图 3.64 所示为执行“魔棒”抠图后的结果。

图 3.63　原图

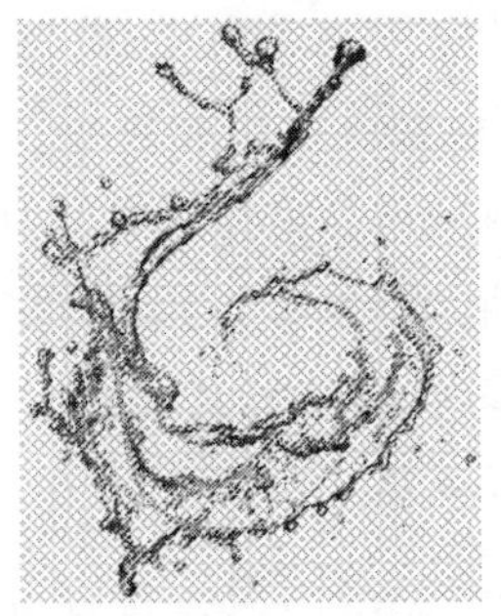

图 3.64　执行“魔棒”抠图后的结果

提示：使用魔棒后，选区内部难免存在若干没有选中的地方，可用套索工具将其添加到选区。对于外部多选的区域，同样可以用套索工具将其去除。

3．快速选择工具

“快速选择工具” 是对魔棒的升级，可以拖动“快速选择工具”绘制出一个选区。拖动时，如果选择了“添加到选区” ，选区会向外扩展并自动查找图像中定义的边缘。选择“从选区中减去” 时，拖动将减少选区。

单击选项栏中 右侧的下拉按钮，可以在图 3.65 所示界面中更改“快速选择工具”的画笔大小、硬度等。选中选项栏中的“自动增强”复选框，可自动增强边缘，以得到更好的选区。单击“调整边缘”按钮，打开“调整边缘”对话框，可手动调节“平滑”、“对比度”和“半径”等选项。

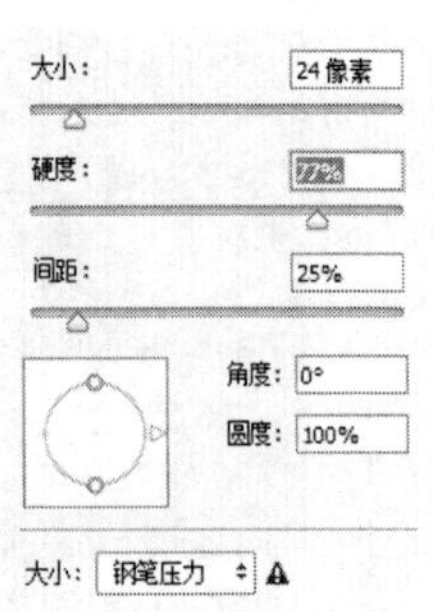

图 3.65　画笔选项

【案例 3.17】使用“快速选择工具”抠图。

① 打开教学资源中的指定文件“ch03\素材\e0311.jpg”和“ch03\素材\e0312.jpg”，如图 3.66 和图 3.67 所示。

图 3.66　花朵素材

图 3.67　鸽子素材

案例 3.17 视频

② 选择“快速选择工具” ，参考图 3.68 调整工具选项。

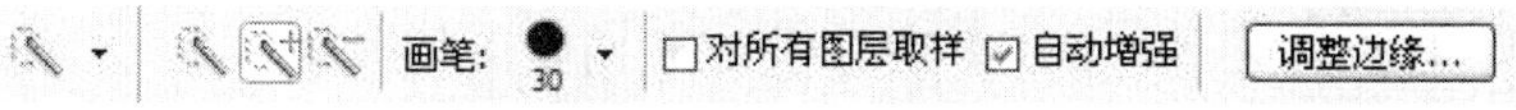

画笔: 30 □对所有图层取样 ☑自动增强 调整边缘...

图 3.68 工具选项

③ 按下鼠标左键并在鸽子上拖动选中整个鸽子。

提示：若出现了多选的部分，可先单击选项栏中的“从选区中减去”按钮，然后在多选的部分单击或拖动鼠标将其从选区中去除。在选取细节部分时，还需要调整“画笔”的大小，也可以用套索工具辅助选取细节。

④ 选择“移动工具”，将选区中的鸽子图像拖动复制到花朵图像窗口。按【Ctrl+T】快捷键打开变形控件，调整花朵的位置及大小，完成后如图 3.69 所示。

图 3.69 合成图像

提示：按【Caps Lock】键，可以切换工具指针的形状。当工具指针为圆形时，按右方括号键【]】，可增大“快速选择工具”画笔的大小；按左方括号键【[】，可减小“快速选择工具”画笔的大小。其他带有“画笔”选项的工具均有此操作特点。

3.2.2 橡皮擦抠图

橡皮擦工具组中包含 3 个工具：“橡皮擦工具”、“背景橡皮擦工具”和“魔术橡皮擦工具”。下面逐一介绍它们的功能和使用方法。

1. 橡皮擦工具

在背景层或者锁定透明度的普通图层中，“橡皮擦工具”擦除过的区域为背景色，其他情况擦除过的区域为透明。

对于形状简单或者不需要精确控制边界的图形，可使用“橡皮擦工具”抠图。

【案例 3.18】 使用“橡皮擦工具”抠图并合成图像。

① 打开教学资源中的指定文件“ch03\素材\e0313.jpg”和“ch03\素材\e0314.jpg”，如图 3.70 和图 3.71 所示。

图 3.70 酒杯素材

图 3.71 酒瓶素材

案例 3.18 视频

② 使用“移动工具”将“酒瓶”拖动复制到“酒杯”窗口中。按【Ctrl+T】快捷键显示“自由变换”控件，根据“酒杯”图层调整“酒瓶”图层的位置与大小，按【Enter】键完成变换。

③ 选择“橡皮擦工具”，并参考图 3.72 调整工具选项。

④ 按下并拖动鼠标，擦除“酒瓶”周围图像，最终的合成效果如图 3.73 所示。

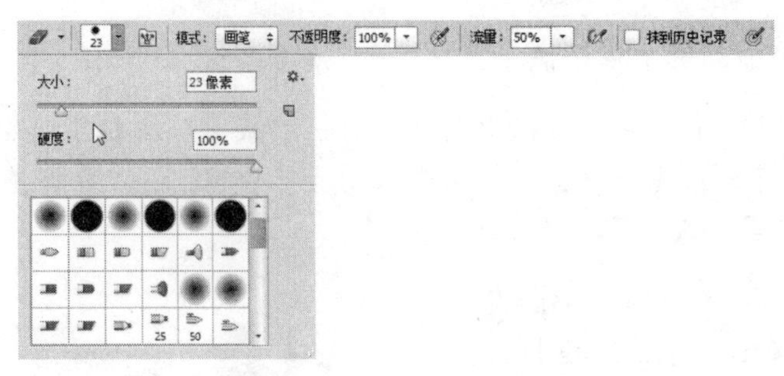

图 3.72　橡皮擦工具选项

图 3.73　合成效果

提示：选择“橡皮擦工具”后，还可根据需要设置选项栏中的“不透明度”和“流量”。

2. 背景橡皮擦工具

“背景橡皮擦工具”是以类似于“魔棒工具”的原理删除图像中的内容。使用时应先设置适当的工具选项，如图 3.74 所示。

图 3.74　背景橡皮擦工具选项

相关说明如下：

- “画笔”大小：决定了排查范围的大小，对颜色变化细微的部分宜取大值，反之则应取小值。
- “取样”方式：决定了样本颜色的选取方式。选中“取样：连续”，表示样本颜色随画笔中心点的颜色值按一定的尺度比例不断重新选取；选中“取样：一次”，表示样本颜色在每次按下鼠标左键时在画笔中心点采集得到；选中“取样：背景色板”，表示始终以当前背景色的值作为样本颜色，常用于欲去除区域颜色非常接近的情况。
- “限制”：决定了查找及删除像素点的方式，有“不连续”“连续”“查找边缘”3 种。“连续”表示以上下、左右邻近发现的方式查找并删除满足条件的像素点；“不连续”表示在“画笔”大小所指定的范围内查找并删除相关像素，无论其是否相邻；“查找边缘”是在“连续”的基础上再对边缘实施优化处理。
- “容差”：决定了对像素点颜色过滤的宽或严，其值小表示符合条件的像素点必须与样本颜色有更高的相似度，反之则更宽松以实现大面积的删除。
- “保护前景色”：勾选此项可保护与当前前景色非常接近的像素点不被删除。

案例 3.19 视频

【案例 3.19】使用“背景橡皮擦工具”抠图并合成。

① 打开教学资源中的文件“ch03\素材\e0315.jpg”和“ch03\素材

\e0316.jpg”，如图 3.75 和图 3.76 所示。

② 选择“球网”图像窗口，单击工具箱中的“背景橡皮擦工具”，参照图 3.74 在选项栏上调整“画笔”，选择“取样：一次”，设置“容差”为 20%。

③ 沿球网线附近的背景区单击或拖动，去除邻近的图像，如图 3.77 所示。

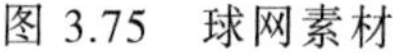

图 3.75　球网素材

图 3.76　风景素材

图 3.77　将球网线抠出

④ 选择“风景”图像窗口，选择“滤镜”→“模糊”→“高斯模糊”命令，在打开的对话框中按如图 3.78 所示进行设置，将图片进行模糊处理。

⑤ 选择“移动工具”移动球网至“风景”图像窗口，然后按【Ctrl+T】快捷打开任意变形控件，调整球网的位置及大小并单击按钮返回，利用背景橡皮擦做进一步处理，最后效果如图 3.79 所示。

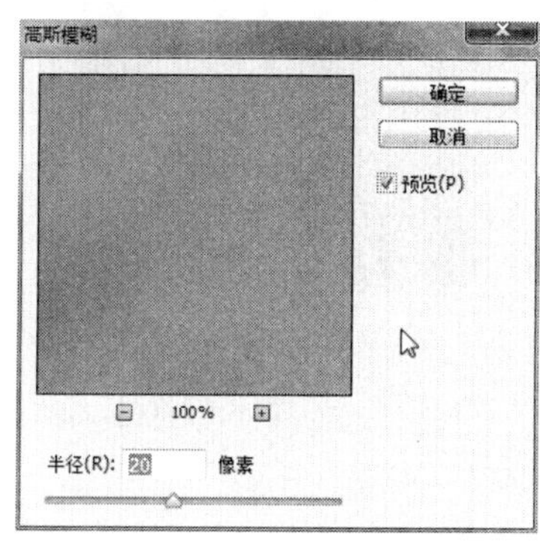

图 3.78　高斯模糊

图 3.79　合成效果

3. 魔术橡皮擦工具

可以将“魔术橡皮擦工具”理解为“魔棒工具”和“橡皮擦工具”的结合。使用“魔棒工具”单击图像仅选择颜色相似部分，而使用“魔术橡皮擦工具”单击图像则在选择的同时，还会删除这些颜色区域。被删除的部分成为图层中的透明区。

案例 3.20 视频

【案例 3.20】利用“魔术橡皮擦工具”更换背景。

① 打开教学资源“ch03\素材”中的 e0317.jpg 和 e0318.jpg，如图 3.80、图 3.81 所示。

图 3.80　花朵素材

图 3.81　女孩素材

② 先选择“花朵”窗口，然后选择“魔术橡皮擦工具”，参考图 3.82 调整选项栏上的设置。

图 3.82　选项栏设置

③ 单击背景将其去除，若未去除干净可再点击需要去除的位置，擦除细节时可适当调整“容差”，抠出的花朵如图 3.83 所示。

④ 使用“移动工具”将花朵拖动到小女孩的图像窗口中，调整位置、大小等，最终效果如图 3.84 所示。

图 3.83　去除花朵的背景

图 3.84　最终效果

3.2.3　毛发抠图

在不少图片中，人物头发和动物毛发是比较凌乱的，这在做合成时会比较麻烦，Photoshop 针对这种情况提供了相应的方法。在 Photoshop 中最早出现的是“抽出”滤镜工具，是由第三方开发的专用工具；在新版的软件中自带了相应的功能来解决此类问题，所以就不再单独提供“抽出”滤镜工具。

【案例 3.21】给宠物狗更换背景。

案例 3.21 视频

① 打开教学资源中的指定文件“ch03\素材\e0319.jpg”，按【Ctrl+J】快捷键创建一个背景图层的副本。

② 选择背景图层，选择“图层”→“新建填充图层”→“纯色”命令，在背景图层之上创建一个“蓝色”的填充图层，用来模拟新的背景层，此时的图层面板如图 3.85 所示。

图 3.85 “图层”面板状态图

③ 使用“快速选择工具”创建宠物选区。

④ 单击工具选项栏中的“调整边缘”（新版软件中为“选择并遮住”）按钮，打开“调整边缘”对话框或“属性”面板中。

⑤ 调整“视图”为“白底”，选中“显示边缘”复选框，调整“边缘检测”的半径值为10像素，调整“输出设置”的“输出到”为“图层蒙版”，如图3.86所示。

⑥ 选择“调整边缘画笔工具”，然后以添加到选区的方式将宠物的毛发添加进来，完成后如图3.87所示。

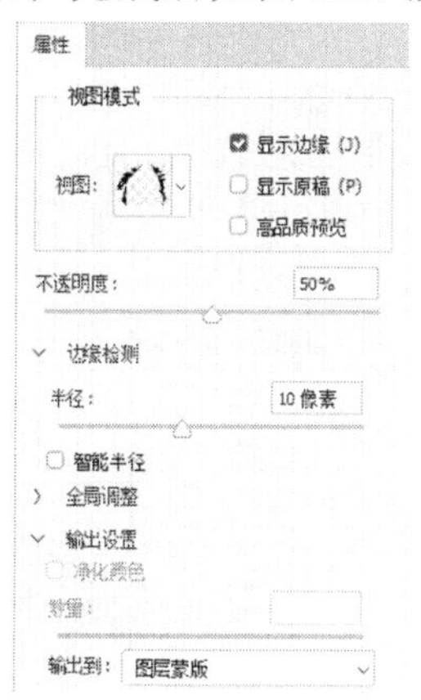

图 3.86 调整边缘选项

图 3.87 加选后的效果

⑦ 单击“确定”按钮完成操作，最终效果如图3.88所示。

图 3.88 换过背景的宠物

3.2.4 通道抠图

通道是 Photoshop 中非常重要的一部分内容，根据其保存信息的含意，通道可分为原色通道、专色通道和 Alpha 通道。无论是哪种类型的通道，都和蒙版类似，只能在其中看到黑色、白色和灰色三类颜色。

原色通道存储的是各原色（RGB 或 CMYK）的亮度或浓度值，RGB 模式下黑色表示亮度为零，CMYK 模式下黑色表示浓度最高。改变原色通道中的信息将直接造成图像的颜色变化，因此其基本用途是调色。

专色通道是专门针对印刷业的颜色描述通道，其中同样记录着颜色的色值信息，只不过相应的颜料是特别配制的，能产生诸如镏金等特殊效果。专色通道需要单独创建，其中的黑、白、灰色的含意与原色通道相同。

Alpha 通道是种特殊通道，专门用于存储选区及针对选区进行处理后的信息。在 Alpha 通道中，黑色表示非选区，白色表示选区，灰色表示对选区处理后的影响范围及强弱。

在“通道”面板下方，有“将通道作为选区载入”、“将选区存储为通道”、“创建新通道”及“删除当前通道”4 个按钮。无论是通过选区创建还是直接新建的通道都是 Alpha 通道，是描述选区的一类通道。

【案例 3.22】利用通道抠图。

分析：原色通道虽然用于存储各原色颜色值信息，但如果运用适当，也可以利用其达到其他的目的，常见的一种操作就是利用通道抠图。本案例就是利用通道抠出光束并与背景融合。

① 打开教学资源中的指定文件“ch03\素材\e0323.jpg”，如图 3.89 所示。

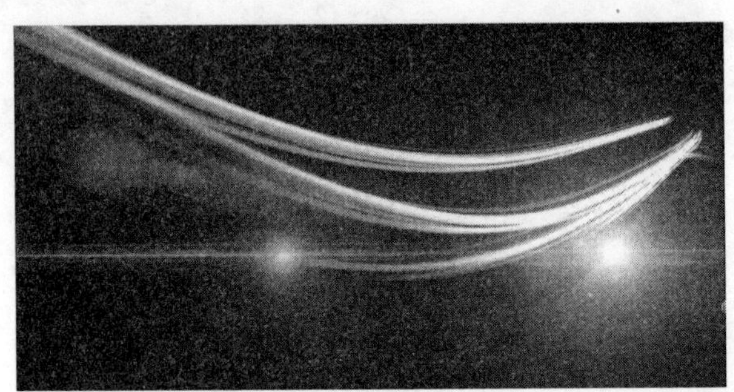

图 3.89 火焰素材

案例 3.22 视频

② 开“通道”面板。在“通道”面板中，分别选择并拖动红、绿、蓝通道至面板底部的“创建新通道”按钮，建立 3 个通道的副本，完成后如图 3.90 所示。

说明：原色通道中的任何变化都会即刻造成图像的变化，为避免此种情况，通常会像步骤②一样制作需要利用的原色通道的副本。

③ 在“通道”面板中，按住【Ctrl】键并单击“红拷贝”通道以该通道建立选区。然后，切换到“图层”面板并新建一个图层，设置前景色为红色（255,0,0），再按【Alt+Delete】快捷键在新图层中将选区填充为红色。

④ 重复步骤③，分别以“绿拷贝”和“蓝拷贝”通道建立选区，并在两个新图层中分别填充绿色（0,255,0）和蓝色（0,0,255）。完成后的“图层”面板如图 3.91 所示。

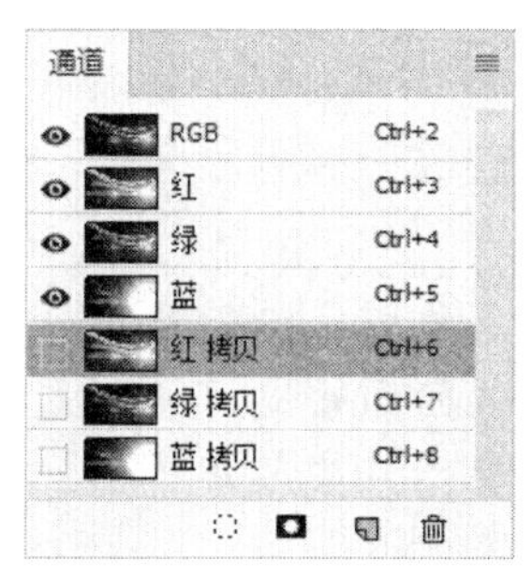

图 3.90　建立通道副本图

图 3.91　分色填充后的“图层”面板

⑤ 图 3.91 所示的“图层”面板中，分别选择“图层 1”和“图层 2”并调整图层混合模式为“滤色”。然后，将图层 1、2、3 全部选中，按【Ctrl+E】快捷键合并图层并隐藏“背景”图层。完成后的图像窗口及“图层”面板如图 3.92 所示。

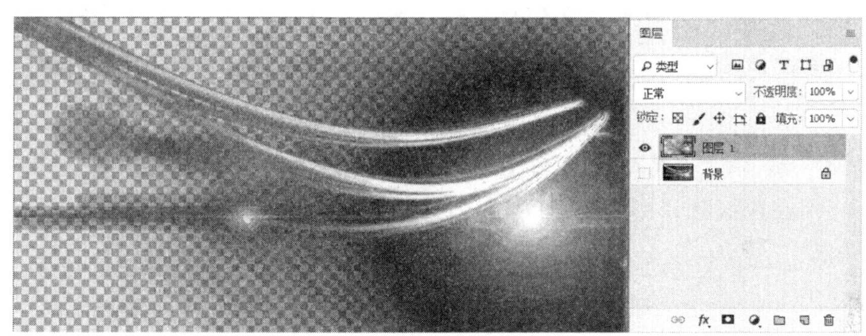

图 3.92　抠图效果和“图层”面板

⑥ 打开例 3.21 保存的案例，把抠出的光晕拖入，并调整大小，最终效果如图 3.93 所示。

图 3.93　合并后的效果

习　题

一、问答题

1. 在对一幅打开的图像进行了 20 步操作后，需要将图像中的一个局部恢复到第 10 步时的操作结果，可以使用哪个工具来完成？

2. 什么是图层？图层分为哪几种类型？如果“图层”调板不可见，怎样将其开启？怎样同时选择多个图层？

3. 在为图层添加图层蒙版后，怎样才可以在图层蒙版上进行操作？

4. 怎样将一个图层中的图层样式效果复制到其他的图层或另一个文档中？

5. 在创建剪贴蒙版时，应该将被剪贴的图层放置在基底图层的上方还是下方？

6. 怎样为图像或文字添加渐变或图案的描边效果？

二、操作题

1. 模仿案例 3.2，在不同的图层上分别绘制出红色、绿色和蓝色矩形。然后，利用图层混合模式，模拟出加色原理的色彩叠加效果。

2. 选取风景图像和人像图像各一幅，仿照案例 3.20 将它们合成为一幅图像。

3. 选取一幅具有曝光缺陷或者偏色的图像，利用调整图层进行校正。

提示：在新建调整图层时，可根据需要选用色阶、曲线、亮度/对比度、色相/饱和度等方法。

4. 选取一幅用作背景的图像和 1~2 幅用来抠图的图像，试用 2~3 种不同的方法进行抠图，然后将抠取的图形与背景图像合成一幅图像。

提示：不同的抠图方法适用于不同特点的图形，操作时可预选若干种方法进行比较，根据抠图效果选出一种较合理的方法后，再精细地抠取出所需图形。

5. 选用操作题 4 中的素材（或者另行选取），采用蒙版进行图片的合成。

要求：至少选用 3 幅图像，一幅作为背景图层，另外两个图层分别选用两幅不同的图像，采用蒙版技术将它们组合为一幅完整的作品。

6. 选择一幅老虎图像，利用剪贴蒙版和横排文字蒙版工具分别制作虎纹字。

7. 请搜索一幅火焰的图像，利用通道将火焰抠出。

8. 模仿某影视剧海报，或者某婚纱摄影，设计并制作一个完整作品。

要求：根据所选题材搜集所需图文资料。具体制作前，先画出草图，再利用前一章和本章学到的理论、方法和手段完成制作。要求作品布局合理，色彩协调，画面简洁、美观，必须配有相关文字。

第 4 章 Flash 动画基础 «<

本章导读

Flash 作为一款当今最为流行的二维动画制作工具，以其操作简单、功能强大、易学易用、浏览速度快等特点深受广大网页设计人员的喜爱。本章以 Flash CC 的工作环境介绍入手，全面讲述了 Flash CC 的动画制作基础知识，包括 Flash 绘图、帧、图层、时间轴、元件等。

本章要点

- Flash CC 的工作环境和基本操作。
- Flash 绘图基础和绘图工具。
- 帧、时间轴、图层与元件。

4.1 Flash CC 工作环境概述

Flash CC 以便捷、完美、舒适的动画编辑环境，深受广大动画制作爱好者的喜爱。在制作动画之前，先对工作环境进行介绍。

4.1.1 工作环境简介

1. 欢迎屏幕

运行 Flash CC，首先看到的是“欢迎屏幕”，“欢迎屏幕”将常用的任务都集中放在此界面中，包括“从模板创建”“打开最近的项目”“新建”“扩展”“学习”，以及对官方资源的快速访问，如图 4.1 所示。

如果要隐藏“欢迎屏幕”，可以选中“不再显示”复选框，然后在打开的对话框中单击“确定”按钮。

2. 工作窗口

在“欢迎屏幕”中，选择“新建”下的 ActionScript 3.0，即可启动 Flash CC 的工作窗口并新建一个影片文档，如图 4.2 所示。

Flash CC 的工作窗口由标题栏、菜单栏、文档选项卡、编辑栏、时间轴、工作区和舞台、工具箱以及各种面板组成。

（1）标题栏

自左到右依次为控制菜单按钮 Fl 、功能菜单 文件(F) 编辑(E) 、工作区布局选择按钮 传统 ▾ 和窗口控制按钮 — □ ✕ 。

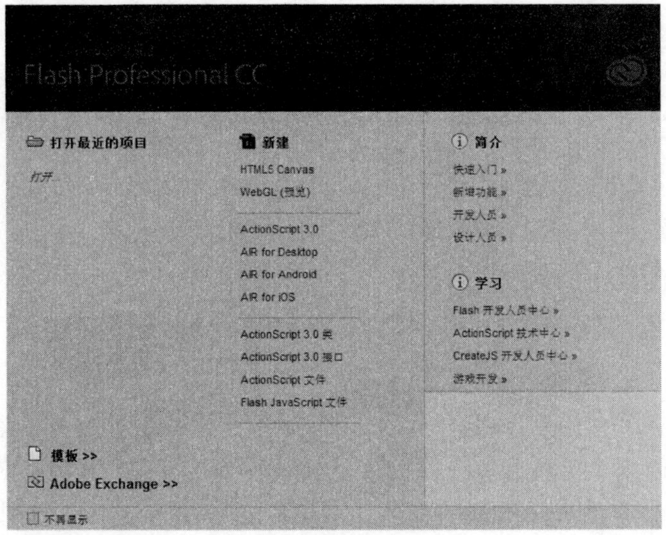

图 4.1　欢迎屏幕

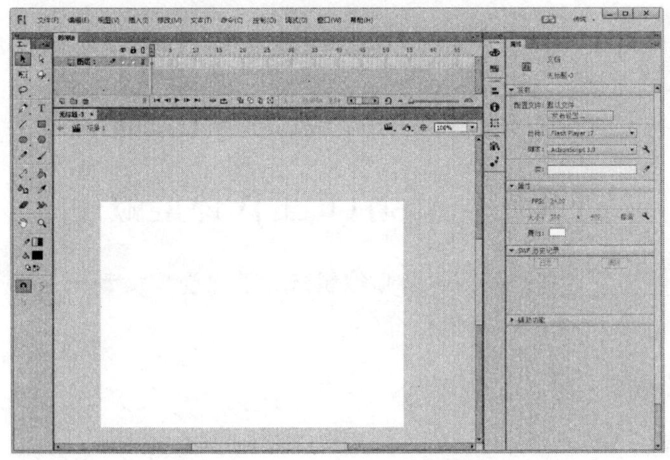

图 4.2　Flash CC 的工作窗口

（2）菜单栏

在其下拉菜单中提供了几乎所有的 Flash CC 命令项，共有 11 个菜单。

（3）时间轴

用于组织和控制文档内容在一定时间内播放的图层数和帧数。

（4）文档选项卡

主要用于切换当前要编辑的文档。

（5）编辑栏

可以用于显示当前场景、“编辑场景”和“编辑元件”的切换、舞台显示比例设置等。

（6）工具箱

Flash 提供了功能强大的工具箱，位于窗口的左边，由“工具”、“查看”、“颜色”和“选项”4 个区域组成。在 Flash CC 中，工具箱可以自由地安排为单列、双列或多列

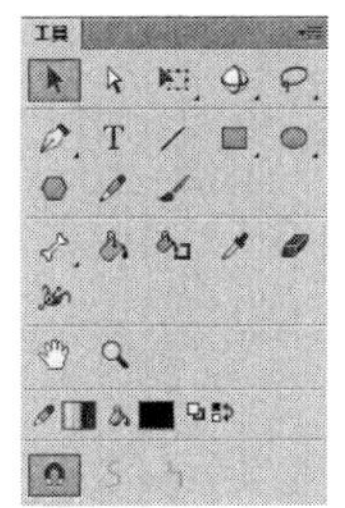
图 4.3　工具箱

显示，也可以自由地改变显示位置。图 4.3 所示为显示为多列的状态。

（7）工作区和舞台

Flash CC 中最大的矩形区域即为工作区，可以在上面存储多个项目。舞台是在工作区中放置动画内容的矩形区域，可以是矢量插图、文本框、按钮、导入的位图图形或视频剪辑等。

（8）面板

多个面板围绕在舞台的右面，包括常用的“属性”面板、“颜色”面板和“库”面板等。这些面板可以通过“窗口”菜单设置显示或隐藏，也可以缩小为面板图标。

4.1.2 Flash CC 文档的基本操作

使用 Flash CC 制作动画，就要熟练掌握文档的基本操作。

1. 新建文件

在 Flash CC 中选择“文件”→“新建”命令，选取相应的 Flash 文件类型即可。当创建空白 Flash 文件后，文档属性是默认的。

2. 文档属性设置

要想查看或修改文档属性，可以在“属性”面板，还可以选择“修改”→“文档”命令，打开相应的对话框，设置文档的 “尺寸”“背景颜色”“帧频”等选项。

3. 保存文件

选择“文件”→“保存”命令，将 Flash 文件保存为 FLA 格式的文件。Flash 中一个完整的动画文件包括两种基本格式的文件：一个是源文件，格式是 FLA；一个是浏览文件，格式是 SWF，后者只作为浏览动画使用。

4. 测试动画

选择“控制”→“测试影片”→“在 Flash Professional 中”命令，可以在 Flash 播放器中测试动画，也可以按【Ctrl+Enter】快捷键测试动画。

5. 打开文件

选择“文件”→“打开”命令，可以在 Flash 中打开格式为 FLA 或者 SWF 的文件，前者可以编辑。

6. 导入文件

选择“文件”→“导入”下的相应命令，可以完成相应的导入操作。

7. 发布动画

选择“文件”→“发布设置”命令，可以设置输出文件的类型等，然后单击“发布”按钮，即可发布动画。

4.2 Flash CC 绘图基础

Flash CC 提供了丰富易用的绘图工具和强大便捷的动画制作系统，可以帮助用户制作出丰富多彩的 Flash 图形和动画。

图形的绘制是制作动画的前提，也是制作动画的基础，本节从绘图工具入手，通过工具介绍和实例操作的方式对 Flash CC 工具箱中的工具进行介绍。

4.2.1 Flash 绘图基础

绘制图形是创作 Flash 动画的基础，在学习绘制和编辑图形的操作之前，首先要对 Flash 中的绘图和色彩模式有清晰的认识。

1．绘图

使用工具箱中的绘图工具，可以方便地创建各种基本形态的对象。使用绘图工具所绘制的图形都是矢量图。矢量图也称向量图，是根据矢量数据计算生成的图像，其特点是文件体积较小，可以任意放大缩小，在进行放大或缩小操作之后，图形的清晰度不会受到影响。

Flash 中绘制的矢量图形是由笔触和填充构成的，在绘制各种图形时，应当设置图形的笔触颜色、填充颜色以及笔触的粗细、样式等属性。在工具箱的“颜色”区可以设置图形的笔触颜色和填充颜色，也可在“颜色”面板中设置。

Flash 提供了两种绘制模式：合并绘制模式和对象绘制模式。

（1）合并绘制模式

绘制的图形重叠以后会自动合并，移动上面的图形会改变其下方的图形，如图 4.4 所示。用这种绘制模式绘制的图形成为“形状”。

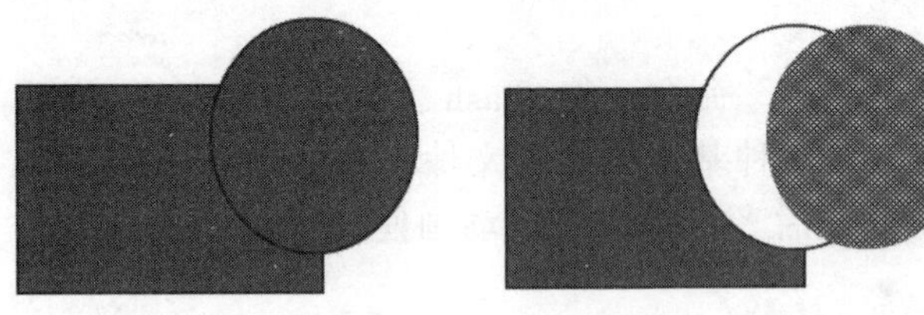

图 4.4　合并绘制

（2）对象绘制模式

绘制的图形形成独立的图形对象，多个图形之间可上下移动，改变它们的层叠顺序，如图 4.5 所示。用这种绘制模式绘制的图形成为“绘制对象”。

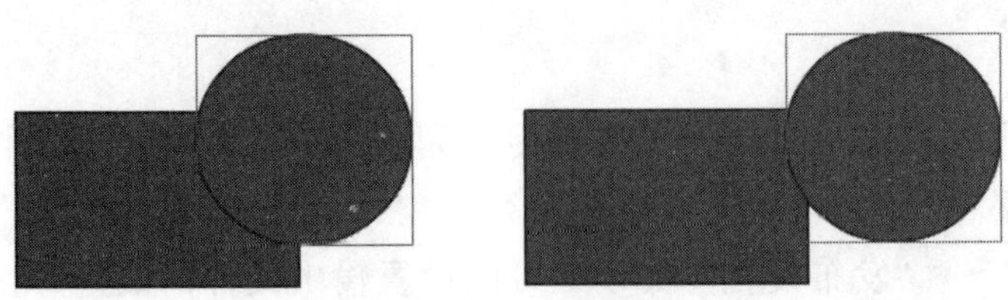

图 4.5　对象绘制

2．图形的色彩模式

不同颜色在色彩的表现上存在某些差异，根据这些差异，色彩被分为若干种色彩模式，如 RGB 模式、灰度模式、索引颜色模式等。在 Flash CC 中，程序提供了两种色彩模式：RGB 色彩模式和 HSB 色彩模式。

4.2.2 绘图工具

1. 线条工具

"线条工具"用于绘制各种笔触样式的矢量直线。选择工具箱中的"线条工具"，将鼠标移动到舞台上，单击并向某个方向拖动，可以绘制出一条直线。通过"属性"面板，可以设置线条的填充和笔触的各项参数。其主要参数选项的具体作用如下：

- 笔触颜色：可以设置线条的笔触和线条内部的填充颜色。
- 笔触：可以设置线条的笔触大小，也就是线条的宽度。
- 样式：可以设置线条的样式，如实线、虚线、点状线等。
- 宽度：可以设置线条的可变宽度配置。
- 端点：设置线条的端点样式，可以选择"无""圆角""方型"。
- 接合：设置两条线段相接处的拐角端点样式，可以选择"尖角"、"圆角"或"斜角"。

使用"线条工具"的操作步骤如下：

① 选择工具箱中的"线条工具"。

② 根据需要在选项区中选择"对象绘制"模式。

③ 在"线条工具"的"属性"面板中设置线条的填充和笔触的各项参数。

④ 在舞台中拖动鼠标，绘制线条。

使用"线条工具"可以绘制各种样式的线条，图 4.6 从左到右依次为实线、虚线、点状线、锯齿线、点刻线和宽度不同的实线。

图 4.6 各种样式的线条

按住【Shift】键，可以绘制水平线、垂直线和 45° 线条。

2. 铅笔工具

"铅笔工具"用于绘制简单的矢量线条，其绘图方式与使用真实铅笔大致相同。选择工具箱中的"铅笔工具"，将鼠标移动到舞台上，单击并向某个方向拖动，可以绘制出不同的线条。通过"属性"面板，可以设置线条的填充和笔触的各项参数。

"铅笔工具"提供了"伸直"、"平滑"和"墨水"3 种绘图模式。绘制前，可先选择工具箱底部的"铅笔模式"，选择一种绘图模式，如图 4.7 所示。

使用"铅笔工具"的操作步骤如下：

① 选择工具箱中的"铅笔工具"。

② 根据需要在选项区中选择"对象绘制"模式。

③ 选择需要的"铅笔模式"。

④ 在"铅笔工具"的"属性"面板中设置线条的填充、笔触及平滑度的各项参数。

⑤ 在舞台中拖动鼠标，绘制线条。

图 4.8 绘制的线条依次采用了"伸直"、"平滑"和"墨水"模式。

伸直
平滑
墨水

图 4.7　铅笔模式

图 4.8　各种样式的线条

用“铅笔工具”所绘制的线条颜色、粗细和线型等的设置，其主要参数选项具体参数参考与“线条工具”类似。

3．矩形工具

Flash 提供了两种绘制矩形的工具，即矩形工具和基本矩形工具。

“矩形工具”用于绘制矩形和正方形。选择工具箱中的“矩形工具”，将鼠标移动到舞台上，单击并向某个方向拖动，可以绘制出一个矩形。通过“属性”面板，可以设置矩形的笔触颜色、线型、粗细、填充颜色和矩形边角半径等。其主要参数选项的具体作用如下：

- 笔触颜色：可以设置矩形的笔触颜色，即矩形的外框颜色。
- 填充颜色：可以设置矩形的内部填充颜色。
- 笔触：可以设置线条的笔触大小，也就是线条的宽度。
- 样式：可以设置线条的样式，如实线、虚线、点状线等。
- 矩形选项：设置矩形的边角半径，正值为正半径，负值为反半径。

使用“矩形工具”的操作步骤如下：

① 选择工具箱中的“矩形工具”。

② 根据需要在选项区中选择“对象绘制”模式。

③ 在“矩形工具”的“属性”面板中设置“矩形选项”中的圆角度数。

④ 在“矩形工具”的“属性”面板中设置填充和笔触的各项参数。

⑤ 在舞台中拖动鼠标，绘制图形。

使用“矩形工具”可以绘制各种不同的矩形。图 4.9 所示为设置了不同属性时绘制的矩形。

图 4.9　各种样式的矩形

4．基本矩形工具

用“基本矩形工具”绘制的矩形，如果对矩形圆角的度数不满意，可以随时自由地修改。图 4.10 所示为对矩形圆角的度数调整前后的图形。

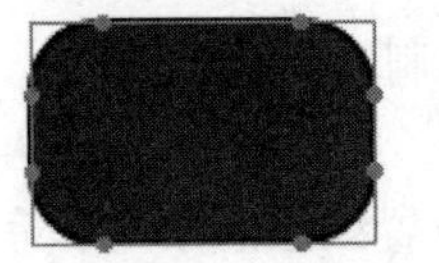 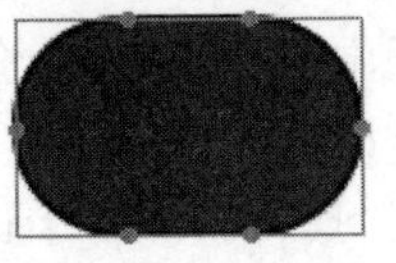

图 4.10　角度调整前后的矩形

在绘制矩形时，按住【Shift】键，即可绘制正方形。

5．椭圆工具

“椭圆工具”用于绘制椭圆和正圆。选择工具箱中的“椭圆工具”，将鼠标移动到舞台上，单击并向某个方向拖动，即可绘制出一个椭圆。

通过“属性”面板，可以设置椭圆的笔触颜色、线型、粗细、填充颜色和开始、结束角度等。“属性”面板设置项目的基本属性与“矩形工具”相同，其“椭圆选项”的说明如下：

- 设置“开始角度”或者“结束角度”可以形成扇形。
- 设置“内径”可以形成圆环。
- 去掉“闭合路径”形成线段。
- 单击“重置”按钮恢复椭圆为原始大小和形状。

使用“椭圆工具”的操作步骤如下：

① 选择工具箱中的“椭圆工具”。

② 根据需要在选项区中选择“对象绘制”模式。

③ 在“椭圆工具”的“属性”面板中设置“椭圆选项”中的开始和结束的角度数。

④ 在“椭圆工具”的“属性”面板中设置填充和笔触的各项参数。

⑤ 在舞台中拖动鼠标，绘制图形。

图 4.11 所示为设置不同属性时所绘制的椭圆。

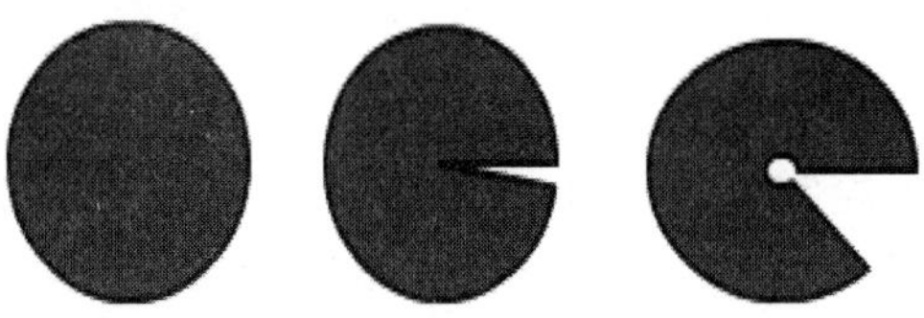

图 4.11　各种样式的椭圆

6．基本椭圆工具

用“基本椭圆工具”绘制的椭圆，用户可以随意调整开始角度、结束角度和内径等。图 4.12 所示为调整前后的椭圆。

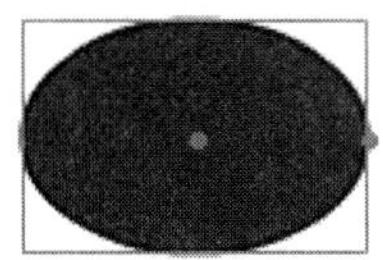 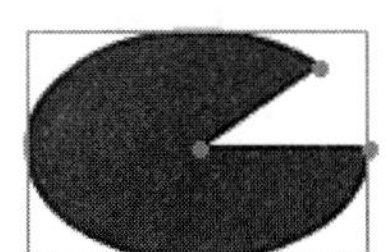 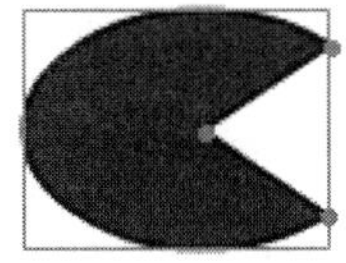 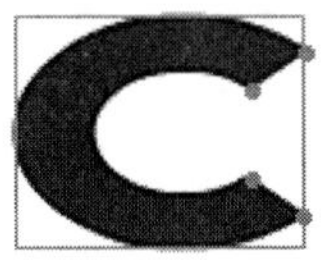

图 4.12　调整前后的椭圆

使用基本矩形工具和基本椭圆工具，只能用于对象绘制。

7．多角星形工具

“多角星形工具”用于绘制任意多边形和星形图形。选择工具箱中的“多角星形工具”，将鼠标移动到舞台上，单击并向某个方向拖动，可以绘制出一个多边形或星形。通过“属性”面板，可以设置多角星形的笔触颜色、线型、粗细、填充颜色等。

为了更精确地绘制，单击“属性”面板中的“选项”按钮，在打开的“工具设置”

对话框中可以设置样式、边数和星形顶点大小等。

使用“多角星形工具”的操作步骤如下：

① 选择工具箱中的“多角星形工具”。

② 根据需要在选项区中选择“对象绘制”模式。

③ 在“多角星形工具”的“属性”面板中单击“选项”按钮，在打开的“工具设置”对话框中可以设置样式、边数和星形顶点大小等。

④ 在“多角星形工具”的“属性”面板中设置填充和笔触的各项参数。

⑤ 在舞台中拖动鼠标，绘制图形。

图 4.13 所示为使用多角星形工具绘制的不同的多边形和星形。

图 4.13　不同样式的多边形

8．画笔工具

“画笔工具”用于绘制自由形状的矢量填充，其绘图如同毛笔绘画一样。选择工具箱中的“画笔工具”，将鼠标移动到舞台上，单击并向某个方向拖动，可以绘制出一个矢量的填充。通过“属性”面板，可以设置填充的颜色等。

选中“画笔工具”后，在工具箱的“选项”区会出现“对象绘制”、“锁定填充”、“画笔模式”、“画笔大小”“画笔形状”5 个选项，如图 4.14 所示。

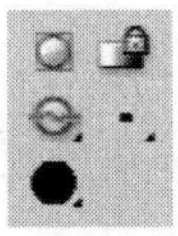

图 4.14　“画笔工具”选项

- 对象绘制：选中该按钮切换到对象绘制模式。在该模式下绘制的色块是独立对象，即使和以前绘制的色块重叠也不会合并起来。该选项在使用前面介绍的工具绘制图形时在“选项”区也会出现。
- 锁定填充：选中该按钮将会自动将上一次绘图时的笔触颜色变化规律锁定，并将该规律扩展到整个设计区。在非锁定模式下，任何一次笔触都将包含完整的变化过程。
- 画笔模式：用于选择画笔的模式，其中有“标准绘画”、“颜料填充”、“后面绘画”、“颜料选择”和“内部绘画”5 种模式。
- 画笔大小：用于设置笔刷的大小，有 8 种画笔的大小供用户选择。
- 画笔形状：用于设置笔刷的形状，有 9 种画笔的形状供用户选择。

使用“画笔工具”的操作步骤如下：

① 选择工具箱中的“画笔工具”。

② 根据需要在选项区中选择“对象绘制”模式。

③ 在工具箱的选项区设置“画笔模式”、“画笔大小”和“画笔形状”等模式。

④ 在“画笔工具”的“属性”面板中设置填充色和平滑度。

⑤ 在舞台中拖动鼠标，绘制图形。

图 4.15 所示为分别使用 5 种画笔模式的绘图效果，注意，内部的椭圆为中空（无填充）。

（a）原图

（b）标准绘画

（c）颜料填充

（d）后面绘画

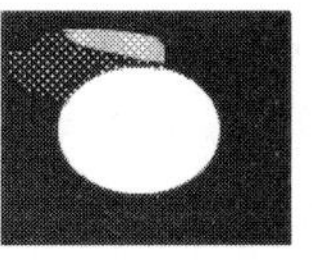
（e）颜料选择

（f）内部绘画

图 4.15　5 种画笔模式的绘图效果

9．橡皮擦工具

“橡皮擦工具”用于擦除图形的轮廓和填充色。选择工具箱中的“橡皮擦工具”，将鼠标移动到舞台上，单击并向某个方向拖动，可以擦除鼠标经过的区域轮廓和填充色。

选中“橡皮擦工具”后，在工具箱的“选项”区会出现“橡皮擦模式”、“水龙头”和“橡皮擦形状”3 个选项。

- 橡皮擦模式：用于选择橡皮擦的模式，其中有“标准擦除”、“擦除填色”、“擦除线条”、“擦除所选填充”和“内部擦除”5 种模式。
- 水龙头：用于一次性擦除轮廓或填充色。
- 橡皮擦形状：用于设置橡皮擦的形状和大小。

使用“橡皮擦工具”的操作步骤如下：

① 选择工具箱中的“橡皮擦工具”。

② 在工具箱的选项区设置“橡皮擦模式”。

③ 在工具箱的选项区设置“水龙头”。

④ 在工具箱的选项区设置“橡皮擦形状”。

⑤ 在舞台中拖动鼠标，可以擦除对象。

图 4.16 所示为使用 5 种橡皮擦模式的擦除效果。

（a）原图

（b）标准擦除

（c）擦除填色

（d）擦除线条

（e）擦除所选填充

（f）内部擦除

图 4.16　5 种擦除模式的擦除效果

10．钢笔工具

“钢笔工具”主要用于绘制贝塞尔曲线，这是一种由路径点调节路径形状的曲线。

"钢笔工具"是一个工具组，在绘制过程中，与组中的其余 3 个工具（添加锚点工具、删除锚点工具及转换锚点工具）结合使用，通过对路径锚点进行相应的调整，绘制出精确的路径。

（1）设置钢笔工具

在使用钢笔工具之前，设置钢笔工具的指针外观、所选锚点的外观以及画线段时是否预览等属性。可以选择"编辑"→"首选参数"命令，在打开的"首选参数"对话框中的"绘制"项进行设置。

（2）绘制直线

选择工具箱中的"钢笔工具"，将鼠标移动到舞台上，单击某点即可增加一个锚点。然后，在别处单击又可增加一个锚点，两个锚点之间即可连接一条线段，继续单击可创建由转角点连接的直线段组成的路径。通过"属性"面板，可以设置笔触的颜色、线型和粗细等。

图 4.17 所示为使用"钢笔工具"绘制的直线。

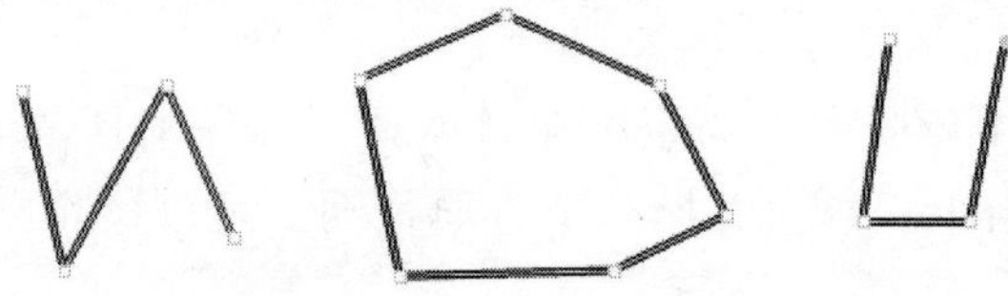

图 4.17 "钢笔工具"绘制的直线

提示：在最后锚点双击，或者按下【Ctrl】键在工作区其他地方单击可结束路径绘制。

（3）绘制曲线

选择工具箱中的"钢笔工具"，将鼠标移动到舞台上，单击某点即可确定一个锚点。然后，在另一点单击并拖动鼠标，在两个锚点之间会生成一条曲线，并出现一对控制手柄，如图 4.18 所示。

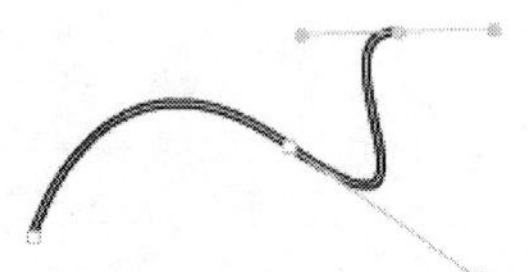

图 4.18 "钢笔工具"绘制曲线

（4）调整锚点

在"钢笔工具"组中，可以使用"添加锚点工具"给路径增加锚点、使用"删除锚点工具"删除路径上的锚点、使用"转换锚点工具"改变曲线的形状。图 4.19 所示为对一个路径分别执行增加锚点、删除锚点和调整形状后的效果。

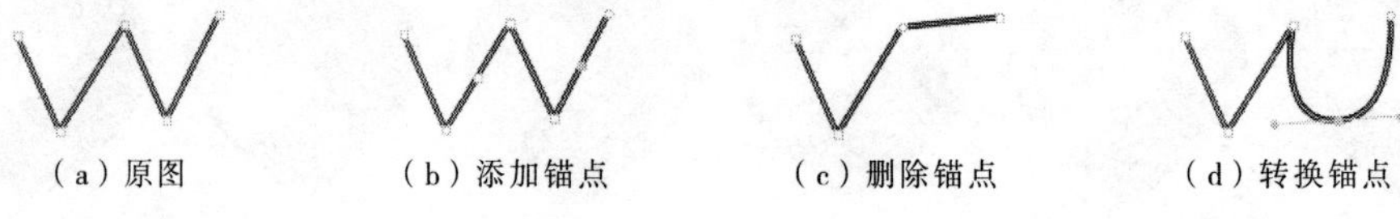

图 4.19 调整锚点

使用"钢笔工具"的操作步骤如下：

① 选择工具箱中的"钢笔工具"。

② 根据需要在选项区中选择"对象绘制"模式。

③ 在“钢笔工具”的“属性”面板中设置笔触和填充的属性。

④ 返回到工作区，在舞台上单击。

⑤ 单击舞台其他位置或者拖动鼠标，多次操作，可以进行直线或曲线的绘制。

⑥ 如果要结束路径绘制，可以按住【Ctrl】键，在路径外单击；如果要闭合路径，可以将鼠标指针移到第一个路径点上单击。

【案例 4.1】绘制心形。

① 选择“文件”→“新建”命令，打开“新建文档”对话框，选择“常规”选项中的 ActionScript 3.0，在右边设置大小为 200 像素 × 200 像素，单击“确定”按钮，新建一个 Flash 文件。

② 选择“视图”→“网格”→“显示网格”命令，在舞台上显示网格线，再选择“视图”→“网格”→“编辑网格”命令，打开“网格”对话框，按如图 4.20 所示进行设置。

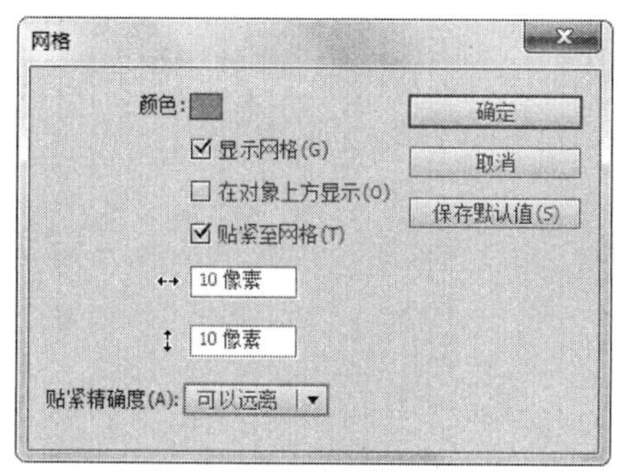

图 4.20 “网格”对话框

案例 4.1 视频

③ 选择“视图”→“标尺”命令，在工作区上边界和左边界分别显示“水平标尺”和“垂直标尺”；把鼠标移动到“水平标尺”，按下鼠标向下拖动，在舞台上松开鼠标，即在舞台上显示一条水平线，这条线称为“辅助线”，如图 4.21 所示；同样在“垂直标尺”上按下鼠标向右拖动到舞台松开，也可显示一条垂直辅助线；按照同样的方法创建如图 4.22 所示的 6 条辅助线，最后选择“视图”→“辅助线”→“锁定辅助线”命令，选中“锁定辅助线”。

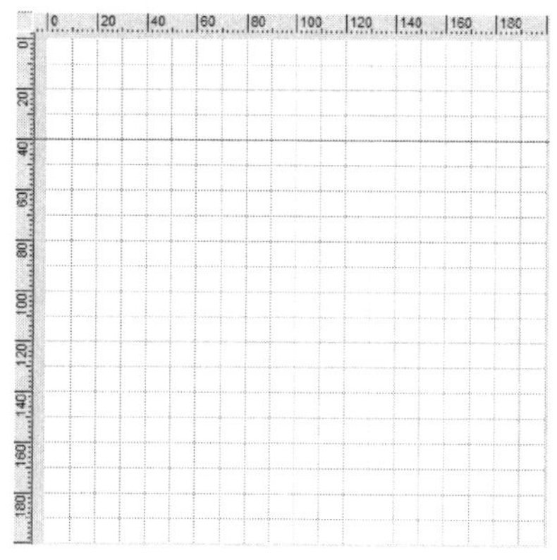

图 4.21 辅助线效果

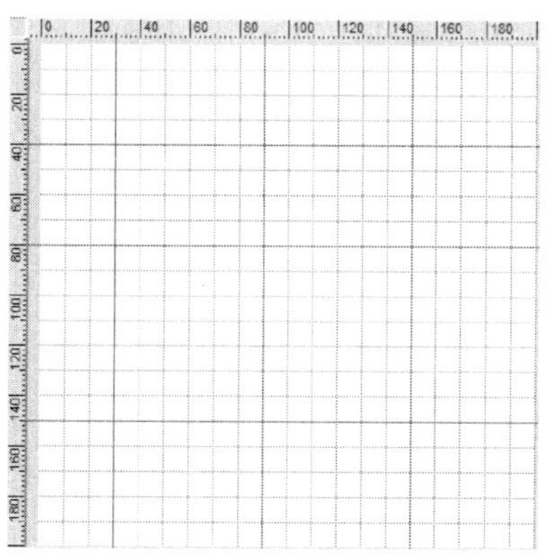

图 4.22 添加辅助线

④ 选择“视图”→“贴紧”→“贴紧至网格”命令，选中“贴紧至网格”，再选择“视图”→“贴紧”→“贴紧至辅助线”命令，取消选中“贴紧至辅助线”，如图 4.23 所示。

⑤ 选择“钢笔工具”，把鼠标移到 90×50 处，按着鼠标向左拖动 3 格，再向上拖动 2 格，释放鼠标；把鼠标移到 30×80 处，按下鼠标向下拖动 3 格，释放鼠标；把鼠标移到 90×150 处，单击鼠标；把鼠标移到 150×80 处，按下鼠标向上拖动 3 格，释放鼠标；把鼠标移到 90×50 处，按下鼠标向左拖动 3 格，再向上拖动 2 格，释放鼠标，绘制完成心形，如图 4.24 所示。

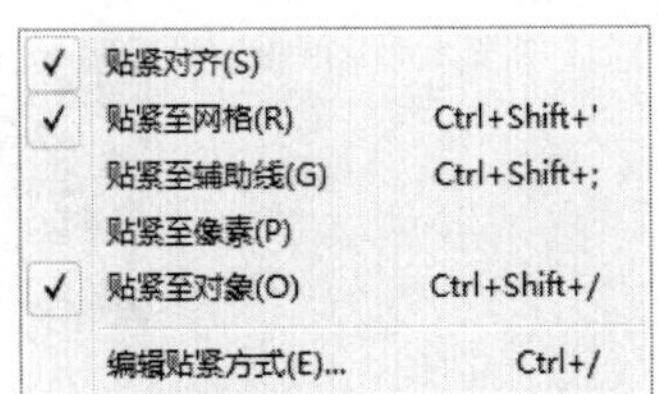

图 4.23 “辅助线”设置

图 4.24 绘制心形

⑥ 选择“视图”→“辅助线”→“显示辅助线”命令，取消“辅助线”显示。

⑦ 选择“部分选取工具”，单击心形，如图 4.25 所示。通过锚点可以对心形做一些更细致的调整。

⑧ 选择“窗口”→“颜色”命令，打开“颜色”面板，设置“填充颜色”为由红到黄的“放射状”，选择“颜料桶工具”，单击心形内部进行渐变填充，如图 4.26 所示。

图 4.25 选中心形

图 4.26 填充心形

⑨ 选择“渐变变形工具”，可以对渐变进行调整，如图 4.27 所示。

⑩ 绘制完毕后的效果，如图 4.28 所示。

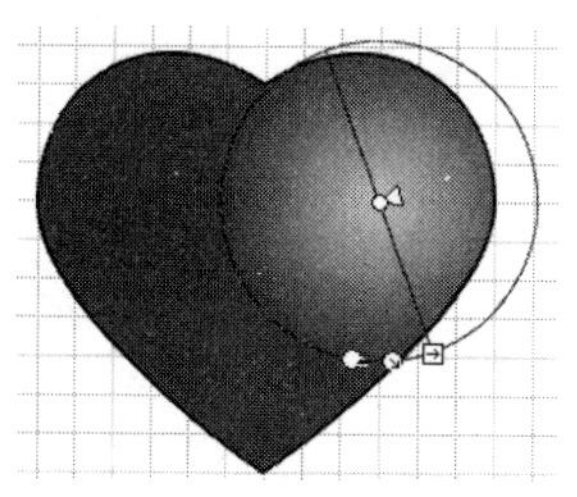

图 4.27 调整心形

图 4.28 最终效果

提示：使用网格、标尺和辅助线是为了在绘制对象时更加精确和细致。

4.2.3 选择和编辑工具

1. 选择工具

“选择工具”用于抓取、选择、移动和改变图形形状，它是 Flash 中使用最多的工具。选择工具箱中的“选择工具”，将鼠标移动到舞台上，单击并向某个方向拖动或单击、双击某个对象，就可以选中选取的对象或某个对象。

选中“选择工具”后，在工具箱的“选项”区会出现“紧贴至对象”、“平滑”和“伸直”3 个选项，如图 4.29 所示。使用这些按钮，可以完成“对齐”、“平滑”和“伸直”操作，使用此操作可以减少锚点。

图 4.30 是使用了“平滑”和“伸直”操作后的效果。

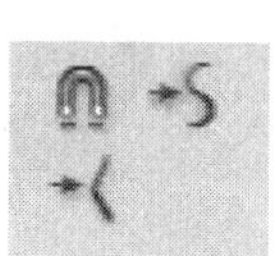

图 4.29 “选择工具”选项

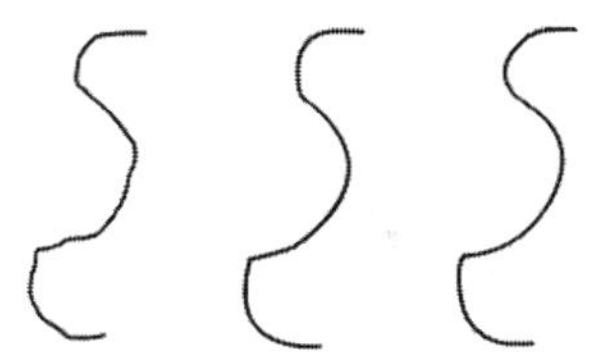

图 4.30 “平滑”和“伸直”效果

【案例 4.2】制作古钱币。

案例 4.2 视频

① 选择“文件”→“新建”命令，打开“新建文档”对话框，选择“常规”选项中的 ActionScript 3.0，单击“确定”按钮，新建一个默认大小 550 像素 × 400 像素的 Flash 文件。

② 选择“椭圆工具”，调整“笔触颜色”为#BBBF7E，“填充颜色”为无色，“笔触”为 15，按下【Shift】键，单击鼠标左键，在舞台中拖动绘制如图 4.31 所示的圆形。

③ 选择“矩形工具”，“笔触颜色”和“填充颜色”不变，按下【Shift】键，按下鼠标左键，在舞台中拖动绘制如图 4.32 所示的正方形。

④ 选中两个形状，选择“窗口”→“对齐”命令打开“对齐”面板，调整两个形状对齐到舞台的中心；然后切换到“选择工具”，调整正方形的形状，如图 4.33 所示。

⑤ 选择“颜料桶工具”，调整“填充颜色”为#66572E，在两个形状之间填充颜色，完成后如图 4.34 所示。

图 4.31　绘制圆形

图 4.32　绘制矩形

图 4.33　调整矩形

图 4.34　填充颜色

【案例 4.3】绘制瓢虫。

① 选择“文件”→“新建”命令，打开“新建文档”对话框，选择“常规”选项中的 ActionScript 3.0，单击“确定”按钮，新建一个大小（500 像素 × 500 像素）的 Flash 文件。

案例 4.3 视频

② 选择“椭圆工具”，在“属性”面板设置“笔触颜色”为黑色，“填充颜色”为“红黑渐变”■，按【Shift】键同时按下鼠标左键，在舞台中拖动绘制如图 4.35 所示的圆形。

③ 设置“笔触颜色”为无色，“填充颜色”为黑色，按下鼠标左键，在舞台中拖动绘制 3 个椭圆，如图 4.36 所示。

④ 选择“选择工具”，单击选中一个椭圆，按下【Alt】或【Ctrl】键拖动鼠标复制椭圆，依次完成瓢虫身体斑点的绘制，如图 4.37 所示。

图 4.35　圆形

图 4.36　绘制椭圆

图 4.37　复制椭圆后效果

⑤ 选择“线条工具”，在“属性”面板设置“笔触颜色”为黑色，“笔触”为 10，配合“椭圆工具”，在舞台中拖动绘制瓢虫的触角，如图 4.38 所示。

⑥ 选择“选择工具”，把鼠标放在触角上，出现变形时拖动鼠标，使触角弯曲一些，如图 4.39 所示。

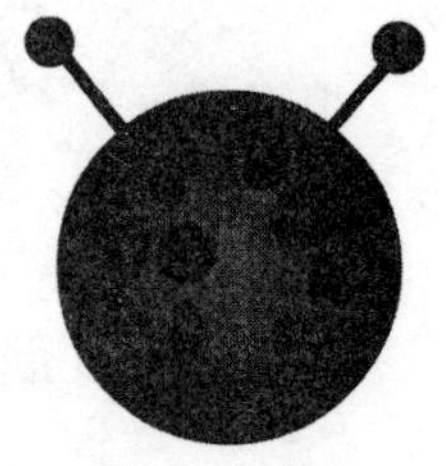
图 4.38　绘制触角效果

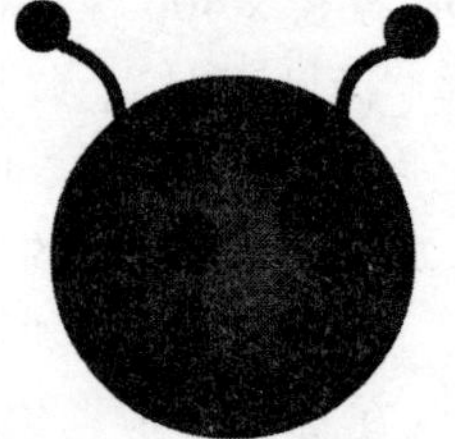
图 4.39　调整触角后的效果

⑦ 选择“椭圆工具”，在“属性”面板设置“笔触颜色”为无色，“填充颜色”为黑色，按下鼠标左键，在舞台中拖动绘制瓢虫的头部，如图 4.40 所示。

⑧ 选择“线条工具”，在“属性”面板设置“笔触颜色”为黑色，“笔触”为 1，

在舞台中拖动绘制瓢虫的甲壳线，如图 4.41 所示。

图 4.40　绘制头部后效果

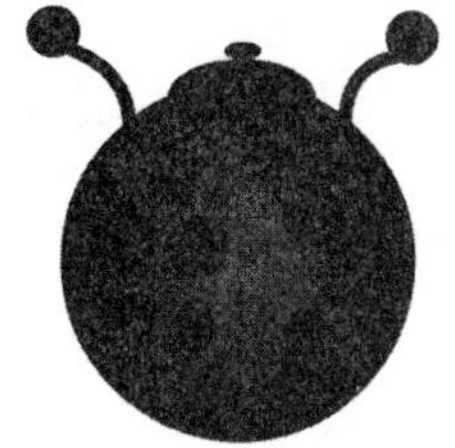

图 4.41　瓢虫最终效果

2. 部分选取工具

“部分选取工具”也可用于抓取、选择、移动和改变图形形状，但它主要用来更精细地调整图形形状。选择工具箱中的“部分选取工具”，将鼠标移动到舞台上，单击并向某个方向拖动或单击线段或图形的边，就可以选中选取的对象或某个对象。使用该工具选取对象时，对象上会出现很多路径点，表示该对象已经被选中。

在使用“部分选取工具”时，可以完成以下操作：

- 移动路径点位置，可以改变对象的形状。
- 拖动控制点，可以改变曲线的弧度。
- 选中路径点后按 Delete 键，可以删除路径点。
- 按住【Alt】键，可以改变路径点类型。
- 按住【Ctrl】键，可以对路径进行缩放、变形等。

图 4.42 所示为使用“部分选取工具”操作图 4.41 后的效果。

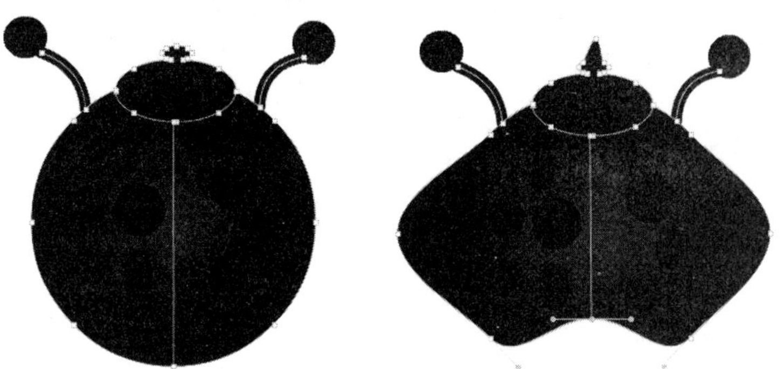

图 4.42　“部分选取工具”操作效果

3. 套索工具

“套索工具”主要用于选取图形中不规则的形状区域。选择工具箱中的“套索工具”，将鼠标移动到舞台上，围绕要选择的区域拖动鼠标即可。

选中“套索工具”后，在工具箱的“选项”区会出现 3 个选项，如图 4.43 所示。各选项说明如下：

- 魔术棒：用于选取相近颜色区域，操作对象为位图图像。
- 魔术棒设置：用于设置魔术棒的阈值和平滑。
- 多边形模式：用于用直线精确地绘制出对象的轮廓。

4．任意变形工具

“任意变形工具”用于改变工作区中对象的形状。选择工具箱中的“任意变形工具”后，在工具箱的“选项”区会出现5个选项，如图4.44所示。

图4.43 “套索工具”选项

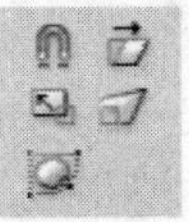

图4.44 “任意变形工具”选项

各选项说明如下：

- 贴紧至对象：在控制变形的过程中自动吸附到附近对象的特殊控制点。
- 旋转与倾斜：用于旋转和倾斜对象。
- 缩放：用于改变对象的大小。
- 扭曲：用于通过对象的锚点来改变对象的形状。
- 封套：用于通过改变锚点的手柄来改变对象的形状。

图4.45所示为使用“任意变形工具”操作图4.41后的效果。

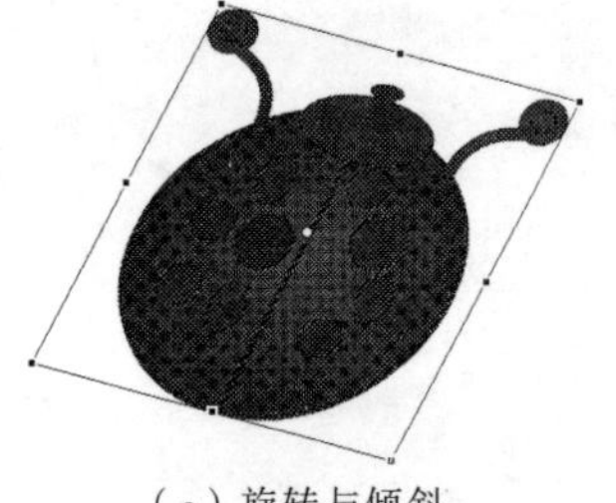

（a）旋转与倾斜

（b）缩放

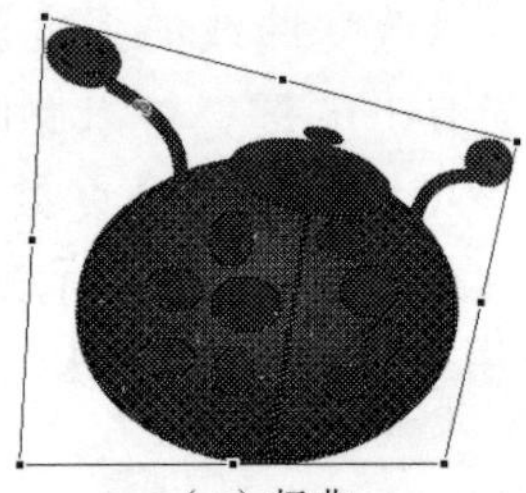

（c）扭曲

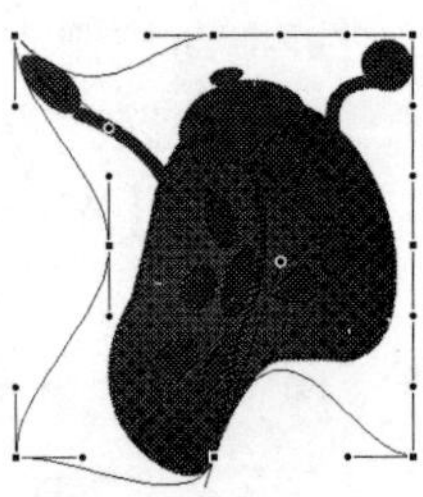

（d）封套

图4.45 任意变形效果图

5．渐变变形工具

“渐变变形工具”用于更改渐变的方式。选择工具箱中的“渐变变形工具”，将鼠标移动到舞台上，单击填充了渐变的对象，选择对象上的控制点就可以进行渐变编辑。

渐变是由一种颜色过渡到另一种颜色的变化过程，包括线性渐变和放射状渐变。图4.46分别是使用“渐变变形工具”单击线性渐变和放射状渐变对象后的情况。线性渐变有“中心控点”、“旋转控点”和“方形控点”3个控制点。放射状渐变（右图）有“中心控点”、“三角控点”、“旋转控点”、“缩放控点”和“方形控点”5个控制点。

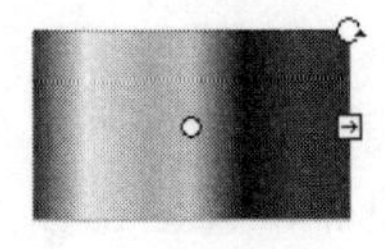

（a）线性渐变

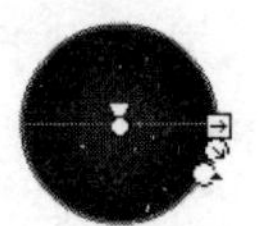

（b）放射状渐变

图4.46 渐变对象上的控制点

- 中心控点：用于改变渐变的中心位置。
- 三角控点：改变渐变的角度。

- 旋转控点：用于改变渐变的方向。
- 缩放控点：用于改变渐变的范围。
- 方形控点：用于改变渐变的宽度。

【案例 4.4】绘制花朵。

① 选择“文件”→“新建”命令，打开“新建文档”对话框，选择“常规”选项中的 ActionScript 3.0，单击“确定”按钮，新建一个默认大小（550 像素 × 400 像素）的 Flash 文件。

② 选择“椭圆工具”，在“属性”面板设置“笔触颜色”为无色，“填充颜色”为红黄渐变，按下鼠标左键，在舞台中拖动绘制如图 4.47 所示的椭圆作为花瓣。

③ 选择“渐变变形工具”，单击椭圆后，调整“旋转控点”，如图 4.48 所示。

④ 选择“任意变形工具”，调整“中心点”到花瓣最下端位置，如图 4.49 所示。

图 4.47 绘制椭圆花瓣

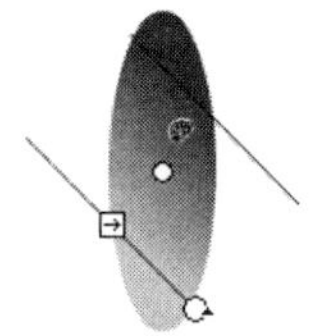
图 4.48 调整花瓣“旋转控点”

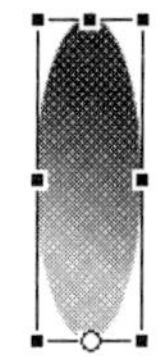
图 4.49 调整花瓣“中心点”

⑤ 选择“窗口”→“变形”命令，打开“变形”面板，选择“旋转”并设置为 45，然后单击“复制并应用变形”多次，得到如图 4.50 所示的花朵。

⑥ 选择“选择工具”，选中所有花瓣，再选择“任意变形工具”，对其变形操作，如图 4.51 所示。

⑦ 选择“铅笔工具”，设置“笔触颜色”为绿色，“笔触”为 3，选择“平滑”模式，绘制一条线段，如图 4.52 所示。

图 4.50 花朵

图 4.51 花朵变形效果

图 4.52 花茎效果

⑧ 选择“椭圆工具”，设置“笔触颜色”和“填充颜色”为绿色，绘制如图 4.53 所示的椭圆，再选择“选择工具”，对椭圆边沿进行调整，绘制如图 4.54 所示的叶子。

⑨ 选择“直线工具”，设置“笔触颜色”为黑色，绘制如图 4.55 所示的叶脉。

⑩ 选中叶子，按下【Alt】键拖动，复制叶子，再使用“任意变形工具”调整叶子大小和方向，最后合成花瓣和叶子，如图 4.56 所示。

图 4.53　椭圆效果

图 4.54　叶子形状

图 4.55　带叶脉的叶子

图 4.56　最终绘制效果

4.2.4　颜色工具

1．墨水瓶工具

“墨水瓶工具”用于给选定的矢量图形添加边线，还可以更改线条或图形轮廓的笔触颜色、宽度和样式等。选择工具箱中的“墨水瓶工具”，将鼠标移动到对象上，单击即可给对象添加边线或更改边线。通过“属性”面板，可以设置笔触的颜色、宽度和样式等。

使用“墨水瓶工具”的操作步骤如下：

① 选择工具箱中的“墨水瓶工具”。

② 在“墨水瓶工具”的“属性”面板中设置描边路径的颜色、粗细和样式。

③ 在图形对象上单击。

图 4.57 所示为使用“墨水瓶工具”添加边线和改变边线后的效果。

图 4.57　使用“墨水瓶工具”添加边线和改变边线效果

2．颜料桶工具

“颜料桶工具”用于填充未填色的轮廓线，还可以更改填充，填充的类型包括颜色填充、渐变填充和位图填充等。选择工具箱中的“颜料桶工具”，将鼠标移动到对象上，单击即可给对象添加填充或更改填充。通过“属性”面板，可以设置填充类型。

一般情况，颜料桶工具只能填充封闭的区域，如果被填充的区域不是闭合的，则可以通过设置“选项”区中颜料桶工具的“空隙大小”来进行填充，如图 4.58 所示。

不封闭空隙
封闭小空隙
封闭中等空隙
封闭大空隙

图 4.58　“空隙大小”选项

- 不封闭空隙：填充时填充区域不允许缺口存在。
- 封闭小空隙：如果缺口很小，可以作为封闭区域进行填充。

- 封闭中等空隙：如果缺口中等，可以作为封闭区域进行填充。
- 封闭大空隙：如果缺口很大，可以作为封闭区域进行填充。

同时，还可以使用“锁定填充”按钮对填充颜色进行锁定。

使用“颜料桶工具”的操作步骤如下：

① 选择工具箱中的“颜料桶工具”。

② 在“颜料桶工具”的“属性”面板中设置描边路径的颜色、粗细和样式。

③ 在工具箱选项区设置“空隙大小”。

④ 单击需要填充的区域。

图 4.59 所示为使用“颜料桶工具”添加和更改填充的效果。

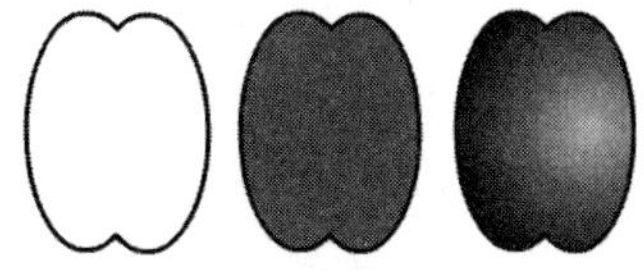

图 4.59　使用“颜料桶工具”添加和更改填充的效果

3．滴管工具

“滴管工具”用于从一个对象获取填充和笔触属性，用来填充其他对象。

选择工具箱中的“滴管工具”，将鼠标移动到对象上，单击即可复制该对象的填充或笔触属性。如果“滴管工具”吸取的是路径颜色，则会自动转换为“墨水瓶工具”，如图 4.60 所示；如果“滴管工具”吸取的是填充颜色，则会自动转换为“颜料桶工具”，如图 4.61 所示。

图 4.60　吸取路径颜色

图 4.61　吸取填充颜色

4.2.5　文本工具

1．文本的类型

“文本工具”用于输入或编辑文本。选择工具箱中的“文本工具” T，可以创建多种类型的文本。通过“属性”面板，可以设置文本类型、文本的字体和段落等属性。

在 Flash CC 中，文本分为 3 种类型：静态文本、动态文本和输入文本。静态文本是指当建立了文字内容后，此文字在制作动画时，只能改变文字的外形，而无法改变其文字内容。动态文本与静态文本不同，用户可以通过使用程序及变量来改变文字的内容，因此常用于显示动态内容（例如动态更新的时间信息等）。文本框用于用户在其中输入文字，它一般用于 Flash 表单等需要用户输入文字的场合。这里的文本一般指的都是静态文本，也是传统文本的默认选项。

2．创建文本

文本是 Flash 的基础文本模式，它在 Flash 图文制作方面发挥着重要的作用。

（1）创建静态文本

创建静态文本时，选中工具箱中的“文本工具”按钮，当光标变为十字形状时，在舞台上单击即可创建一个可扩展的静态文本框，在文本框中输入文本即可，如图 4.62 所示。

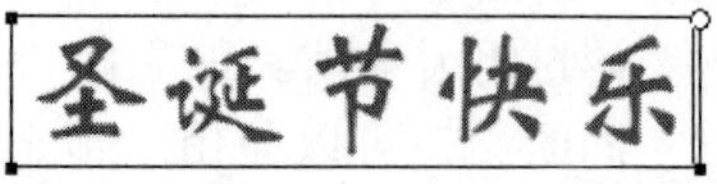

图 4.62　输入文本

在创建文本后，选择“修改”→“分离”命令对文本进行分离，可以将多字符文本的每一个文本都放置在单独的文本框中。再次选择“修改”→“分离”命令可以将文本转换为图形对象，从而使文本可以像图形一样被编辑。图 4.63 所示为对文本执行 1 次和 2 次分离后的效果。

（a）原文本　（b）1 次分离　（c）2 次分离

图 4.63　文本分离效果

提示：执行分离操作时也可以使用【Ctrl+B】快捷键。

在创建文本时，可以在“文本工具”的“属性”面板对文本字符格式和段落格式属性参数进行设置。其主要参数选项的具体作用如下：

- 文字方向：可以设置文字方向，有水平、垂直、垂直从左到右 3 种。
- 系列：设置文本字体样式，如宋体、楷体等。
- 大小：可以设置字体大小。
- 行距：设置文本行之间的距离。
- 颜色：可以设置字体颜色。
- 字距调整：可以设置文本中字与字之间的距离。
- 格式：可以设置对齐方式。

（2）创建动态文本

创建动态文本时，选中工具箱中的“文本工具”，在“属性”面板单击“静态文本”按钮，在弹出的菜单中选择“动态文本”类型，当光标变为十字形状时，在舞台上单击拖动即可创建一个固定宽、高可扩展的动态文本框，在文本框中输入文字，即可创建动态文本，如图 4.64 所示。

使用动态文本，用户可以通过使用程序及变量来改变文字的内容，因此常用于显示动态内容，如滚动文本。动态文本的“属性”面板，如图 4.65 所示。

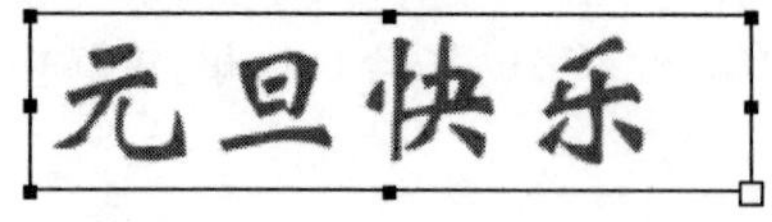

图 4.64　输入动态文本

图 4.65　动态文本“属性”面板

在 Flash CC 中，创建动态滚动文本有以下几种方法：

- 按住【Shift】键的同时双击动态文本框的圆形或方型手柄。

- 使用“选择工具”选中动态文本框，然后选择“文本”→“可滚动”命令。
- 使用“选择工具”选中动态文本框，右击该动态文本框，在弹出的快捷菜单中选择“可滚动”命令。

创建的动态文本如图 4.66 所示。

（3）创建输入文本

输入文本是指用户可以在其中输入文字的文本框，它一般用于 Flash 表单等需要用户输入文字的场合。

创建输入文本时，选中工具箱中的“文本工具”，在“属性”面板单击“静态文本”按钮，在弹出的菜单中选择“输入文本”类型，当光标变为十字形状时，在舞台上单击拖动即可创建一个固定宽、高的可扩展的输入文本框，如图 4.67 所示。

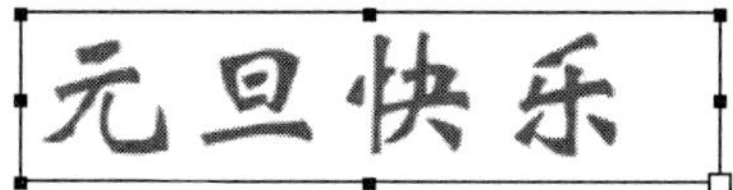

图 4.66　动态文本

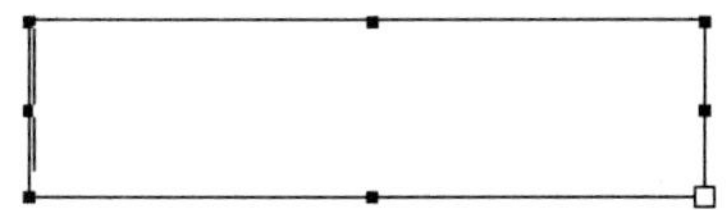

图 4.67　输入文本输入框

【案例 4.5】制作网页文字。

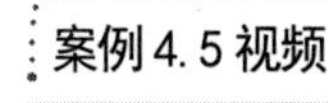

① 选择“文件”→“新建”命令，打开“新建文档”对话框，选择“常规”选项中的 ActionScript 3.0，设置大小为 400 像素 × 200 像素，背景为#0099FF，单击“确定”按钮，新建一个 Flash 文件。

② 选择“文本工具”，在“属性”面板中设置“文本类型”为静态文本，“字符”项中设置“系列”为幼圆，“大小”为 60，“字母间距”为 15，“颜色”为#FFFFFF，然后输入“我的地盘我做主”，在“段落”项中设置“缩进”为 35，“行距”为 15，结果如图 4.68 所示。

③ 在“属性”面板的“滤镜”项中添加“渐变发光”和“斜角”滤镜，按如图 4.69 所示进行设置。

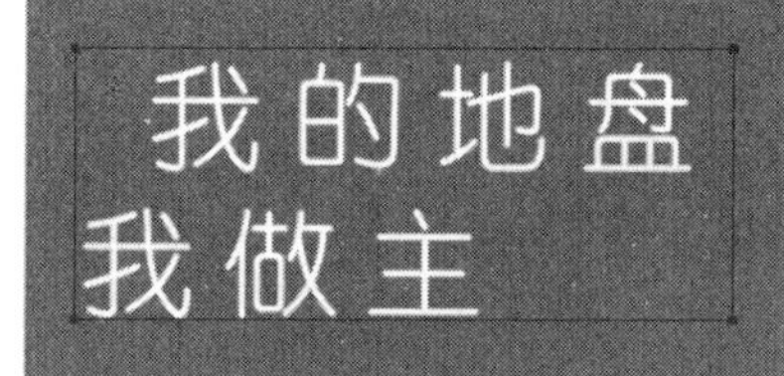

图 4.68　创建文本

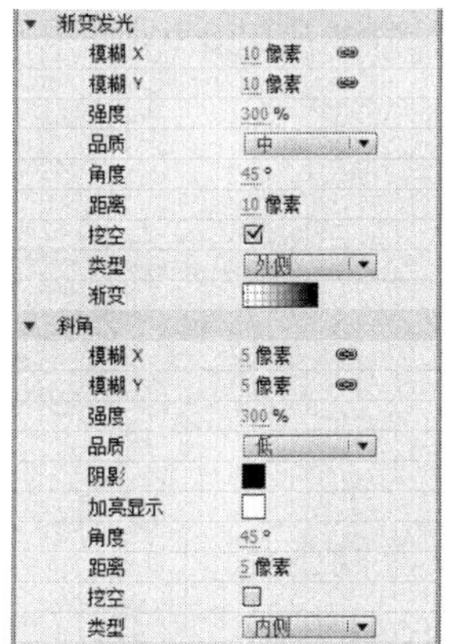

图 4.69　设置滤镜

④ 最终效果如图 4.70 所示。

图 4.70　最终效果

【案例 4.6】制作倒影文字。

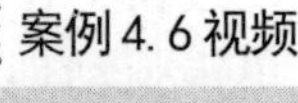

① 选择“文件”→“新建”命令，打开“新建文档”对话框，选择“常规”选项中的 ActionScript 3.0，设置大小为 400 像素 × 200 像素，背景为#0099FF，单击“确定”按钮，新建一个 Flash 文件。

② 选择“文本工具”，在“属性”面板设置“文本类型”为静态文本，设置“系列”为隶书，“大小”为 50，“字母间距”为 10，“颜色”为#000000，然后输入“亭台楼阁”，如图 4.71 所示。

③ 选中文本框，按【Ctrl+D】快捷键将其复制并粘贴到舞台，使用“任意变形工具”调整文本框，如图 4.72 所示。

④ 选中下面的文本框，连续按 2 次【Ctrl+B】快捷键，分离文本，如图 4.73 所示。

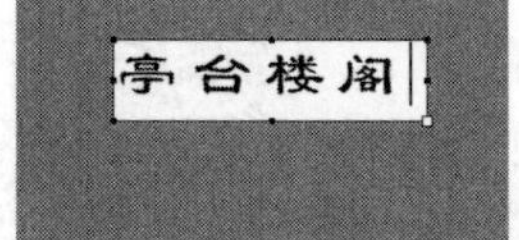

图 4.71　创建文本

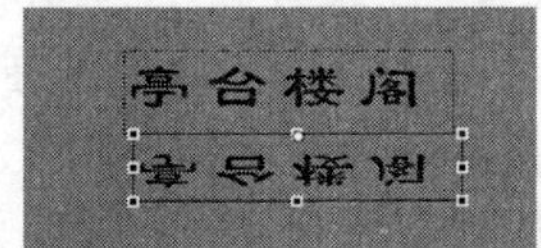

图 4.72　复制文本

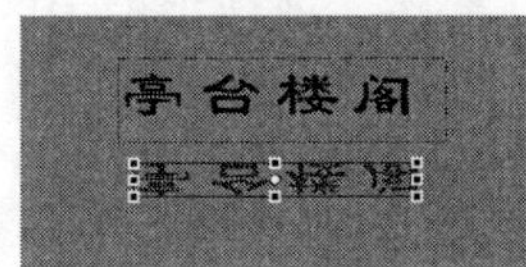

图 4.73　分离文本

⑤ 在“工具箱”中选中“椭圆工具”，设置“笔触颜色”为#0099FF，“填充颜色”为透明，“笔触”为 0.5，“样式”为实线。

⑥ 在文字上面，由内向外绘制多个椭圆形状，并逐渐增大该椭圆形状的大小和笔触大小，效果如图 4.74 所示。

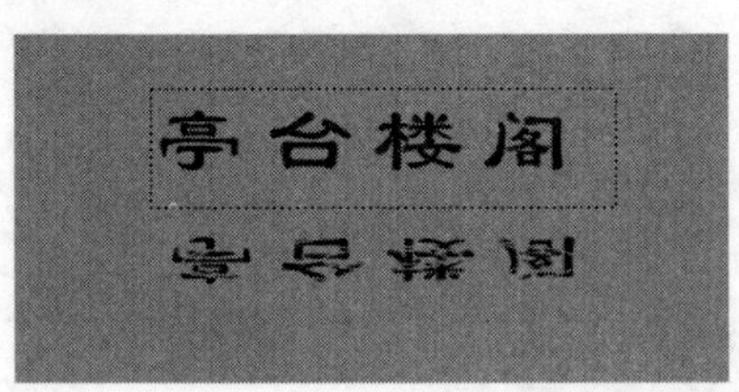

图 4.74　倒影效果

4.2.6　3D 转换工具

在 Flash 中，从 CS4 开始由原来 *X* 轴和 *Y* 轴构成的平面空间，引入了 *Z* 轴，并引入了 3D 转换工具，由此 Flash 开始可以制作 3D 动画，其动画空间由原来的二维（2D）空间变为了三维（3D）空间。在 Flash CC 中,3D 转换工具包括 3D 旋转工具和 3D 平移工具，它们只对影片剪辑元件的实例起作用。

1. 3D 旋转工具

“3D 旋转工具”用于在 3D 空间移动对象，使对象能显示某一立体方向的角度。“3D 旋转工具”是绕对象 Z 轴进行旋转的。选择工具箱中的“3D 旋转工具”，选中舞台上的“影片剪辑”实例，3D 旋转控件会显示在选定对象上方，*X* 轴控件显示为红色、*Y* 轴控件显示为绿色、*Z* 轴控件显示为蓝色，使用最外圈的橙色自由旋转控件，可以同时围绕 *X* 轴和 *Y* 轴方向旋转，如图 4.75 所示。

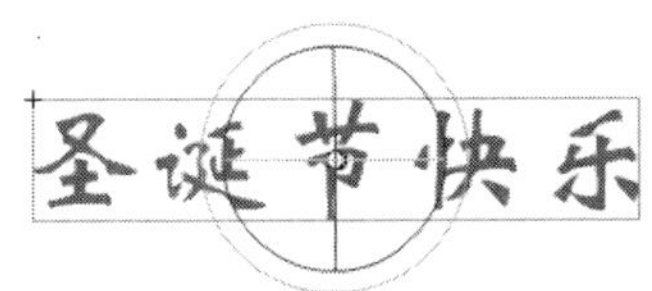

图 4.75　应用 3D 旋转工具效果

打开“3D 旋转工具”同时，可以通过“属性”面板设置对象的位置和大小、3D 定位和查看、色彩效果等选项。

图 4.76 所示为“3D 旋转工具”的不同应用效果。

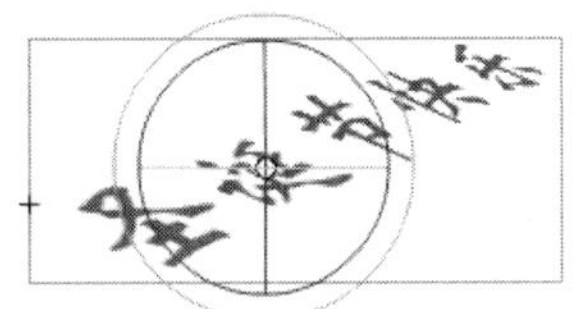

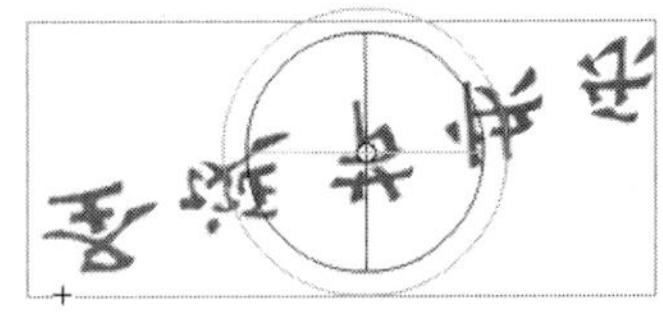

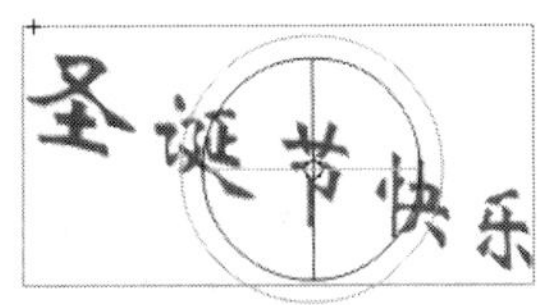

图 4.76　“3D 旋转工具”不同应用效果

2. 3D 平移工具

“3D 平移工具”用于在 3D 空间移动“影片剪辑”实例。选择工具箱中的“3D 平移工具”，选中舞台上的“影片剪辑”实例，实例的 *X*、*Y* 和 *Z* 轴将显示在对象的顶部，*X* 轴显示为红色，*Y* 轴显示为绿色，*Z* 轴显示为红绿线交叉处的黑点，如图 4.77 所示。

使用“3D 平移工具”选中对象后，可以拖动 *X*、*Y* 和 *Z* 轴来移动对象，也可以在“属性”面板设置 *X*、*Y* 和 *Z* 轴的值来移动对象。

图 4.77　应用 3D 平移工具效果

图 4.78 所示为使用“3D 平移工具”分别沿 *X*、*Y*、*Z* 轴移动的效果。

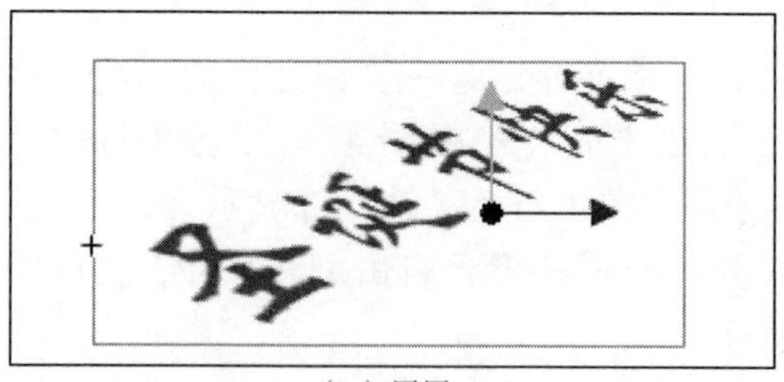

（a）原图

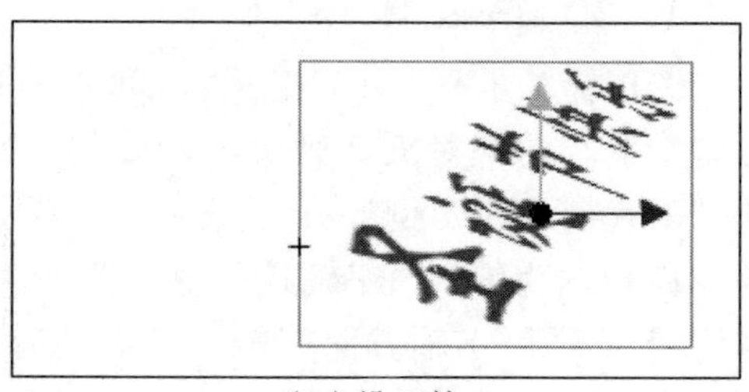

（b）沿 X 轴

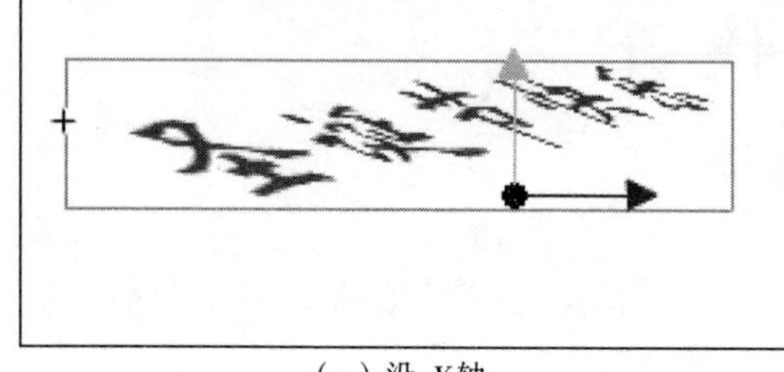

（c）沿 Y 轴

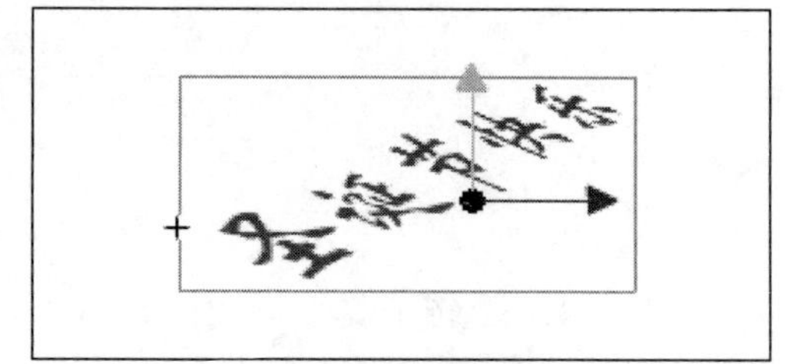

（d）沿 Z 轴

图 4.78 “3D 平移工具”平移效果

4.2.7 动画文档的基本操作

对于初步接触 Flash 的读者来说，掌握 Flash CC 制作动画的工作流程，掌握 Flash 影片文档的基本操作方法是最迫切的要求。

下面利用动画预设制作一个标语特效，让读者了解 Flash CC 制作动画的整体过程。

通过下面的学习，可以掌握如何新建 Flash CC 工作环境，如何设置文档属性，如何保存文件，如何测试影片，如何导出影片，如何打开文件，如何修改文件，认识 Flash 所产生的文件类型等。

【案例 4.7】制作标语。

案例 4.7 视频

① 新建影片文档和设置文档属性。启动 Flash CC，出现欢迎界面，选择“新建”项目下的 ActionScript 3.0。启动 Flash 后展开“属性”面板，单击“大小”右边的“编辑文档属性”按钮，“文档设置”对话框。设置“尺寸”为 400 像素 × 100 像素，设置“背景颜色”为红色，其他保持默认。

② 制作标语。选择“文本工具”，在“文本属性”面板设置字体为华文新魏，字体大小为 40，字体颜色为黄色。再单击舞台输入标语文本，如图 4.79 所示。

好好学习，天天向上！

图 4.79 输入文本

然后，选择“动画预设”面板“默认预设”下的“2D 放大”命令，单击“应用”按钮。

③ 保存和测试影片。

选择“文件”→“保存”命令（快捷键【Ctrl+S】），打开“另存为”对话框，指定影片保存的文件夹，输入文件名，单击“保存”按钮。这样就将影片文档保存起来，文件的扩展名是.fla。

选择“控制”→“测试影片”→“在 Flash Professional 中”命令（快捷键【Ctrl+Enter】），打开测试窗口，在窗口中可以观察到影片的效果，并且还可以对影片进行调试。关闭测试窗口可以返回到影片编辑窗口对影片继续进行编辑。

打开“资源管理器”窗口，定位在影片文档保存的文件夹，可以观察到两个文件，如图 4.80 所示。左边是影片文档源文件（扩展名是.fla），也就是单击“保存”按钮时生成的文件。右边是影片播放文件（扩展名是.swf），是测试影片时自动产生的文件。直接双击影片播放文件可以在 Flash 播放器中播放动画。

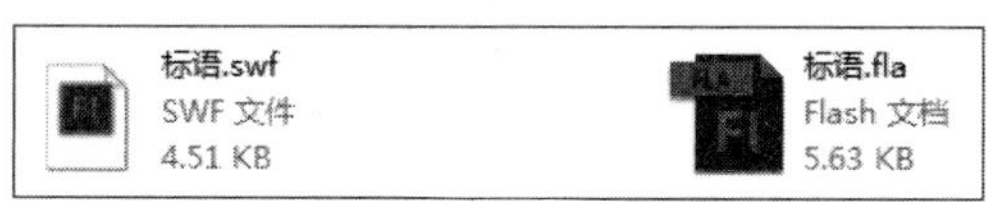

图 4.80　文档类型

④ 导出影片。选择“文件”→“导出”→“导出影片”命令，打开“导出影片”对话框，指定导出影片的文件夹，输入导出影片文件名，单击“保存”按钮。这里保持默认参数，导出的影片文件类型是播放文件，文件扩展名为.swf。

⑤ 关闭和打开影片文档。单击影片文档窗口右上角的“关闭”按钮，关闭影片。

在欢迎界面，单击“打开最近项目”下的“打开”按钮，弹出“打开”对话框。在“查找范围”中定位到要打开影片文件所在的文件夹，选择要打开的影片文件（扩展名为.fla），单击“打开”按钮，就可以把影片文档重新打开。

按下【Ctrl+S】快捷键保存文件。按【Ctrl+Enter】快捷键测试影片，得到一个动态效果的标语文字效果。

提示：为了安全，在动画制作过程中要经常保存文件。按【Ctrl+S】快捷键，可以快速保存文件。

4.3　动画制作基础

4.3.1　帧

1. 帧的概念

电影是由一格一格的胶片按照先后顺序播放出来的，由于人眼有视觉暂留现象，这些胶片会按照一定的速度播放出来。动画制作采用的也是这一原理，而这一格一格的胶片，就是 Flash 中的“帧”。

认识帧之前，先认识时间轴。时间轴如图 4.81 所示。随着时间的推进，动画会按照时间轴的横轴方向播放。在时间轴上，每一个小方格就是一个帧，在默认状态下，每隔 5 帧进行数字标示，如时间轴上 1、5、10、15 等数字的标示。

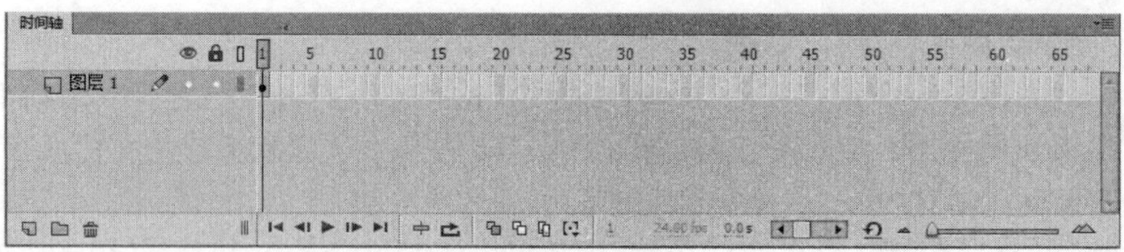

图 4.81 时间轴

2．帧的分类

在 Flash CC 中，动画制作是通过改变连续的帧的内容来实现的。帧主要有以下几种：

- 空白帧：时间轴上每隔 4 个帧就有一个颜色加深的帧。
- 关键帧：用来定义动画中有变化的帧。时间轴上表示为“实心的圆点”。新建关键帧可按【F6】快捷键，删除关键帧可按【Shift+F6】快捷键。
- 空白关键帧：没有内容的关键帧，时间轴上为“空心的圆点”，可以在上面创建内容，从而变成关键帧。新建空白关键帧可按【F7】快捷键，删除空白关键帧可按【Shift+F7】快捷键。
- 过渡帧：运动或形状补间动画中间为紫色或者绿色的帧称为过渡帧，它是创建动作补间或者形状补间时自动生成的帧。
- 普通帧：为了在对某一关键帧的内容进行延续需要插入的帧，没有明显的标记，只是颜色较深一些。新建普通帧可按【F5】快捷键，删除普通帧可按【Shift+F5】快捷键。

3．帧的操作

Flash 动画的形成过程就是将一个对象从一帧到另一帧的转变过程，也就是动画必须由帧来建立，下面看一下帧的操作。

（1）插入帧

插入帧的方法有下面 3 种。

- 插入一个新帧。选择“插入”→“时间轴”→“帧”命令，或右击时间轴，在弹出的快捷菜单中选择“插入帧”命令，会在当前帧的后面插入一个新帧。
- 插入一个关键帧。选择“插入”→“时间轴”→“关键帧”命令，或右击时间轴，在弹出的快捷菜单中选择“插入关键帧”命令，会在播放头位置插入一个关键帧。
- 插入一个空白关键帧。选择“插入”→“时间轴”→“空白关键帧”命令，或右击时间轴，在弹出的快捷菜单中选择“插入空白关键帧”命令，会在播放头位置插入一个空白关键帧。帧的快捷菜单如图 4.82 所示。

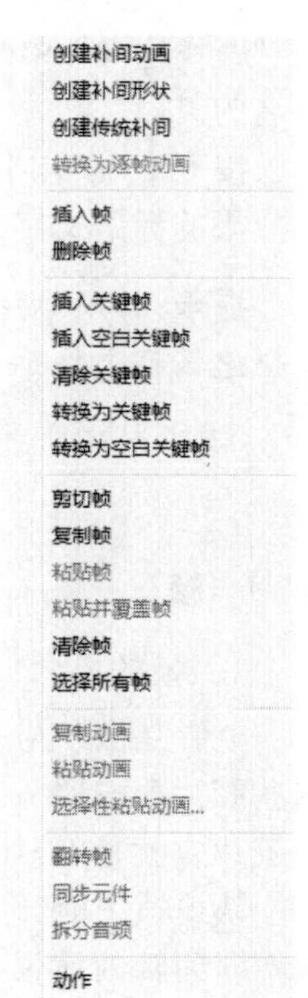

图 4.82 帧的快捷菜单

（2）删除帧

删除帧或关键帧的方法比较简单，右击需要删除的帧或关键帧，在弹出的快捷菜单中选择“删除帧”命令即可。

（3）移动帧

移动帧只要用鼠标选中需要移动的帧，拖动至目标位置释放即可。

（4）复制、粘贴关键帧

选中关键帧，右击，在弹出的快捷菜单中选择“复制帧”命令，然后在待复制的位置右击，在弹出的快捷菜单中选择“粘贴帧”命令。

（5）清除帧

“清除帧”命令用来清除帧和关键帧中的内容，被清除以后的帧内部将没有任何内容。

选中待清除的帧或关键帧，右击，在弹出的快捷菜单中选择“清除帧”命令，该帧将转换为空白关键帧，其后的帧将变成关键帧。

（6）转换帧

转换单一帧，可以选中目标帧，右击，在弹出的快捷菜单中选择“转换为关键帧/转换为空白关键帧”命令。如果要转换多个帧，可以使用【Shift】键和【Ctrl】键选择需转换的帧，然后右击，在弹出的快捷菜单中选择“转换为关键帧/转换为空白关键帧”命令。

4．设置帧频

帧频表示每秒中播放的帧数，如果设置的帧频太快，会造成动画的细节一晃而过，而太慢的帧频会使动画出现停顿现象，因此，必须设置合适的帧频。

动画的复杂性以及播放动画的计算机性能都会影响播放的流畅性。一个 Flash 动画只能指定一个帧频，在创作动画之前，用户就要设置好帧频，其设置步骤如下：

① 选择“修改”→“文档”命令，打开“文档设置”对话框，如图 4.83 所示。

② 在“帧频”文本框中输入要设置的帧频。默认状态下，帧频设置为每秒 24 帧。

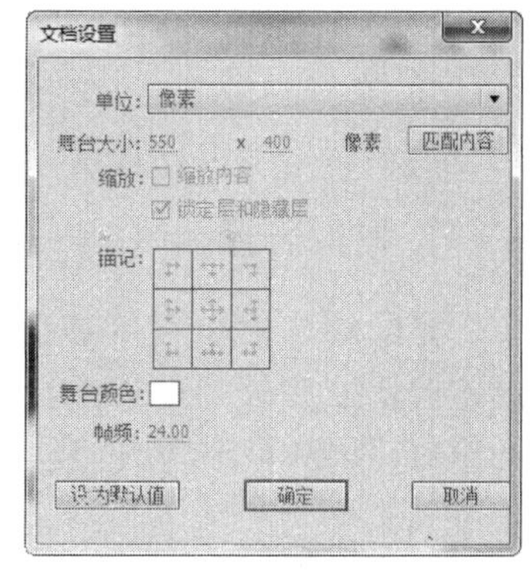

图 4.83 “文档设置”对话框

【案例 4.8】制作笑脸。

① 选择“文件”→“新建”命令，打开“新建文档”对话框，选择“常规”选项中的 ActionScript 3.0，在“属性”面板，设置“大小”为 300×300 像素，设置“舞台”为白色，其他保持默认（见图 4.84），新建一个 Flash 文件。

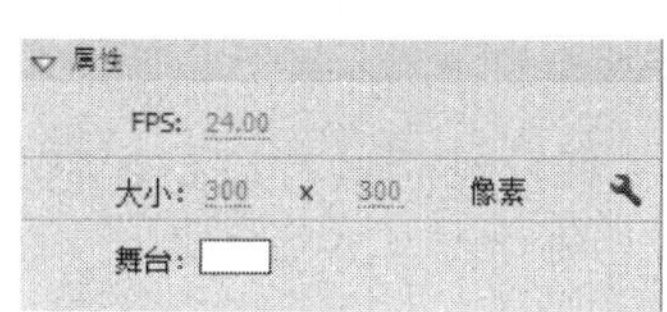

图 4.84 设置文档属性

案例 4.8 视频

② 选择“椭圆工具”，在“属性”面板设置“笔触颜色”为黄色，“填充颜色”为无色，“笔触高度”为 5，按下【Shift】键，按下鼠标左键，在舞台中拖动绘制一个圆形；再选择“直线工具”，在“属性”面板设置“笔触颜色”为黄色，“笔触高度”为 5，在舞台中画 3 条线，如图 4.85 所示。

③ 在时间轴上选择第 20 帧，按【F6】键插入关键帧，再分别选择第 5、10、15 帧，右击选择“转换为关键帧”命令，把这 3 帧转换为关键帧。

④ 使用“选择工具”对第 5 帧做如图 4.86 所示的修改，对第 15 帧做如图 4.87 所示的修改。

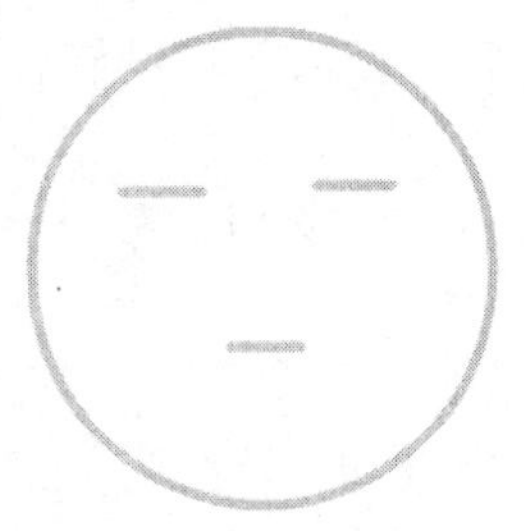

图 4.85　直接绘制效果

图 4.86　第 5 帧效果

图 4.87　第 15 帧效果

⑤ 选择“文件”→“保存”命令，打开“另存为”对话框，指定影片保存的文件夹，输入文件名“笑脸”，单击“保存”按钮。

⑥ 选择“控制”→“测试影片”→“在 Flash Professional 中”命令，打开测试窗口，在窗口中可以观察到影片的效果。

4.3.2　时间轴与图层

时间轴与帧和图层的关系密不可分，时间轴用来组织和控制动画，在不同时间播放不同图层和帧的内容。时间轴是用户创作动画时使用层和帧，组织、控制动画内容的窗口，层和帧中的内容随时间的改变而发生变化，从而产生了动画。时间轴主要由层、帧和播放头组成。

1. 时间轴的基本操作

时间轴左边列出了动画中的图层，每个图层的帧显示在图层名右边的一行中，位于时间轴上部的时间轴标题指示帧编号，播放头指示编辑区中显示的当前帧（见图 4.81）。

时间轴的状态行指示当前帧编号、帧频率和播放到当前帧用去的时间。

可以改变帧的显示方式，时间轴显示帧内容的缩图。时间轴显示哪里有逐帧动画、过渡动画和运动路径。使用时间轴层部分的控件（眼睛、锁头、方框图标），可以隐藏或显示、锁定、解锁或显示层内容的轮廓。

可以在时间轴中插入、删除、选择和移动帧，也可以把帧拖到同一层或不同层中的新位置。

2. 图层基础知识

在 Flash 中，图层是一个比较重要的概念，可以帮助用户组织文档中的插图与动画。通过没有内容的图层，可以看到该图层下面的图层，而且图层又是相对独立的，在不同层上编辑不同的动画互不影响，并在放映时得到合成效果。

图层可以看成是相互堆叠在一起的许多透明纸，每一张纸上绘制着一些图形和文字。可以在图层上绘制和编辑对象，而不会影响其他图层上的对象。

Flash 对一个动画中的图层数没有限制，输出时 Flash 会将这些层合并，图层的数目不会影响输出文件的大小。因此灵活运用图层，可以轻松地制作出动感丰富、效果精彩的动画。

Flash 中层的类型可分为 4 种：普通图层在 Flash 中主要起到组合动画的作用；普通引导层主要起到帮助编辑对象的定位；运动引导层主要用于设置对象运动轨迹；遮罩层则起到遮挡某一层部分内容的作用。

单击位于时间轴下面的“新建文件夹”按钮，可以新建图层文件夹，可以将相关的图层放到同一图层文件夹中，以便于查找和管理。

3. 图层和图层文件夹的操作与管理

（1）创建图层/图层文件夹

要创建图层，可单击时间轴底部的“新建图层”按钮。创建图层文件夹，可单击时间轴底部的“新建文件夹”按钮。

创建的新图层或新图层文件夹出现在所选图层或图层文件夹的上面。

（2）显示或隐藏图层/图层文件夹

单击图层/图层文件夹名称右侧的“显示或隐藏所有图层”列，隐藏该图层/图层文件夹，再次单击重新显示。或者单击“显示或隐藏所有图层”图标隐藏所有的图层/图层文件夹，再次单击重新显示。

（3）锁定或解锁图层/图层文件夹

锁定或解锁图层/图层文件夹与显示或隐藏这类对象的操作类似，单击图层/图层文件夹名称右侧的“锁定或解除锁定所有图层”列，锁定或者解锁。单击“锁定或解除锁定所有图层”图标，锁定或者解锁所有图层/图层文件夹。

（4）用轮廓查看层上的内容

用轮廓查看层上的内容与显示或隐藏这类对象的操作类似，单击层名称右侧的“将所有图层显示为轮廓”列，将该图层上的所有对象显示或关闭轮廓显示。单击“将所有图层显示为轮廓”图标□，显示或关闭所有图层上的轮廓显示。

（5）选择图层/图层文件夹

单击图层名称或图层文件夹名称，选择图层/图层文件夹。

提示：配合【Shift】和【Ctrl】键可以选择连续图层/图层文件夹和选择不连续图层/图层文件夹。

（6）编辑图层/图层文件夹

单击“删除”按钮删除当前图层或图层文件夹，或将图层或图层文件夹拖到“删除”按钮，可以删除图层和图层文件夹。

双击图层或图层文件夹名，输入新的名后按【Enter】键，可以修改图层和图层文件夹名。选中图层或图层文件夹后按住鼠标拖至适当位置，可以改变图层和图层文件夹顺序。将该图层拖到目标图层文件夹中，可以将图层移入图层文件夹。将该图层拖出目标图层文件夹，可以将图层移出图层文件夹。

（7）复制图层/图层文件夹

复制图层的操作步骤如下：

① 选择图层。

② 选择“编辑”→“时间轴”→“复制帧”命令。

③ 单击“新建图层”按钮可以创建新图层。

④ 单击该新图层，选择“编辑”→“时间轴”→“粘贴帧”命令。

复制图层文件夹操作与复制图层操作相似。

【案例 4.9】制作场景。

① 选择“文件”→“新建”命令，打开“新建文档”对话框，选择“常规”选项中的ActionScript 3.0，设置“宽”“高”为600像素×400像素，设置“背景颜色”为白色，单击“确定”按钮新建一个Flash文件。

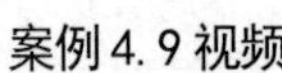

② 把“图层1”图层命名为“背景”，选择“矩形工具”，在“属性”面板设置“笔触颜色”为无色，“填充颜色”为#006600～#33CCFF的线性渐变，绘制一个与舞台等大的矩形，再选择“渐变变形工具”修改渐变填充，如图4.88所示。

③ 在时间轴单击“新建图层”按钮，新建一个图层命名为“树”，先选择“线条工具”，绘制树干的轮廓，用“颜料桶工具”为树干填充颜色“#54361C”；然后，使用“椭圆工具”以“径向渐变”的方式制作树叶，渐变的“填充颜色”为#679438和#9AD957，制作完成后的效果如图4.89所示。

图4.88　背景效果

图4.89　绘制树

④ 选中树，按【Alt】键，使用“选择工具”拖动鼠标复制一棵树，选择“任意变形工具”进行调整，如图4.90所示。

⑤ 在时间轴单击“新建图层”按钮，新建一个图层，命名为“蘑菇”，使用“椭圆工具”和“线条工具”，绘制蘑菇的轮廓，再选择“颜料桶工具”分别以“填充颜色”为#FF0000、#990000和#FF9900填充蘑菇伞盖，再以颜色#CCCCCC填充蘑菇柄，

如图 4.91 所示。

图 4.90　复制树

图 4.91　绘制蘑菇

⑥ 选中蘑菇，按【Alt】键，使用“选择工具”拖动鼠标复制两棵蘑菇，选择“任意变形工具”进行调整，如图 4.92 所示。

⑦ 在时间轴单击“新建图层”按钮，新建一个图层，命名为“草”，使用“钢笔工具”绘制草的轮廓，再选择“颜料桶工具”设置“填充颜色”为#005500 填充。使用“选择工具”对草叶形状进行调整，再参照第⑥步对草进行复制，效果如图 4.93 所示。

图 4.92　蘑菇效果

图 4.93　草的效果

⑧ 在时间轴单击“新建图层”按钮，新建一个图层，命名为“云”，使用“线条工具”，结合“选择工具”，绘制云朵的轮廓，再选择“颜料桶工具”分别设置“填充颜色”为#FFFFFF 和#EEF9FF 填充云朵。删除轮廓线，再参照第⑥步对云朵进行复制，效果如图 4.94 所示。

图 4.94　云朵效果

⑨ 在时间轴单击“新建图层”按钮，新建一个图层，命名为“太阳”，使用“椭圆工具”在“属性”面板设置“笔触颜色”为无色，“填充颜色”为#FFFF00，绘制一个太阳，最终效果与“时间轴”面板如图 4.95 所示。

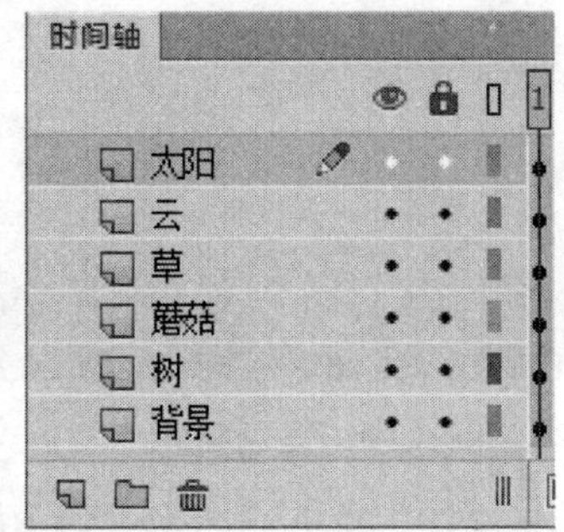

图 4.95　场景效果

⑩ 选择“文件”→“保存”命令，保存场景。

4.4　元件的创建与编辑

使用 Flash 制作动画影片通常都有一定的流程。首先要制作好影片中需要的元件，然后在舞台中将元件实例化，并对实例进行适当的组织和安排，最终完成影片的制作。

4.4.1　元件与实例

1．元件的概念

元件是在 Flash 中创建的图形、按钮或影片剪辑，是 Flash 动画设计最基本、最重要的元素。元件只需要创建一次，即可在整个文档或其他文档中重复使用，用户创建的任何元件都会成为当前文档的一部分。每个元件都有自己的时间轴，可以将帧、关键帧和层添加到元件时间轴。如果元件是影片剪辑或按钮，还可以使用动作脚本控制元件。创建元件时要选择元件类型，这取决于用户在文档中如何使用该元件，其类型如下：

（1）图形元件

图形元件用于静态图像，并可用来创建连接到主时间轴的可重用动画片段。图形元件与主时间轴同步运行。交互式控件和声音在图形元件的动画序列中不起作用。由于没有时间轴，图形元件在 FLA 文件中的尺寸小于按钮元件或影片剪辑。

（2）影片剪辑元件

影片剪辑元件可以用来创建可重用的动画片段。影片剪辑拥有各自独立于主时间轴的多帧时间轴，可以将多帧时间轴看作嵌套在主时间轴内。它们可以包含交互式控件、声音甚至其他影片剪辑实例，也可以将影片剪辑实例放在按钮元件的时间轴内，以创建动画按钮。此外，还可以使用 ActionScript 对影片剪辑进行改编。

（3）按钮元件

按钮元件可以创建用于响应鼠标单击、滑过或其他动作的交互式按钮，也可以定

义与各种按钮状态关联的图形，然后将动作指定给按钮实例。

2．实例的概念

实例是指位于舞台上或嵌套在另一个元件内的元件副本。实例可以与它的元件在颜色、大小和功能上有差别。编辑元件会更新它的所有实例，但对于元件的一个实例应用效果，则只要更新该实例即可。

元件是指在 Flash 中创建的图形、按钮和影片剪辑，可以自始至终地在影片或其他影片中重复使用，元件是库中也是动画中最基本的元素。

库是元件和实例的载体，它最基本的用处是对动画中的元件进行管理，使用库可以省去很多重复操作及一些不必要的麻烦。

元件和实例都可以包含在库中，而实例一般比元件复杂。

4.4.2 创建图形元件

创建元件可以通过舞台上选定的对象来完成，也可以创建一个空元件，然后在元件编辑模式下制作。

1．直接创建图形元件

【案例 4.10】直接创建图形元件——星星。

① 设置元件属性。选择“插入”→“新建元件”命令，在打开的“创建新元件”对话框中将元件命名为“星星”，选择“图形”类型，单击“确定”按钮，完成图形元件的创建，如图 4.96 所示。

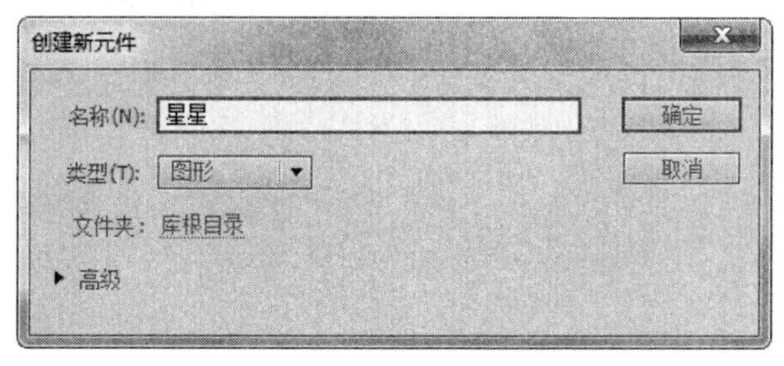

图 4.96 “创建新元件”对话框

案例 4.10 视频

② 设置星体颜色。单击“椭圆工具”，在“属性”面板，设置“笔触颜色”为无色，“填充颜色”为黑白放射状渐变。

③ 绘制星体。在元件编辑区用鼠标拖动的方法绘制圆形。单击“选择工具”工具，用鼠标拖动圆形中心，中心出现一个小圆圈，将小圆圈与十字叉线对正，如图 4.97 所示。

④ 绘制星体的纵向光辉。单击“椭圆工具”工具，在旁边绘制一个纵向细长的椭圆，如图 4.98 所示。使用“选择工具”选定该椭圆，单击“复制”按钮，再单击“粘贴”按钮，则该椭圆粘贴到星体的中心，呈现纵向光晕效果，如图 4.99 所示。

⑤ 绘制星体的横向光辉。选定星体的纵向椭圆，单击“复制”按钮，再单击“粘贴”按钮，单击“旋转与倾斜”按钮，用鼠标拖动的方法将纵向椭圆旋转为横向，呈现横向光晕效果。

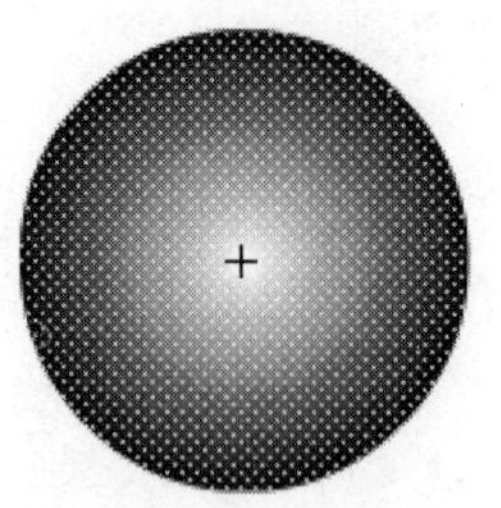

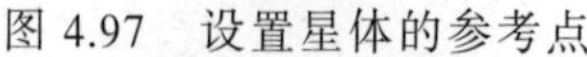

图 4.97　设置星体的参考点

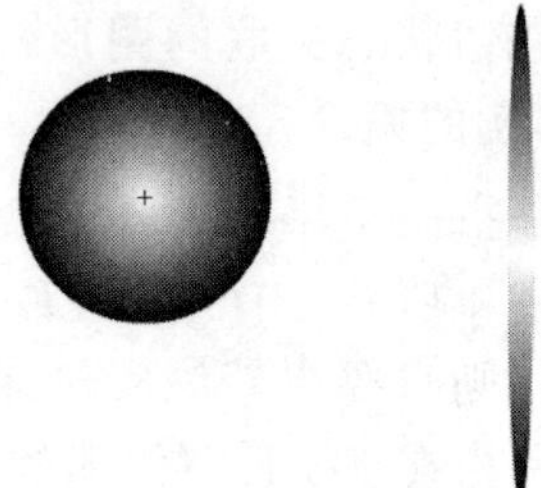

图 4.98　椭圆效果

⑥ 绘制星体的斜线光晕。用类似的方法，将星体外的横向椭圆旋转为斜线方向，再复制、粘贴到星体，使光晕呈“米”字形，如图 4.100 所示。

⑦ 删除多余部分。单击星体外的椭圆，按 Delete 键将其删除，单击“场景 1”返回场景。

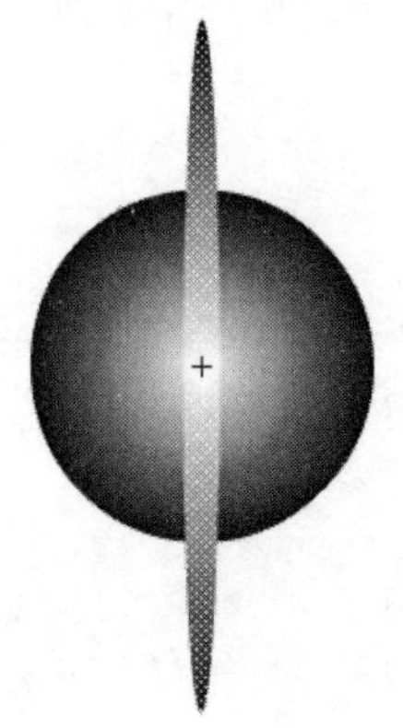

图 4.99　绘制光晕效果

图 4.100　星星效果

2. 转换元件

【案例 4.11】转换元件。

案例 4.11 视频

① 打开外部图片。选择“文件”→“导入”→“导入到舞台”命令，从外部导入一张图片，如图 4.101 所示。

② 转换元件。单击舞台上的图像，选择“修改”→“转换为元件”命令，打开“转换为元件”对话框，如图 4.102 所示。

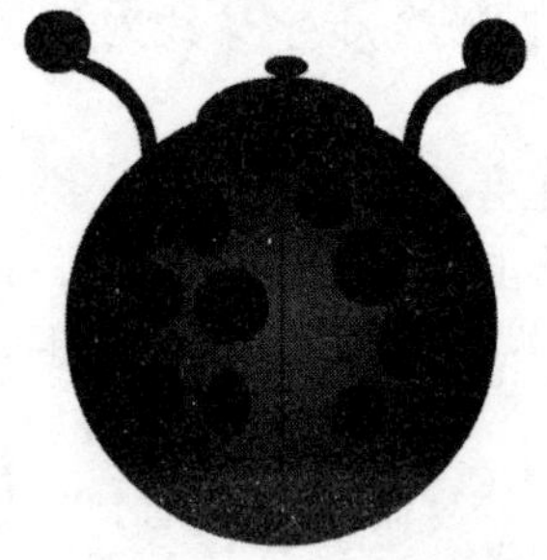

图 4.101　瓢虫

图 4.102　“转换为元件”对话框

③ 在“转换为元件”对话框中将元件命名为“瓢虫”，选择“图形”类型，单击“确定”按钮，完成元件的转换过程。转换过来的元件可以在“库”面板中进行查看。

4.4.3 按钮元件的制作

通过按钮元件可以在影片中创建交互按钮，或者利用按钮来响应鼠标动作，如单击、滑过，双击等。

创建按钮元件需要 3 个基本过程，即绘制按钮图案、添加按钮关键帧和编写按钮事件。按钮元件由如下 4 个状态组成：

- 弹起状态：指针不在按钮上面的状态。
- 指针经过状态：指针在按钮上面时的状态。
- 按下状态：鼠标点击时的状态。
- 点击状态：用来设置对鼠标单击动作做出反应的区域，而不直接显示出来。

【案例 4.12】脸色按钮。

① 设置元件属性。选择“插入”→“新建元件”命令，在打开的“创建新元件”对话框中将元件命名“脸色”，选择“按钮”类型，再单击“确定”按钮完成按钮元件的创建，如图 4.103 所示。

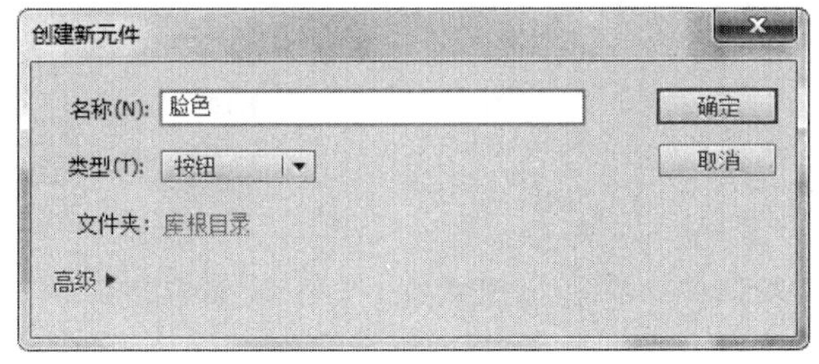

图 4.103 “创建新元件”对话框

② 制作弹起按钮图片。单击“弹起”帧，选择“椭圆工具”，在“属性”面板，设置“笔触颜色”为#FF3300，“填充颜色”为无色，绘制如图 4.104 所示形状。

③ 制作指针经过按钮图片。单击“指针经过”帧，按【F6】键，使用“选择工具”，绘制如图 4.105 所示的形状。

④ 制作按下按钮。单击“按下”帧，按【F6】键绘制如图 4.105 所示的形状。

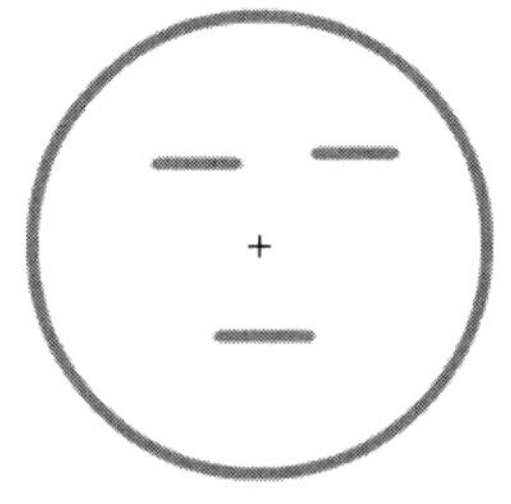
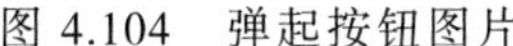

图 4.104 弹起按钮图片

图 4.105 指针经过和按下按钮图片

⑤ 新建声音图层。单击时间轴左下方的“新建图层”按钮，新建一个图层，双击图层名称，命名为“笑声”。

⑥ 导入声音。选择“文件”→“导入”→“导入到库”命令，打开“导入”对话框，选择“笑声.mp3”文件，单击“打开”按钮，从外部导入一个声音文件。

⑦ 添加声音控制。单击“按下”帧，按【F7】键插入空白关键帧。在“属性”面板中，选择声音下拉列表中的“笑声.mp3”选项，添加声音控制，时间轴变化如图 4.106 所示。

⑧ 制作点击按钮。单击“点击”帧，绘制如图 4.105 所示大小的圆形。

⑨ 单击标题栏上的场景 1，退出按钮元件的编辑环境，在“库”面板中即可看到刚刚制作的按钮元件，如图 4.107 所示。

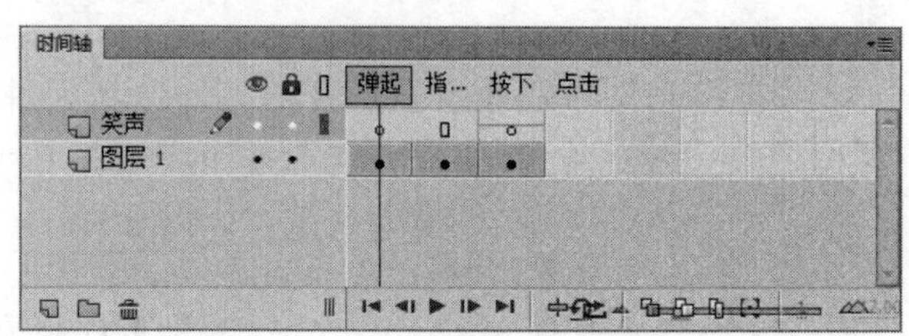

图 4.106　添加声音后的时间轴

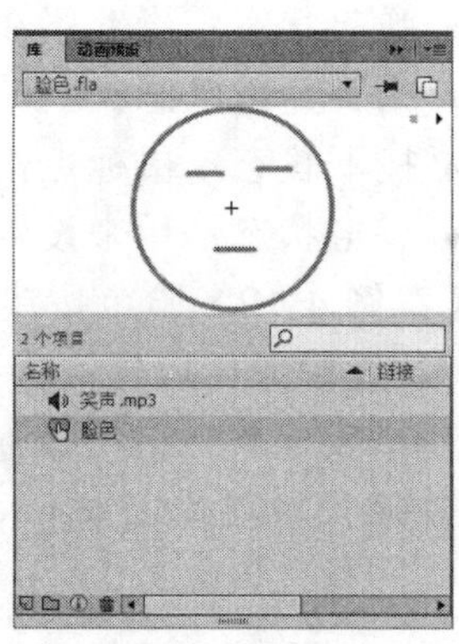

图 4.107　“库”面板效果

4.4.4　影片剪辑元件的制作

影片剪辑元件本身就是一段动画，它和按钮元件一样，有自己的时间轴，使用影片剪辑元件可创建反复使用的动画片段，且可独立播放，可以包括交互式控件、声音，甚至其他影片剪辑实例。

【案例 4.13】闪烁的星星。

分析：可以通过 10 个关键帧来描述闪烁的星星。只要将前 5 帧复制为正向的星星，然后将星星旋转一个角度，后 5 帧复制为旋转一定角度的星星，在播放过程中由于眼睛的误差，星星就会出现闪烁的效果。

① 设置元件属性。选择“插入”→“新建元件”命令，在打开的“创建新元件”对话框中将元件命名“闪烁的星星”，选择“影片剪辑”类型（见图 4.108），单击“确定”按钮，则进入元件编辑环境。

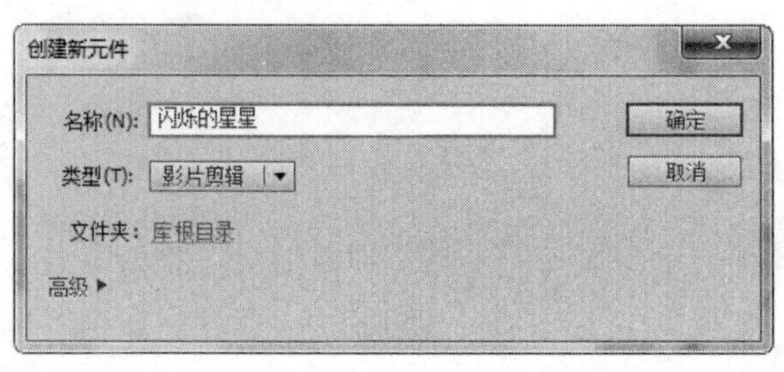

图 4.108　“创建新元件”对话框

案例 4.13 视频

② 到库中调入图形元件“星星”。选择“窗口”→“库”命令，打开“库”对话框。现在库中有两个元件，一个是已经绘制的“星星”，另一个是正在制作的“闪烁的星星”。将库中的“星星”拖动到元件编辑环境。

③ 右击第 1 关键帧，在弹出的快捷菜单中选择“复制帧”命令，右击第 2 关键帧，在弹出的快捷菜单中选择“粘贴帧”命令，同样在第 3、第 4、第 5 帧、第 6 帧上粘贴同样的关键帧，如图 4.109 所示。

④ 将星星旋转一定角度。单击第 6 帧，在编辑区选定星星，单击“旋转与倾斜”按钮，拖动星星的角控制点，旋转一定角度，如图 4.110 所示。

图 4.109　复制的关键帧

图 4.110　旋转后的效果

⑤ 右击第 6 关键帧，在弹出的快捷菜单中选择“复制帧”命令，右击第 7 关键帧，在弹出的快捷菜单中选择“粘贴帧”命令，同样在第 8、第 9、第 10 帧上粘贴同样的关键帧。

⑥ 单击标题栏上的 场景 1，退出影片剪辑元件的编辑环境，在“库”面板中即可看到刚刚制作的影片剪辑元件，如图 4.111 所示。

图 4.111　“库”面板效果

4.4.5　元件创建实例

创建元件之后，可以在文档中任何地方（包括在其他元件内）创建该元件的实例。当修改元件时，Flash 会更新元件的所有实例。

可以在“属性”面板中为实例提供名称，指定色彩效果、分配动作、设置图形显示模式或更改新实例的行为。除非需另外指定，否则实例的行为与元件行为相同。所做的任何更改都只影响实例，并不影响元件。

Flash 只可以将实例放在关键帧中，并且总在当前图层上。如果没有选择关键帧，Flash 会将实例添加到当前帧左侧的第一个关键帧上。

【案例 4.14】变化的星星。

案例 4.14 视频

① 选择“文件”→“打开”命令，在“打开”对话框中选择“元件.fla”，单击“打开”按钮，即可打开该文件。

② 选择“窗口”→“库”命令，打开“库”面板，选择“星星”图形元件，将该元件从“库”面板拖到舞台上，即可创建一个元件实例。

③ 分别单击第 10、20、30、40、50 帧，按【F6】键插入关键帧。

④ 选择第 10、30、50 帧，单击该实例，在“属性”面板设置“颜色”属性，如图 4.112 所示。

⑤ 选择第 20 帧，单击该实例，在“属性”面板设置“颜色”属性，如图 4.113 所示。

⑥ 选择第 40 帧，单击该实例，在“属性”面板设置“颜色”属性，如图 4.114 所示。

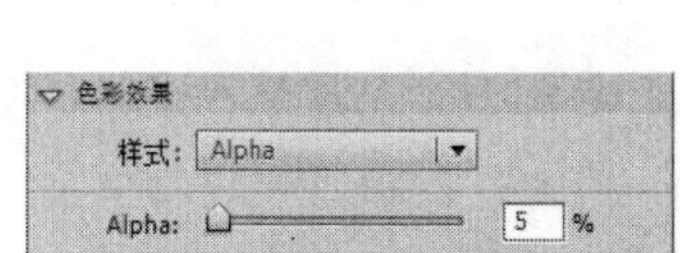

图 4.112 “颜色”属性设置（一）

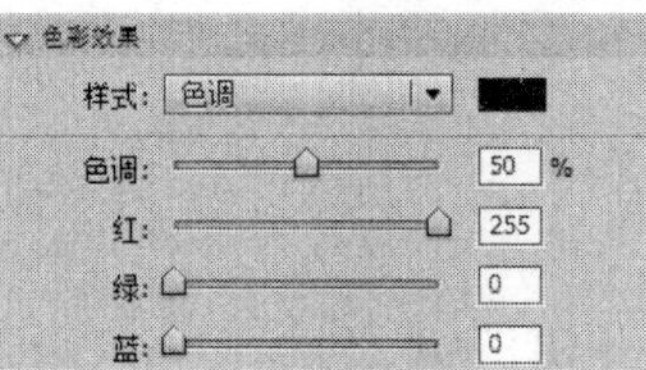

图 4.113 “颜色”属性设置（二）

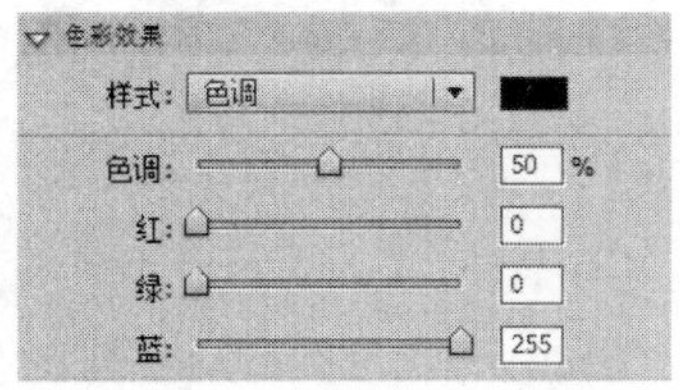

图 4.114 “颜色”属性设置（三）

⑦ 在各关键帧之间创建补间动画，如图 4.115 所示。

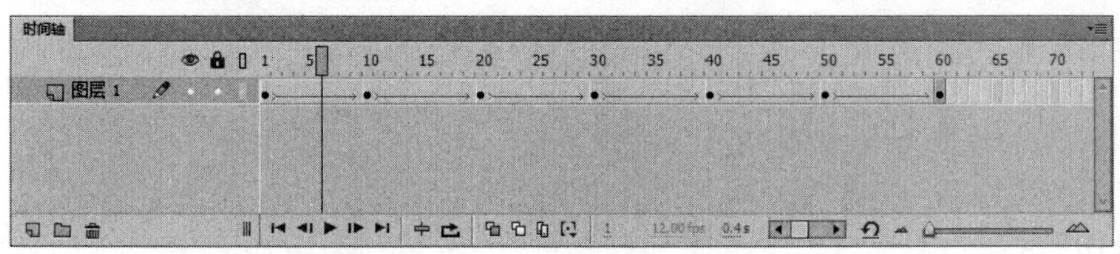

图 4.115 时间轴补间效果

⑧ 选择“控制”→“测试影片”命令，即可看到变化星星的影片效果。

习 题

一、问答题

1. 如何设置和修改矩形的相关属性，画出不同圆角曲度的圆角矩形？
2. 如何使用渐变变形工具改变一个圆形区域的中心渐变效果？
3. 简要叙述一下动画制作的流程。
4. 时间轴的功能有哪些？
5. Flash CC 默认的帧频率是多少？怎样设置帧频率？
6. 如何将一个对象转换为元件？

二、操作题

1. 使用钢笔工具绘制简单图形。

2. 利用 Flash 的绘图工具绘制一个场景，用不同的色彩和填充方式表现道路、山、树丛和太阳。

3. 制作一个五彩渐变的文字特效。

4. 在舞台中输入自己的姓名，使用自己的照片对文本进行位图填充。

5. 制作一个简单的文字按钮。

6. 新建一个有 3 个图层的文件，分别给 3 个图层取名为“图形元件”、“按钮元件”和“影片剪辑元件”。

7. 在上题中创建 3 个元件，分别是图形元件、按钮元件和影片剪辑元件，然后把 3 个元件分别放在对应的 3 个图层上进行实例化。

8. 把常用的素材全部保存到一个“库”面板中。

第 5 章

Flash 动画制作 ‹‹‹

本章导读

本章介绍如何用 Flash CC 提供的多种方式来创建动画和特殊效果，如何在动画中使用声音来增强动画的表现力与感染力，以及如何在动画中使用简单脚本实现动画的交互。

本章要点

- 创建动画的各种方式：逐帧动画、形状补间动画、传统补间动画、补间动画、引导路径动画、遮罩动画、动画预设等。
- 在动画中使用声音。
- Flash 动画简单脚本。

5.1 逐帧动画

逐帧动画也称为帧动画，将动画中的每一帧都设置为关键帧，在每一个关键帧中创建不同的内容，就成为逐帧动画。这就像播放影片一样，将一个连续的动作分解成若干幅只有微小变化的静态图片，将这些静态图片快速连续播放，根据视觉暂留原理，人的眼睛会将原来并不连续的静态图片看成一个连续的动作。

逐帧动画在传统动画制作中使用得比较多，这样虽然麻烦，但制作出来的动画效果很好。很多大型作品几乎都使用逐帧来制作物体、人物的运动，逐帧动画主要应用于创建没有规律的运动动画。

制作逐帧动画，需要将每一帧都定义为关键帧，在每个关键帧中创建不同的对象。创建逐帧动画有两种方法：一种是通过导入图片建立逐帧动画；另一种是绘制矢量逐帧动画。下面通过几个实例来学习逐帧动画的制作方法。

【案例 5.1】转动的地球，导入图片建立逐帧动画。

分析：向 Flash 中导入图像时，有两种类型的图片可以形成逐帧动画：一种是序列图像，包括 GIF 和利用第三方软件制作的序列图像等，这些图像有类似帧的结构，Flash 会进行相应帧到帧的转换；另外一种是 JPG、PNG、BMP 等格式的静态图像，如果导入的图像文件名以有序的数字结尾，Flash 会自动将其识别为图像序列，并提示是否导入图像序列。

案例 5.1 视频

① 选择“文件”→“新建”命令，在打开的对话框中选择“常规”面板→ActionScript 3.0 选项，大小设为 80×80 像素，帧频设为 12 帧/秒，单击“确定”按钮，新建一个影片文档。

② 选择“文件”→“导入”→“导入到舞台”命令，导入教学资源中的文件“ch05\素材\转动的地球\img0.gif”，会打开如图 5.1 所示对话框，单击“是”按钮。

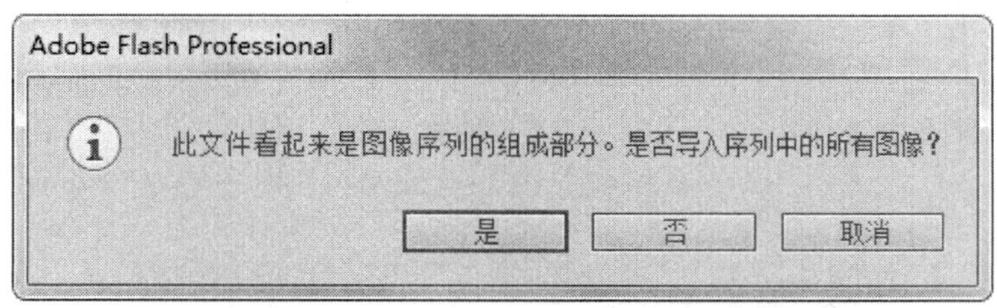

图 5.1　导入图片提示对话框

③ 导入图像序列后，“时间轴”面板会根据图像的数量自动生成帧，如图 5.2 所示。

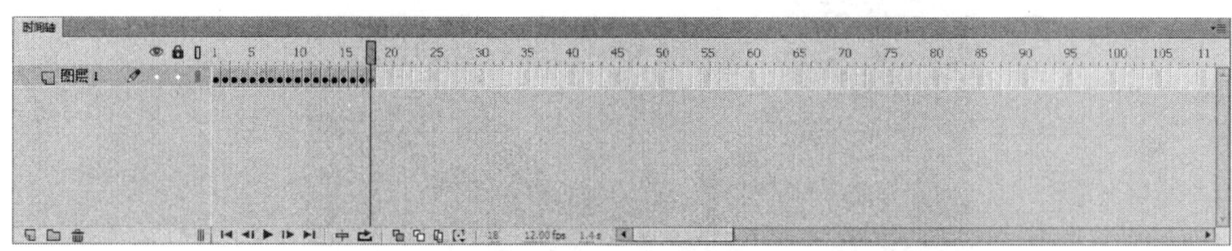

图 5.2　“时间轴”面板

④ 选择“文件”→“保存”命令，将文件名命名为“转动的地球.fla”，按【Ctrl+Enter】快捷键测试并预览动画显示效果，如图 5.3 所示。

图 5.3　测试动画效果

【案例 5.2】利用逐帧动画，设计一个倒计时计数器。

① 新建一个影片文档，将文件保存为“倒计时.fla”，在“属性”面板中将背景色设置为黑色，帧频设置为 1 帧/秒。

案例 5.2 视频

② 在“时间轴”面板上，单击“新建图层”按钮，添加 3 个新图层，分别将 4 个图层命名为“外圆”、“内圆”、“直线”和“数字”。

③ 选择“外圆”层，选择“椭圆工具”，将笔触颜色设为无色，填充色设为灰色，在舞台中央画一个大圆。

④ 选择“内圆”层，选择“椭圆工具”，将笔触颜色设为黑色，填充色设为灰色，在大圆内画一个小圆。

⑤ 选择“直线”层，选择“线条工具”，将笔触颜色设为黑色，在水平方向和垂直方向各画一条直线，都通过圆心。

⑥ 选择“外圆”层，在第 9 帧右击选择“插入帧”命令，在“内圆”层、“直线”层第 9 帧执行相同的操作。

⑦ 选择“数字”层，选择“文本工具” T，在“属性”面板的“字符”部分中的“系列”字段将字体改为方正姚体，文本颜色设为蓝色，大小设置为 100 点，在直线交叉处输入一个“9”字。

⑧ 在“数字”层的第 2～9 帧重复执行，右击选择“插入关键帧”命令，将第 2～9 帧中的数字分别改为 8、7、6、5、4、3、2、1。

⑨ 按【Ctrl+Enter】快捷键测试并预览动画显示效果，如图 5.4 所示。

图 5.4　倒计时计数器

5.2　形状补间动画

形状补间动画就是在一个关键帧中绘制一个图形，在另一个关键帧中更改该图形或绘制另一个图形，Flash 通过计算生成中间各帧来创建的动画。形状补间动画可以实现两个图形之间形状、大小、位置、颜色、透明度等的变化，使用的元素多为绘画出来的“形状”。如果使用图形元件、文字等，则必须先将其“分离”转换为“形状”才能创建形状补间动画。

创建形状补间动画的具体操作方法：在动画开始的关键帧绘制初始图形，在动画结束的关键帧更改图形或绘制另一个要变成的图形，然后在开始关键帧上右击选择“创建补间形状”命令（或单击补间的帧范围中的任意帧，然后选择“插入”→“补间形状”命令），Flash 将自动生成中间各帧的形状，从而创建形状补间动画。

【案例 5.3】图形变形。

① 新建一个影片文档，设置影片尺寸为 550 像素 × 220 像素，背景色为绿色，并将文件保存为“图形变形.fla”。

案例 5.3 视频

② 选择“椭圆工具” 在舞台左侧画出一个圆，填充颜色选择红色放射，如图 5.5 所示。

③ 选中第 40 帧，按【F6】键，插入一个关键帧，删除第 40 帧中的圆，选择“多角星形工具” ，填充颜色选择蓝色放射，在舞台右侧画出一个六角星形，打开“颜色”面板，把透明度（Alpha）改为 30%，如图 5.6 所示。

图 5.5　绘制第 1 帧

图 5.6　绘制第 40 帧

④ 右击第 1 帧选择“创建补间形状”命令。

⑤ 按【Ctrl+Enter】快捷键测试并预览动画显示效果。

【案例 5.4】制作变形文字。

案例 5.4 视频

① 新建一个影片文档，设置影片尺寸为 300×300 像素，帧频为 12 帧/秒，将文件保存为“变形文字.fla”。

② 选择“文本工具” 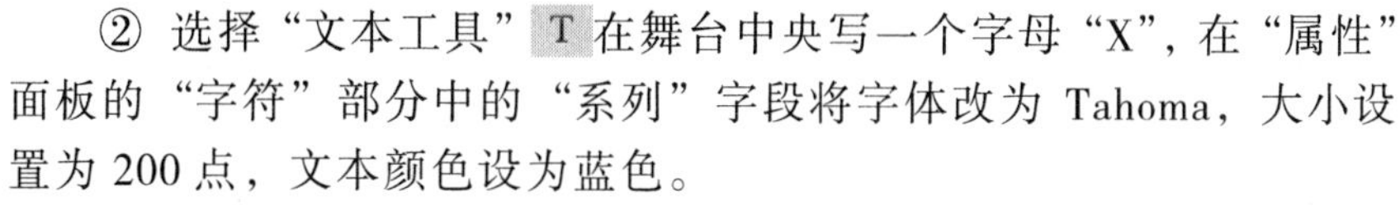 在舞台中央写一个字母“X”，在“属性”面板的“字符”部分中的“系列”字段将字体改为 Tahoma，大小设置为 200 点，文本颜色设为蓝色。

③ 选中第 20 帧，按【F6】键插入一个关键帧，将第 20 帧中的字母改为“Y”，颜色改为红色。

④ 选中第一帧，选择“修改”→“分离”命令，将文字打散，同样将第 20 帧的文字也打散。

⑤ 选中第一帧，右击选择“创建补间形状”命令，按【Ctrl+Enter】快捷键测试并预览动画显示效果，可看到字母“X”变形为字母“Y”，同时文字颜色由蓝色变为红色。

预览上述动画时会发现变形过程显得比较乱，这是因为 Flash 在计算两个关键帧中的图形差异时，并不像我们想象中的那么智能，前后图形差异比较大时，变形过程就会显得比较凌乱。这时，可以使用“形状提示”这一功能，对变形的中间过程进行有效的控制，从而使变形过程得以美化。给上例加上形状提示，再来看动画效果。

案例 5.5 视频

【案例 5.5】制作变形文字（使用形状提示）。

① 选中第一帧，选择“修改”→“形状”→“添加形状提示”命令，图形中会出现一个红色提示点 a。如果形状提示标记没有显示

出来，可选择“视图”→“显示形状提示”命令。

② 重复执行上述操作，在图形中依次添加提示点 b、c、d、e，并分别将各提示点拖到如图 5.7 所示的位置。

③ 选中第 20 帧，同样会有 5 个提示点，将各提示点拖到如图 5.8 所示的位置，这时会发现第 1 帧中的提示标记变为黄色，第 20 帧中的提示标记变为绿色。

图 5.7　添加形状提示点

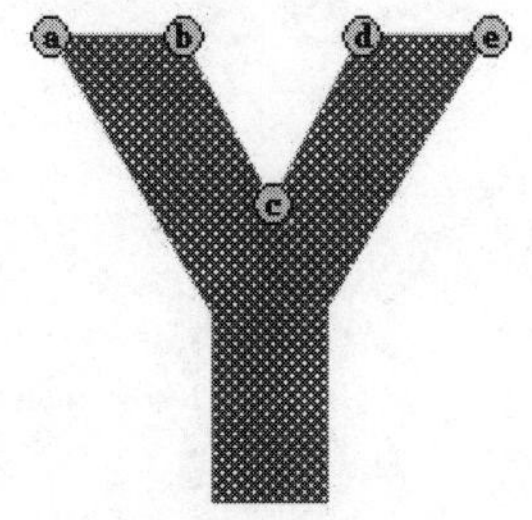

图 5.8　调整提示点

④ 按【Ctrl+Enter】快捷键测试并预览动画显示效果，这时变形效果较好。用户还可以调整图形提示标记的个数和位置，观察不同的变形效果，直到满意为止。

5.3　传统补间动画

Flash CC 可以创建两种类型的补间动画：补间动画和传统补间。

传统补间是指在 Flash CS3 和更早版本中使用的补间，在 Flash CC 中予以保留主要是用于过渡目的。传统补间动画就是给对象指定一个开始位置和一个终止位置，Flash 通过计算生成中间各帧，使其产生运动效果，能够实现对象的位置、大小、颜色等的变换和旋转效果，还可以通过调整透明度（Alpha）来创建淡入、淡出动画效果。与形状补间动画相反，传统补间动画只对元件起作用，构成传统补间动画的元素必须是元件，否则不能设置传统补间动画。

5.3.1　创建传统补间动画

创建传统补间动画的具体操作方法：在动画开始的关键帧设置一个对象，在动画结束的关键帧改变对象的属性，再在补间的帧范围中的任意帧上右击选择“创建传统补间”命令（或单击补间的帧范围中的任意帧，然后选择“插入”→“传统补间”命令），即可完成传统补间动画的制作。

【案例 5.6】小车碰撞。

案例 5.6 视频

① 新建一个影片文档，设置影片尺寸为 1 000 × 300 像素，帧频设为 12 帧/秒，并将文件保存为“小车碰撞.fla”。

② 先创建“小车”元件，选择“插入”→“新建元件”命令，打开如图 5.9 所示的“创建新元件”对话框，设置元件名称为“小车”，元件类型为“图形”，单击“确定”按钮，进入图形元件编辑模式。

③ 选择“矩形工具”，将笔触颜色、填充色都设为黑色，在舞台上绘制一个细长的矩形，然后选择“椭圆工具”在矩形下面画两个圆，如图 5.10 所示。

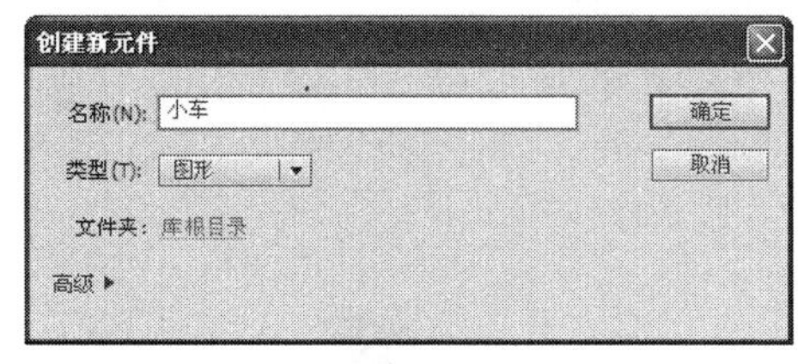

图 5.9 “创建新元件”对话框

图 5.10 小车的绘制

④ 单击舞台右上方的“场景 1”，返回舞台编辑模式，首先制作障碍物和地面作为背景，双击“时间轴”面板上的图层 1，命名为“背景”，选择“线条工具”，笔触高度设为 10，在舞台下方画一条水平直线，代表地面，用矩形工具在地面直线的右方拖拉绘制出一个矩形，表示障碍物，(见图 5.11)，在第 40 帧处右击，选择“插入帧”命令。

图 5.11 地面和障碍物

⑤ 在背景层的上方新建一个图层，将其改名为“加速运动的小车”，从库中将小车拖放到舞台上，选择“任意变形工具”，按下【Shift】键拖动控制点调整小车的大小，然后再将其拖到合适的位置。

⑥ 在“加速运动的小车”图层上方再新建一个图层，将其改名为“物体”，用矩形工具在舞台上绘制一个矩形，调整到合适大小，并拖动到合适位置，如图 5.12 所示。

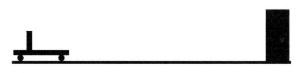

图 5.12 载物小车

⑦ 在“加速运动的小车”图层单击第 35 帧，按【F6】键插入一个关键帧，然后将小车平移到地面的右端，前端和障碍物对齐，可以用方向键精确地移动小车。在“物体”图层的第 35 帧处也插入一个关键帧，将物体移到合适的位置，保持和第 1 帧两者的相对位置不变（见图 5.13），在第 40 帧处右击，选择“插入关键帧”命令。

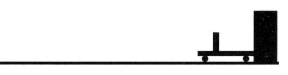

图 5.13 小车碰撞

⑧ 在“加速运动的小车”图层右击第 1 帧，选择“创建传统补间”命令，创建第 1 帧到第 35 帧的补间动画，在“属性”面板中将“缓动”属性设置为-100，在“物体”图层执行相同的操作。

⑨ 单击“物体”图层的第 40 帧选中物体，选择“任意变形工具”，将物体的中心点调到物体的右下角，移动鼠标待光标变成旋转的箭头时，将物体向右下角拉动放平在车板上，如图 5.14 所示。分别选中第 35 帧和第 1 帧，将物体的中心点也调到物体的右下角。

图 5.14　物体倒下

⑩ 右击“物体”图层的第 35 帧，选择“创建传统补间”命令，按【Ctrl+Enter】快捷键测试并预览动画效果。

5.3.2　编辑传统补间动画

在创建完成传统补间动画之后，选中补间范围内的任一帧，打开“属性”面板（见图 5.15），可以通过“属性”面板对动画做进一步编辑。

若要产生更逼真的动画效果，可以对传统补间应用缓动。若要对传统补间应用缓动，可使用“属性”面板“补间”部分中的“缓动”字段为所创建的传统补间指定缓动值，在“缓动”右边的文本框上拖动或输入一个值，可以调整补间的变化速率。

- 若要慢慢地开始传统补间动画，并朝着动画的结束方向加速补间，可输入一个介于-1 和-100 之间的负值。
- 若要快速地开始传统补间动画，并朝着动画的结束方向减速补间，可输入一个介于 1 和 100 之间的正值。

若要在补间的帧范围中产生更复杂的速度变化效果，可单击“缓动”字段右边的“编辑缓动”按钮，打开“自定义缓入/缓出”对话框（见图 5.16），可以更精确地控制传统补间的缓动速度。调整其中的曲线，曲线的斜率表示对象的变化速率。曲线水平时，变化速率为零；曲线垂直时，变化速率最大。

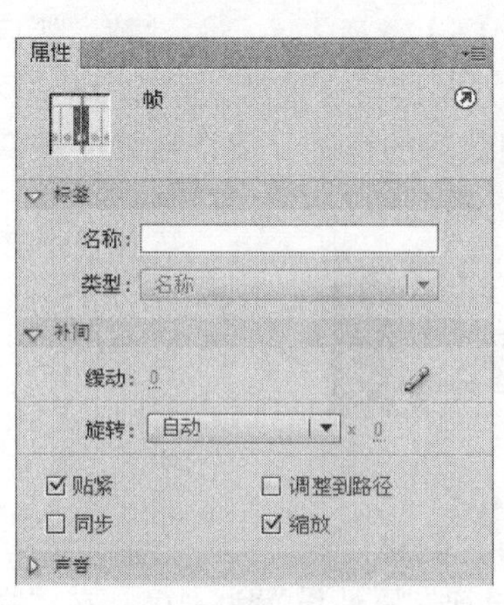

图 5.15　传统补间“属性”面板

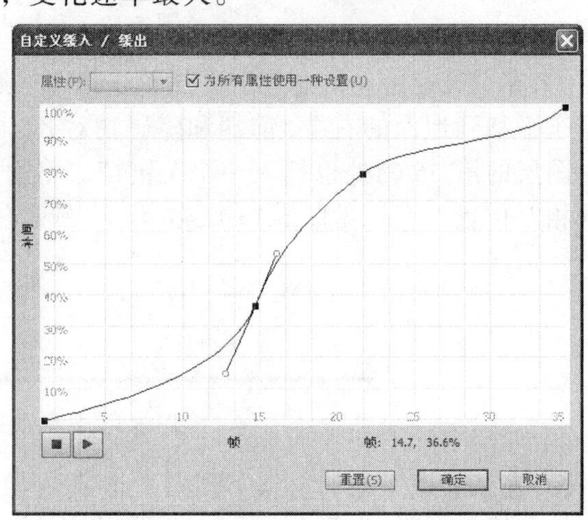

图 5.16　“自定义缓入/缓出”对话框

默认情况下，补间帧之间的变化速率是不变的。缓动可以通过逐渐调整变化速率创建更为自然的加速或减速效果。

若要在补间期间让对象旋转，可在“属性”面板的“补间”部分的“旋转”菜单中选择一个选项：

- 若要防止旋转，可选择“无”（默认设置）。
- 若要在需要最少动作的方向上将对象旋转一次，可选择“自动”。
- 若要按指示旋转对象，可选择“顺时针”或“逆时针”，然后输入一个指定旋转次数的数值。
- 若要将动画对象自动对齐到运动路径，可勾选“贴紧”选项。
- 若要使动画对象沿运动路径改变方向，可勾选“调整到路径”选项。
- 若要使对象的动画和主时间轴同步，可勾选“同步”选项。
- 若要使动画对象在动画过程中能进行大小缩放，可勾选“缩放”选项。
- 若要实现图形元件淡入淡出的效果，可以修改“属性”面板“色彩效果”部分中“样式”字段列表中的 Alpha 数值来调节实例的透明度，调节范围是从透明（0%）到完全饱和（100%）。

【案例 5.7】制作旋转的文字。

案例 5.7 视频

① 新建一个影片文档，设置影片尺寸为 550×250 像素，背景色为蓝色，并将文件保存为“旋转的文字.fla”。

② 选择“文本工具” T 在舞台中输入文本“旋转的文字”，在“属性”面板的“字符”部分中的“系列”字段将字体改为“方正姚体”，大小设置为 50 磅，文本颜色设为白色，如图 5.17 所示。

③ 两次选择“修改”→“分离”命令，将文本分离为图形。

④ 选择“颜料桶工具”，设置填充色为“彩虹渐变”，改变文字的颜色，如图 5.18 所示。

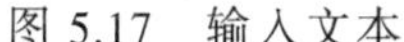
图 5.17 输入文本

图 5.18 改变文本颜色

⑤ 选择“修改”→“转换为元件”命令，创建名称为“文本”的图形元件。

⑥ 在时间轴面板右击第 50 帧，选择“插入关键帧”命令，将文本移动到舞台右端，将第 1 帧中的文本移动到舞台左端。

⑦ 在“时间轴”面板右击第 1 帧，选择“创建传统补间”命令。

⑧ 在“时间轴”面板选中第 1 帧，在“属性”面板的“补间”部分中的“旋转”字段改为“顺时针”，周数设为 1（见图 5.19），让文字在运动过程中产生旋转。

⑨ 在“时间轴”面板选中第 50 帧，单击舞台中的文字，在“属性”面板的“色

彩效果”部分中的“样式”字段选择 Alpha，数值设为 0（见图 5.20），让文字在最后消失。

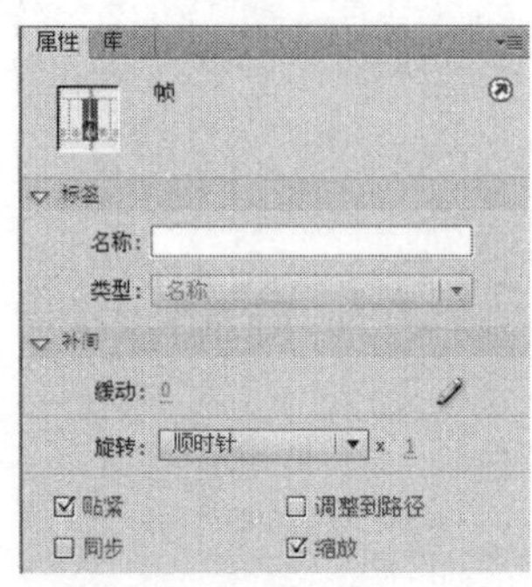

图 5.19 属性设置（一）

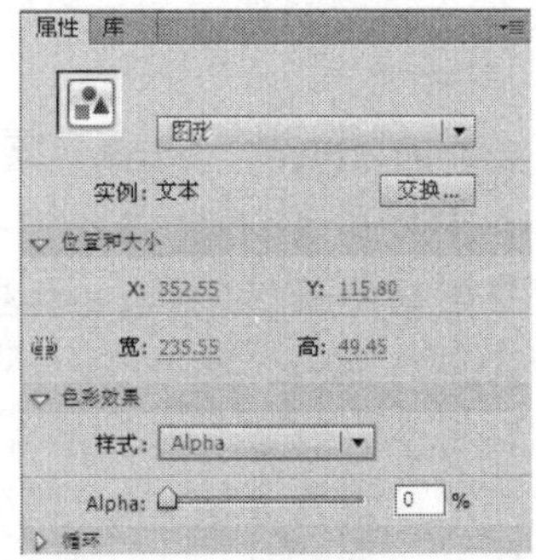

图 5.20 属性设置（二）

⑩ 按【Ctrl+Enter】快捷键测试并预览动画效果，可以看到文字从左向右旋转运动，并逐渐消失。

5.4 补 间 动 画

补间动画是通过为不同帧中的对象属性指定不同的值而创建的动画。Flash 计算这两个帧之间该属性的值。补间动画主要以元件对象为核心，一切补间动作都是基于元件，它允许用户通过鼠标拖动舞台中的对象来创建，让动画制作变得简单快捷。

5.4.1 创建补间动画

创建补间动画的具体操作方法：首先在起始帧中创建或导入元件对象（不是元件，Flash 会提示转换为元件），右击第一帧，选择“创建补间动画”命令，Flash 自动创建补间范围，在最后一帧（或补间范围内的任一帧）中改变元件对象的属性（位置、大小、色彩效果等），就自动生成了动画。被改变属性的帧自动转换为属性关键帧（时间轴中显示为黑色菱形标记）。

属性关键帧是在补间范围中为补间对象显式定义一个或多个属性值的帧，可以在动画编辑器中查看补间范围的每个属性及其属性关键帧。“属性关键帧”和“关键帧”的区别：“关键帧”是指时间轴中元件实例首次出现在舞台上的一个帧；“属性关键帧”是指为补间动画中特定时间或特定帧的对象的属性定义的值。

可以使用“属性”面板或动画编辑器来定义想要呈现的动画效果的属性值。可在所选择的帧中指定这些属性值，Flash 会将所需的属性关键帧添加到补间范围，会为所创建的属性关键帧之间的帧中的每个属性内插属性值。

补间动画可补间的对象类型包括影片剪辑、图形和按钮元件以及文本字段。可补间的对象的属性包括：

- 2D *X* 和 Y 位置。
- 3D *Z* 位置（仅限影片剪辑）。
- 2D 旋转（围绕 *Z* 轴）。

- 3D X、Y和 Z旋转（仅限影片剪辑）。
- 倾斜 X和 Y。
- 缩放 X和 Y。
- 颜色效果：包括 alpha（透明）、亮度、色调和高级颜色设置。
- 滤镜属性（不能将滤镜应用于图形元件）。

角色移动动画是动画制作中非常常见的一种动画，传统补间动画和补间动画都可以实现，但是两种动画的制作方法还是有很大区别的：传统补间动画要求指定开始和结束的状态后，才可以制作动画。而补间动画则是在制作了动画后，再控制结束帧上的元件属性，可以设置位置、大小、颜色、透明度等元件属性，而且制作完成后还可以调整动画的轨迹。

补间动画和传统补间动画之间的差异包括：

- 传统补间动画使用关键帧。关键帧是其中显示对象的新实例的帧。补间动画只能具有一个与之关联的对象实例，并使用属性关键帧而不是关键帧。
- 补间动画在整个补间范围由一个目标对象组成。传统补间动画允许在两个关键帧之间进行补间，其中包含相同或不同元件的实例。
- 补间动画和传统补间动画都只允许对特定类型的对象进行补间。在将补间动画应用到不允许的对象类型时，Flash 在创建补间时会将这些对象类型转换为影片剪辑。应用传统补间动画会将它们转换为图形元件。
- 补间动画会将文本视为可补间的类型，而不会将文本对象转换为影片剪辑。传统补间动画会将文本对象转换为图形元件。
- 在补间动画范围不允许帧脚本。传统补间允许帧脚本。
- 可以在时间轴上对补间动画范围进行拉伸和调整大小，并且它们被视为单个对象。传统补间动画包括时间轴上可分别选择的帧的组。
- 利用传统补间动画，可以在两种不同的色彩效果（如色调和 Alpha 透明度）之间创建动画。补间动画可以对每个补间应用一种色彩效果。
- 只可以使用补间动画来为 3D 对象创建动画效果。无法使用传统补间动画为 3D 对象创建动画效果。
- 只有补间动画可以另存为动画预设。
- 在同一图层中可以有多个传统补间或补间动画，但在同一图层中不能同时出现两种补间类型。

【案例 5.8】制作跳动的球。

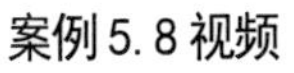

① 新建一个影片文档，设置影片尺寸为 550×305 像素，并将文件保存为“跳动的球.fla”。

② 选择“文件”→“导入”→“导入到舞台”命令，导入教学资源中的文件“ch05\素材\草地.jpg”，把图片调整到合适大小，把图层名称改为“草地”。

③ 在上方新建一个图层，名称改为“篮球”，选择“文件”→“导入”→“导入到舞台”命令，导入教学资源中的文件“ch05\素材\篮球.jpg”，把篮球调整到合适大小，并拖动至舞台左上方，如图 5.21 所示。

图 5.21　导入对象

④ 右击“草地”图层的第 24 帧，选择“插入帧”命令。

⑤ 右击“篮球”图层的第 1 帧，选择“创建补间动画”命令，会出现如图 5.22 所示的对话框，单击“确定”按钮。

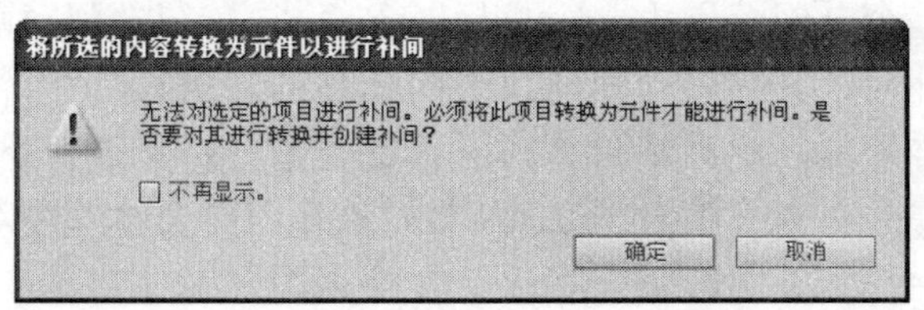

图 5.22　确认是否进行转换并创建补间对话框

⑥ 在时间轴的“篮球”图层单击第 24 帧，将篮球拖动到舞台右侧，这时舞台中会出现一条动作路径，如图 5.23 所示。拖动播放头，可以看到篮球从舞台左侧移动到右侧。

图 5.23　拖动篮球

⑦ 单击“篮球”图层的第 12 帧，用鼠标拖动篮球中心点往下移动，如图 5.24 所示。在第 12 帧上右击，选择“插入关键帧”→“位置”命令。

⑧ 在舞台中将鼠标移至第 6 帧的控制点上，单击并向上拖动，调整运动路径，使用相同的方法调整第 18 帧处的运动路径，如图 5.25 所示。

⑨ 按【Ctrl+Enter】快捷键测试并预览动画效果，可以看到篮球从左向右按路径运动。

图 5.24　调整第 12 帧的路径

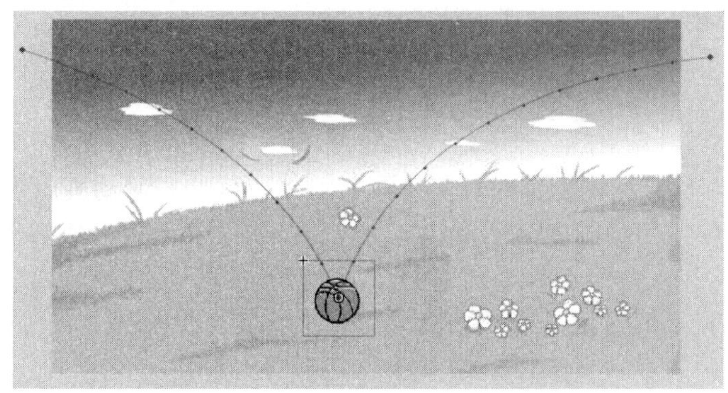

图 5.25　调整第 6 帧和第 18 帧的路径

5.4.2　编辑补间动画

在补间动画的补间范围内，可以为动画定义一个或多个属性关键帧，每个属性关键帧可以设置不同的属性。

在补间范围内右击，在弹出的快捷菜单中，选择“插入关键帧”级联菜单中关键帧选项（共有 7 种），前 6 项针对 6 种补间动作类型，第 7 项“全部”支持所有补间类型。选中补间对象，可以在“属性”面板中设置不同的属性值。

如果补间包含动画，则会在舞台上显示运动路径。运动路径显示每个帧中补间对象的位置。可以使用“选择”工具或“部分选择”工具拖动运动路径的控制点来编辑舞台上的运动路径，也可以使用“任意变形”工具来调整运动路径的大小和位置。

创建完补间动画后，在时间轴上选择要调整的补间动画，然后双击该补间范围（或者右击该补间范围，选择“调整补间”命令），打开“动画编辑器”。可以使用“动画编辑器”对每个关键帧的参数（如旋转、大小、缩放、倾斜、位置、色彩效果、滤镜、缓动等）进行控制，还可以借助曲线以图形化方式对部分参数进行设置。

案例 5.9 视频

【案例 5.9】制作 3D 旋转文字。

① 新建一个影片文档，设置背景色为“蓝色”，帧频为 12 帧/秒，并将文件保存为“3d 旋转文字.fla”。

② 选择文本工具，将填充色改为绿色，大小设为 100 磅，在舞

台中输入“FLASH”，选择“修改”→“转换为元件”命令，把文本转换为影片剪辑元件。

③ 右击第 1 帧选择“创建补间动画”命令，单击第 24 帧，在舞台中选中对象，使用任意变形工具缩小对象到合适大小，将对象的 Alpha 值改为 50%。

④ 选择“3D 旋转工具”，舞台上出现圆环形状，向下拖动中心右侧的 *Y* 轴线半周，使文本产生立体转动，如图 5.26 所示。

图 5.26　设置对象属性

⑤ 单击时间轴补间范围内的任一帧，在“属性”面板中设置“缓动”值为 100。

⑥ 按【Ctrl+Enter】快捷键测试并预览动画效果。

5.5　动画预设

动画预设是 Flash 预先配置的补间动画，可以将这些补间动画应用于舞台中的对象上。动画预设使应用动画变得简单快捷，一旦了解了动画预设的工作方式后，制作动画就变得非常容易。Flash 提供了 30 种预设动画，用户可以修改现有动画预设，也可以创建并保存自己的自定义预设，使用“动画预设”面板还可导入和导出预设。

若要应用动画预设，可执行下列操作：

① 在舞台上选择可补间的对象，如果将动画预设应用于无法补间的对象，则会打开如图 5.27 所示的对话框，单击“确定”按钮将该对象转换为元件。

② 在“动画预设”面板（可通过选择“窗口”→“动画预设”打开）的“默认预设”文件夹中选择一个预设，每个动画预设都包括预览，可在“动画预设”面板中查看其预览。通过预览，可以了解在将动画应用于对象时所获得的动画效果。

③ 单击“动画预设”面板中的“应用”按钮，或者从面板菜单中选择“在当前位置应用”，就完成了动画的制作。

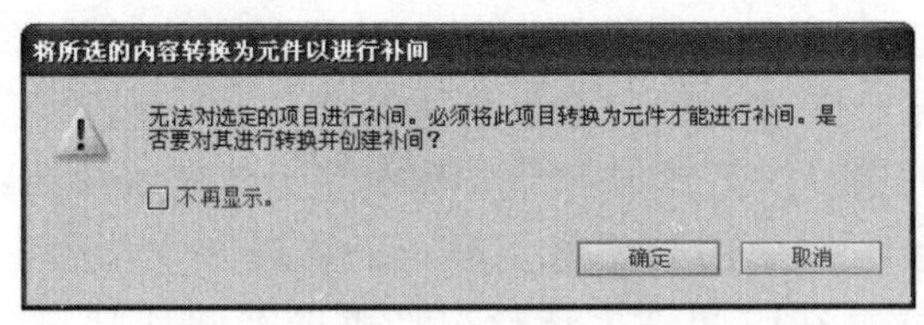

图 5.27　确认项目是否进行转换并创建补间对话框

每个对象只能应用一个预设。如果将第二个预设应用于相同的对象，则第二个预设将替换第一个预设。一旦将预设应用于对象后，在时间轴上创建的补间就不再与“动画预设”面板有任何关系。在“动画预设”面板中删除或重命名某个预设对前面使用该预设创建的补间没有任何影响。每个动画预设都包含特定数量的帧。在应用预设时，在时间轴中创建的补间范围将包含等数量的帧。包含 3D 动画的动画预设只能应用于影片剪辑实例。

如果要创建自己的补间，或对从“动画预设”面板应用的补间进行更改，可将其

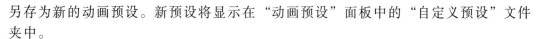

另存为新的动画预设。新预设将显示在“动画预设”面板中的“自定义预设”文件夹中。

若要将自定义补间另存为预设，可执行下列操作：

① 选择以下项之一：

- 时间轴中的补间范围。
- 舞台上应用了自定义补间的对象。
- 舞台上的运动路径。

② 单击“动画预设”面板中的“将选区另存为预设”按钮，或右击选定内容并在弹出的快捷菜单中选择“另存为动画预设”命令。

注意：保存、删除或重命名自定义预设后无法撤销。动画预设只能包含补间动画，传统补间不能保存为动画预设。

【案例 5.10】制作跳动的球（动画预设）。

案例 5.10 视频

① 新建一个影片文档，设置影片尺寸为 550 像素 × 305 像素，并将文件保存为“跳动的球（动画预设）.fla”。

② 选择“文件”→“导入”→“导入到舞台”命令，导入教学资源中的文件“ch05\素材\草地.jpg”，把图片调整到合适大小，把图层名称改为“草地”。

③ 在上方新建一个图层，名称改为“篮球”，选择“文件”→“导入”→“导入到舞台”命令，导入教学资源中的文件“ch05\素材\篮球.jpg”，选择“修改”→“转换为元件”命令，然后把篮球调整到合适大小，并拖动至舞台正上方，如图 5.28 所示。

④ 选择“窗口”→“动画预设”命令，打开“动画预设”面板，在“默认预设”文件夹中选择“多次跳跃”，单击“应用”按钮，如图 5.29 所示。

图 5.28　篮球

图 5.29　选择动画预设

⑤ 选择两个图层的第 80 帧，右击，选择“插入帧”命令。

⑥ 按【Ctrl+Enter】快捷键测试并预览动画效果。

【案例 5.11】 制作 3D 滚动文本。

① 新建一个影片文档，设置影片尺寸为 685×400 像素，并将文件保存为“3D 滚动文本.fla”。

② 选择“文件”→“导入”→“导入到舞台”命令，导入教学资源中的文件“ch05\素材\0515.jpg”，把图片调整到合适大小，把图层名称改为“背景”。

③ 在上方新建一个图层，名称改为“文本”，选择文本工具，在舞台中输入文本，把颜色设为蓝色（见图 5.30），选择“修改”→“转换为元件”命令。

案例 5.11 视频

图 5.30　输入文本

④ 选择“窗口”→“动画预设”命令，打开“动画预设”面板，在“默认预设”文件夹中选择“3D 文本滚动”，单击“应用”按钮，如图 5.31 所示。

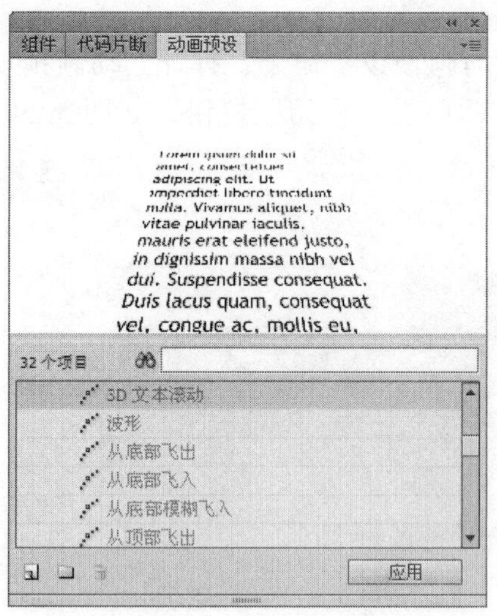

图 5.31　选择动画预设

⑤ 按【Ctrl+Enter】快捷键测试并预览动画效果。

5.6 引导路径动画

前面介绍的传统补间动画的运动路径都是沿直线的，而实际很多运动是沿曲线或不规则路径的。将一个或多个层链接到一个运动引导层，使一个或多个对象沿同一条路径运动的动画形式称为引导路径动画。这种动画可以使一个或多个元件完成曲线或不规则运动。

创建引导路径动画的具体操作方法：在包含运动对象的图层上方添加传统运动引导层，在运动引导层中用铅笔、钢笔、刷子或线条等绘图工具画出一条运动路径，在包含运动对象的图层中，在起始帧把运动对象的中心点移到路径的起始端点，在结束帧把运动对象的中心点移到路径的结束端点，然后在两个关键帧之间创建传统补间动画，这时运动对象就可以沿着设置的路径运动。

说明：普通引导层主要用于辅助静态对象的定位，可以不使用被引导层而单独使用。也可以将包含运动对象的图层拖动到普通引导层上，将普通引导层转换为运动引导层，并将包含运动对象的图层链接到该运动引导层。引导路径动画只能用于传统补间动画，无法将运动引导层添加到补间图层。

【案例 5.12】鱼儿游。

① 打开教学资源中的文件“ch05\案例\鱼儿游（素材）.fla”。

② 在“时间轴”面板上选中“鱼儿”图层，右击选择“添加传统运动引导层”命令，在“鱼儿”图层上方添加一个引导层。

③ 选中引导层，选择“铅笔工具”，在引导层中画出鱼儿游动的路径，如图 5.32 所示。

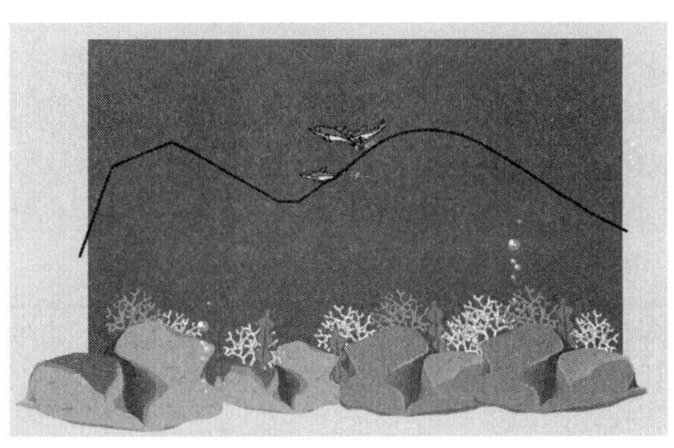

图 5.32 绘制引导线

案例 5.12 视频

④ 选中“鱼儿”图层，选择“选择工具”，在第 1 帧处将鱼儿对象的中心点移到路径的右端点上，如图 5.33 所示。右击第 100 帧，选择“转换为关键帧”命令，然后将鱼儿对象的中心点移到路径的左端点上，如图 5.34 所示。

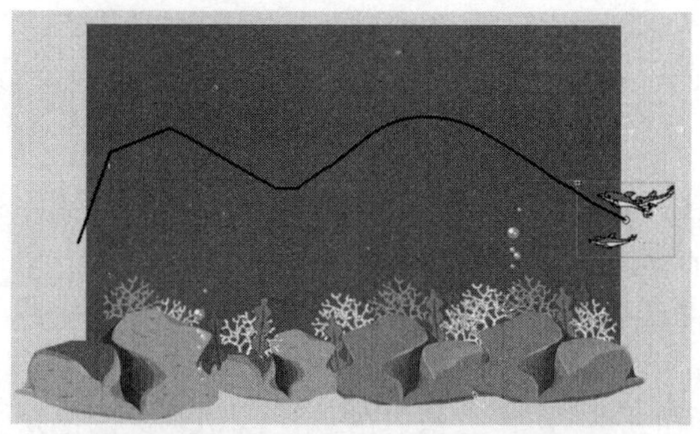

图 5.33　调整位置（一）

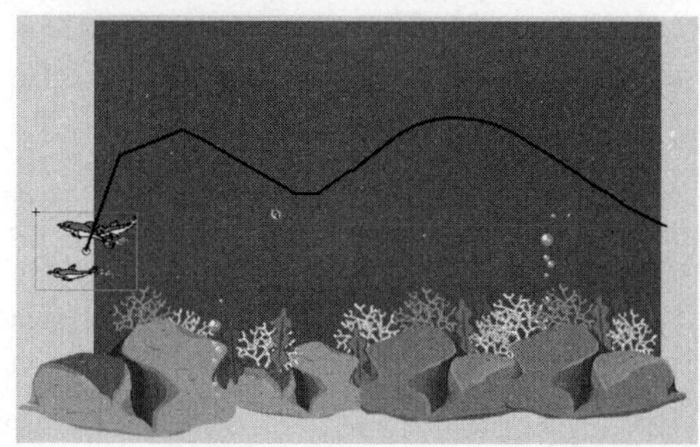

图 5.34　调整位置（二）

⑤ 在“鱼儿”图层右击第 1 帧，选择“创建传统补间”命令，创建第 1 帧和第 100 帧之间的补间动画。

⑥ 按【Ctrl+Enter】快捷键测试并预览动画效果，这时鱼儿就会沿着设置的运动路径游动。

【案例 5.13】流动文字。

① 新建一个影片文档，设置影片尺寸为 550×150 像素，将舞台背景设置为蓝色，帧频为 12 帧/秒，并将文件保存为“流动文字.fla”。

② 用文本工具在舞台中输入文本“FLASH”，在“属性”面板中“字符”区域将字体改为 Times New Roman，大小设置为 50 磅，颜色设为黄色，字形加粗，选择“修改”→“分离”命令，将文本打散，如图 5.35 所示。

③ 选择“修改”→“时间轴”→“分散到图层”命令，将文本分别放到不同的图层，将“图层 1”改名为“引导层”，此时时间轴如图 5.36 所示。

图 5.35　文字设置

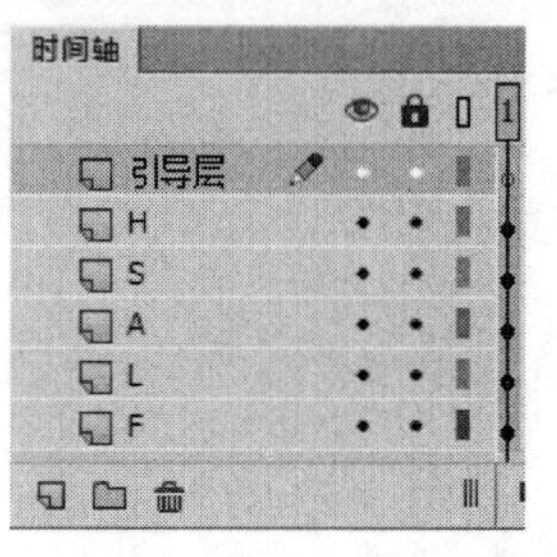

图 5.36　分散文字到图层

案例 5.13 视频

④ 在“时间轴”面板中右击“引导层”，选择“引导层”命令，依次拖动下面各图层到“引导层”下方，将它们转换为被引导层。

⑤ 用铅笔工具在“引导层”绘制出动画路径，然后选中“引导层”的第 55 帧，按【F5】键插入帧。

⑥ 选中 F 图层的第 1 帧，将文本“F”拖放到引导层路径的右侧起始点，选中“F”图层的第 35 帧，将文本“F”拖放到引导层路径的左侧终点，如图 5.37 所示。在两个关键帧之间创建传统补间动画，完成文本“F”的引导动画。

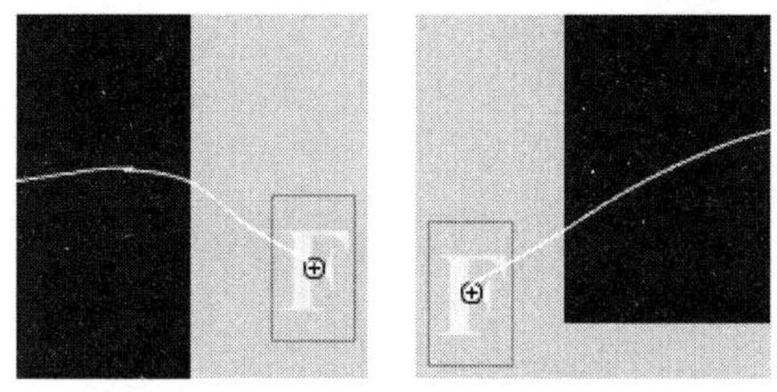

图 5.37　调整“F”到路径端点

⑦ 调整“L”层的起始关键帧到第 6 帧，调整文本“L”到路径右侧起点。在第 40 帧添加关键帧，调整文本“L”到路径的左侧终点。最后为文本“L”创建“传统补间动画”。

⑧ 分别将“A”“S”“H”图层按步骤⑦的方法制作动画，它们的起始关键帧分别移动到第 11、16、21 帧，结束关键帧分别创建在第 45、50、55 帧上，完成后的时间轴面板如图 5.38 所示。

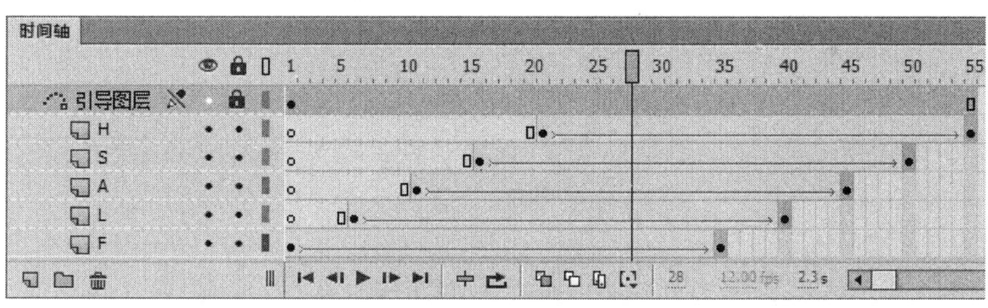

图 5.38　完成后的“时间轴”面板

⑨ 按【Ctrl+Enter】快捷键测试并预览动画效果，图 5.39 所示为动画中的画面截图，这时所有的文本都沿着设置的路径运动。

图 5.39　动画画面截图

还可以创建基于可变笔触宽度的引导路径动画和基于可变笔触颜色的引导路径动画。让运动对象随着路径笔触宽度的变化而改变大小，还可以让运动对象随着路径笔触颜色的变化而改变颜色。

【案例 5.14】制作变化的小球。

① 新建一个影片文档，设置影片尺寸为 550×300 像素，将舞台背景设置为白色，帧频为 12 帧/秒，并将文件保存为“变化的小球.fla”。

② 选择“插入”→“新建元件”命令，新建一个名称为“小球”的图形元件，选择椭圆工具，填充色改为球状放射灰色，画出一个小球，如图 5.40 所示。

图 5.40　小球

③ 单击“场景 1”返回，把小球元件拖入舞台，在时间轴的“图层 1”上右击选择“添加传统运动引导层”命令，在上方添加一个引导层。

④ 选中引导层，选择“铅笔工具”，在引导层中画出一条曲线，在第 30 帧插入帧，如图 5.41 所示。

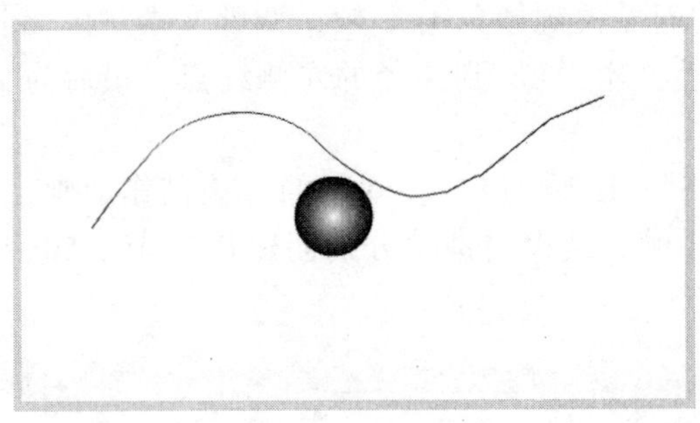

图 5.41　运动路径

⑤ 选中图层 1，选择“选择工具”，在第 1 帧处将对象的中心点移到路径的左端点上，右击第 30 帧，选择“转换为关键帧”命令，然后将小球对象的中心点移到路径的右端点上。

⑥ 在图层 1 右击第 1 帧，选择“创建传统补间”命令，创建第 1 帧和第 30 帧之间的补间动画。

⑦ 单击引导层，在舞台中选中运动路径，在“属性”面板的“填充和笔触”部分中的“宽度”字段选择“宽度文件配置 2”，把笔触大小改为 15，如图 5.42 所示。

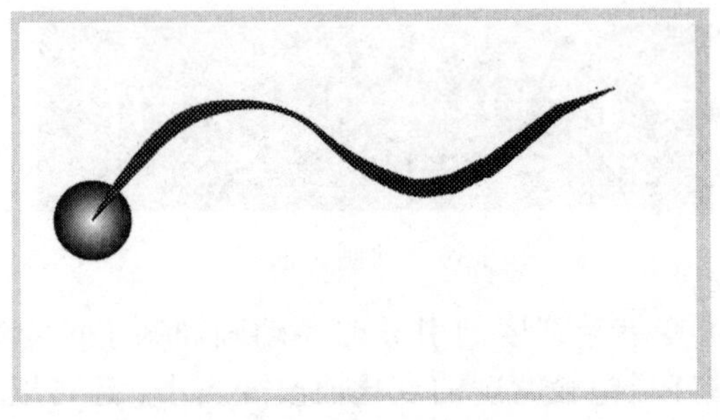

图 5.42　改变路径宽度

⑧ 单击图层 1 补间范围内的任一帧，在“属性”面板的“补间”部分勾选“沿路径缩放”字段，拖动播放头，可以看到小球在沿路径运动的同时会随着路径的宽度而改变大小。

⑨ 单击引导层，在舞台中选中运动路径，在“属性”面板的“填充和笔触”部分中的“笔触颜色”字段选择“彩虹渐变色”，如图 5.43 所示。

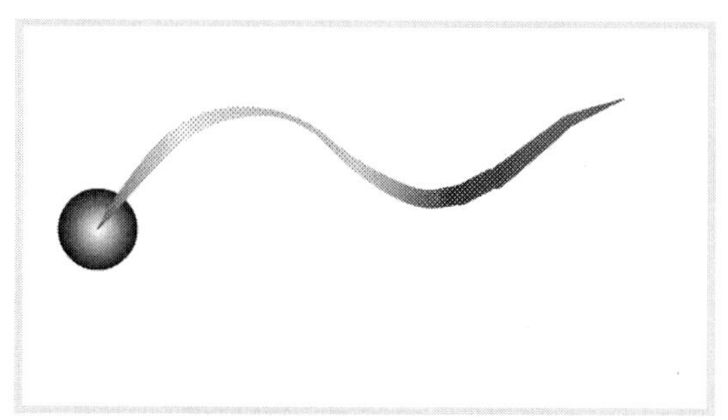

图 5.43 改变路径颜色

⑩ 单击图层 1 补间范围内的任一帧，在“属性”面板的“补间”部分勾选“沿路径着色”字段，按【Ctrl+Enter】快捷键测试并预览动画效果，这时可以看到小球在沿路径运动的同时会随着路径的宽度和颜色的变化而改变大小和颜色。

5.7 遮罩动画

遮罩是 Flash 动画制作的一项重要技术，像放大镜、望远镜、探照灯、百叶窗、图片切换、卡拉 OK 歌词等很多特殊效果的动画都可以通过遮罩技术来实现。遮罩动画在 Flash 中主要是通过图层来实现的，可以把遮罩理解为一个特殊的层，为了得到特殊的显示效果，可以在这个特殊的层上创建一个任意形状的“窗口”(图层中的实心对象)，遮罩层下方的对象可以通过该“窗口”显示出来，而“窗口”之外的对象将被隐藏起来。在 Flash 中遮罩是指一个范围，它可以是一个形状、文字对象、图形元件的实例或影片剪辑等，甚至是随意画的一个区域。任何一个不规则形状的范围都可用作遮罩，但是笔触对象（如线条）不能作为遮罩。Flash 会忽略遮罩层中的位图、渐变、透明度、颜色和线条样式。在遮罩中的任何填充区域都是完全透明的，而任何非填充区域都是不透明的。

注意：一个遮罩层只能包含一个遮罩项目，遮罩层不能在按钮内部，也不能将一个遮罩应用于另一个遮罩。

创建遮罩动画的具体操作方法：首先创建或选择一个图层作为被遮罩层，在该图层中应包含将出现在遮罩中的对象，然后在被遮罩层上创建一个新图层作为遮罩层。在该图层中创建形状、文字或任意的区域等，最后在“时间轴”面板的遮罩层上右击，选择“遮罩层”命令。在遮罩层和被遮罩层中分别或同时使用其他动画形式可以实现各种动态的遮罩效果。对于用作遮罩的填充形状，可以使用补间形状，对于对象、图形实例或影片剪辑，可以使用补间动画。当使用影片剪辑实例作为遮罩时，还可以让遮罩沿着运动路径运动。

【案例 5.15】制作望远镜。

① 新建一个影片文档，设置影片尺寸为 800×450 像素，帧频为 12 帧/秒，并将文件保存为“望远镜.fla”。

② 将“图层 1”的名称改为“背景”，在第一帧中插入图像，选择“文件”→“导入”→“导入到舞台”命令，导入教学资源中的文件“ch05\素材\0510.jpg”，将图形调整到合适大小并拖放到舞台中央。在第 60 帧处选择“插入帧”命令。

③ 选择“插入”→“新建元件”命令，创建名称为“望远镜”的“图形”元件，选择“椭圆工具”，在舞台上绘制一个大小合适的圆，然后返回“场景 1”。

④ 在“时间轴”面板上，添加一个新图层，更名为“望远镜”，将“望远镜”元件拖入舞台，并拖放到舞台左上方，如图 5.44 所示。

图 5.44 调整望远镜位置

案例 5.15 视频

⑤ 在第 30 帧插入一个关键帧，将“望远镜”元件拖放到舞台中下方，如图 5.45 所示。在第 60 帧插入一个关键帧，将“望远镜”元件拖放到舞台右上方，如图 5.46 所示。然后，分别在第 1 帧～第 30 帧和第 30 帧～第 60 帧之间创建传统补间动画。

图 5.45 调整望远镜位置（一）

图 5.46 调整望远镜位置（二）

⑥ 在“时间轴”面板上，右击“望远镜”图层，选择“遮罩层”命令，如图 5.47 所示。

⑦ 按【Ctrl+Enter】快捷键测试并预览动画效果。

图 5.47 设置遮罩

【案例 5.16】制作闪光文字。

① 新建一个影片文档，设置影片尺寸为 550×150 像素，帧频为 12 帧/秒，将文件保存为“闪光文字.fla”。

② 将“图层 1”的名称改为“闪光底层”，选择“矩形工具”，在舞台中画出一个 1 000 像素×150 像素的矩形，将填充颜色改为彩色线性渐变。

③ 在“时间轴”面板上，添加一个新图层，更名为“文字”，选择“文本工具”，在舞台中央输入“闪光文字”，字体设为华文行楷，字体大小设为 120，并把文字调整到舞台中间。

④ 在第 10 帧、第 20 帧、第 30 帧、第 40 帧分别插入关键帧，调整第 1 帧中矩形的位置，使矩形的右边线和舞台右边界重合，如图 5.48 所示；调整第 10 帧中矩形的位置，使矩形的左边线和舞台左边界重合，如图 5.49 所示；调整第 20 帧中矩形的位置，使矩形的右边线和舞台右边界重合；调整第 30 帧中矩形的位置，使矩形的左边线和舞台左边界重合；调整第 40 帧中矩形的位置，使矩形的右边线和舞台右边界重合。

图 5.48 第 1 帧中矩形的位置

图 5.49 第 10 帧中矩形的位置

⑤ 分别在第 1 帧、第 10 帧、第 20 帧、第 30 帧、第 40 帧之间创建传统补间动画。

⑥ 在“时间轴”面板上，右击“文字”图层，选择“遮罩层”命令，如图 5.50 所示。

⑦ 按【Ctrl+Enter】快捷键测试并预览动画效果。

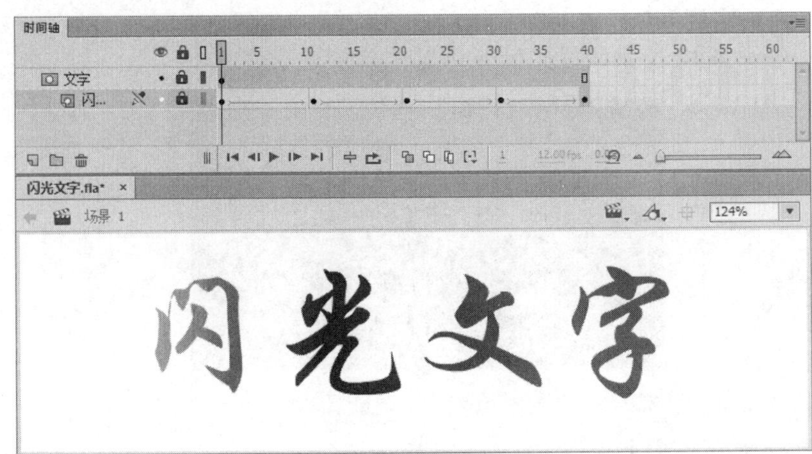

图 5.50　闪光文字

5.8 骨骼动画

骨骼动画运用的是反向运动原理，也称反向运动，它是一种使用骨骼工具对对象进行动画处理的方式。这些骨骼按父子关系链接成线性或枝状的骨架，当一个骨骼移动时，与其连接的骨骼也发生相应的如人体运动般的反向移动。使用反向运动可以方便地创建自然运动。若要使用反向运动进行动画处理，只需在时间轴上指定骨骼的开始和结束位置，Flash 自动在起始帧和结束帧之间对骨架中骨骼的位置进行内插处理。

可以通过两种方式使用反向运动（IK）：使用形状作为多块骨骼的容器；将元件实例用骨骼链接起来。

图 5.51 所示为一个已添加骨架的形状。每块骨骼的头部都是圆的，而尾部是尖的，所添加的第一个骨骼（即根骨）的头部有一个圆。

图 5.52 所示为一个已附加骨架的多元件组。人像的肩膀和臀部是骨架中的分支点，默认的变形点是根骨的头部、内关节以及分支中最后一个骨骼的尾部。

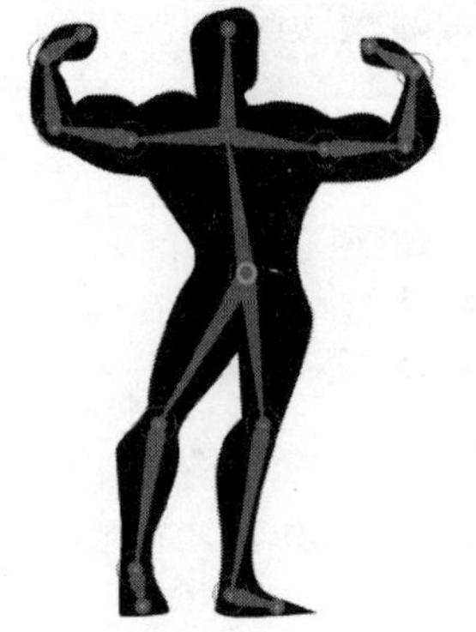

图 5.51　一个已添加骨架的形状

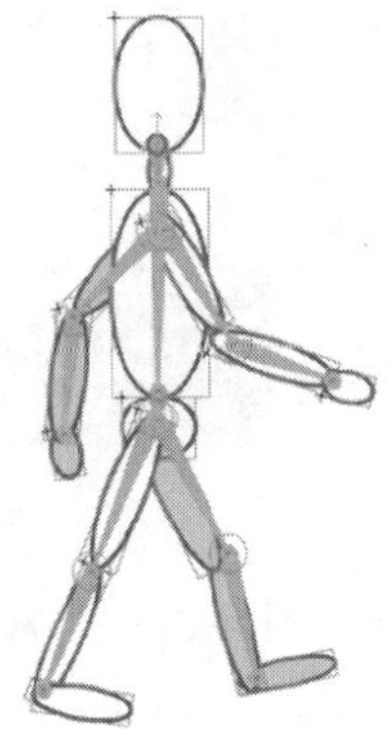

图 5.52　一个已附加骨架的多元件组

5.8.1 向形状添加骨骼

可以将骨骼添加到同一图层的单个形状或一组形状。无论哪种情况，都必须首先选择所有形状，然后才能添加第一个骨骼。在添加骨骼之后，Flash 会自动创建与图层对应的骨架层，骨架层记录着姿势的变化。具体操作步骤如下：

① 在舞台上创建填充的形状。形状可以包含多个颜色和笔触，编辑形状，以便尽可能接近其最终形式。向形状添加骨骼后，用于编辑形状的选项变得更加有限。如果形状太复杂，Flash 在添加骨骼之前会提示将其转换为影片剪辑。

② 在舞台上选择整个形状。如果该形状包含多个颜色区域或笔触，可围绕该形状拖动选择矩形，以确保选择整个形状。

③ 在“工具”面板中选择骨骼工具。

④ 使用骨骼工具，在该形状内单击并拖动到该形状内的另一个位置。

⑤ 若要添加其他骨骼，可从第一个骨骼的尾部拖动到形状内的其他位置。

第二个骨骼将成为根骨骼的子级，按照要创建的父子关系的顺序，将形状的各区域与骨骼链接在一起。例如，从肩膀到肘部再到腕部进行链接。

⑥ 要创建分支骨架，可单击希望分支由此开始的现有骨骼的头部，然后拖动鼠标以创建新分支的第一个骨骼。

注意：分支不能连接到其他分支（其根部除外）。

⑦ 若要移动骨架，可使用选取工具选择添加了骨架的形状对象，然后拖动任何骨骼以移动它们。

在形状成为骨架中的形状时，将具有以下操作限制：

- 不能再对该形状变形（缩放或倾斜）。
- 不能向该形状添加新笔触，但仍可以向形状的现有笔触添加控制点或从中删除控制点。
- 不能就地（通过在舞台上双击它）编辑该形状。
- 形状具有自己的注册点、变形点和边框。

5.8.2 向元件添加骨骼

可以将影片剪辑、图形和按钮这种元件的实例连接到骨架中。若要使用文本，需要首先将其转换为元件。在添加骨骼之前，元件实例可以位于不同的图层上，Flash 会将它们添加到骨架图层上。

当链接对象时，请考虑清楚将要创建的骨骼之间的父子关系，例如，从肩膀到肘部再到腕部。具体操作步骤如下：

① 在舞台上创建元件实例。要在以后节省时间，请对实例进行排列，以使其接近于想要的立体构型。

② 从“工具”面板中选择骨骼工具。

③ 单击想要设置为骨架根骨的元件实例，单击想要将骨骼附加到元件的点。

默认情况下，Flash 会在单击的位置创建骨骼。若要使用更精确的方法添加骨骼，可在“绘画的首选参数”（选择“编辑”→“首选参数”命令）中关闭“自动设置变形点”。在“自动设置变形点”处于关闭状态时，当从一个元件到下一元件依次单击时，骨骼将对齐到元件变形点。

④ 将鼠标拖动至另一个元件实例，然后在想要附加该实例的点处松开鼠标按键。

⑤ 要向该骨架添加其他骨骼，可从第一个骨骼的尾部拖动鼠标至下一个元件实例。

如果关闭“贴紧至对象”（选择“视图”→“贴紧”→“贴紧至对象”命令），则可以更加轻松地放置尾部。

⑥ 要创建分支骨架，可单击希望分支由此开始的现有骨骼的头部，然后拖动鼠标以创建新分支的第一个骨骼。

注意：分支不能连接到其他分支（其根部除外）。

⑦ 要调整已完成骨架的元素的位置，可拖动骨骼或实例自身。

在创建骨架之后，仍然可以向该骨架添加来自不同图层的新实例。在将新骨骼拖动到新实例后，Flash 会将该实例移动到相应的骨架图层。

5.8.3 对骨架进行动画处理

对骨架进行动画处理的方式与 Flash 中的其他对象不同。骨架层的时间轴中记录着姿势的变化，若要在时间轴中对骨架进行动画处理，只需向骨架层的时间轴上添加帧并在舞台上重新调整骨架即可创建关键帧。这样的关键帧称为姿势帧。Flash 将为姿势之间的帧中自动内插骨骼的位置。

完成后，在时间轴中拖动播放头以预览动画，可以看到骨架位置在姿势帧之间进行了内插，可以随时在姿势帧中调整骨架的位置或添加新的姿势帧。

【案例 5.17】甩动的鞭子。

① 新建一个影片文档，设置影片尺寸为 600×700 像素，将文件保存为“甩动的鞭子.fla”。

案例 5.17 视频

② 选择“刷子工具”，单击工具栏中的“对象绘制”按钮，在工作区中画出一条直线，将填充颜色改为黑色，如图 5.53 所示。

图 5.53　画出直线

③ 选择“骨骼工具”，在直线左端从左向右画出一个骨骼，如图 5.54 所示。

图 5.54　添加第一个骨骼

④ 用“骨骼工具”从第一个骨骼尾部拖动画出第二个骨骼，用同样的方法，添加全部骨骼，如图 5.55 所示。

图 5.55 添加全部骨骼

⑤ 添加完骨骼后，Flash 将自动在时间轴中添加存放骨骼的骨架图层，如图 5.56 所示。接下来就可以制作骨骼动画。

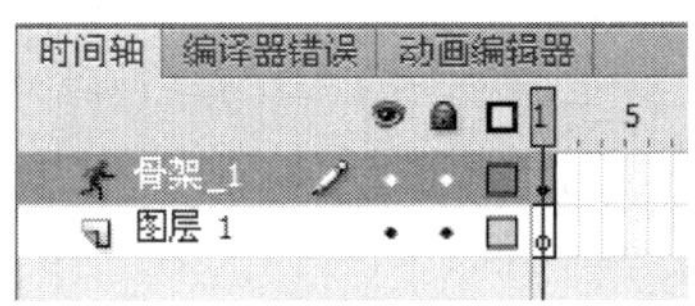

图 5.56 自动创建的骨架图层

⑥ 在“骨架_1”图层的第 1 帧，使用选择工具调整骨骼的动作和位置，如图 5.57 所示。

⑦ 在“骨架_1”图层上，右击第 15 帧，选择“插入姿势”命令，使用选择工具调整骨骼的动作和位置，如图 5.58 所示。用同样的方法在第 30 帧、45 帧、60 帧插入姿势并调整骨骼动作和位置，分别如图 5.59、图 5.60、图 5.61 所示，右击第 65 帧，选择“插入帧”命令。

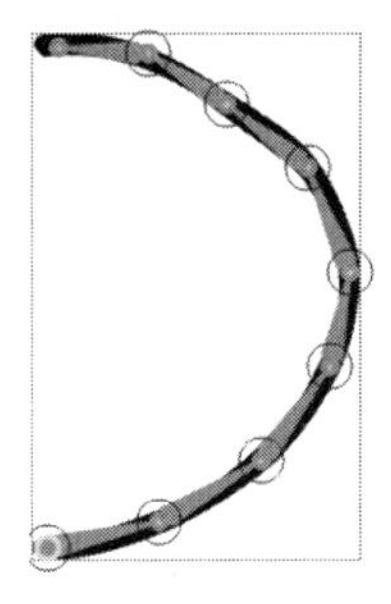

图 5.57 调整骨骼（一）

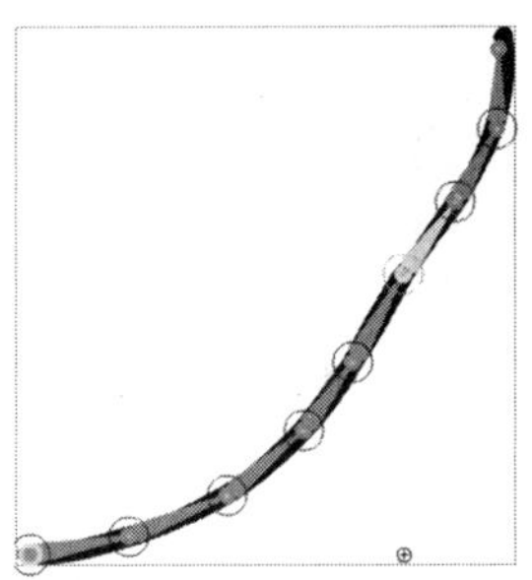

图 5.58 调整骨骼（二）

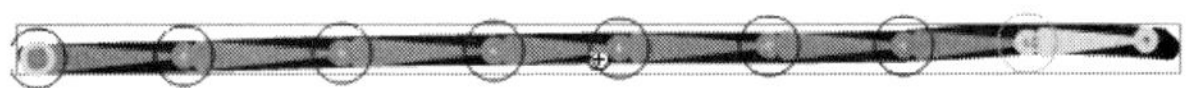

图 5.59 调整骨骼（三）

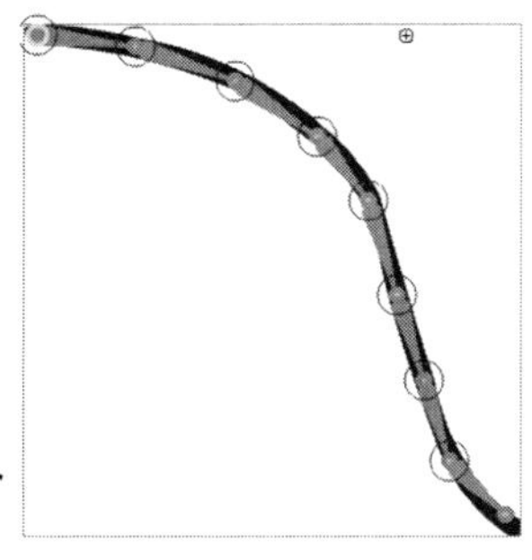

图 5.60 调整骨骼（四）

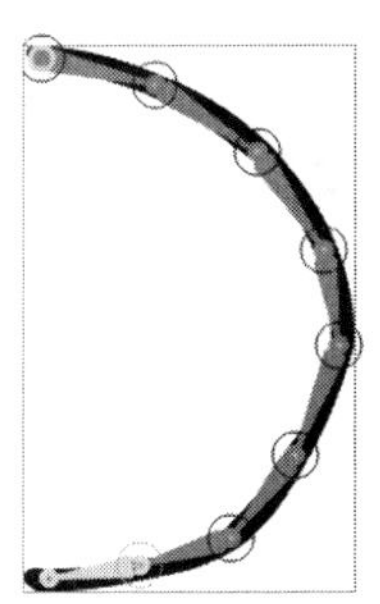

图 5.61 调整骨骼（五）

⑧ 按【Ctrl+Enter】快捷键测试并预览动画效果。

【案例 5.18】跳远。

① 新建一个影片文档，帧频为 12 帧/秒，将文件保存为“跳远.fla”。

案例 5.18 视频

② 选择“插入”→“新建元件”命令，创建“影片剪辑”元件，名称为默认“元件 1”。选择“矩形工具”，单击工具栏中的“对象绘制”按钮，在工作区中画出一个圆角矩形，将填充颜色改为黑色，如图 5.62 所示。

③ 选择“插入”→“新建元件”命令，创建“影片剪辑”元件，名称为默认“元件 2”。选择“椭圆工具”，在工作区中画出一个圆形，将填充颜色改为黑色，如图 5.63 所示。

④ 选择“插入”→“新建元件”命令，创建“影片剪辑”元件，名称设为“人物”，将库中的元件 1 拖到工作区，用任意变形工具将实例的中心点移动到顶部，将元件 2 也拖入工作区。

⑤ 通过“任意变形工具”调整和旋转元件，制作出如图 5.64 所示的人物元件。

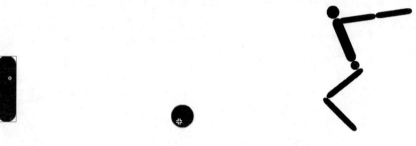

图 5.62　元件 1　　图 5.63　元件 2　　图 5.64　人物元件

⑥ 选择“骨骼工具”，从头部拖动到身体上，绘制一个骨骼，如图 5.65 所示。单击根骨骼尾部向下拖动至关节点的小圆中心，绘制出一条与根骨链接的子级骨骼，如图 5.66 所示。

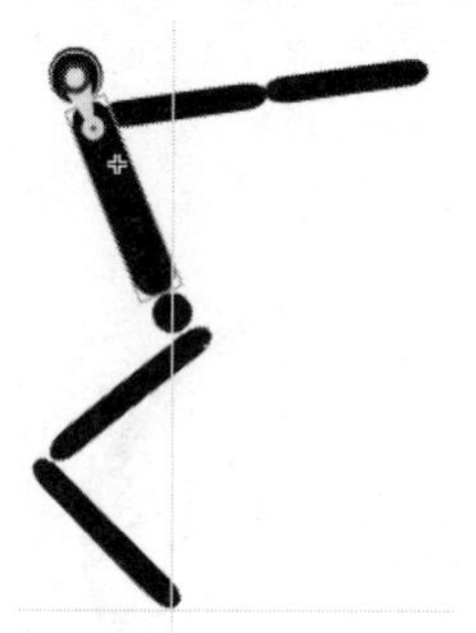

图 5.65　添加第 1 个骨骼

图 5.66　添加子级骨骼

⑦ 依次添加各子级骨骼把各元件链接起来，完成骨骼的绘制，效果如图 5.67 所示。

⑧ 添加完骨骼后，Flash 将自动在相应元件的时间轴中添加存放骨骼的骨架图层，如图 5.68 所示。接下来就可以制作骨骼动画，选择“视图”→“标尺”命令，在上方和左侧的标尺中分别单击并拖动一条辅助线到工作区，作为位置参考。

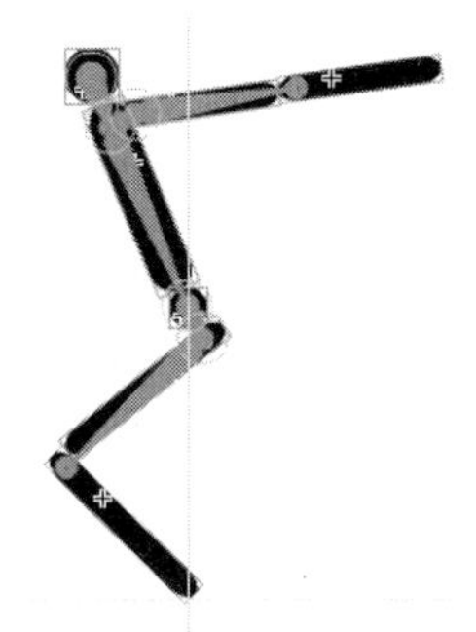

图 5.67 绘制完成的整个骨骼

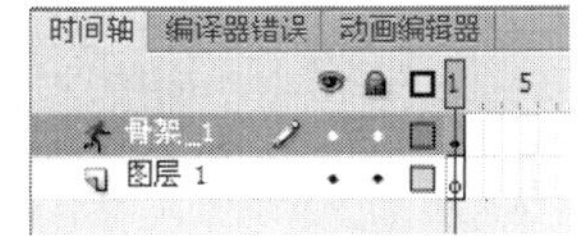

图 5.68 自动创建的骨架图层

⑨ 在“骨架_1”图层上，右击第 20 帧，选择“插入姿势”命令，使用选择工具调整骨骼的动作和位置，如图 5.69 所示。用同样的方法，右击第 40 帧，选择“插入姿势”命令，使用选择工具调整骨骼的动作和位置，如图 5.70 所示。右击第 50 帧，选择“插入帧”命令，拖动播放头预览骨骼动画，查看效果，至此完成“人物”元件的创建。

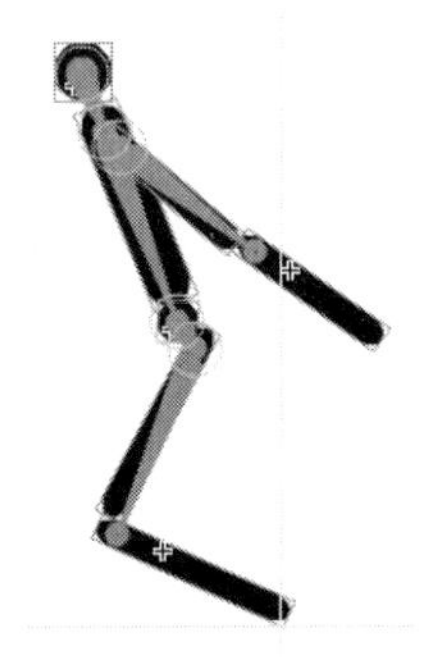

图 5.69 调整动作

图 5.70 调整动作和位置

⑩ 返回场景，把元件“人物”拖入舞台，按 Ctrl+Enter 键测试并预览动画效果。

5.9 声音的应用

为动画添加声音可以使动画更具感染力和吸引力，能增强动画的节奏感，使动画更加形象、逼真、声画并茂。Flash 提供多种使用声音的方式，可以使声音独立于时间轴连续播放，或使用时间轴将动画与音轨保持同步。向按钮添加声音可以使按钮具有更强的互动性，通过声音淡入淡出还可以使音轨更加优美。Flash 本身没有制作音频的功能，要在动画中加入声音必须从外部将声音文件导入到 Flash。一般情况下，Flash CC 支持的声音文件格式有 WAV、MP3、AIF 等。

Flash 中有两种声音类型：事件声音和音频流。事件声音必须完全下载后才能开始播放，除非明确停止，否则它将一直连续播放，事件声音无论长短，插入时间轴都只占一个帧。事件声音常用于设置单击按钮时的音效，或用来表现动画中某些短暂动画时的音效。音频流在前几帧下载了足够的数据后就开始播放，音频流要与时间轴同步以便在网站上播放，音频流只在时间轴上它所在的帧中播放。音频流声音多用于动画背景音效。

要向 Flash 中导入声音，可以先将声音文件导入到当前文档的库中，这样用户就可以在 Flash 任意位置多次使用。要向 Flash 中导入声音，可选择“文件”→“导入”→“导入到库”命令，在“导入”对话框中，定位并打开所需要的声音文件，也可以将声音从公用库拖入当前文档的库中。

导入到库中的声音，如果不将其添加至时间轴，导入的声音文件就不起任何作用。要将导入到库中的声音添加到时间轴，应先新建一个承载声音文件的图层。选定新建的声音层后，将声音从“库”面板中拖到舞台中。

提示：还可以通过“属性”面板“声音”部分的“名称”字段下拉列表框选择要导入的声音文件，把声音添加至时间轴。可以把多种声音放在一个图层上，或放在包含其他对象的多个图层上。但是，建议将每种声音放在一个独立的图层上，每个图层都作为一个独立的声道，播放 SWF 文件时，会混合所有图层上的声音。

【案例 5.19】给动画导入声音。

① 打开教学资源中的文件“ch05\案例\小车碰撞.fla”。

案例 5. 19 视频

② 选择“文件”→“导入”→“导入到库”命令，将教学资源中的文件“ch05\素材\shache.wav”导入到库。

③ 在“时间轴”面板中创建新图层“图层 4”，将“库”面板中的声音文件拖入舞台，时间轴如图 5.71 所示。

④ 按【Ctrl+Enter】快捷键测试并预览动画效果。

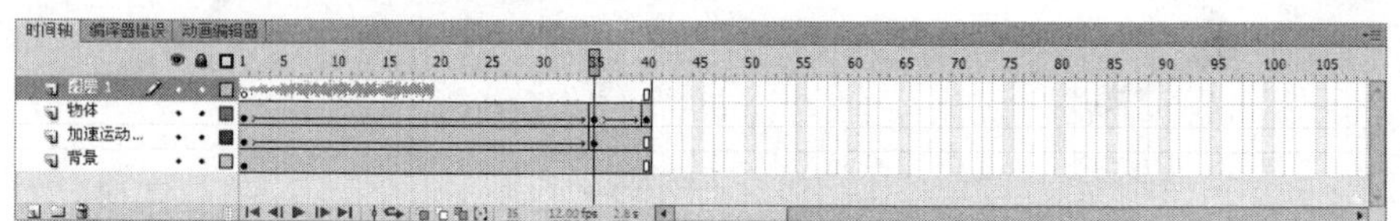

图 5.71　添加声音后的时间轴

5.10　ActionScript 简单应用

ActionScript 是 Flash 提供的一种动作脚本语言，使用 ActionScript 可以轻松实现对动画播放的各种控制，还可以实现对动画跳转的控制。通过为影片中的元件添加脚本，还可以实现更多丰富多彩的动画效果。

在 Flash CC 中可以在“动作”面板（选择“窗口”→“动作”命令）中输入 ActionScript 3.0 代码，也可以通过“代码片段”面板（“窗口”→“代码片段”命令）将 ActionScript 3.0 代码添加到 FLA 文件。可以添加能影响对象在舞台上行为的代码；添加能在时间轴中控制播放头移动的代码等。

通过“动作”面板添加代码，先选择舞台上的对象或时间轴中的帧，选择“窗口”→“动作”命令，打开“动作”面板，在面板中输入 ActionScript 3.0 代码即可。

【案例 5.20】给动画添加停止代码。

① 打开教学资源中的文件“ch05\案例\倒计时.fla”。

② 在“时间轴”面板中选中第 9 帧，选择“窗口”→“动作”命令，打开“动作”面板，在面板中输入 stop(); 如图 5.72 所示。

③ 按【Ctrl+Enter】快捷键测试并预览动画效果，动画播放到最后一帧时停止。

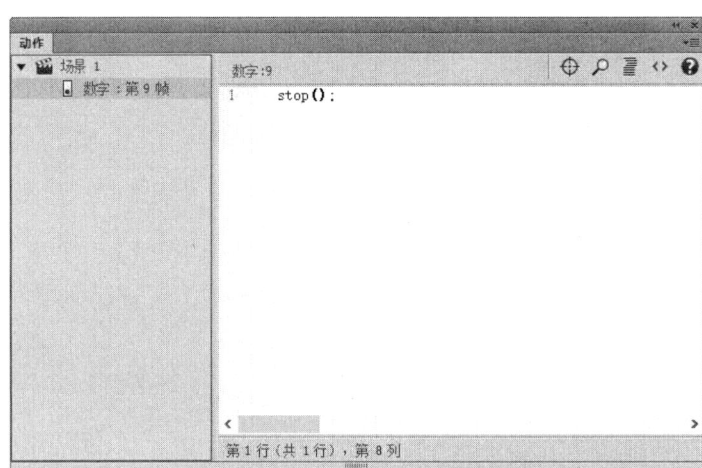

图 5.72 “动作”面板

通过“代码片段”面板添加影响对象或播放头的动作，可以执行以下操作：

① 选择舞台上的对象或时间轴中的帧。

如果选择的对象不是元件实例，当应用该代码片段时，Flash 会将该对象转换为影片剪辑元件。如果选择的对象还没有实例名称，Flash 会在应用代码片段时添加一个实例名称。

② 在“代码片段”面板中，双击要应用的代码片段。

如果选择的是舞台上的对象，Flash 会将该代码片段添加到“动作”面板中包含所选对象的帧中。如果选择的是时间轴中的帧，Flash 会将代码片段只添加到那个帧。

可以在“动作”面板中（见图 5.72）查看新添加的代码，并根据片段开头的说明替换任何必要的项。

【案例 5.21】动画的播放控制。

案例 5. 21 视频

① 选择“文件”→“新建”命令，在弹出的对话框中选择“常规”面板→ActionScript 3.0 选项，大小设为 500 × 300 像素，单击“确定”按钮，新建一个影片文档。

② 选择“插入”→“新建元件”命令，创建一个名称为“运动的球”的影片剪辑元件。进入元件编辑，选择“文件”→“导入”→“导入到舞台”命令，将教学资源中的文件“ch05\素材\篮球.png”导入到舞台，并创建如图 5.73 所示的补间动画。

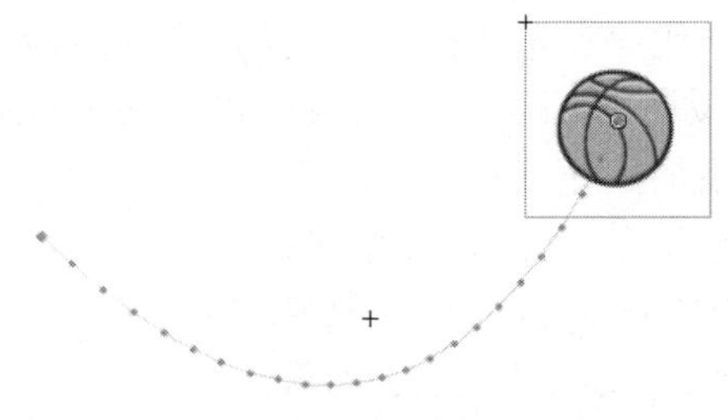

图 5.73　绘制的播放器轮廓

③ 返回场景 1，从“库”面板中把“运动的球”的影片剪辑元件拖入舞台左侧，如图 5.74 所示。按【Ctrl+Enter】快捷键测试并预览动画，可以看到小球运动的动画。下面添加两个按钮来控制影片的播放。

图 5.74　影片剪辑元件拖入舞台

④ 选择“插入”→“新建元件”命令，创建一个名称为“播放”的按钮元件，进入按钮元件工作区，在“弹起”帧插入关键帧，绘制如图 5.75 所示的按钮，在帧“指针经过”“按下”“点击”中插入关键帧，再“按下”帧将按钮填充改为蓝色，如图 5.76 所示。

图 5.75　播放按钮

图 5.76　按钮按下

⑤ 使用同样的方法制作“停止”按钮，如图 5.77 和图 5.78 所示。

图 5.77　停止按钮

图 5.78　按钮按下

⑥ 返回场景 1，在图层 1 上方新建一个图层，命名为“播放控制”，在第 1 帧将库中的两个按钮拖入到舞台合适的位置，如图 5.79 所示。

⑦ 选中“播放”按钮，在“属性”面板输入实例名称为 btn_play，选中“停止”按钮，在“属性”面板输入实例名称为 btn_stop，选中“运动的球”影片剪辑元件，在“属性”面板输入实例名称为 mc_ball。

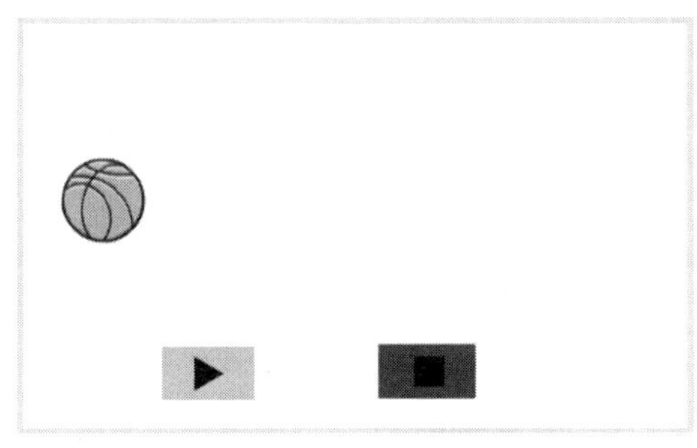

图 5.79　放置按钮

⑧ 选中“停止”按钮，选择“窗口”→“代码片段”命令，打开“代码片段”面板，双击 ActionScript 文件夹，再双击“时间轴导航”文件夹，然后双击“单击以转到帧并停止”项，Flash 打开“动作”面板，如图 5.80 所示，把其中的代码“gotoAndStop（5）;”改为“mc_ball.stop();”，按【Ctrl+Enter】快捷键测试并预览动画，单击“停止”按钮，动画停止播放。

```
动作
场景 1
Actions：第 1 帧
Actions:1

/*单击以转到帧并停止
单击指定的元件实例会将播放头移动到时间轴中的指定帧并停止影片。
可在主时间轴或影片剪辑时间轴上使用。

说明
1. 单击元件实例时，用希望播放头移动到的帧编号替换以下代码中的数字 5。
*/

btn_stop.addEventListener(MouseEvent.CLICK, fl_ClickToGoToAndStopAtFrame);

function fl_ClickToGoToAndStopAtFrame(event:MouseEvent):void
{
	gotoAndStop(5);
}

第 15 行（共 16 行），第 2 列
```

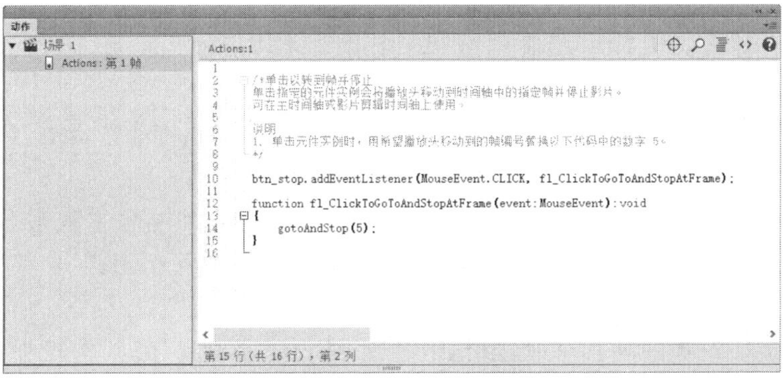

图 5.80　动作面板

⑨ 选中“播放”按钮，选择“窗口”→“代码片段”命令，打开“代码片段”面板，双击 ActionScript 文件夹，再双击“时间轴导航”文件夹，然后双击“单击以转到帧并播放”项，Flash 打开“动作”面板，把其中的代码“gotoAndPlay（5）;”改为“mc_ball.play();”，如图 5.81 所示。按【Ctrl+Enter】快捷键测试并预览动画，单击“停止”按钮，动画停止播放；单击“播放”按钮，动画继续播放。

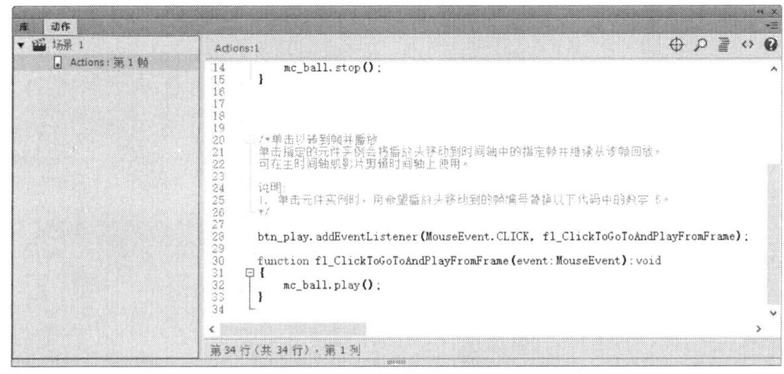

图 5.81　动作面板

习　题

一、问答题

1. Flash为用户提供了哪些创建动画的方式？
2. 什么是逐帧动画？
3. 什么是补间动画？有哪几种类型的补间动画？
4. 构成形状补间动画和传统补间动画的元素有什么不同？
5. 遮罩的基本原理是什么？
6. 如何使用动画预设？
7. Flash中有哪些声音类型？各有什么特点？

二、操作题

1. 利用教学资源“ch05\作业\赛马”文件夹中的文件制作逐帧动画。
2. 用逐帧动画制作完成文字跳动的动画效果。
3. 用逐帧动画实现写字效果，如“人”字，要求至少15帧，帧数越多动画越流畅。
4. 模仿案例5.3制作完成形状补间动画，要求动画中的对象实现形状、大小、位置、颜色等的变化。
5. 利用教学资源“ch05\作业\体育项目”文件夹中的文件制作完成形状补间动画。
6. 利用教学资源中的文件“ch05\作业\小李飞刀（素材）.fla”中提供的素材制作完成传统补间动画，让飞刀实现旋转运动。
7. 利用教学资源中的文件“ch05\作业\蝴蝶飞（素材）.fla”实现引导路径动画（给“蝴蝶”图层添加一个运动引导层）。
8. 用遮罩动画实现卡拉OK歌词效果。
9. 在动画文件中添加两个控制按钮，使用按钮加载声音、停止声音。

HTML 基础 «‹

本章导读

HTML是制作网页的基础语言，是初学者必学的内容。尽管目前可视化工具是网页设计的主流工具（如 Dreamweaver、FrontPage 等），但作为网页设计人员，学习和掌握一定的 HTML 基本知识，对提高网页设计水平是很有必要的。

本章要点

- HTML 含义及发展历史。
- HTML 文档的基本架构。
- HTML 的各类标记。

6.1 HTML 概 述

6.1.1 HTML 的含义

HTML 是 HyperText Markup Language（超文本置标语言）的缩写，它是构成 Web 页面的符号标记语言。通过 HTML 将所需要表达的信息按某种规则写成 HTML 文件，并将这些 HTML 文件翻译成可以识别的信息，就是所见到的网页。

最初设计 HTML 的目的是为了方便把两台计算机中的文字、图形联系在一起，形成一个整体。同时也是为了能以一致的方式展示该结果，而不受用户计算机软硬件环境和地理位置的影响。

HTML 最早是由英国计算机科学家、万维网（WWW）的发明者、南安普顿大学与麻省理工学院教授 TIM Berners-Lee 和同事 Daniel W.Connolly 于 1990 年创立的一种标记式语言。

万维网联盟（World Wide Web Consortium，W3C）是伯纳斯·李为关注万维网发展而创办的组织，他担任万维网联盟的主席，也是万维网基金会的创办人。伯纳斯·李还是麻省理工学院计算机科学及人工智能实验室创办主席及高级研究员。

6.1.2 HTML 发展历史

W3C 作为制定 HTML 标准的国际性组织，于 1993 年正式推出 HTML 1.0 版，提供简单的文本格式功能。1997 年 12 月，W3C 发布了 HTML 4.0，其中增加和增强了许多功能。2008 年 1 月发布了 HTML 5 的正式草案.2014 年 10 月 29 日，万维网联盟宣布，经过接近 8 年的艰苦努力，该标准规范终于制定完成。表 6.1 所示为 HTML 各版本的推出日期。

表 6.1　HTML 版本历史

版　　本	发 布 日 期
草案发布	1993 年 6 月作为互联网工程工作小组（IETF）工作草案发布（并非标准）
HTML 2.0	1995 年 11 月作为 RFC 1866 发布，在 RFC 2854 于 2000 年 6 月发布之后被宣布已经过时
HTML 3.0	1995 年 1 月，W3C 推荐标准
HTML 4.0	1997 年 12 月 18 日，W3C 推荐标准
HTML 4.01	1999 年 12 月 24 日，W3C 推荐标准
HTML 5	2008 年 1 月 22 日公布第一份正式草案，2012 年 12 月定稿

HTML 没有 1.0 版本是因为当时有很多不同的版本。有些人认为蒂姆·伯纳斯·李的版本应该算初版，这个版本没有 IMG 元素。当时被称为 HTML+的后续版的开发工作于 1993 年开始，最初是被设计成为“HTML 的一个超集”。第一个正式规范为了和当时的各种 HTML 标准区分开，使用了 2.0 作为其版本号。HTML+的发展继续下去，但是它从未成为标准。

HTML 3.0 规范是由当时刚成立的 W3C 于 1995 年 3 月提出，提供了很多新的特性，例如表格、文字绕排和复杂数学元素的显示。虽然它是被设计用来兼容 2.0 版本的，但是实现这个标准的工作在当时过于复杂，在草案于 1995 年 9 月过期时，标准开发也因为缺乏浏览器支持而中止。3.1 版从未被正式提出，而下一个被提出的版本是开发代号为 Wilbur 的 HTML 3.2，去掉了大部分 3.0 中的特性，但是加入了很多特定浏览器，例如 Netscape 和 Mosaic 的元素和属性。HTML 对数学公式的支持最后成为另外一个标准 MathML。

HTML 4.0 同样也加入了很多特定浏览器的元素和属性，但是同时也开始“清理”这个标准，把一些元素和属性标记为过时，建议不再使用。

HTML 5 草案的前身名为 Web Applications 1.0。于 2004 年被 WHATWG 提出，于 2007 年被 W3C 接纳，并成立了新的 HTML 工作团队。在 2008 年 1 月 22 日，第一份正式草案发布。

6.1.3　HTML 5

HTML 5 是用于取代 1999 年所制定的 HTML 4.01 和 XHTML 1.0 标准的 HTML 标准版本，现在仍处于发展阶段，但大部分浏览器已经支持某些 HTML 5 技术。HTML 5 有两大特点：首先，强化了 Web 网页的表现性能；其次，追加了本地数据库等 Web 应用的功能。广义论及 HTML 5 时，实际指的是包括 HTML、CSS 和 JavaScript 在内的一套技术组合。

HTML 5 提供了一些新的元素和属性，其中有些是技术上类似 <div> 和 <span> 的标签，但有一定含义，例如 <nav>（网站导航块）和 <footer>。这种标签将有利于搜索引擎的索引整理、小屏幕装置和视障人士使用。同时，为其他浏览要素提供了新的功能，通过新增加的<audio>和<video>标记，浏览器无须插件即可完成音频和视频的播放。一些过时的 HTML 4 标记将被取消，其中包括纯粹用作显示效果的标记，如<font>和<center>，因为它们已经被 CSS 取代。

除了原先的 DOM 接口，HTML 5 还增加了更多应用程序接口（API）。例如：

- 用于即时 2D 绘图的 Canvas 标签。
- 定时媒体回放。
- 离线数据库存储。
- 文档编辑。
- 拖动控制。
- 浏览历史管理。

6.2 HTML 文档的基本构成

HTML 作为一种文档规范，自然有其自身的书写要求，就像编程语言有书写规范一样。只有按照规范书写的文档才能被浏览器正确地识别和显示，否则就会出现各种问题。

6.2.1 HTML 的结构标记

HTML 通过嵌入代码或标记来表明文档中的内容及其格式。HTML 标记都用一对尖括号（“<” 和 “>”）表示（其中写上标记名），而且绝大部分标记都要成对使用，前面的标记表示某个内容的开始，后面的标记表示内容的结束（以标记名前加 “/” 来表示）。具体格式如下：

```
<标记名>...受标记影响的内容...</标记名>
```

表 6.2 所示为 HTML 的基本结构标记。

表 6.2 HTML 的基本结构标记

结构标记	具体描述
<!DOCTYPE>	定义文档的类型
<HTML> ... </HTML>	标记 HTML 文档的开始和结束
<HEAD> ... </HEAD>	写在<HTML>标记的内部，标记文档头部信息的开始和结束
<TITLE> ... </TITLE>	写在<HEAD>标记的内部，指定浏览该文档时所显示的标题信息，必须要有
<BODY> ... </BODY>	写在<HEAD>标记的后面，标记文档主体内容的开始和结束
<!-- ... -->	标记文档中的注释部分（说明性文字），不作为内容显示在浏览器中

对上述标签补充说明如下：

1. <!DOCTYPE>

该声明必须是 HTML 文档的第一行，且位于<HTML>标签之前。<!DOCTYPE>不是 HTML 标签，它是向 Web 浏览器说明当前页面所使用的 HTML 的版本，以使浏览器遵照相应的 HTML 版本标准来显示其中的内容。

因为 HTML 4.01 基于 SGML（Standard Generalized Markup language，标准通用置标语言），所以在 HTML 4.01 中，<!DOCTYPE>声明引用 DTD（Document Type

Definition，文档类型定义）。DTD 规定了标记语言的规则，这样浏览器才能正确地呈现内容。

HTML 4.01 的<!DOCTYPE>声明写法较多，下面仅以 XHTML 1.0 Transitional 的规范标准给出其书写格式：

```
<!DOCTYPE html PUBLIC "-//W3C//DTD XHTML 1.0 Transitional//EN"
 "http://www.w3.org/TR/xhtml1/DTD/xhtml1-transitional.dtd">
```

HTML 5 不基于 SGML，所以不需要引用 DTD。其文档类型声明格式如下：

```
<!DOCTYPE html>
```

建议始终向 HTML 文档添加<!DOCTYPE>声明，这样浏览器才能获知文档类型并正确解释它。

2．<HEAD>…</HEAD>

在这个标记中，除<TITLE>标记中的内容外，其他的内容都是不可见的。但那些不可见的内容却非常重要，主要包括样式表内容（<link>和<style>标记）、元数据内容（<meta>标记）和脚本内容（<script>标记）。

3．<BODY>…</BODY>

绝大部分其他的 HTML 标记都要写在此标记中，这里的内容就是浏览器窗口中看到的全部结果。

在继续学习 HTML 之前，先编写一个简单的网页实例。

【案例 6.1】用 HTML 制作一个简单的网页。

① 在“记事本”中输入如下 HTML 内容。

```
<!doctype html>
<html>
    <head>
        <!-- 这是网页的标题信息,必须要明确 -->
        <title>我的第一个网页</title>
    </head>
    <body>
        这是一个示例性的网页,用于展示网页文档的基本书写架构。
    </body>
</html>
```

② 在“记事本”中，选择“文件”→“保存”命令，将该文件保存为 6-1.html（HTML 文件的扩展名是.htm 或.html），此时该文件将显示为默认浏览器图标，表示可以用默认浏览器打开。

案例 6.1 视频

③ 双击 6-1.html，网络浏览效果如图 6.1 所示。

注意对比 HTML 文档中的内容和浏览器中看到的内容的差别，理解标记语言的特点。其中，“我的第一个网页”出现在浏览器的标题栏，是网页的标题，必须要有。

图 6.1 网页浏览效果

其他注意事项：

- 任何标记都用“<”和“>”括起来，而且“<”和“>”与标记名之间不能留有空格或其他字符。
- HTML 的多数标记都是成对出现的，但也有不用</标记>结束的，称为单标记。根据规范，单标记通常将“/”写在其“>”之前（如<hr />、<img />和
）。
- 任何标记名的大小写形式都是等价的，但规范建议用小写形式。
- 标记可以嵌套使用，嵌套时注意不要发生交叉嵌套。

6.2.2 HTML 标记的属性

HTML 的多数标记在使用时需要提供一些参数，以进一步明确标记的选项或功能。在标记中使用的参数称为标记的属性。每个标记通常不止有一个属性，每个属性都有对应的属性值，标记通过属性来实现各种效果或功能。属性的书写格式如下：

```
<标记名 属性名 1="属性值 1" 属性名 2="属性值 2"…>受标记影响的内容</标记名>
```

例如，段落标记 p 的一种使用形式：

```
<p align="center">段落的内容</p>
```

其中，align 是标记 p 的属性，center 是属性 align 的值，该属性使标记的内容在浏览器窗口中“居中”显示。需要说明的是：

- 属性只可加于开始标记中，并非所有的标记都有属性，如换行标记就没有属性。
- 根据规范，属性的值无论是什么内容，都要写在一对双引号中。
- 一个标记中若需要写入多个属性，其书写顺序并不影响最终效果。
- 属性和标记一样，不区分大小写，但建议使用小写字母表示。
- 任何标记的属性都有默认值，当使用默认值时属性描述可省略。

【案例 6.2】为 HTML 标记添加属性。

```
<html>
  <head>
     <title>标记属性示例</title>
  </head>
  <body>
     <p>Hello!网页设计学习从 HTML 开始！ </p>
     <p align="center">HTML 语言是建立网页的规范</p>
  </body>
</html>
```

其中，“<p align="center">HTML 语言是建立网页的规范</p>”的段落标记由于使用了属性值为 center 的 align 属性，使得段落文字“HTML 语言是建立网页的规范”在浏览器中居中显示，浏览效果如图 6.2 所示。

图 6.2　设置标记属性后的浏览效果

案例 6.2 视频

6.3　HTML 的主要标记

本节介绍 HTML 中常用的主要标记，包括文字标记、图像标记、多媒体标记等。由于篇幅的原因，这里只介绍最经常使用的标记，欲了解全部的标记，可查阅相关的参考手册。

6.3.1　文字

1．文字控制标记

（1）控制文本的字体、字号、颜色

文字控制标记<font>…</font>用于控制文字的显示形式，常用的属性有 face、size、color，格式如下：

```
<font face="字体名称" size="字号大小" color="颜色值">文本内容</font>
```

其中，face 用于设置文字的字体，只有当前系统中能够使用的字体（中英文），设置才有效。size 用于设置文字的字号大小，取值范围是 1~7，数值越大字越大，默认值是 3 号字。color 用于设置文字的颜色，默认颜色是黑色。

表示颜色时有几种不同的方式：

- 颜色名：使用表示颜色的单词，如 red、green、blue 等。仅有 16 种颜色名被 W3C 的 HTML 4.0 标准所支持，分别是 aqua、black、blue、fuchsia、gray、green、lime、maroon、navy、olive、purple、red、silver、teal、white、yellow。
- 十六进制颜色值：使用十六进制的方式来表示颜色，具体格式为“#rrggbb”。其中，rr 表示红色，gg 表示绿色，bb 表示蓝色，它们的取值范围都是 00 ~ FF（即十进制的 0 ~ 255）。
- rgb 颜色函数：与十六进制表示法类似，但以 rgb（r, g, b）函数的方式指定具体的颜色值。r、g 和 b 分别表示红、绿和蓝色，取值范围为十进制的 0 ~ 255。

<font>标记在 HTML 5 中已经被废弃，取代方法是使用样式来控制字体，书写方式之一就是为相应的标记加写 style 属性，并在属性值中分别用 color、font-family 和 font-size 来设置文字的颜色、字体和大小。

【案例 6.3】HTML 中的字体控制。

案例 6.3 视频

```
<html>
  <head>
     <title>文字的字体、颜色和大小</title>
  </head>
  <body>
     <font size="+2" color="blue" face="仿宋_GB2312">
用 font 标记,文字为+2 号、蓝色、仿宋字</font>
     <p style="color:rgb(255,0,0); font-family:'微软雅
黑'; font-size: 30px;">用 style 属性,文字为微软雅黑、红色、30px</p>
  </body>
</html>
```

编写以上网页并在浏览器中查看，对比两种控制字体方式各自的书写特点，以及表示颜色的不同方法。

（2）控制字体特殊效果的标记

HTML 控制字体的特殊标记有多种，如加粗、斜体、加下画线等，如表 6.3 所示。

表 6.3　常用字体特效控制标记

标 记 名 称	标 记 格 式	标 记 效 果
b	<b>文字</b>	**文字加粗**
i	<i>文字</i>	*文字斜体*
u	<u>文字</u>	文字加下画线
strike	<strike>文字</strike>	文字加删除线
sup	^{文字}	文字为上标
sub	_{文字}	文字为下标

2. 段落排版标记

段落排版标记主要是对网页的页面版式进行控制的标记，主要包括标题标记、段落标记、换行标记等。

（1）标题标记

标题标记用于设置文本的大纲级别，格式如下：

```
<hn align="对齐方式">标题文字</hn>
```

其中，hn 中的 n 为数字，分为 h1，h2，…，h6 等 6 个级别。h1 级别最高，h6 级别最低，并且默认 h1 字号最大，h6 字号最小。align 属性用来控制标题在页面中的对齐方式，取值为 left（左对齐）、right（右对齐）和 center（居中）。

【案例 6.4】标题标记应用示例。

```
<html>
  <head>
     <title>标题标记应用示例</title>
  </head>
  <body>
     <h1>1 级标题的显示效果</h1>
```

```
        <h2>2 级标题的显示效果</h2>
        <h3>3 级标题的显示效果</h3>
        <h4 align="left">4 级标题的显示效果(左对齐)</h4>
        <h5 align="center">5 级标题的显示效果(居中)</h5>
        <h6 align="right">6 级标题的显示效果(右对齐)</h6>
    </body>
</html>
```

浏览效果如图 6.3 所示。

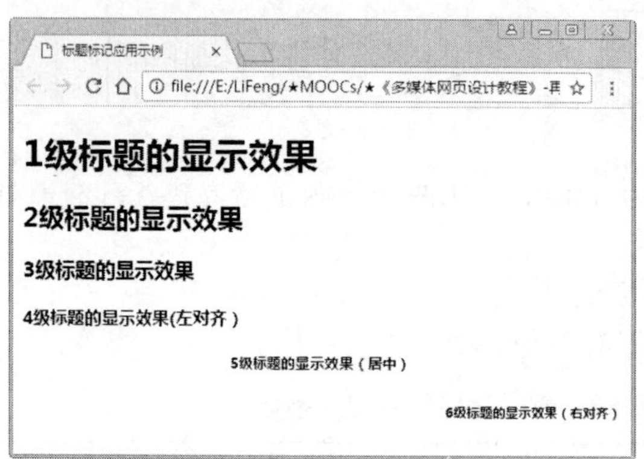

图 6.3　六级标题文字

案例 6.4 视频

（2）段落和换行标记

在 HTML 文档中，多余的连续空白字符会被忽略，也就是说无法在网页中使用多个【Enter】、空格、Tab 键来调整文档段落的水平或垂直距离，只能用换行、段落标记来实现。

段落标记<p>用于定义一个段落的开始和结束位置，并可对段落的属性进行设置。使用段落标记后，相邻段落之间都会空出一行。

段落标记有多个属性，最常用的是 align 属性，用于定义段落的水平对齐方式，使用格式与前面的标题标记相同。

换行标记
是一个单标记，其作用是产生换行效果。
仅产生一个新行，并不产生新段落。若在一个段落中使用该标记，产生的新行仍然具有原段落的属性。

【案例 6.5】换行、段落标记应用示例。

```
<html>
  <head>
      <title>换行、段落标记应用示例</title>
  </head>
  <body>
    <p align="center" style="font-size:24px">
        赋得古原草送别<br/>
        (唐)白居易<br/>
        离离原上草,一岁一枯荣。<br/>
        野火烧不尽,春风吹又生。<br/>
        远芳侵古道,晴翠接荒城。<br/>
        又送王孙去,萋萋满别情。</p>
```

```
  </body>
</html>
```

浏览效果如图 6.4 所示。

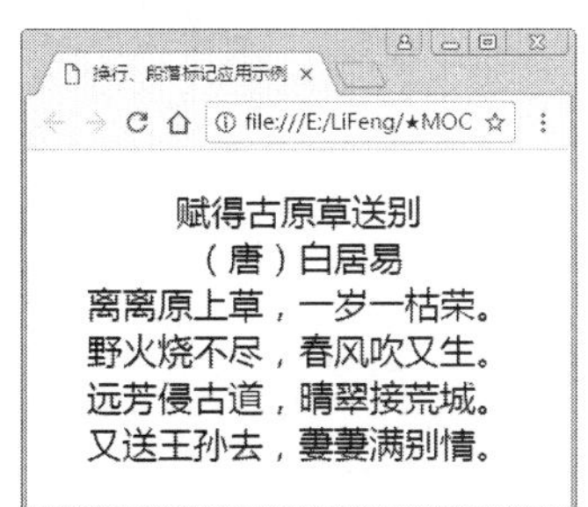

图 6.4　换行、段落标记实例

案例 6.5 视频

提示：由浏览结果可见，
标记产生了换行效果，但产生的新行属同一段落，受段落的属性影响，仍居中显示。

3．其他标记

（1）水平线标记

水平线标记也是一个单标记，可以在网页中插入一条水平线，将不同网页内容分隔开，以明确画出不同的水平区域。

```
<hr align="对齐方式" size="数字" width="数字" color="颜色" />
```

其中，align 属性设置对齐方式，size 属性设置水平线粗细，以像素为单位，默认为 2。width 属性设置水平线的长度，可以像素为单位，也可以是相对于浏览器窗口的百分比单位，默认值为 100%。color 属性设置水平线的颜色。

（2）有序列表标记

有序列表是在各列表项前面显示数字或字母的列表形式，通过使用有序列表标记<ol>和列表项标记<li>来创建。格式为如下：

```
<ol  strat="起始值" type="标识符类型">
    <li>表项 1</li>
    <li>表项 2</li>
    …
</ol>
```

其中，start 属性设置数字或字母的起始值，是一个整数值。type 属性设置序列的样式，标识符类型可以设置为：A——大写英文字母；a——小写英文字母；1——阿拉伯数字；I——大写罗马字母；i——小写罗马字母。

（3）无序列表标记

无序列表是在各列表前面显示特殊符号的缩排列表，可以使用无序列表标记<ul>和列表项标记<li>来创建。格式如下：

```
<ul  type="标识符类型">
    <li>表项 1</li>
```

```
    <li>表项 2</li>
    …
</ul>
```

其中，type 属性设置每个表项左端的符号类型，取值有 disc（实心圆点）、circle（空心圆点）、square（方块）3 种。

【案例 6.6】有序列表标记应用示例。

```
<html>
    <head>
        <meta charset="utf-8" />
        <title>列表应用示例</title>
    </head>
    <body>
        <h1 align="center">璀璨的诺贝尔奖</h1>
        <h2>诺贝尔奖项</h2>
        <ol type="A" start="1">
            <li>诺贝尔物理学奖</li>
            <li>诺贝尔化学奖</li>
            <li>诺贝尔生理或医学奖</li>
            <li>…</li>
        </ol>
        <hr width="80%" size="3" color="red" />
        <h2>华裔诺贝尔物理学奖</h2>
        <ul type="square">
            <li>杨振宁</li>
            <li>李政道</li>
            <li>丁肇中</li>
            <li>…</li>
        </ul>
    </body>
</html>
```

璀璨的诺贝尔奖

诺贝尔奖项

A. 诺贝尔物理学奖
B. 诺贝尔化学奖
C. 诺贝尔生理或医学奖
D. ...

华裔诺贝尔物理学奖

- 杨振宁
- 李政道
- 丁肇中
- ...

图 6.5　列表标记

6.3.2　多媒体

图像、声音等多媒体信息是美化网页的重要元素，在 HTML 文档中这些网页元素用多媒体标记进行描述。

1. 图像标记

图像标记<img>用于在网页中插入图像。格式如下：

```
<img src="url" [align="对齐方式"] [alt="提示文本"][border="边框宽度"]
[width="宽度"][height="高度"][hspace="水平空白"][vspace="垂直空白"]>
```

标记中的属性及说明如表 6.4 所示。

表 6.4　图片标记属性说明

属 性 名	属 性 用 途	功　能
src	src="url"	设置插入图像的 url（必需）
alt	alt="图像替代文字"	在浏览器无法载入图像时，在图像位置显示的文字
height	height="图像宽度"	设置图像高度（像素或百分比）
width	width="图像宽度"	设置图像宽度（像素或百分比）
align	align="left | center | right"	图像水平对齐方式（左、中、右）
	align="top | middle | bottom"	图像与两侧文字垂直对齐方式（上、中、下）
border	border="图像边框宽度"	设置图像边框宽度（像素）
hspace	hspace="水平空白"	设置图片与文本之间水平方向的空白（像素）
vspace	vspace="垂直空白"	设置图片与文本之间垂直方向的空白（像素）

在所有属性中，src 是必需的，指定图像的位图及名字。align、border、hspace 和 vspace 属性在新标准中完全可以由样式替代，不再建议使用。

网页中使用的图像主要有 png、jpg 和 gif 三种格式，下面的代码使用了两种。

```
<p>图像：<img src="/images/mouse.jpg" width="128" height="128" /></p>
<p>动画图像：<img src="/images/cute.gif" width="50" height="50" /></p>
```

图像不是插入到网页中，而是链接到网页中，所以网站中的图像文件不能随意删除。

2. 嵌入内容标记

在 HTML 文档中可以使用<embed>标记插入音频和视频文件，HTML 5 为其添加了新的属性，格式如下：

```
<embed src="url" type="内容类型" width="像素" heigth="像素" />
```

例如，在网页中使用 Flash 动画，代码如下：

```
<embed src="swf/neon.swf" type="application/x-shockwave-flash" width=
"550" height="150" />
```

再如，在网页中使用 ogg 或 mp4 视频，代码如下：

```
<embed src="video/movie.ogg" type="video/ogg" /><br/>
<embed src="video/welcome.mp4" type="video/mp4" width="640" height=
"384" />
```

需要说明的是，并不是所有的浏览器都能很好地支持各种类型的文件，所以在设计时应考虑到文件类型的兼容性问题。

3. Audio 标记

<audio>是 HTML 5 新增的标签，用于在网页中加入音频元素。例如：

```
<audio src="audio/horse.ogg" controls="controls">
    您的浏览器不支持 audio 元素。
</audio>
```

若浏览器支持该标签，则显示效果将如图 6.6 所示。

图 6.6 网页中的音频

<audio>标签的主要属性如下：

- autoplay：若取值"autoplay"，则加载完成后立即播放。
- controls：若取值"controls"，则向用户显示控件，如播放、暂停按钮等。
- loop：若取值"loop"，则播放结束后重新开始播放。
- muted：若取值"muted"，则播放过程中为静音状态。
- preload：若取值"preload"，则音频在页面加载时进行加载，并预备播放。若同时使用 "autoplay"，则忽略该属性。
- src：要播放的音频的 URL。

由于不同浏览器对音频文件的支持不尽相同，所以一种格式音频源不一定在所有浏览器中都能正常播放。为解决此类问题，可以使用<source>标签为<audio>指定若干不同音频格式的源，由浏览器选择自己能识别的源来播放，但要求设计者要准备多种格式的音频文件。例如：

```
<audio controls autoplay="autoplay">
    <source src="audio/A Forever Friend.ogg" type="audio/ogg">
    <source src="audio/A Forever Friend.mp3" type="audio/mpeg">
    您的浏览器不支持 Audio 标签
</audio>
```

4. Video 标记

<video>是 HTML 5 新增的标签，通过它可以在网页中使用视频元素。但 video 标签仅支持 Ogg、MPEG4 和 WebM 三种视频格式，而且不同的浏览器所支持的格式也不尽相同，使用时一定要注意。

- Ogg：采用 Theora 视频编码和 Vorbis 音频编码的文件。
- MPEG4：采用 H.264 视频编码和 AAC 音频编码的文件。
- WebM：采用 VP8 视频编码和 Vorbis 音频编码的文件。

添加视频元素的示例代码：

```
<video src="video/VideoDemo.webm" poster="images/VideoDemo.jpg" controls=
"controls">
    您的浏览器不支持 video 元素
</video>
```

<video>标签与<audio>标签具有相同的属性，但多了一个 poster 属性，这是一种

URL 描述，规定在视频下载时或者用户单击“播放”按钮之前显示的图像。

同样，可以使用<source>标签，为<video>指定若干不同视频源，由浏览器选择自己能识别的视频源来播放。使用<source>标签的示例代码：

```
<video controls autoplay>
    <source src="video/VideoDemo.mp4" type="video/mp4">
    <source src="video/VideoDemo.webm" type="video/webm">
    您的浏览器不支持 video 标签
</video>
```

6.3.3 超链接

超链接是网站中从一个网页访问另外一个网页的重要方法，是由源端点到目标端点的一种请求转移。源端点可以是文字或图像等，目标端点可以是多种对象（例如，其他网页或站点、图片、E-mail 地址、页内段落等），根据目标端点的不同，网页中的超链接可分为文件链接、E-mail 链接和网页内部链接等形式。

在 HTML 中建立链接需要使用<a>标签，其最基本的格式为：

```
<a href="目标端点">源端点</a>
```

其中，“目标端点”的描述方式决定链接的类型。

1. 文件链接

文件链接的目标是一个互联网上的文件，文件类型可以是一个网页，也可以是其他任何一种类型的文件。建立文件链接的书写格式如下：

```
<a href="url" title="说明文字" target="打开方式">链接标识</a>
```

关于其中各部分的说明：

- href 属性：必选项，用于指定要链接到的目标地址名称。
- title 属性：可选项，用来设置鼠标指向超链接时所显示的标题文字。
- target 属性：可选项，用来设置目标网页打开的窗口，默认是在当前窗口打开链接目标。可取值为_blank、_parent、_top、_self（默认）。
- 链接标识：必选项，通常为文字或图片，以超链接的形式呈现在网页中。单击该标识，浏览器向网络请求 url 指定的资源，然后根据资源的类型决定后继的操作。

如果 href 属性的链接目标是一个网页文件，无论是静态网页（.html），还是动态网页（.asp、.aspx、.jsp 或 .php），浏览器都将显示网页的内容。如果链接目标是其他类型的文件，则又分两种情况：若目标文件的内容可以通过浏览器来显示（如浏览器具有相关的插件），则文件内容将在浏览器中显示；否则将出现下载提示，以便用户下载目标网络资源。下面 3 个超链接分别链接了不同的目标。

```
    <a href="video.html" title="video 标签演示" target="blank">video 标签
示例</a><br />
    <a href="video/movie.ogg">movie.ogg</a><br />
    <a href="swf/neon.swf">neon.swf</a>
```

图像也可以用作链接标识建立超链接，只需要将<img>标签放入链接标签<a>...</a>中即可。基本格式如下：

```
<a href="链接 url"><img src="图像 url"></a>
```

其中，<img src="图像 url">将插入一个图像并以该图像作为超链接标识，单击该图像将跳转到“链接 url”指定的目标位置。下面的示例代码演示利用图像制作超链接的方法。

```
<a href="video.html" title="播放视频">
    <img src="images/VideoDemo.jpg" width="200" />
</a>
```

2. 超链接路径

超链接的路径设置非常重要，如果路径不正确，可能会出现无法跳转的情况。路径的表示方法分为绝对路径表示法和相对路径表示法。

绝对路径一般是指 Internet 上资源的完整地址，形式为“协议://计算机域名/文档名”。当链接到其他网站中的文件时必须用绝对路径。

绝对路径也常用来表示当前网站内的文件地址，形式为“/站内路径/文档名”。其中，第一个“/”表示网站的根，这种表示法指向站内唯一的资源。两种表示法的示例代码如下：

```
<a href="http://www.zut.edu.cn/" target="_blank">中原工学院</a><br />
<a href="/ch06 源码 - 齐晖/video.html">Video 标签示例</a>
```

相对路径表示法，指的是相对于当前页面（超链接页面）来描述目标页面的地址。相对路径表示法有 3 种主要形式：

```
<a href="video.html">Video 标签示例</a><!--目标在同一目录中-->
<br />
<a href="images/VideoDemo.jpg">VideoDemo 图片</a><!--目标在子目录中-->
<br />
<a href="../ch06 源码 - 齐晖/audio.html">Audio 标签示例</a><!--目标在父目
录中-->
```

子目录可以再包含子目录，例如“images/public/html1.htm”；父目录也可再有父目录，例如“../../index.html”。由于“父路径”这种引用存在安全风险，所以许多 Web 服务器都会默认禁止这种表示形式。

3. E-mail 链接

若链接目标是一个电子邮箱地址，浏览器将打开默认的电子邮件程序（如 Foxmail、Outlook Express），自动填写邮件地址，并进入撰写邮件的状态。E-mail 链接的格式是固定的：

```
<a href="mailto:E-mail 地址">链接标识</a>
```

其中，“E-mail 地址”是要链接到的 E-mail 邮箱的实际地址。例如：

```
<a href="mailto:zut@qq.com">联系我们</a>
```

4. 网页内部链接

链接目标也可以是当前网页内部的一个指定位置，这对于在一个网页内部实现快速跳转，或打开该网页后直接跳转到特定位置是非常实用的。

要实现网页内部链接，就必须先在网页内定义一些特定的位置，示例代码如下：

```
<a name="top"></a>
```

其中的 top 就是为特定位置指定的名称，该代码的书写位置即为跳转的目标位置。在该网页内，跳转到该位置的链接代码为：

```
<a href="#top">返回顶部</a>
```

如果要通过其他网页访问该位置，则需要在该名称前面加上网页的名字，链接的示例代码如下：

```
<a href="audio_source.html#top">返回顶部</a>
```

6.3.4 表格

表格的基本功能是展示行列数据，如销售数据、个人简历等内容。结合行高、列宽的设置，也可以用于控制网页的整体布局。

表格是由数量不等的行、列构成，所以描述表格相对复杂，需要用到三类标签。

- <table>标签：界定整个表格的开始与结束。
- <tr>标签：界定一个表格行的开始与结束。
- <th>或<td>标签：界定一个行内数据（列）的开始与结束。<th>表示标题类型的数据，通常出现在表格的第一行或第一列，以加粗并居中来显示；<td>表示普通类型的数据，以左对齐的普通字形来显示。

下面是一个 3 行 3 列的数据表代码：

```
<table border="1">
    <tr>
      <th>产品</th>  <th>单价</th>  <th>库存</th>
    </tr>
    <tr>
      <td>Dell 显示器</td>  <td>1,400.00</td>  <td>24</td>
    </tr>
    <tr>
      <td>CPU 散热风扇</td>  <td>36.00</td>  <td>61</td>
    </tr>
</table>
```

浏览效果如图 6.7 所示。

产品	单价	库存
Dell 显示器	1,400.00	24
CPU 散热风扇	36.00	61

图 6.7　网页中的表格

<table>标签的主要属性如下：

- align：表格相对父元素的对齐方式，取值 left、center 或 right。
- bgcolor：表格的背景颜色，有 3 种方式 rgb（x,x,x）、#xxxxxx 或 ColorName。
- border：表格边框的宽度（粗细），以“像素”为单位。
- cellpadding：单元边沿与其内容之间的空白，以“像素”或“百分比”形式描述。
- cellspacing：单元格之间的空白，以“像素”或“百分比”形式描述。
- width：表格的整体宽度，以“像素”或“百分比”形式描述。

<tr>标签除具有 align 和 bgcolor 属性外，还具有一个垂直对齐属性 valign，取值为 top、middle 或 bottom。

<th>和<td>标签除具有 align、valign 和 bgcolor 属性外，还具有两个特有的属性，用于描述“通行”与“通列”这两种情况，以便于制作如“简历”之类的复杂表格。

- colspan：是一个数字，表示单元格可横跨的列数。
- rowspan：是一个数字，规定单元格可纵跨的行数。

6.3.5 内嵌框架（iframe）

如果需要在一个网页内部整合另外一个文档（类型无要求）的内容，就需要用到<iframe>标签（又称作“内嵌框架”）。其基本使用格式如下：

```
<iframe src="目标文档">
    您的浏览器不支持 iframe 标签
</iframe>
```

<iframe>标签的主要属性如下：

- src：必需，规定在 iframe 中显示的文档的 URL。
- name：规定 iframe 的名称。
- height：以“像素”或“百分比”表示，规定 iframe 的高度。
- width：以“像素”或“百分比”表示，定义 iframe 的宽度。
- frameborder：取值 1 或 0，规定是否显示框架周围的边框。
- marginheight：像素值，定义 iframe 的顶部和底部的边距。
- marginwidth：像素值，定义 iframe 的左侧和右侧的边距。
- scrolling：取值为 yes、no 或 auto，规定是否在 iframe 中显示滚动条。

若在之前“表格”代码的后面添加如下代码，则浏览效果如图 6.8 所示。

```
<iframe src="audio.html" frameborder="1" height="48" width="320" scrolling="no">
    您的浏览器不支持 iframe 标签
</iframe>
```

产品	单价	库存
Dell 显示器	1,400.00	24
CPU 散热风扇	36.00	61

0:00 / 0:01

图 6.8 表格后嵌入音频播放网页

<iframe>标签的 name 属性具有特别的作用。网页中的超链接可以使用该 name 属性设置其 target 属性，以达到在<iframe>中显示链接目标的目的。下面的代码演示了该功能。

```
<iframe name="iframeShow" src="audio.html" frameborder="1" height=
"380" width="500" scrolling="no">
    您的浏览器不支持 iframe 标签
</iframe>
<p><a href="video.html" target="iframeShow">播放视频</a></p>
```

此段代码初始时在 iframeShow 中显示一个播放音频的网页，在点击超链接后，则改为在 iframeShow 中显示一个播放视频的网页。

6.3.6 表单

网页不仅能向客户端展示数据内容，还能采集客户端的数据，这通过表单来实现。表单是一组表单对象的集合，通过这一组对象来描述一组各种类型的数据。通过将表单数据提交到服务器端，从而实现客户端数据的采集。

1. 定义表单

表单的范围由一对<form>标签来定义，基本书写格式如下：

```
<form action="数据处理页面 URL" method="发送数据方式">
    表单对象 1
    …
</form>
```

<form>标签的主要属性如下：

- action：一个 URL，通常是一个动态网页，表单提交的数据由该网页处理。
- autocomplete：取值 on 或 off，规定是否启用表单的自动完成功能。
- method：取值 get 或 post，规定用于发送 form-data 的 HTTP 方法。
- id 或 name：规定表单的 id 或名称。
- novalidate：取值 novalidate，如果使用该属性，则提交表单时不进行验证。
- target：取值_blank、_self、_parent、_top 或 framename，规定在何处打开 action 指定的 URL。

表单中必须要添加表单对象，之后才能实现数据的提交，下面将介绍各种表单对象。

2. <input> 标签

<input>标签用于搜集用户信息，其基本书写格式如下：

```
<input type="类型" name="名称" value="数据值" … />
```

其中，name 为对象名称，常用于分组同类对象；value 为提交表单时上传的数据内容（所有表单元素都要有该属性），对于文字框、按钮这样的对象，该内容也显示在对象中；type 为对象的类型，根据其“type”属性的值，表单对象会表现为如下几种不同的形式。

（1）text、password

取这两个值时表单对象为“单行文字框”和“密码框”，区别是 value 的值显示为明文还是显示为密文。在此基础上，可以添加 width 和 maxlength 属性来控制显示宽度和最多输入的字符数。如下代码描述的是网页中常见的填写用户名和密码的表单内容，其效果如图 6.9 所示。

```
    用户名:
    <input type="text" width="20" maxlength="16" placeholder="输入用户名"
/><br/>
    密  码:
    <input type="password" width="20" maxlength="16"/>
```

其中，placeholder 属性用于为元素指定提示信息，该信息显示在元素内，一旦有输入则消失。

用户名：	输入用户名
密　码：	

图 6.9　单行文字框及密码框

实际操作中，在输入“用户名”或“密码”之前应先点击相应的<input>元素。但通过使用<label> 标签可以将“用户名”“密码”等内容绑定到相应的<input>元素上，使元素快速获取焦点。<lable>元素的使用格式为：

```
    <label for="id">标注内容</label>
```

其中，for 属性应当与绑定元素的 id 属性相同，“标注内容”为显示在绑定元素前后的其他元素，常见的是文字内容。

```
    <label for="name">用户名: </label>
    <input type="text" id="name" width="20" maxlength="16" placeholder="
输入用户名" /><br/>
    <label for="pass">密  码: </label>
    <input type="password" id="pass" width="20" maxlength="16"/>
```

这段改写后的代码与之前的代码在浏览时无任何外观差别，区别就在于鼠标点击文字“用户名”“密码”时焦点的转移。

（2）checkbox、radio

这两种类型的<input>分别对应的是“复选框”和“单选按钮”对象，用以实现“多选”（如：爱好）和“单选”（如：性别）的功能。其书写格式如下：

```
    <input type="checkbox" name="名字" value="值" checked />标注内容
    <input type="radio" name="名字" value="值" checked />标注内容
```

其中，name 属性的功能是为选项分组，相同的 name 为一组，这对“单选按钮”对象非常重要；value 属性是提交表单时对象对应的值；checked 属性指定对象的初始状态，有则初始为选中状态，无则为未选中状态。

```
    个人爱好:
```

```
    <input type="checkbox" name="hobby" value="读书" />读书
    <input type="checkbox" name="hobby" value="音乐" />音乐
    <input type="checkbox" name="hobby" value="购物" />购物
    <input type="checkbox" name="hobby" value="旅游" />旅游<br/>
    用户角色:
    <input type="radio" name="role" value="教务" />教务
    <input type="radio" name="role" value="教师" />教师
    <input type="radio" name="role" value="学生" />学生<br/>
```

以上代码描述了如图 6.10 所示的网页内容。需要说明的是，<label>元素同样可以在这里使用，以实现文字和对象的绑定。

个人爱好： 读书 音乐 购物 旅游
用户角色： 教务 教师 学生

图 6.10　复选框和单选按钮

（3）reset、submit、button、image

这 4 种类型描述的是 4 种不同的“按钮”对象，分别是“重置”按钮、“提交”按钮“普通”按钮及“图像”按钮。语法格式如下：

```
<input type="按钮类型" value="按钮文字" on…="语句或方法" />
```

“重置”按钮被点击后，表单中的对象将恢复到设计之初的状态；“提交”按钮被点击后，将跳转到<form>标签 action 属性所指定的目标 url，以处理表单提交的数据；“普通”按钮则需要特别的“on…”属性描述来执行相应的程序，或调用预先定义的方法。

若要使用“提交”按钮提交表单的数据，则需要另外创建一个“动态”网页（asp[x]、jsp 或 php），并编写处理数据的相应程序。

需要说明的是，使用 submit 和 button 按钮时，需要在服务器端执行 ASP 之类的代码，因此需要先安装 Web 服务器。在 Windows 系统中相应的就是 IIS（Internet Information Services），其安装的操作过程如下：打开“控制面板”中的“程序和功能”，然后单击左侧“打开或关闭 Windows 功能”并在功能列表窗口中勾选“Internet 信息服务”，展开该服务并勾选其中的 ASP 和 ASP.NET（见图 6.11），最后单击“确定”按钮并等待安装完成。

Internet 信息服务
FTP 服务器
Web 管理工具
万维网服务
安全性
常见 HTTP 功能
性能功能
应用程序开发功能
.NET 扩展性
ASP
ASP.NET
CGI

图 6.11　安装 IIS

【案例 6.7】表单处理简单示例。

在安装好 IIS 后，其网站文件夹默认在 C:\inetpub\wwwroot，将本案例的页面保存其中即可。为简化内容，首先创建一个仅包含表单的网页 form.html，其内容如下：

案例 6.7 视频

```
<!DOCTYPE html>
<html lang="zh">
  <head>
```

```
    <meta charset="UTF-8">
    <title>HTML 表单示例</title>
  </head>
  <body>
    <form action="process.asp" method="post">
      <label for="name">用户名：</label><input type="text" name="uName"
width="20" maxlength="16" placeholder="输入用户名" id="name" /><br/>
      <label for="pass">密  码:</label><input type="password" name="uPass"
id="pass" width="20" maxlength="16"/><br/>
      个人爱好:
      <input type="checkbox" name="hobby" value="读书" id="h1" /><label
for="h1">读书</label>
      <input type="checkbox" name="hobby" value="音乐" id="h2" /><label
for="h2">音乐</label>
      <input type="checkbox" name="hobby" value="购物" id="h3" /><label
for="h3">购物</label>
      <input type="checkbox" name="hobby" value="旅游" id="h4" /><label
for="h4">旅游</label><br/>
      用户角色:
      <input type="radio" name="role" value="教务" id="r1" /><label
for="r1">教务</label>
      <input type="radio" name="role" value="教师" id="r2" /><label
for="r2">教师</label>
      <input type="radio" name="role" value="学生" id="r3" /><label
for="r3">学生</label><br/>
      <input type="submit" value="提交" />
    </form>
  </body>
</html>
```

打开浏览器并在地址栏输入 http://localhost/form.html 即可看到表单，浏览效果如图 6.12 所示。然后创建一个新的 process.asp 文件，并编写其内容如下：

```
<%@LANGUAGE="VBSCRIPT" CODEPAGE="65001"%>
<!DOCTYPE html>
<html lang="zh">
  <head>
    <meta charset="UTF-8">
    <title>表单处理结果</title>
  </head>
  <body>
    <h1>您填写的信息：</h1>
    <%
      Response.Write("用户名：")
      Response.Write(Trim(Request.Form("uName")))
      Response.Write("<br />密码：")
      Response.Write(Trim(Request.Form("uPass")))
      Response.Write("<br />爱好：")
      Response.Write(Trim(Request.Form("hobby")))
      Response.Write("<br />角色：")
      Response.Write(Trim(Request.Form("role")))
    %>
  </body>
</html>
```

代码中使用的两个 ASP 方法，Response.Write()方法将信息输出到处理结果网页中，Request.Form()方法从提交的表单数据中提取相应的数据字段（如：用户名 uName）。处理结果如图 6.13 所示，这里会因填写、选择的不同而有差异。

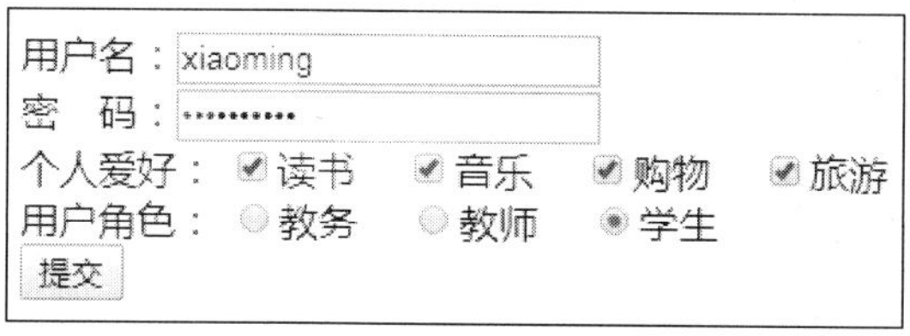

用户名：xiaoming
密　码：••••••••••
个人爱好：☑读书　☑音乐　☑购物　☑旅游
用户角色：○教务　○教师　◉学生
提交

图 6.12　表单页面

用户名：xiaoming
密　码：helloworld
爱　好：读书, 音乐, 购物, 旅游
角　色：学生

图 6.13　表单处理页面

“普通”类型的按钮用于执行特定的程序代码，或者调用预先定义的方法以完成某种功能（如：表单验证、网页跳转）。相应的程序代码或方法调用，应当以“on…”属性的形式描述，此类属性常见的有 onBlur、onFocus、onChange、onClick、onMouseOver、onMouseOut 和 onKeyPress 等，分别对应了状态变化、内容变化、鼠标操作和键盘操作等各种情况。

下面这段代码中的按钮点击后，将出现一个警示窗口，其中包含相应的警示信息。

```
<input type="button" value="显示信息"
 onClick="javascript:alert('执行代码显示的信息内容！');" />
```

下面这段代码稍微复杂，功能是根据输入的成绩判定“成绩等级”，这里使用了输入框的 onChange 属性来调用预定义的方法 showGrade()。

```
<script type="text/javascript" language="javascript">
  function showGrade(){  //方法在这里定义
    var sc=document.getElementById("score").value;
    var gr=document.getElementById("grade");
      if (sc<60){ gr.innerText="等级: E"; }
      else if(sc<70){ gr.innerText="等级: D"; }
      else if(sc<80){ gr.innerText="等级: C"; }
      else if(sc<90){ gr.innerText="等级: B"; }
      else{ gr.innerText="等级: A";  }
  }
</script>
成绩: <input type="number" id="score" min="0" max="100"
 onChange="showGrade()" />
<span id="grade">等级</span>
```

这两段代码使用的是 JavaScript 脚本语言，在此不详细说明，有兴趣的读者可查阅相关参考书籍。

image 为图像按钮类型（必须加写 src 和 alt 属性），功能与 submit 按钮一样可以触发表单的 action。不同之处是，image 按钮会额外提交自己被点击部位的 x 和 y 两个信息。

```
<input type="image" src="submit.gif" alt="Submit" />
```

若在 FORM_process.asp 中加上如下代码，即可在输出信息中看到 x 和 y 位置的数据。

```
Response.Write("<br/>图形按钮点击位置：(")
Response.Write(Request.Form("x")+","+Request.Form("y")+")")
```

点击图形按钮可以看到类似“图形按钮点击位置：(24，26)”的信息。

（4）file、hidden

file 类型用于定义输入字段和“浏览”按钮，提供文件上传的功能。

```
<input type="file" name="pic" accept="image/gif" />
```

该行代码在页面中产生一个选择文件的按钮，通过该按钮选择文件并记录文件的位置及名字。利用该信息可以编程实现文件的上传功能。

这里限制了可选文件的类型，将 accept 描述部分去掉，即可取消该限制。

<input type="hidden" /> 定义隐藏字段。隐藏字段对于用户是不可见的，可以存储一个默认值，它的值也可以由 JavaScript 进行修改。

```
Email: <input type="text" name="email" /><br/>
<input type="hidden" name="country" value="China"/>
<input type="submit" value="Submit" />
```

隐藏字段的数据也随表单其他数据提交到服务器端，因此常用于跨页面的数据提交，这在分步骤填写信息时非常有用。

习　　题

一、问答题

1. 举例说明常用的与文字相关的标签及功能特点。
2. 简要说明在网页中使用图像的方法及属性控制。
3. 简要说明在网页中使用音频和视频的主要方法。
4. 简要说明超链接的各种形式及特点。
5. 简要说明网页中添加表格的方法，以及复杂表格的制作方法。
6. 简要说明内嵌框架的使用方法。
7. 简要说明表单的作用，表单按钮的类型及特点。

二、操作题

1. 用 HTML 创建一个简单的网页文档，要求该网页背景填充一幅图像，有背景音乐，插入有图像、Flash 动画，网页中的文字、标题要有不同的设置。

2. 用 HTML 创建一个简单的网页文档。要求该网页中有多种形式的超链接（文字链接、图像链接、E-mail 链接以及网页内部链接）。

3. 使用表格和图像标记制作一个产品展示的网页（如汽车车身外观的展示、数码产品的展示等）。

4. 制作一个采集信息的表单页面 myform.html 和一个处理表单的 process.asp 页面（代码参照教材来编写），利用 IIS 测试表单的处理过程。

第 7 章

网页设计制作软件 Dreamweaver CC

本章导读

本章主要介绍了 Dreamweaver CC 的基本功能、主窗口和菜单命令，主要包括工作界面的介绍，使用面板组、菜单命令和工具栏的使用以及站点的创建与管理。

本章要点

- Dreamweaver CC 操作界面和基本的操作方法。
- Dreamweaver CC 常用面板的使用方法。
- Dreamweaver CC 中站点的创建与管理。

7.1 Dreamweaver CC 概述

Dreamweaver CC 是世界顶级软件厂商 Adobe 推出的一套拥有可视化编辑界面，用于制作网站和移动应用程序的网站设计软件。它将可视布局工具、应用程序开发功能和代码编辑支持组合为一个功能强大的工具系统。利用 Dreamweaver CC 中的可视化编辑功能，可以快速地创建网页而不需要编写任何代码，这对于网页制作者来说，可使工作变得很轻松。

7.1.1 Dreamweaver CC 的工作界面

启动 Dreamweaver CC 软件后的主窗口界面，有两种布局形式。图 7.1 所示为“标准”布局形式，图 7.2 所示为“开发人员”布局形式，它们之间的差别主要是打开的面板及布局位置不同。

图 7.1 “标准”布局界面

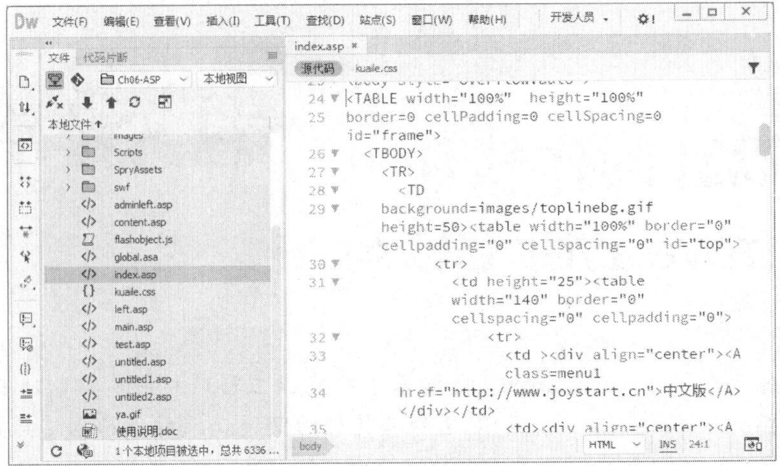

图 7.2 “开发人员”布局界面

以“标准”模式（见图 7.1）为例，Dreamweaver CC 的工作界面主要由菜单栏、文档工具栏、通用工具栏、文档窗口、状态栏、“文件”面板、“资源”面板等，合理使用这几个板块的相关功能，可以使用户的网页设计工作成为一个高效、便捷的过程。

7.1.2 菜单栏

Dreamweaver 的菜单栏中主要包括“文件”、“编辑”、“查看”、“插入”、“工具”、“查找”、“站点”、“窗口”和“帮助”这 9 个菜单。单击任意一个菜单，都会弹出命令菜单，图 7.3 所示为“查看”菜单中的所有命令。使用菜单中的命令能够实现 Dreamweaver CC 的所有功能，菜单栏右侧就是切换工作区布局的按钮。

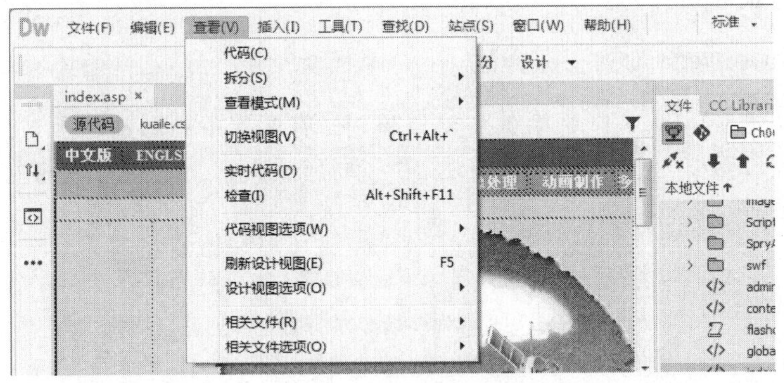

图 7.3 “查看”菜单

- 文件：文件菜单中的命令主要是针对文件和素材的一些基本操作，包括“新建”、“打开”、“关闭”、“保存”和“导入”等常用命令。
- 编辑：“编辑”菜单中包含一些常用的编辑命令，包括“拷贝”、“粘贴”、“全选”、“查找和替换”等基本编辑操作的标准菜单命令。
- 查看：用来切换视图模式以及显示、隐藏标尺、网格线等辅助视图功能主，并且可以显示和隐藏不同类型的页面元素及各种 Dreamweaver CC 工具。

- 插入：用来在网页中插入各种元素，例如图片、多媒体组件、表格、框架及超链接等。
- 工具：包含一些非常有用的命令，包括清理网页、拼写检查和模板命令等。
- 查找：从编辑菜单中分离出来的一组命令，提供了完善的查找、替换功能。
- 站点：用于创建站点、管理站点以及网站与服务器之间同步。
- 窗口：用来控制各种面板的显示和隐藏，是常用到的一组菜单命令。
- 帮助：提供软件的联机帮助等辅助功能。

7.1.3　插入面板

在早前的 Dreamweaver 版本中以“插入栏”的形式存在于菜单条的下面，其中放置的是编写网页的过程中最常添加到网页中的对象和工具，在制作网页的过程中使用非常频繁。

Dreamweaver CC 的“插入”面板中包括 HTML 选项卡、“表单”选项卡、“模板”选项卡、Bootstrap 选项卡、jQuery Mobile 选项卡、jQuery UI 选项卡和“收藏夹”选项卡，通过这些选项卡将不同功能的按钮分门别类地存放。

1. HTML 选项卡

HTML 选项卡（见图 7.4）包含了网页设计中最常用的 HTML 元素，如图像元素、表格元素、列表元素、媒体元素等，当然也包括重要的网页布局元素（如 div 元素）。

图 7.4　HTML 选项卡

2. “表单”选项卡

“表单”选项卡（见图 7.5）包含了创建表单域和添加表单元素所需要的绝大部分按钮。“表单”选项卡中为用户提供了用来创建基于网页表单的基本构建块。

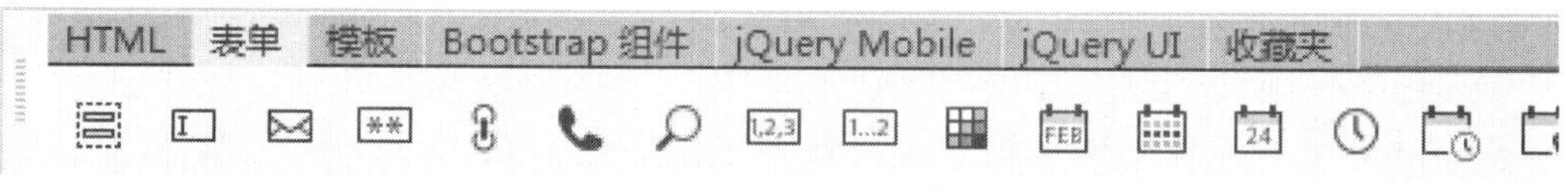

图 7.5　“表单”选项卡

3. “模板”选项卡

“模板”选项卡（见图 7.6）用于制作网页模板，除了创建模板功能外，还包含了与制作网页模板相关的所有模板对象。

图 7.6　“模板”选项卡

4. “Bootstrap 组件”选项卡

Bootstrap 是最受欢迎的 HTML、CSS 和 JS 框架，用于开发响应式布局、移动设备优先的 Web 项目。“Bootstrap 组件”选项卡（见图 7.7）中包含了所有与此类开发相关的元素。

图 7.7　“Bootstrap 组件”选项卡

5. jQuery Mobile 和 jQuery UI 选项卡

jQuery Mobile 是 jQuery 在手机上和平板设备上的版本，jQuery Mobile 不仅会给主流移动平台带来 jQuery 核心库，而且会发布一个完整统一的 jQuery 移动 UI 框架。具有页面、列表视图、布局网格、可折叠区块、文本输入、密码输入、滑盖、反转切换开关等元素，大大提高了移动设备应用程序的开发效率。jQuery Mobile 选项卡包含 jQuery Mobile 的页面、文本输入、按钮等元素，如图 7.8 所示。

图 7.8　“jQuery Mobile”选项卡

6. “收藏夹”选项卡

“收藏夹”选项卡（见图 7.9）用于将“插入”面板中最常用的按钮分组或将其组织到某一公共位置，“收藏夹”选项卡是 Dreamweaver 中很受欢迎的附加功能，可以提高工作效率。

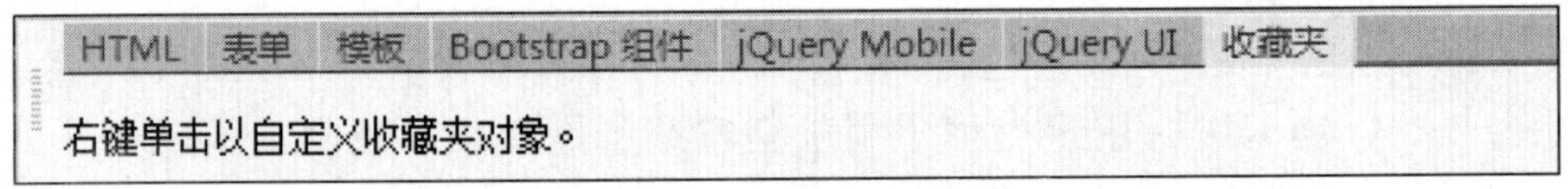

图 7.9　“收藏夹”选项卡

7.1.4 文档工具栏

文档工具栏（见图 7.10）用于控制查看文档的方式，可以使文档在“代码”、“拆分”、“设计”和“实时”几种不同视图之间进行切换，以方便设计者根据制作需要进行选择。

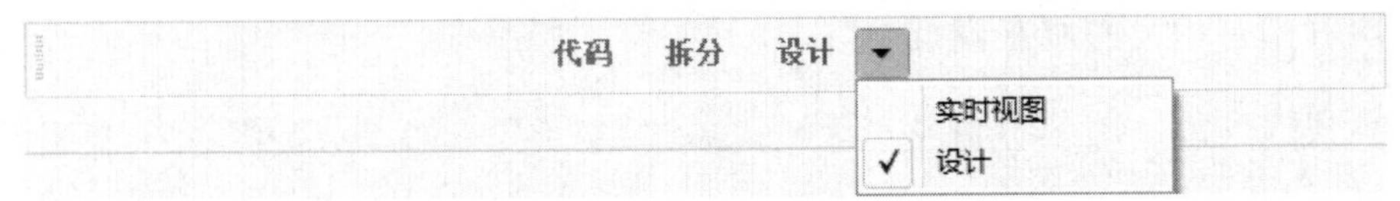

图 7.10　文档工具栏

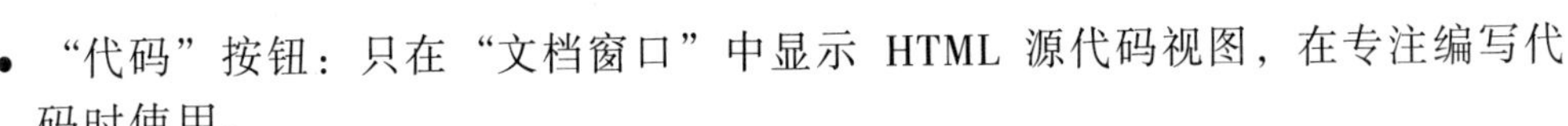

- “代码”按钮：只在“文档窗口”中显示 HTML 源代码视图，在专注编写代码时使用。
- “拆分”按钮：将“文档”窗口拆分为“代码”视图和“设计”视图两个区域，同时显示 HTML 源代码和与代码相应“设计”结果视图。拆分的方式可以是左右拆分，也可以是上下拆分。
- “设计”按钮：只在“文档窗口”中显示“设计”结果视图，如果文档窗口中处理的是 XML、JavaScript、CSS 或其他基于代码的文件类型，则无法在“设计”视图中查看，而且“设计”和“拆分”按钮将会禁用（变暗）。
- “实时视图”按钮：可以看作是增强型的“设计”视图，“实时”视图下可以显示复杂的布局效果，还可以测试脚本（如 JavaScript）的运行情况，更接近文档在浏览器中的效果和交互形式。

7.1.5 状态栏

状态栏（见图 7.11）位于文件窗口的底部，提供与正在编辑的文档相关的其他信息。在状态栏中会出现元素选择器、语法高亮选择区、目标设备选择区、编辑状态指示区和实时预览按钮。

图 7.11 状态栏

- “元素选择器”按钮：类似于以 td 结尾这样的一组按钮，首先表示 td 是当前元素，其次表示当前元素 td 在网页中所处的层次，最后就是点击这其中的任何元素可以实现选择该元素及其下的全部内容。
- “语法高亮选择”列表 HTML：处于“代码”视图时有此项，用于选择代码的语言类型。通常不需要人为改变，因为 Dreamweaver 会正确检测出文档的语言类型。
- “目标设备选择”列表 663 x 195：用于设置“设计”或“实时”视图所针对的设备类型（主要是屏幕大小及方向），以检测设计的内容在不同设备上是否正常。
- “编辑状态指示”区域 INS 28:7：有两个信息，一是输入模式是否为“插入”模式，二是当前编辑光标所在的行、列位置。
- “实时预览”按钮：不同于 Dreamweaver 的“设计”视图和“实时”视图方式，可以选择用系统中的“浏览器”查看，也可以选择用实际的设备查看。

7.1.6 常用面板

Dreamweaver CC 的功能面板位于文档窗口的四周。经常使用的面板包括“文件”面板、“插入”面板、“属性”面板、“CSS 设计器”面板、“资源”面板、DOM 面板等。

1. “属性”面板

“属性”面板（见图 7.12）是网页制作过程中使用频率最高的面板。“属性”面板中显示的是当前编辑位置或者当前所选择元素的属性。例如，当前选择了一幅图像，那么“属性”面板上就出现该图像的相关属性；如果选择了表格，那么“属性”面板会相应地变化成表格的相关属性。制作网页时，可以根据需要随时打开或关闭“属性”面板，或者通过拖动“属性”面板的标题栏将其移到合适的位置。

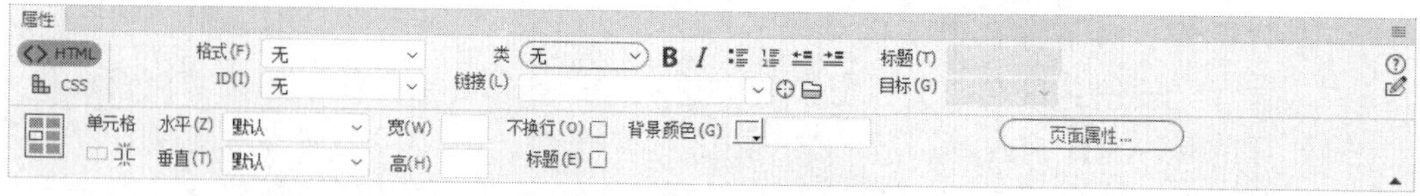

图 7.12　“属性”面板

2．“CSS 设计器”面板

使用“CSS 设计器”面板可以跟踪影响当前所选页面元素的 CSS 规则和属性（“当前”模式），或影响整个文档的规则和属性（“全部”模式）。单击“CSS 设计器”面板顶部的“全部”或“当前”按钮可以在两种模式之间切换，在“全部”和“当前”模式下还可以修改 CSS 属性，两种模式的界面如图 7.13 所示。

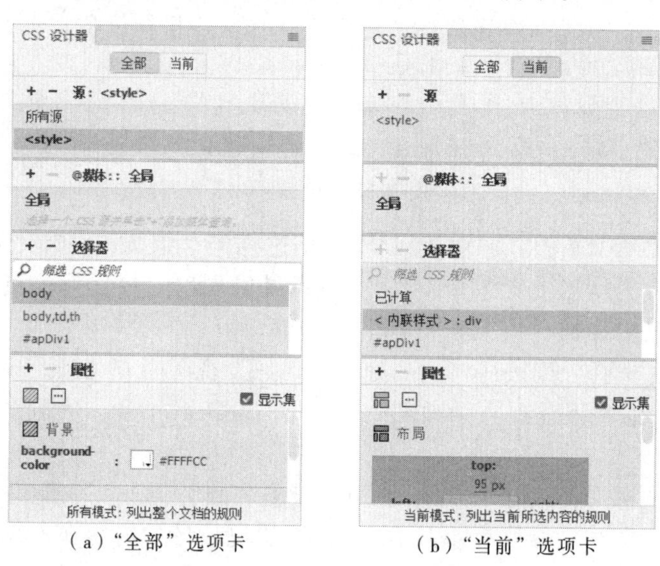

（a）“全部”选项卡　　　　（b）“当前”选项卡

图 7.13　“CSS 设计器”面板

“CSS 设计器”面板由“源”、“@媒体”、“选择器”和“属性”几部分组成。“源”表示 CSS 规则的存在形式，该规则可以定义在网页内，也可以作为单独的 CSS 文件存在；“@媒体”是与响应式设计相关的 Media（媒体查询器），主要针对移动平台上的效果控制；“选择器”列出的是一个个规则，具体决定了网页中特定元素的最终样式效果；“属性”是选择器的细节描述，主要针对的是诸如字体大小、颜色值等细项的描述。

3．“文件”面板

使用“文件”面板可查看和管理 Dreamweaver 站点中的文件，如图 7.14 所示。

“文件”面板是站点管理器的缩略图，可以创建文件和文件夹，也可以同服务器端进行上传或下载文件的操作。对于 Dreamweaver 站点来说，用户还可以通过更改折叠面板中默认显示的视图（本地站点或远程站点视图）来对“文件”面板进行自定义。

图 7.14 “文件”面板

4. DOM 面板

DOM 面板（见图 7.15）呈现的是静态和动态内容的交互式 HTML 树。该面板直观地在实时视图中通过 HTML 标记以及 CSS 设计器中所应用的选择器，对元素进行映射。也可在 DOM 面板中编辑 HTML 结构，并在实时视图中查看即时生效的更改。

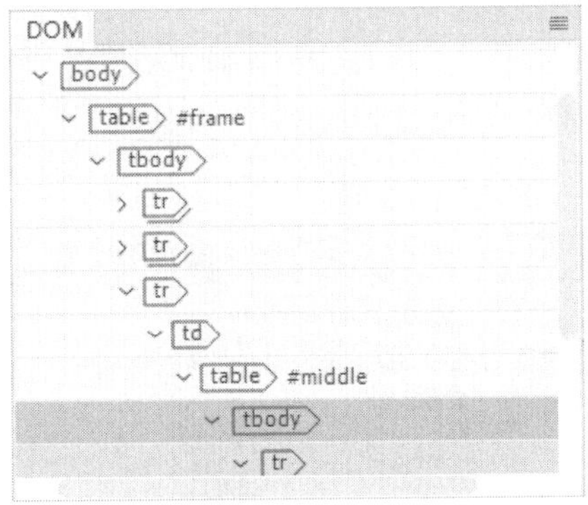

图 7.15 “文件”面板

7.1.7 Dreamweaver CC 的参数设置

在 Dreamweaver CC 中通过设置相关参数，可以使其更加符合设计者的使用需要。常见的设置有“预览设置”、“设置外部编辑器”、“编辑快捷键”和“设置页面属性”等。

1. 实时预览设置

在设计过程中，用户经常需要在真实的浏览器中打开设计的文档，以便查看其设计效果以及发现设计中可能的问题。Dreamweaver CC 提供了在设计过程中启动浏览器进行预览的功能，用户只需要使用菜单命令或快捷键就可以在浏览器中打开设计中的文档。预览设置的步骤如下：

① 选择“编辑”→“首选项”命令，打开“首选项”对话框，如图 7.16 所示。

② 在“分类”列表框中选择“实时预览”选项，右侧即出现相关界面。

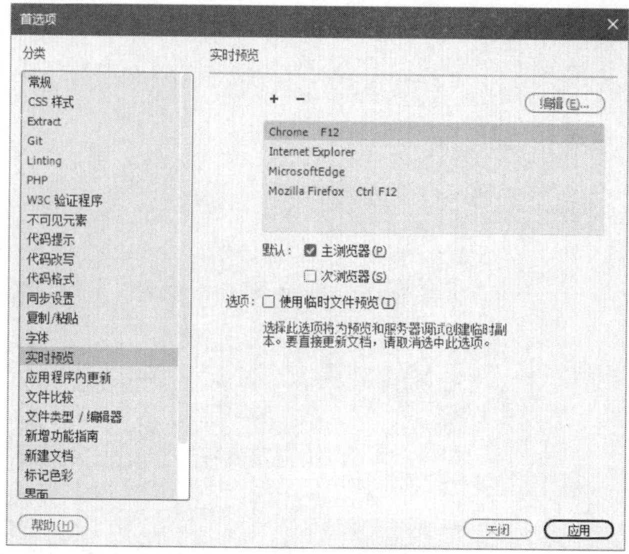

图 7.16 “首选项”对话框

对话框中各选项的含义如下：

- +：单击该按钮，可向列表中添加新的浏览器，如 360 安全浏览器等，前提是先要在系统中安装这些浏览器软件。
- −：单击该按钮，可删除列表中选择的浏览器。

③ 单击 编辑(E)... 按钮，打开“编辑浏览器”对话框，如图 7.17 所示。从中可修改选定的浏览器参数。

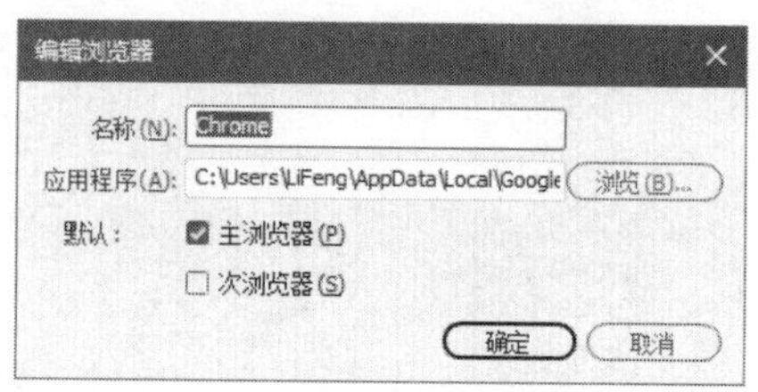

图 7.17 “编辑浏览器”对话框

- 默认：勾选“主浏览器”或“次浏览器”复选框，可设置选择的浏览器是否为主浏览器，主浏览器可以按【F12】键快速启动，次浏览器对应的快捷键是【Ctrl+F12】。
- 选项：选中“使用临时文件预览”复选框，可使用临时文件预览。

在设计过程中，如果想使用非“主浏览器”或“次浏览器”的其他浏览器预览页面效果，可选择“文件”→“实时预览”中的相应命令或点击状态栏右端的“实时预览”按钮。

2．设置外部编辑器

Dreamweaver CC 具有良好的外部程序接口，可以与各种页面元素相关的外部编辑器相连接，在设计过程中可以及时调用这些外部程序来编辑页面元素，完成后还可以将编辑好的元素直接应用在设计中，十分便捷。

下面的例子演示了将 Photoshop 设置为 Dreamweaver 中.jpg、.jpe、.jpeg 等文件的外部编辑器。具体操作步骤如下：

① 选择“编辑”→“首选项”命令，打开“首选项”对话框，在“分类”列表框中选择“文件类型/编辑器”选项，如图 7.18 所示。

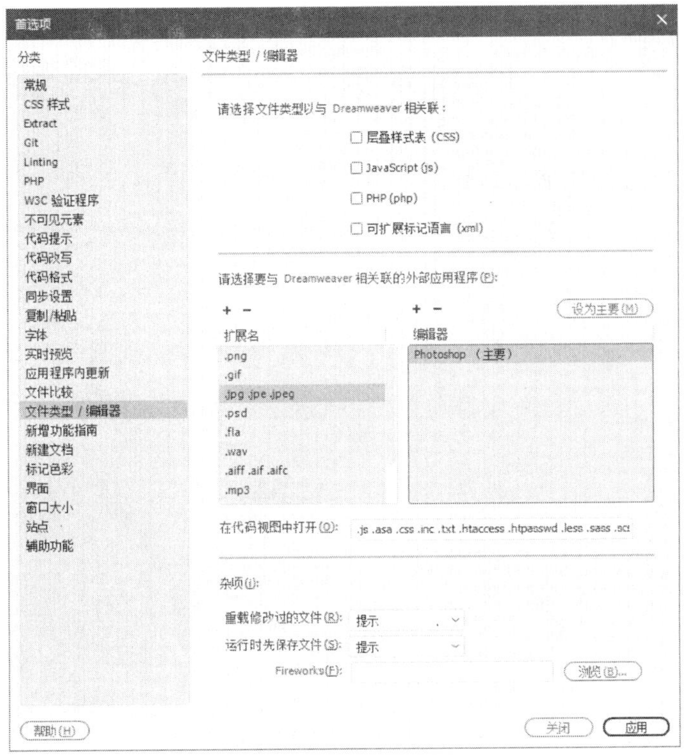

图 7.18　选择“文件类型/编辑器”选项

② 在“扩展名”列表框中选择.jpg .jpe .jpeg 选项。

③ 单击“编辑器”列表框上方的 + 按钮，打开“选择外部编辑器”对话框，如图 7.19 所示。

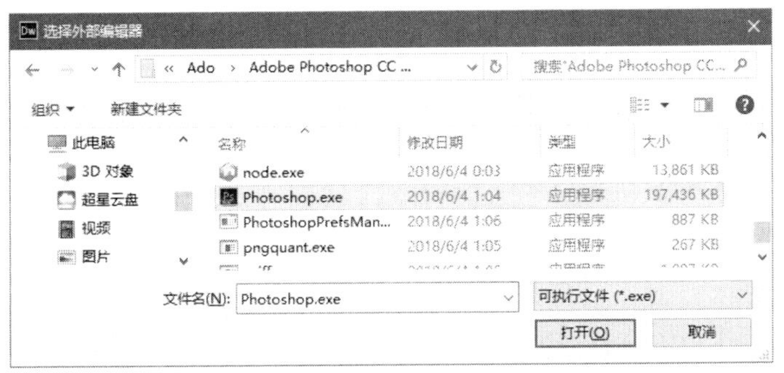

图 7.19　“选择外部编辑器”对话框

④ 定位并选择 Photoshop 的主程序文件，然后单击“打开”按钮退出对话框，此时在“编辑器”列表框中出现所加载的 Photoshop 程序。

⑤ 在“编辑器”列表框中选择 Photoshop 程序名称，然后单击“设为主要”按钮，将 Photoshop 设置为默认的主要编辑器。完成后，在 Photoshop 名称后面出现“主要”字样。

⑥ 如果要删除“编辑器”列表框中没用的外部编辑器，则选择编辑器名称后，单击“编辑器”列表上方的 − 按钮即可。

3．编辑快捷键

在 Dreamweaver 中，如果用户需要，可以更改或添加自己的快捷键。快捷键的使用可以弥补选项和命令较多、操作费时、工作效率低的缺点。使用快捷键可以避免在制作过程中从菜单中寻找命令再执行，从而在制作过程中节省一些时间，提高效率。

编辑快捷键示例：为“查看”|“代码”命令添加快捷键，即按 Backspace 键，将 Dreamweaver 切换到“代码”视图。

编辑快捷键的具体操作步骤如下：

① 选择“编辑”→“快捷键”命令，打开“快捷键”对话框，如图 7.20 所示。

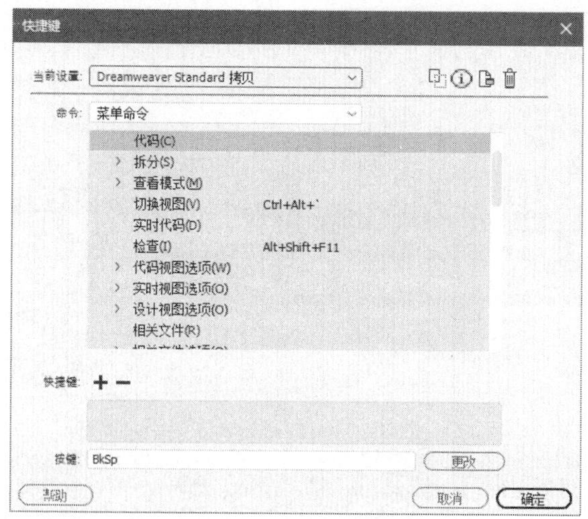

图 7.20　“快捷键”对话框

② 在“当前设置”下拉列表框中选择默认的“Dreamweaver Standard 拷贝”选项，然后在“命令”下拉列表框中选择“菜单命令”选项。

③ 在列表框中展开“查看”选项，选择其中的“代码”选项。

④ 单击“快捷键”选项右侧的 + 按钮，然后按【Backspace】键。此时在“按键”文本框中出现自动加载的快捷键符号 BkSp。

⑤ 单击“确定”按钮退出对话框，快捷键设置完毕。

需要说明的是，软件快捷键的厂家设置不能修改，应当先创建一个设置的副本。操作很简单，单击窗口上方的“复制副本”按钮，然后为设置命名（如“Dreamweaver Standard 拷贝”）即可。另外一点是，不要将大家熟知的一些按键（如【Delete】键、【Backspace】键等）功能移作他用，否则会产生操作的异常。如果发现按键异常而又无法改正，可单击“删除设置”按钮再回到厂家的设置即可。

4. 设置页面属性

通过设置“页面属性”对话框，可以对当前页面的标题、背景颜色和图像、文本及链接的颜色、页面边距等基本属性进行详细设置。

选择“文件”→“页面属性”命令，打开“页面属性”对话框，如图 7.21 所示。

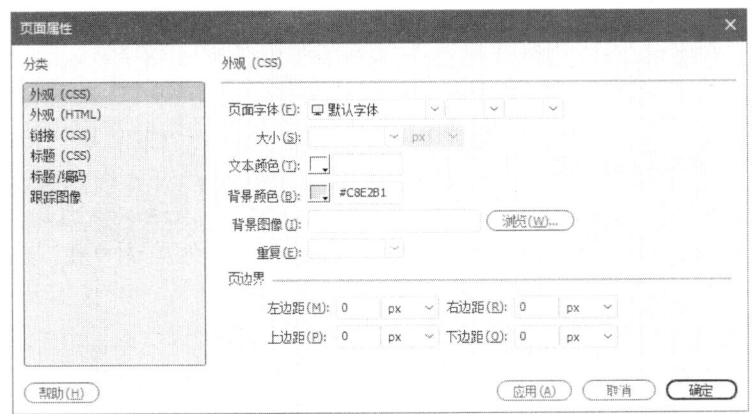

图 7.21 “页面属性”对话框

在此对话框中主要可以进行以下设置：

① 更改页面标题：在“标题/编码”分类选项中可以更改标题、文档类型、编码等。

② 设置背景图像或颜色：在如图 7.22 所示的“外观（CSS）”分类选项中，可以设置诸如字体、颜色、背景及页面边距这些属性。

③ 设置文本或链接颜色：在“链接（CSS）”分类选项中可以对链接文字的字体、颜色及下画线进行调整。

7.1.8 Dreamweaver CC 的新增功能

与以往的 Dreamweaver 版本相比，Dreamweaver CC 版本不仅在外观上有变化，更重要的是在功能上也增加了不少新的东西。自 2013 年 6 月首次推出 Dreamweaver CC（版本号 13）后，该软件新增的主要功能如下：

- 最新版本增加了对 Bootstrap 4 支持，强大的编码支持和可视化工具辅助让使用这一备受欢迎的 CSS 框架构建站点变得前所未有的轻松。
- 增加对 Windows 多显示器支持，在有多个显示器的工作环境中，Dreamweaver 可以将某个文档窗口拖出应用程序框，并在第二个显示器中查看。
- 增加对 Git 的支持，因此可在该应用程序内管理所有源代码。在全新的 Git 面板执行所有常用的 Git 操作，包括推送、拉取、提交更新和取回。通过“文件”面板，可以在 FTP 和 Git 视图之间切换，并查看团队的文件状态。
- 升级对 CEF 的支持，因此可在“代码视图”和“实时视图”中查看自定义 HTML 元素和 CSS 自定义属性等。
- 支持最新的 PHP 7，使用最受欢迎的最新版 Web 脚本语言创建动态网页和服务。PHP 7 包括代码执行、内存使用等方面的主要性能改进。直接从

Dreamweaver 中访问代码提示和错误检查。

- 使用了全新的代码编辑器，可以更快、更灵活地编写代码。代码提示可帮助新用户了解 HTML、CSS 和其他 Web 标准，自动缩进、代码着色和可调整大小的字体等视觉辅助功能可帮助减少错误，使代码更易于阅读。
- 增加了开发人员工作区布局，借助专为开发人员设计的性能得到提升且无干扰的全新工作区，快速加载和打开文件，并加快项目完成速度。
- 增加了 CSS 预处理器支持，Dreamweaver 现在支持 SASS、Less 和 SCSS 等常用的 CSS 预处理器，同时具备完整的代码着色和编译功能，使用户可以节省时间并生成更简洁的代码。
- 增强了实时浏览器预览功能，实时查看页面编辑，无须手动刷新浏览器。
- 代码视图和实时视图增强功能，利用可将简单缩写转换为复杂 HTML 和 CSS 代码的 Emmet 支持，以及 Linting 实时错误检查，更高效地编写代码。还可以在“实时视图”下编辑 PHP 文件中嵌入的 HTML 代码。
- 增加了实时参考线功能，利用实时参考线，设计者可以准确移动 HTML 元素及其关联代码，只需拖放即可。
- 新增元素快速视图，使用新的 DOM 可视化工具实现标记的高级别可视化。利用拖放、复制、删除或多选工作流程，轻松更改内容结构。
- 新增 jQuery UI 组件，利用最新的 jQuery UI 构件，可以进行可视化开发，改进开发工作流程。
- 更快地插入 HTML 5 元素，使用重新设计的“插入”面板可快速添加 HTML 5 标记和常用页面元素。该面板具有合理的类别安排，方便找到所需的选项。在便捷的集中式界面中查找和添加项目轻而易举。

7.2 站点的创建与管理

Dreamweaver 站点是一种管理网站中所有关联文件的工具，通过站点可以实现站点的自动更新链接、自动复制文件到当前默认的站点、自动生成站点地图等功能。利用 Dreamweaver CC 可以首先在本地计算机的磁盘上建立一个本地站点，控制站点结构，管理站点中的每个文件。在完成对站点文件的编辑后，可以用 Dreamweaver CC 将本地站点上传到 Internet 的服务器上。认真地规划站点，能够避免出现文件管理混乱的局面。

7.2.1 站点的创建

使用 Dreamweaver 的向导创建本地站点的具体操作步骤如下：

7.2.1 视频

① 打开 Dreamweaver CC，选择“站点”→“新建站点”命令，打开“站点设置对象”对话框，在对话框中输入站点的名称，如图 7.22 所示。

② 单击对话框中的“浏览文件夹”按钮，选择需要设为站点的目录。

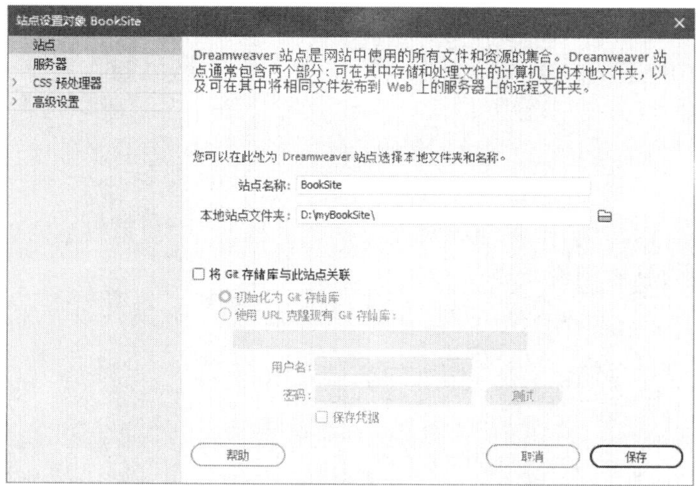

图 7.22 “站点设置对象”对话框

③ 在打开的“选择根文件夹”对话框中。选择需要设为站点根目录的文件夹，然后单击“选择文件夹”按钮，如图 7.23 所示。

图 7.23 “选择根文件夹”对话框

④ 返回“站点设置对象”对话框，单击左侧的“服务器”分类选项，在打开的对话框中单击“添加新服务器”按钮 **+**，即可打开配置服务器的对话框，如图 7.24 所示。

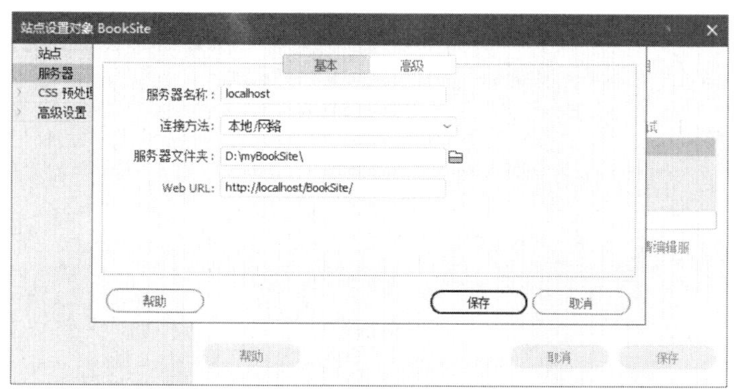

图 7.24 配置站点服务器

⑤ 在对话框中设置好服务器的名称、连接方式等，设置完成后单击“保存”按钮即可。这些信息是由网络管理人员提供的，作为网页制作人员，只需要按要求填写即可。

7.2.2 站点的管理

站点建立之后，根据需要可随时对站点信息进行调整，也可以删除已创建的站点。下面是管理站点的具体操作步骤。

① 在“文件”面板的下拉菜单中选择“管理站点”选项，如图 7.25 所示。

图 7.25 选择“管理站点”选项

② 打开“管理站点”对话框，在站点列表中选择要编辑的站点，单击“编辑当前选定的站点”按钮，如图 7.26 所示。

图 7.26 “管理站点”对话框

③ 打开“站点设置对象”对话框（见图 7.22），修改相关参数，完成后单击“保存”按钮返回。

④ 单击“管理站点”对话框中的“完成”按钮，完成站点编辑。

⑤ 如果要删除站点，则在“管理站点”对话框中单击“删除当前选定的站点”按钮即可。

7.2.3 站点文件管理

7.2.3 视频

创建站点的主要目的就是有效地管理站点文件。无论是创建空白文件还是利用已有的文件创建站点，都需要对站点中的文件夹或文件进行操作。利用“文件”面板，可以对本地站点中的文件夹和文件进行创建、删除、移动和复制等操作。

1. 添加文件夹

站点中的所有文件被统一存放在创建站点时所选择的文件夹内，但是随着站点的内容的不断增加，需要创建子文件夹来管理数量庞大的各类文件。在本地站点中创建文件夹的具体操作步骤如下：

① 打开“文件”面板，可以看到所创建的站点，如图 7.27 所示。在面板的“本地视图”窗口中右击站点名称，选择“新建文件夹”命令。

图 7.27 “文件”面板

② 新建文件夹的名称处于可编辑状态，此时可以为新建的文件夹重新命名（如命名为 webpages）。

③ 在不同的文件夹名称上右击，选择“新建文件夹”命令，就会在所选择的文件夹下创建子文件夹，如图 7.28 所示。例如，在 webpages 文件夹下创建 html 子文件夹。

图 7.28 新建子文件夹

2. 添加文件

文件夹创建完成后，就可以在文件夹中创建相应的文件，创建文件的具体操作步骤如下：

① 打开“文件”面板，在准备新建文件的文件夹上右击，在弹出的快捷菜单中选择“新建文件”命令。

② 新建文件的名称处于可编辑状态，可以为新建的文件重新命名。新建的文件名默认为 untitled.html，可将其改为 index.html。

通过这种方式创建的文件通常都是网页文件，但根据服务器配置不同会有差别，可以是 HTML 文件，也可以是 ASP 文件、PHP 文件或者 JSP 文件。影响这一结果的设置在服务器的“高级”选项中，如图 7.29 所示。

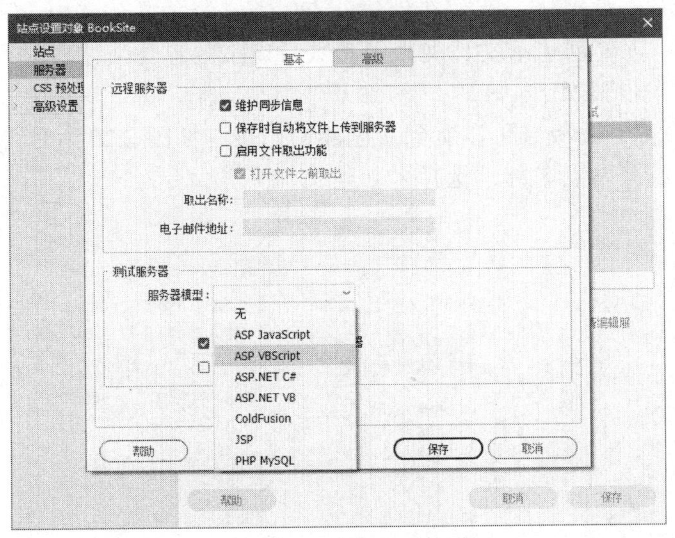

图 7.29　设置服务器模型

当需要创建非网页类型的文件（如 CSS 文件、JavaScript 文件）时，则需要选择“文件”→“新建”命令来完成。图 7.30 所示为创建一个 JavaScript 文件时的情景。

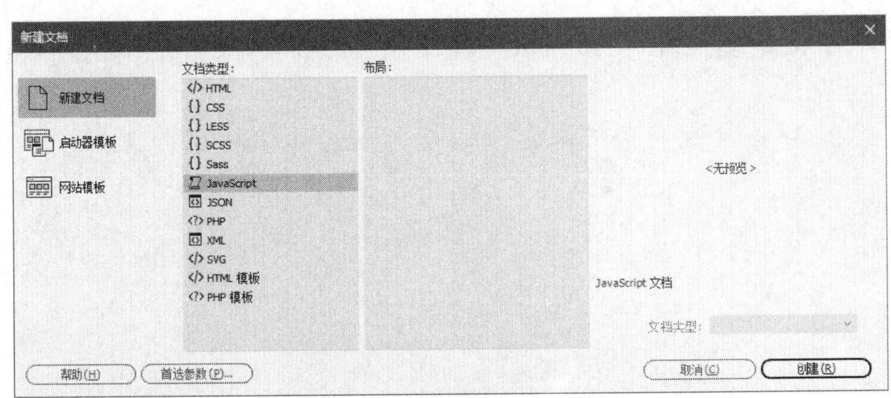

图 7.30　新建 JavaScript 文件

3. 删除文件或文件夹

要从本地站点中删除文件或文件夹，具体操作步骤如下：

① 在“文件”面板中，选中要删除的文件或文件夹。

② 右击文件或文件夹，在弹出的快捷菜单中选择“编辑”→“删除”命令，或

直接按【Delete】键。

③ 这时会弹出提示对话框，询问是否要删除所选的文件或文件夹。单击“是”按钮，即可将文件或文件夹从本地站点中删除。

4．重命名文件或文件夹

① 在“文件”面板中，选中要重命名的文件或文件夹。

② 右击文件或文件夹，在弹出的快捷菜单中选择“编辑”→“重命名”命令，或者双击该文件或文件夹，即可为该文件重新命名。

习　　题

一、问答题

1. Dreamweaver CC 的主要功能有哪些？
2. “插入”面板包含有哪些对象？
3. 网页设计过程中，运行站点工具的好处有哪些？
4. 怎样为 Dreamweaver CC 设置外部编辑器
5. 为 Dreamweaver CC 设置快捷键的好处以及设置快捷键的步骤是什么？
6. 通过 Dreamweaver CC 设置页面属性的一般步骤是什么？
7. 如何创建一个站点？
8. 如何对站点以及站点文件进行管理？

二、操作题

1. 规划自己个人网站的目录结构。
2. 创建一个个人站点。
3. 设置个人站点的各项属性。

第 8 章

网页基本元素 «‹

本章导读

网页内容极其丰富，其中包含大量文本、图像、Flash 动画、音频、视频等多种多媒体对象，同时也包含各种不同的表单元素。网页制作者需掌握编辑这些基本元素的方法，包括如何插入、设置其各种属性等操作，这样才能做出优秀的网页。

本章要点

- 文本和图像的插入和编辑。
- 插入 Flash 动画、音频、视频等多媒体对象。
- 创建超链接。
- 创建表单。

8.1 文　本

无论网页内容如何丰富，文本都是其中最基本的内容。由于文字拥有信息量大，输入、编辑简单快捷等特点，而且生成的文件小，容易被浏览器下载，不会让上网用户花费太多等待时间。但是，与图像及其他多媒体元素相比，文本不易激发浏览者的兴趣，所以若要吸引读者，用户除了要重视文本内容，也要注意其排版，才能做出令人赏心悦目的效果。因此掌握文本的使用，是网页编辑者需要具备的基本技能之一。

8.1.1 插入文本

在网页的“设计”状态，将文本添加到网页文档中，常用的有以下 2 种情况：

① 直接输入：定位插入点，直接在文档窗口中输入文本。

② 复制粘贴：从其他应用程序或窗口中选择一些文本进行复制，然后粘贴至文档插入点。粘贴时可使用“粘贴”或“选择性粘贴”两种形式。

当使用“粘贴”命令时，将使用“首选项”中所设置的粘贴方式，将剪贴板中的文字内容粘贴到文档中。选择“编辑”→“首选项”命令，在打开的如图 8.1 所示的“首选项”对话框中，选择左侧的“分类”中的“复制/粘贴”选项，即可在右侧进行相关的设置。

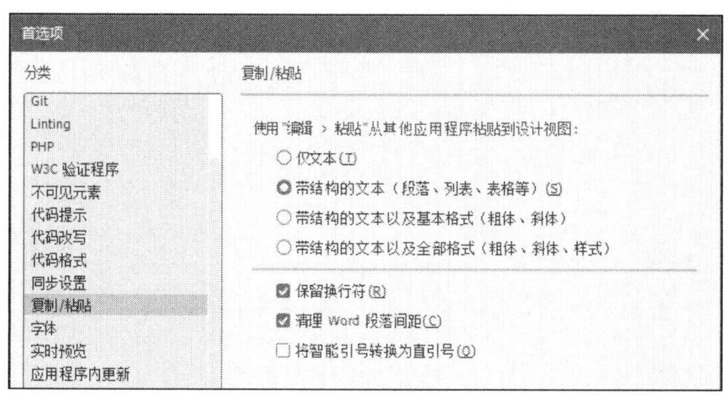

图 8.1 “复制/粘贴”选项

除了“粘贴”命令外，Dreamweaver 还有一个“选择性粘贴”命令，其对话框如图 8.2 所示。这里的选项与图 8.1 所示的选项相同，当需要以不同的方式粘贴时才使用此命令。

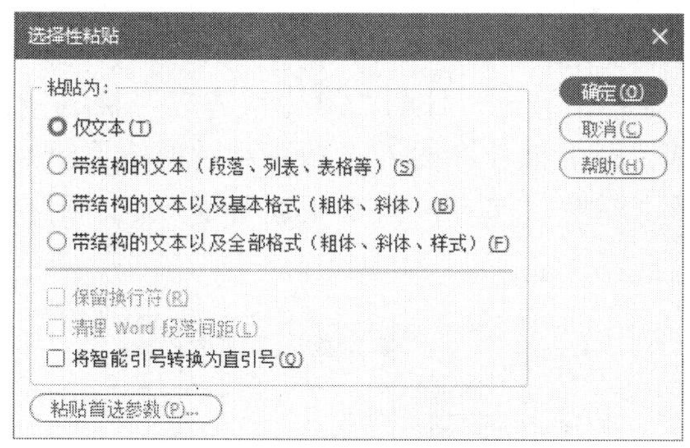

图 8.2 “选择性粘贴”对话框

在 Dreamweaver CC 的网页“设计”视图窗口中，对文本的操作与常用的 Word 等软件中的操作基本一样（如文本的选择、复制、粘贴、删除等），但也有插入特殊字符以及换行等的操作与 Word 不同，还需要进一步掌握更多操作。

1. 插入特殊字符及空格

在网页的“设计”视图下，如需要录入一些特殊字符，可以使用如下方法：

① 选择“插入”→“HTML”→“字符”命令。

② 在“插入”面板的 HTML 选项卡中，单击“字符”按钮并选择所需字符。

空格的录入，在 Dreamweaver CC 中属于一个特殊的操作。正常情况下，在 HTML 的字符间只能录入一个空格，若要连续录入多个空格，则需要执行以下操作：

① 使用上述插入特殊字符的方法，选择插入“不换行空格”。

② 按 Ctrl+Shift+Space 快捷键。

③ 将输入法切换至全角状态，即可连续输入多个空格。

④ 选择“编辑”→“首选参数”命令，在打开的“首选项”对话框中，选中“常规”下的“允许多个连续的空格”复选框（见图 8.3），单击“确定”按钮完成设置。

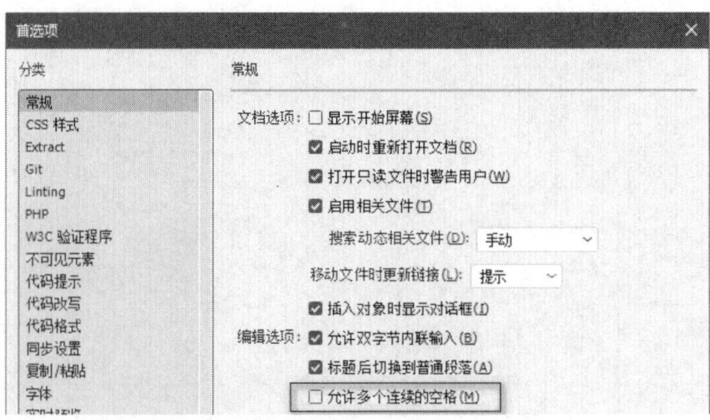

图 8.3 “首选项”对话框

2. 插入水平线和日期

在网页中，可以使用水平线以可视方式分割文本和对象。选择“插入”→“HTML”→“水平线”命令，即可在插入点处插入一条水平线。选择水平线后，在“属性”面板上可设置水平线的宽度、高度、对齐方式以及是否带阴影。

选择“插入”→“HTML”→“日期”命令或者在“插入”面板的 HTML 选项卡中单击“日期”按钮，即可打开“插入日期”对话框（见图 8.4），可方便快捷地插入不同格式的当前日期。选中“储存时自动更新”复选框，则在每次保存文件时都自动更新该日期。

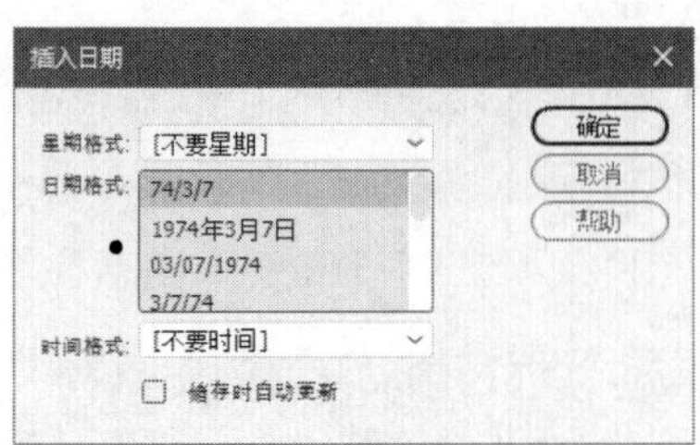

图 8.4 “插入日期”对话框

3. 换行

在输入文本过程中，如果直接按【Enter】键，则重新开始一个新的段落，相当于插入代码<p>。此时，除了实现换行外，还会多出一个空行，行间距较大。如果仅仅要实现换行，不需要分段，可使用【Shift+Enter】快捷键，此时会在当前行下产生一个新行，但仍属于当前段落，与当前段落格式相同，相当于插入代码
。

【案例 8.1】创建网页并输入文本。

① 在 D 盘创建一个新的 Web 站点，站点内包含 image、sound 及 other 三个子文件夹。在站点中新建一个网页文件，命名为 text.html。

案例 8.1 视频

② 在“设计”视图中，输入文字内容“Dreamweaver CC 中文教程网”。

③ 按【Enter】键换行后，输入文字内容“网站首页　基础知识　网页元素　网页布局　高级操作　综合案例”，其中各项之间插入合适的

空格数目。

④ 打开 ch08\other\text.txt 文件，选择所有内容，复制并粘贴到该网页中。

⑤ 为所有复制内容添加换行符。

⑥ 将鼠标定义在“Dreamweaver CC 中文教程网”后面，选择“插入”→“HTML”→“水平线”命令。

⑦ 同样方法，在“视频教程”前和“版权所有”前，分别添加水平线。

⑧ 在“属性”面板中，设置第一条和第三条水平线的“高”为 6，并分别为这两条水平线设置颜色为#6699FF。方法为选择“编辑”→“快速标签编辑器”命令，在编辑标签的输入框中加写 color 属性，如图 8.5 所示。

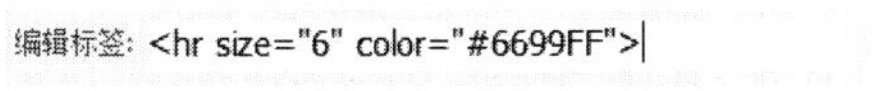

编辑标签: <hr size="6" color="#6699FF">

图 8.5 编辑标签器

⑨ 保存网页，按【F12】键预览网页效果，效果如图 8.6 所示。

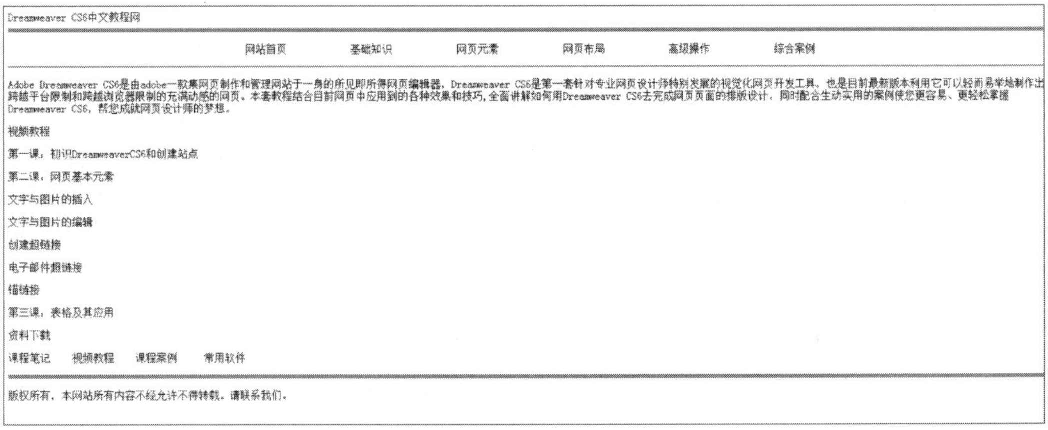

Dreamweaver CS6中文教程网
网站首页
基础知识
网页元素
网页布局
高级操作
综合案例
Adobe Dreamweaver CS6是由adobe一款集网页制作和管理网站于一身的所见即所得网页编辑器，Dreamweaver CS6是第一套针对专业网页设计师特别发展的视觉化网页开发工具，也是目前最新版本利用它可以轻而易举地制作出跨越平台限制和跨越浏览器限制的充满动感的网页。本套教程结合目前网页中应用到的各种效果和技巧，全面讲解如何用Dreamweaver CS6去完成网页页面的排版设计，同时配合生动实用的案例使您更容易、更轻松掌握Dreamweaver CS6，帮您成就网页设计师的梦想。
视频教程
第一课：初识DreamweaverCS6和创建站点
第二课：网页基本元素
文字与图片的插入
文字与图片的编辑
创建超链接
电子邮件超链接
锚链接
第三课：表格及其应用
资料下载
课程笔记
视频教程
课程案例
常用软件
版权所有，本网站所有内容不经允许不得转载，请联系我们。

图 8.6 “插入文本案例”效果图

8.1.2 设置文本属性

文本属性的设置包括对文本的字体、字号、颜色的设置，以及是否加粗、倾斜的设置和文本对齐方式的设置。对文本属性的设置可通过 CSS 样式进行设置，也可在“属性”面板中进行设置，如图 8.7 所示。

属性
HTML
CSS
格式(F)
段落
ID(I)
无
类
无
链接(L)
B
I
标题(T)
目标(G)

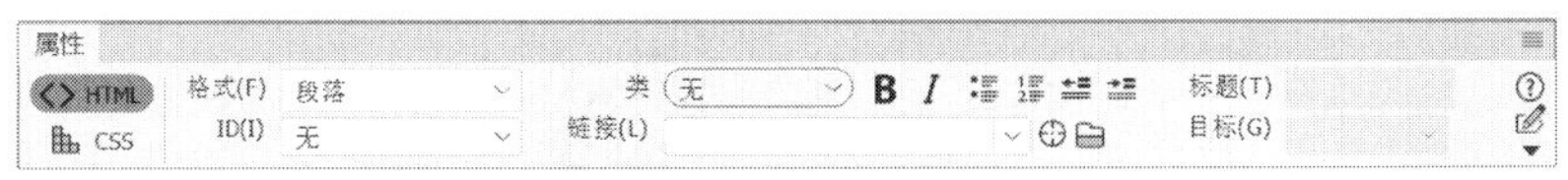

图 8.7 “属性”面板

1. 页面属性中字体的设置

在 Dreamweaver CC 中新建一个网页后，通常要先设置整个页面的默认字体、字号、文本颜色、背景颜色等。可执行如下几种操作打开如图 8.8 所示的“页面属性”对话框：

① 在“属性”面板中单击“页面属性”按钮。

② 选择“文件”→“页面属性”命令。

③ 右击“设计”视图空白处，在弹出的快捷菜单中选择“页面属性”命令。

在打开的“页面属性”对话框左侧的“分类”中选择“外观（CSS）”，然后在右侧进行相应的选项设置，如图 8.8 所示。

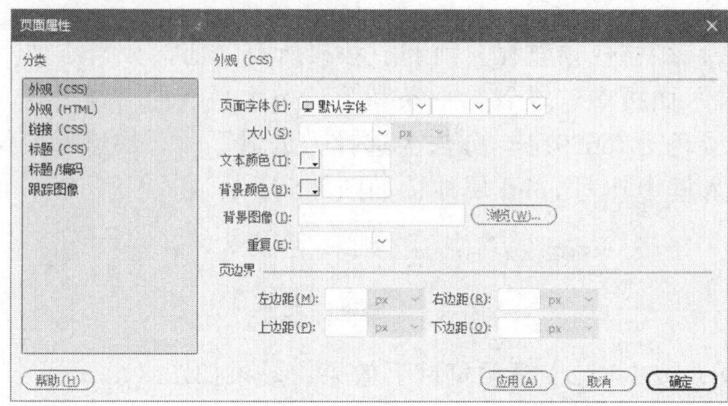

图 8.8 “页面属性”对话框

其中部分选项说明如下：

- 页面字体：在“页面字体”下拉列表框中可以选择设计所需的字体。通常情况下，此项默认字体为宋体。若所需字体不在列表中，则选择列表中的“管理字体”选项，打开如图 8.9 所示的“管理字体”对话框。在该对话框的“自定义字体堆栈”选项卡中，选择“可用字体”列表中所需的字体，单击“<<”按钮，添加到左侧的“选择的字体”列表中。单击“完成”按钮返回后，即可在“页面字体”下拉列表框中选择所设置的字体或字体组合。

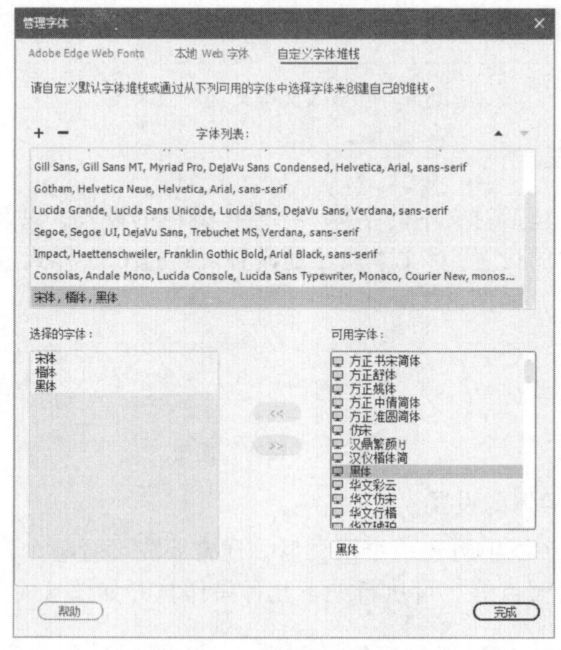

图 8.9 “管理字体”对话框

如果此处选择的是字体组合（如宋体、楷体、隶书、黑体组），则意味着当该网页被提交到用户的浏览器后，网页中的文本将优先以此组合中的第一种字体显示（此处为优先显示宋体）；如果用户计算机中没有安装该字体，则依次以组合中的第二字体（此处为楷体）、第三字体（此处为隶书）等显示。如果用户计算机中没有安装该字体组合中的任一字体，则该网页文字将以用户计算机中的默认字体显示。因此，在“页面字体”的设置中建议选用常用字体。一般宋体、黑体等字体是大多数计算机中都安装的常用字体。

在“页面字体”设置的后面，依次是文字的“加粗”和“倾斜”设置按钮，可以根据需要选择是否进行设置。

- 大小：统一设置网页中文字的大小。前一个列表框中可以输入或选择字号，后一个列表框中可以选择该字号对应的“单位”，常用的有 px 及 pt 等单位。默认的网页文字大小为 12 pt，字体偏大。目前较为主流的网页字体大小设置为 9 pt 或者 12 px，可根据设计需要进行不同的设置。
- 文本颜色：统一设置网页中文字的颜色，默认为黑色。

在“页面属性”对话框中还可对网页的背景颜色等进行设置，此处不再赘述。

2. 指定文本的字体设置

在设置了网页中统一的文字格调后，为了网页更加美观，需要对指定文字进行不同的大小、颜色等的设置。对于网页中已有的文字，要对其单独设置字体，可使用 CSS 样式和直接进行“属性”设置两种方式。若要使用“属性”设置，则先选中这些文字后，执行以下操作：

① 单击“属性”面板中的“CSS”选项，在面板右侧的“字体”下拉列表框中设置所需字体、字体样式、字体粗细，还可设置文字的字号、单位、颜色等其他属性，如图 8.10 所示。

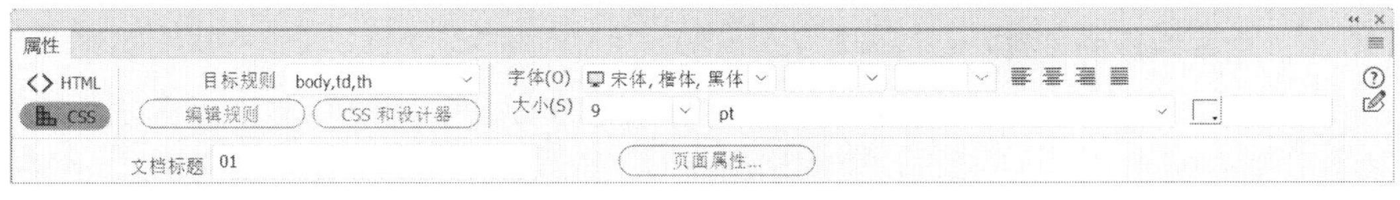

图 8.10 “属性”面板

② 选择“编辑”→“文本”下的相应命令进行设置。

③ 右击所选文字，在弹出的快捷菜单中选择“字体”或“样式”等命令。

8.1.3 设置段落属性

对段落的设置主要包括段落的对齐、缩进、行距、段间距、段落格式等的设置。

1. 标题格式的设置

HTML 中，网页中文本有 6 种标题格式，从“标题 1”到“标题 6”，其字号大小和段落对齐方式都是定义好的。可执行如下几种操作来设置标题格式：

① 在“属性”面板的“<>HTML”选项（见图 8.11）的“格式”下拉列表中选择段落、标题 1～标题 6 等。其中各选项的作用如表 8.1 所示。

② 选择“插入”→“标题”菜单下相应的命令来实现。

③ 右击所选文字，在弹出的快捷菜单中选择“段落格式”中的相应命令。

图 8.11 “属性”面板——HTML

表 8.1 “格式”下拉列表内各选项的作用

选 项	作用
无	无特殊格式的规定，仅决定于文本本身
段落	正文段落，在文字的开始与结尾处有换行，各行的文字间距较小
标题 1~标题 6	标题格式，字体分别从大到小
预先格式化的	将预先格式化的文本原样显示

2．项目列表和编号列表的设置

文本的列表设置也是网页排版中的常见形式，分为项目列表、编号列表以及定义列表 3 种。若使用现有文本创建列表，只需先选择需要创建列表的段落，再执行下列操作之一：

① 单击“属性”面板“<>HTML”选项中的“项目列表”按钮或“编号列表”按钮。

② 选择“编辑”→“列表”下的相应命令。

③ 选择“插入”→“项目列表”/“编号列表”命令。

④ 单击“插入”面板中“HTML”下的相应命令按钮。

⑤ 右击所选文字，在弹出的快捷菜单中选择“列表”中的相应命令。

3．文本缩进的设置

文本缩进是指文本两端与其所在边界之间的间距，增加两端间距可以强调文本或表示引用文本，也可对不同的段落实现不同的缩进以体现层次。实现段落缩进，可以在选中文字后，执行以下操作之一：

① 单击“属性”面板“<>HTML”选项下的文字缩进按钮进行设置。

- “删除内缩区块”按钮：减少缩进，文本向左移两个单位。
- “内缩区块”按钮：增加缩进，文本向右移两个单位。

② 选择“格式”菜单下的“缩进”和“凸出”命令实现。

③ 使用【Ctrl+Alt+]】及【Ctrl+Alt+[】快捷键。

4．文本对齐方式的设置

文本对齐方式是指所选文字在水平方向上的对齐位置，分为左对齐、居中对齐、右对齐和两端对齐 4 种。选定文字后，可单击“属性”面板“CSS”选项中的“左对齐”按钮、“居中对齐”按钮、“右对齐”按钮和“两端对齐”按钮进行相应设置。

【案例 8.2】设置案例 8.1 中所创建网页的文本属性。

案例 8.2 视频

① 打开案例 8.1 中所创建的网页 text.html。

② 单击“属性”面板中的“页面属性”按钮，打开“页面属性”对话框，设置“页面字体”为宋体，“大小”为 9 pt，“颜色”为黑色。

③ 选中首行文字“Dreamweaver CC 中文教程网”，单击“属性”面板“<>HTML”中的“格式”下拉按钮，选择“标题 1”。

④ 单击“属性”面板“CSS”中的“居中对齐”按钮，设置文字居中效果。

⑤ 选择“视频教程”后面，从“第一课”到“第三课”的所有内容，单击“属性”面板中的“列表项目”，添加项目符号。如果添加的项目符号不符合要求，可以选择“编辑”→“列表”→“属性”命令，或单击“属性”面板中的“列表项目”按钮，在打开的如图 8.12 所示的“列表属性”对话框的“样式”下拉列表中设置不同的项目符号。使用 CSS 样式，也可以为项目符号设置自定义的图片。

⑥ 选中“第二课”以下的 5 行文字，单击“缩进”按钮，增加缩进。

⑦ 单击“属性”面板中的“编号列表”按钮，设置文字内容为编号列表形式。同样可参照第⑤步内容，修改列表符号。

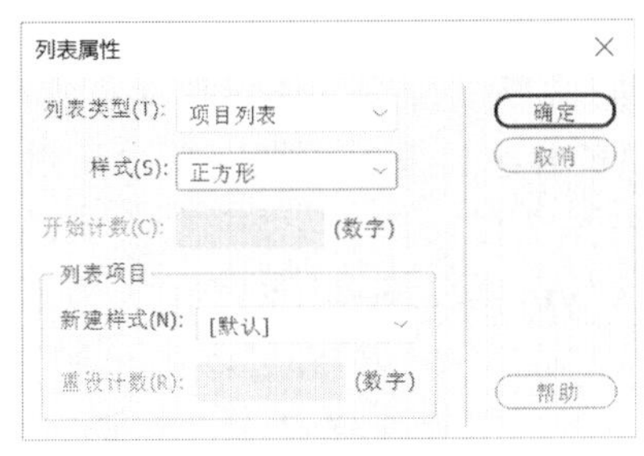

图 8.12 “列表属性”对话框

⑧ 选择“视频教程”，单击“属性”面板的“CSS”选项卡，选择“目标规则”为“新内联样式”，然后设置“大小”为 12 pt，设置“颜色”为#000099，加粗。

⑨ 选择“资料下载”，为其设置与“视频教程”一样的文字效果。

⑩选择第 2 行文字，设置居中效果。

⑪ 选择最后一行文字，模仿步骤⑨或⑩，为其设置居中效果。

⑫ 保存文件后，按【F12】键，预览网页效果，如图 8.13 所示。

图 8.13 “文本属性设置”效果

8.2 图　　像

只有文字没有图片的网页是难以引人入胜的，在网页中适当加入图片，不仅能使网页更加美观，而且可以更加直观地传达网页信息。网页中的图像除了基本图像，还包括背景图像、跟踪图像、鼠标经过图像和导航条等，网页中常见的图像格式包括 GIF、JPEG、PNG 等。若要使网页中插入的图片能与网站的设计风格保持一致，一般需要对得到的原始图像进行处理，这就需要使用 Photoshop 等工具进行处理。本节主要介绍如何将加工过的图片插入到网页中并对其进行合理的编辑布局。

8.2.1 插入图像

在文档“设计”窗口中，要把图像加载到网页中，只须在定义插入点后，执行下列操作之一：

- 在“插入”面板的“HTML”选项卡中，单击 Image 图标；或者将该图标直接拖动到文档合适位置。
- 选择“插入”→“Image”命令。
- 直接在“文件”面板中的站点根目录下的图像文件夹中，选择合适的图像文件，直接拖动到“文档”窗口合适位置。或者在用户的本机资源中，选择一个合适的图像文件，拖动到网页文档窗口。

在上述操作中，如果所选的图像，没有复制到站点根目录下，则会弹出如图 8.14 所示的 Dreamweaver 提示框，单击“是”按钮，在弹出的“复制文件为”对话框中，将图像选择复制到站点根目录下的图片文件夹中，单击“确定”按钮后，图像即会显示在文档“设计”窗口中。

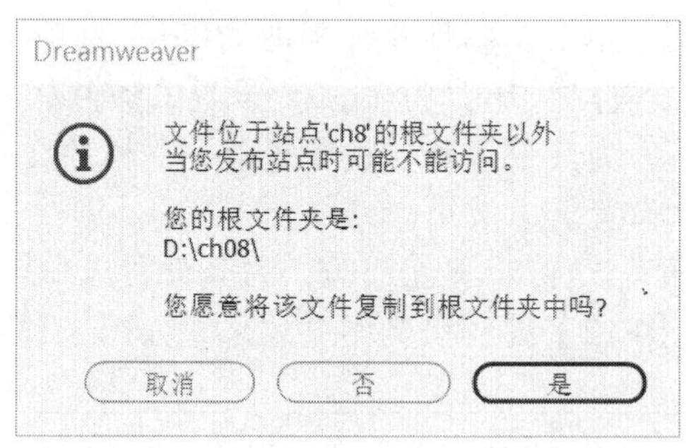

图 8.14　复制图像文件到站点根目录

8.2.2 编辑图像

在页面中插入图像后，还可以对图像进行移动、复制和删除操作，也可以拖动图像锚点调整图像大小。如果要精确调整图像的大小和图像的位置等其他属性，可以使用图像“属性”面板进行调整。在“设计”窗口选中图像后，下方“属性”面板即关联为图像“属性”面板，如图 8.15 所示。“属性”面板左上角会显示选中图像的缩略图，并显示字节数。

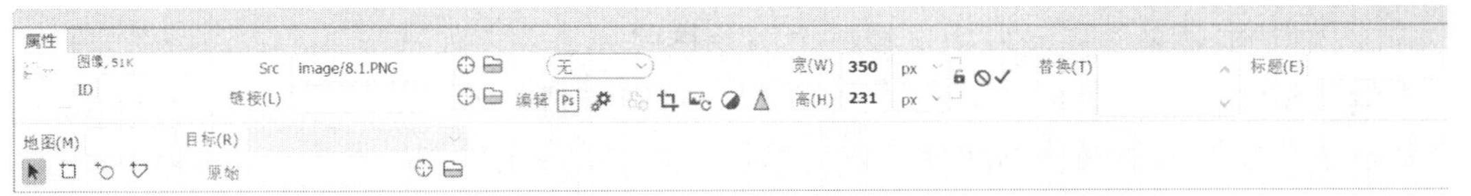

图 8.15 图像“属性”面板

面板上其余各选项作用如下：

- ID：ID 文本框中可以输入图像名字，方便以后使用脚本语言引用图像。
- Src：“源文件”文本框给出了图像的路径。如果图像文件在站点文件夹内，此处给出的是相对路径，否则给出的是绝对路径。
- 链接：“链接”文本框给出了图像所链接到的文件的路径信息。图像可以链接到一个网页，也可以链接到一个具体的文件。
- 替换：给图像加文字提示说明。当在浏览器中用鼠标指向该图像时，会显示“替换”文本框中所输入的文字。
- 编辑：编辑栏后面的编辑工具用来对网页图像进行编辑，各按钮功能如表 8.2 所示。

表 8.2 “编辑”栏内各工具按钮的作用

选　　项	作　　用
编辑 Ps	启动在“首选参数”的外部编辑器中指定的图像编辑器，在其中打开选定的图像并可在其中进行编辑。如果指定的图像编辑器是 Photoshop，这里显示的就是 Photoshop 图标
编辑图像设置	可以预置图像的格式、品质
裁剪	裁切图像的大小，从所选图像中删除不需要的区域
重新取样	对已调整大小的图像进行重新取样，提高图片在新的大小和形状下的品质，以适应其新尺寸。对位图对象进行重新取样时，会在图像中添加或删除像素，以使其变大或变小
亮度和对比度	调整图像的亮度和对比度设置，修改图像中像素的对比度或亮度。这将影响图像的高亮显示、阴影和中间色调。修正过暗或过亮的图像时通常使用该按钮
锐化	调整图像的锐度。锐化将增加对象边缘像素的对比度，从而增加图像清晰度或锐度

- 宽/高：以像素为单位，精确设置图像的宽度和高度。在页面中插入图像时，Dreamweaver 会自动用图像的原始尺寸更新“宽”“高”文本框中的值。也可以在文本框中精确输入所需要的宽和高。如果要还原图像大小的初始值，可删除文本框内的数值。
- 地图：定义图像映射即图像热点区域的名称。
- 图像热点链接工具：可以为图像设置局部区域的热点链接。
- 目标：如果图像设置了超链接，则在此“目标”框中指示出，被链接的文件在何窗口中被打开。
- 原始：设置该图像的原始文件。该原始文件应为 Photoshop 或者 Fireworks 文件。

设置外部图像处理软件为 Dreamweaver CC 附属图像处理软件的方法如下：

① 选择“编辑”→“首选参数…”命令，打开“首选参数”对话框。

② 在对话框左侧的“分类”框中，选择“文件类型/编辑器”选项，此时的“首选项”对话框如图 8.16 所示。

③ 在“扩展名”列表框中选择一个图片格式列表项（如选择.jpg.jpe.jpeg），再单击右侧“编辑器”列表框上方的“+”按钮，打开“选择外部编辑器”对话框，在该对话框中选择合适的外部图像处理软件的执行程序，将该软件设置为 Dreamweaver CC 的附属图像处理软件编辑器，此处可以设置多个外部图像处理软件。

④ 若设置了多个外部图像处理器后，选择在“编辑器”列表框中已设置的某个软件名称，然后单击“设为主要”按钮，即将该软件设为 Dreamweaver CC 默认的外部图像处理软件。

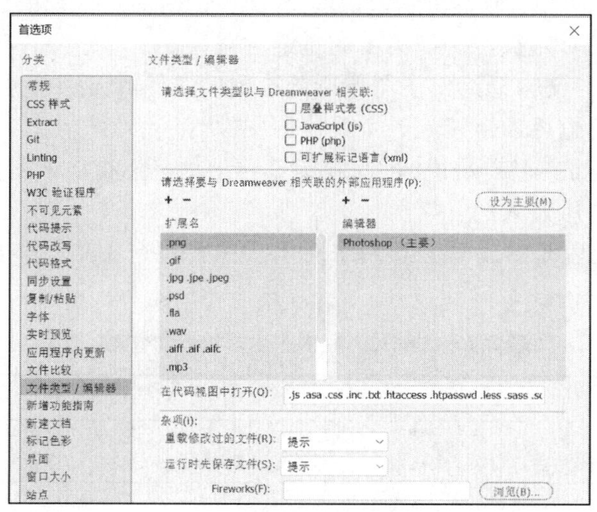

图 8.16 “首选参数”对话框–文件类型/编辑器

【案例 8.3】在网页中添加图像并设置其属性。

① 打开案例 8.1 中站点下的 ch08\image.html 网页文件素材。

② 在“页面属性”中设置“外观 CSS”中“页面字体”为宋体，“大小”为 9 pt，“颜色”为黑色，“背景图片”使用素材 ch08\image\body_bg.png，“重复”为 no-repeat。

③ 将鼠标定义在页面“设计”视图中表格的第一行内，单击“插入”面板中“HTML”下的 Image 按钮，在打开的文本框中选择 ch08\image\logo1.png。

④ 定位鼠标在表格的第三行文字中，选择“插入”→“Image”命令，将 ch08\image\img-01.jpg 素材插入“设计”视图。选择该图片，右击打开其快捷菜单（见图 8.17），选择其中的“对齐”→“左对齐”命令。在“属性”面板中，先锁定“尺寸约束”，然后设置图像的“宽”为 200 px，移动图片到合适位置。

ID...
源文件(S)...
对齐(A)
CSS 样式(C)
模板(T)

图 8.17 图片右键快捷菜单

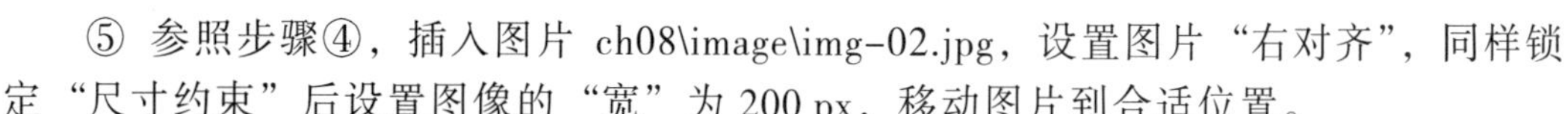

⑤ 参照步骤④，插入图片 ch08\image\img-02.jpg，设置图片“右对齐”，同样锁定“尺寸约束”后设置图像的“宽”为 200 px，移动图片到合适位置。

⑥ 保存后，按【F12】键，预览网页效果，如图 8.18 所示。

图 8.18 “案例 8.3”网页效果图

8.2.3 插入鼠标经过图像

鼠标经过图像即是翻转图像，是一种简单的动态网页效果。当网页在浏览器中打开时，在鼠标指针经过该图像时，显示其翻转图像，当鼠标指针从该图像移出时，再次显示为其原始图像。若要在网页中插入鼠标经过图像效果，应执行以下操作之一：

① 单击“插入”面板“HTML”选项中的“鼠标经过图像”按钮 鼠标经过图像。

② 选择“插入”→“HTML”→“鼠标经过图像”命令。

在打开的“插入鼠标经过图像”对话框（见图 8.19）完成对各选项的设置，单击“确定”按钮后，即可在文档中插入一个鼠标经过图像效果。

图 8.19 “插入鼠标经过图像”对话框

“插入鼠标经过图像”对话框中各选项的作用如下：

- 图像名称：此文本框中可以输入该鼠标经过图像的名字，方便以后使用脚本语言引用图像。
- 原始图像：此文本框中设置的是网页中该鼠标经过图像的最初显示图像。
- 鼠标经过图像：此框中设置的是网页中该鼠标经过图像的翻转后图像。

- 预载鼠标经过图像：默认该项为选中状态，表示当该网页载入浏览器时，会预先将翻转图像载入，而不是等到鼠标指针移向该鼠标经过图像时才载入，这样可以使图像翻转更流畅。
- 按下时，前往的 URL：可在此处建立与该鼠标经过图像链接的网页文件。

【案例 8.4】插入鼠标经过图像。

案例 8.4 视频

① 在 Dreamweaver CC 中打开本章站点，在站点根目录下新建网页文件 index.html、ch06.html、ch08.html、ch08.html、ch09.html、ch10.html，并在各新建文件中分别设置文档"标题"为"首页""第 6 章""第 7 章""第 8 章""第 9 章""第 10 章"，以示区分。

② 打开案例 8.3 中所保存的 ch08\image.html 网页文件素材。

③ 将鼠标定位在网页"设计"视图中，表格的第二行第一个单元格，选择"插入"→"HTML"→"鼠标经过图像"命令。

④ 在弹出的"插入鼠标经过图像"对话框中，设置"原始图像"为素材 ch08\image\btn1-0.png，"鼠标经过图像"为素材 ch08\image\btn1-1.png，"替换文本"为"网站首页"，"按下时，前往的 URL"为 index.html。

⑤ 选择"设计"视图中所插入的鼠标经过图像，在其"属性"面板中锁定宽高比后，设置"宽"为 100。

⑥ 参照步骤④及步骤⑤，设置其他鼠标经过图像，效果如图 8.20 所示。

⑦ 保存后，按【F12】键，将鼠标分别移动到不同的鼠标经过图像上，观察图像翻转效果，单击图像，查看链接。

图 8.20 "案例 8.4"网页效果图

8.3 其他媒体对象

随着网络的发展，多媒体在网络中得到了更广泛的应用，在网页中适当地使用多媒体元素，可以使网页的内容更丰富、更生动。Flash 动画是网页最常用的媒体插件之一，除此之外还包括 Shockwave 影片、Applet 小程序以及插件和 ActiveX 控件等。

8.3.1 插入 Flash 动画

在网页中加入与网站主题或内容相关的 Flash 动画会为整个网页增色不少。在 Dreamweaver CC 中，可以将 SWF 及 FLV 两种格式的 Flash 动画插入至网页文档中。

SWF 文件是由 Flash 软件直接生成的动画文件，它可以置入 ActionScript 程序代码，从而实现与用户的互动效果。FLV 则是 Flash VIDEO 的简称，是一种经过优化的 Flash 视频文件，它所形成的文件较 SWF 小，加载速度快，因此是一种可以作为网络视频播放的流媒体文件。在网页当中，FLV 文件多用于网络视频，SWF 文件则多用于网页装饰。

将制作好的 SWF 或 FLV 文件插入到网页中的方法与插入图像的方法类似。

- 选择“插入”→“HTML”→“Flash SWF”/“Flash Video”命令。
- 单击“插入”面板“HTML”选项下的 Flash SWF 按钮或 Flash Video 按钮。
- 直接拖动 SWF 或 FLV 文件到文档“设计”视图中。

插入 SWF 或 FLV 文件后，通过“属性”面板设置其属性，即可得到想要的效果。图 8.21 所示为一个 SWF 文件的“属性”面板，FLV 对应的“属性”面板与之相似。

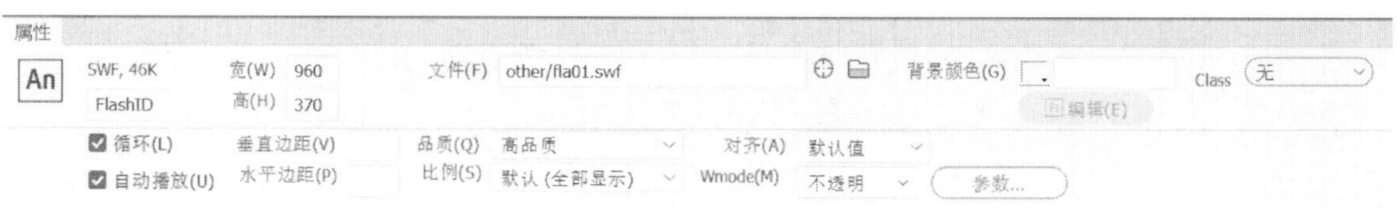

图 8.21　SWF“属性”面板

其“属性”面板中部分选项与前面所介绍各“属性”设置方法基本一致，面板中其余各选项作用如下：

- 循环：选中该复选框后，动画可循环播放。
- 自动播放：选中该复选框后，在浏览器中打开该网页时动画将自动开始播放。
- 垂直边距：影片在垂直方向上与其所在窗口的边框之间的距离，单位为像素。
- 水平边距：影片在水平方向上与其所在窗口的边框之间的距离，单位为像素。
- 品质：控制影片播放期间的品质设置，通常高品质会影响其显示速度。
- 比例：确定影片如何适合在宽度和高度文本框中设置的尺寸。“默认”设置为“显示全部”。
- 对齐：影片对齐方式，其各属性值的作用如表 8.3 所示。
- Wmode：为 SWF 文件设置 Wmode 参数以避免与 DHTML 元素（例如 Spry Widget）相冲突。默认值是不透明，这样在浏览器中，DHTML 元素就可以显示在 SWF 文件的上面。如果 SWF 文件包括透明度，并且希望 DHTML 元素显示在它们的后面，请选择“透明”选项。选择“窗口”选项可从代码中删除 Wmode 参数并允许 SWF 文件显示在其他 DHTML 元素的上面。

表 8.3 “对齐”下拉列表框中各属性值及其作用

属性值	作用
默认	使用浏览器默认的对齐方式，不同浏览器之间会略有不同
基线	影片的下沿与文字的基线水平对齐
顶端	影片顶端与当前行中最高对象的顶端对齐
居中	影片的中线与文字的基线水平对齐
底部	影片的下沿与文字的基线水平对齐
文本上方	影片的顶端与文本行中最高字符的顶端对齐
绝对居中	影片的中线与文字的中线水平对齐
绝对底部	影片的下沿与文字的下沿水平对齐
左对齐	影片在文字的左侧，文字从右侧环绕影片
右对齐	影片在文字的右侧，文字从左侧环绕影片

- 播放：单击此按钮，可以开始播放影片。
- 参数：单击该按钮，可打开如图 8.22 所示的“参数”对话框，可输入附加参数以传递给影片。

图 8.22 “参数”对话框

【案例 8.5】为网页添加 SWF 动画文件。

① 打开案例 8.1 中的 ch08\oth-media.html，将鼠标定位在第一行表格中。

案例 8.5 视频

② 选择“插入”→“HTML”→“Flash SWF”命令，在弹出的“选择”对话框中，选择素材 ch08\other\fla01.swf，在弹出的“对象标签辅助功能属性”对话框中单击“确定”按钮，网页“设计”视图中即显示出所插入的 SWF 图标。

③ 选择合适的浏览器，浏览动画效果。

8.3.2 插入 HTML 5 Video

目前大部分视频是通过插件来播放的，比如 Flash 动画，但并非所有浏览器都拥有相同的插件。HTML 5 提供了一种通过 Video 元素插入视频的方法，其中支持 Video 元素的浏览器有 Internet Explorer 9+、Firefox、Opera、Chrome 和 Safari。目前，Video 元素支持 3 种视频格式：MP4、WebM 和 Ogg。其网页中的插入 Video 元素方法与插入 Flash 动画相似：

- 选择“插入”→“HTML”→“HTML5 Video”命令。
- 单击“插入”面板“HTML”选项下的 HTML5 Video 按钮。

- 直接拖动相应的视频文件到文档“设计”视图中。

在插入 HTML 5 Video 后，文档“设计”视图中会显示一个 HTML 5 Video 图标，选中该图标后，可在“属性”面板中对其中各属性进行设置，其“属性”面板各选项及其设置方法与 Flash 动画“属性”设置方法基本一致。

【案例 8.6】在网页中插入一个 HTML 5 Video 视频。

案例8.6视频

① 打开案例 8.5 中所保存的文件 oth-media.html，将鼠标定义在表格第三行。

② 选择“插入”→“HTML”→“HTML5 Video”命令，或者单击“插入”面板“HTML”选项下的“HTML5 Video”按钮，在“设计”视图中插入一个 HTML5 Video 图标。

③ 在其“属性”面板中设置其“宽”“高”属性分别为 960 像素和 600 像素。

④ 设置“属性”面板的“源”属性，为 ch08\other\mp4_eg.mp4 文件。

⑤ 保存后，选择合适的浏览器预览该网页的视频效果。

8.3.3 插入 HTML 5 Audio

与 HTML 5 Video 类似，HTML 5 也提供了一种通过 Audio 元素插入音频的方法，上述支持 Video 元素的浏览器也同样支持 Audio 元素。目前，Audio 元素同样支持 3 种视频格式：MP3、Wav 和 Ogg。

Audio 元素在网页中的插入方法与 Video 一致，此处不再赘述。当在“设计”视图插入一个 HTML 5 Audio 后，可在其如图 8.23 所示的“属性”面板中对其中各属性进行设置。

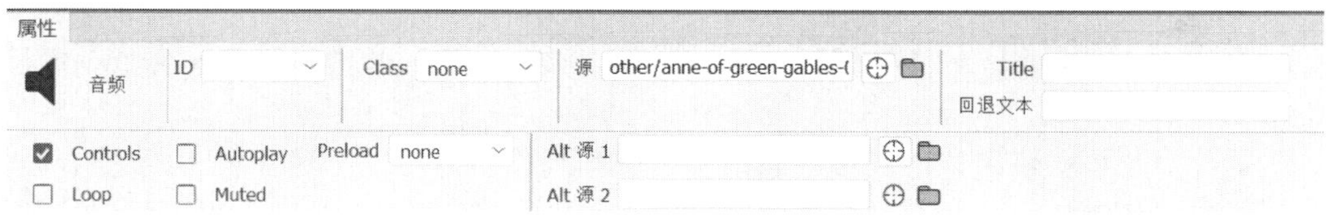

图 8.23　HTML 5 Audio 属性

8.3.4 插入插件

在 HTML 页面中，除了 SWF 以及 FLV 影片外，其余不同格式的音频及视频文件都可以利用“插件”来插入。

【案例 8.7】为网页添加背景音乐。

案例8.7视频

① 打开案例 8.4 中所保存的 ch08\image.html 网页文件，将鼠标定位在最后。

② 选择“插入”→“HTML”→“插件”命令，或者单击“插入”面板“HTML”选项中的按钮，在打开的“选择文件”对话框中选择站点目录文件夹中的 ch08\sound\music01.mp3 文件，单击“确定”按钮后，该声音文件被插入至网页中。

③ 在其“属性”面板中设置“宽”“高”属性均为 0，如图 8.24 所示。默认该文件是自动开始并循环播放的。

④ 保存后，按【F12】键，即可欣赏该页面的背景音效。

图 8.24　“插件”属性

8.4 超　链　接

超链接是网页中一个非常重要的元素，它使得用户可以在不同的网页或站点之间互相连接、跳转。只有各个网页链接在一起，才能构成一个完整的网站。

超链接是指通过点击一个对象可以链接打开另外一个对象。这个用来设置超链接的对象，也叫链接载体，可以是一段文字或者一个图片等，而链接的目标对象可以是另一个网页，也可以是同一个页面中的不同位置，还可以是一个图片、一个电子邮件地址、一个文件，甚至是一个应用程序等。

超链接一般分为内部链接和外部链接两大类。内部链接，是指链接目标仍然属于本网站内部的某个位置或对象；外部链接，则是指链接到网络中其他网站的链接。

创建一个完整的超链接必须要考虑 4 个方面：链接载体、链接目标、链接的路径和链接的打开方式。

在 Dreamweaver 中有 3 种类型的链接路径：绝对路径、文档相对路径和站点根目录相对路径。

- 绝对路径：使用绝对路径的超链接，必须提供所链接文档的完整 URL 路径及其所使用协议，如 http://www.zzti.edu.cn。通常用于链接至网络中不同网站的页面内容。
- 文档相对路径：以当前文档所在的位置开始，以链接目标所在位置结束，描述中间所经过的路径既是文档相对路径。通常在同一站点下的不同文件之间进行链接时，使用此类型链接。也就是说，文档相对路径对于大多数 Web 站点的内部链接来说，是最适用的一种路径形式。
- 站点根目录相对路径：以站点根文件夹开始，以链接目标所在位置结束的路径。描述时站点跟文件夹以一个“/”表示。通常用于一个服务器上承载有多个不同站点时，或者一个需要使用多个服务器的大型 Web 站点时。

链接的打开方式可以在创建了链接的对象“属性”面板中的“目标”下拉列表框中进行选择。其中各选项的功能如表 8.4 所示。

表 8.4 “目标”下拉列表中各选项的作用

选　项	作　用
_blank	将链接目标载入一个新的浏览器窗口
new	将链接目标载入一个新的浏览器子窗口
_parent	将链接目标载入该链接所在框架的父框架或父窗口。如果包含链接的框架不是嵌套框架，则所链接的文档载入整个浏览器窗口
_self	将链接目标载入链接所在的同一框架或窗口，此项为默认选项
_top	将链接目标载入整个浏览器窗口，从而删除所有框架

根据超链接的对象，在一个文档中可以创建文字链接、图片链接、热点链接、电子邮件链接、锚链接、下载链接，以及空链接和脚本链接等几种类型的链接。

8.4.1 创建文字、图片等的超链接

创建文字、图片等对象的超链接，只须先选中要创建超链接的对象（如网页中已存在的一段文字或一张图片），然后在其相关联的“属性”面板中使用如下方法为其创建超链接。

- 在“链接”框中输入目标文档的路径和文件名。若要链接到站点内的文档，请输入文档的相对路径；若要链接到站点外的文档，请输入绝对路径。
- 直接拖动“链接”框后面的“指向文件”图标，到“文件”面板中的某个文档名上。
- 单击“链接”框右侧的文件夹按钮，在打开的“选择文件”对话框中选择要链接到的文件。
- 按下【Shift】键，从所选文字或图片拖动至“文件”面板中的某个文档名上。
- 选择“插入”→“Hyperlink”命令，在打开的如图 8.25 所示的 Hyperlink 对话框的“链接”文本框中设置要链接的文件。
- 右击打开快捷菜单，选择其中“超链接”命令，在打开的“选择文件”对话框中选择要链接到的目标文件。

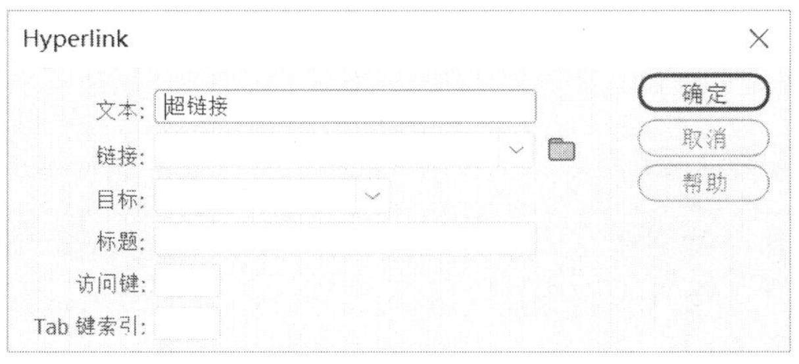

图 8.25 Hyperlink 对话框

在网页中，创建了超链接的文字一般是蓝色的，文字下面也会有一条下画线。如果用户已经浏览过某个超链接，这个超链接的文本颜色就会发生改变（默认为紫色）。只有图像的超链接访问后颜色不会发生变化。如果要更改这些默认的链接设置，可以通过“页面属性”中的“链接”选项进行设置，如图 8.26 所示。

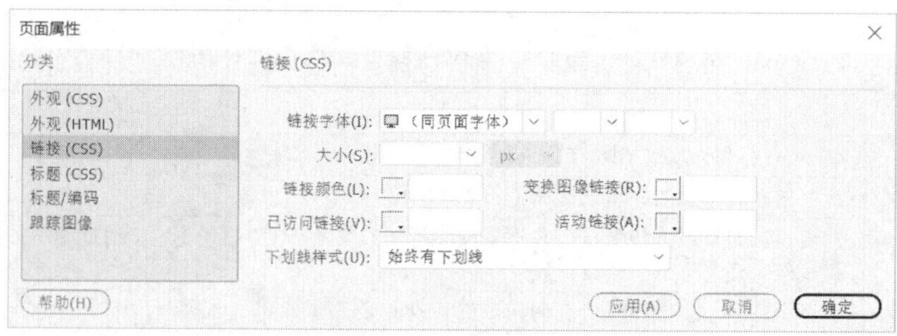

图 8.26 “页面属性”对话框

【案例 8.8】为网页添加文本、图像等对象链接。

① 打开文件 ch08\text.html，选中第二行文字“网站首页”，拖动“属性”面板“链接”文本框右边的“指向文件”图标，到“文件”面板中的 index.html，设置“目标”为“_blank”。

② 此时，“设计”视图中的“网站首页”文字为蓝色、且有下画线。保存后，按【F12】键，在浏览器中单击“网站首页”超链接，观察文字颜色变化及链接跳转变化。

③ 参照步骤②，依次设置链接“基础知识”“网页元素”“网页布局”“高级操作”“综合案例”到网页文件 ch06.html ~ ch10.html。打开“目标”均为“_blank”。

④ 单击“属性”面板中的“页面属性”按钮，在打开的“页面属性”对话框中，选择左侧“分类”中的“链接（CSS）”（见图 8.26），设置“链接字体”为（同页面字体），设置“大小”为 9 pt，设置“链接颜色”“变换图像链接”“已访问链接”“活动链接”均为黑色。设置“下画线样式”为“始终无下画线”。单击“确定”按钮，完成超链接的样式设置。

⑤ 保存后，再次预览该网页，观察链接效果。

⑥ 打开网页文件 ch08\oth-media.html，将鼠标定位于表格第二行，选择“插入”→“Image”命令，插入图像 ch08\image\oth-btn.png。

⑦ 在“设计”视图中选中该图片，在“属性”面板的“链接”文本框中输入 index.html。

⑧ 保存后，按【F12】键预览该网页，单击“首页”图片，观察链接效果。

8.4.2 创建图像热点链接

当选中一张图片为其创建超链接时，此超链接的链接区域是整张图片。有时候，用户需要在一张图片的局部位置设置一个或者多个不同的链接区域，当单击这些不同区域时可以跳转到不同的链接目标。这些图像上的局部链接区域被称为热点。

为图像设置热点链接要使用到热点工具。在页面的“设计”视图中，选择要设置热点的图像，在其“属性”面板左下侧的热点工具中，选择某个形状的热点工具，在图像的合适位置使用拖动（矩形热点工具、椭圆热点工具）或者点按（多边形热点工具）的方式绘制出热点区域，在弹出的 Dreamweaver 提示框中单击“确定”按钮后，在如图 8.27 所示的热点区域“属性”面板中进行相应的链接设置后，即可完成该热点链接的创建。

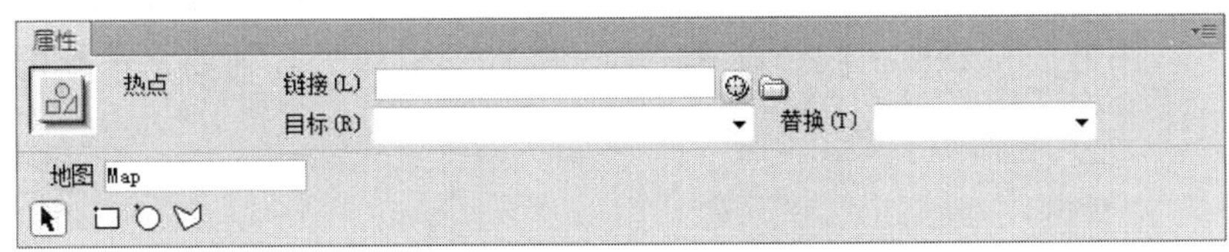

图 8.27　热点区域“属性”面板

如果要更改已绘制的热点区域的大小，则要先选择“指针热点工具”，然后拖动热点区域的控制柄调整其大小至合适。

【案例 8.9】为网页创建图像热点链接。

① 打开本章站点中的网页素材 welcome.html，将鼠标定位于页面表格中。

② 插入素材图片 ch08\image\welcome.jpg。

③ 选中该图片，在其“属性”面板上单击“矩形热点工具”，在图中的 Flash 文字区域绘制矩形热点。然后单击“指针热点工具”后，调整所绘制的热点大小及位置，如图 8.28 所示。

④ 单击“属性”面板“链接”文本框右侧的“文件夹”按钮，选择要链接到的位置 other/fla01.swf，“目标”为“_blank”。

⑤ 单击选择图像，再选择“属性”面板的“多边形热点工具”，单击图片中 DW 文字牌的一个角，在弹出的 Dreamweaver 提示框中单击“确定”按钮后，继续单击牌子上相邻的角，直至完成此热点区域，如图 8.28 所示。

⑥ 拖动“属性”面板的“链接” 指向图标至要链接到的位置 index.html，“目标”为“_blank”。

⑦ 保存后，按【F12】键，预览并测试该网页图片热点。

图 8.28　案例“热点区域”效果

案例 8.9 视频

8.4.3　创建电子邮件链接

当创建了电子邮件链接后，在网页中单击该链接时，浏览器会自动调用系统默认的邮件客户端程序，在打开的邮件编辑窗口的收件人处将自动写上收件人的电子邮件地址（链接中指定的地址），邮件的其他内容将留给访问者自行填写。

【案例 8.10】为网页创建电子邮件链接。

① 打开本章案例站点中的 text.html 文件。在“设计”视图中，选择页面最后一行中的“联系我们”文字内容。

② 选择“插入”→“HTML”→“电子邮件链接”命令，在打开的如图 8.29 所示的“电子邮件链接”对话框中，设置“电子邮件”框的内容为要发送到的电子邮件地址（如 dwtest2016@163.com）。

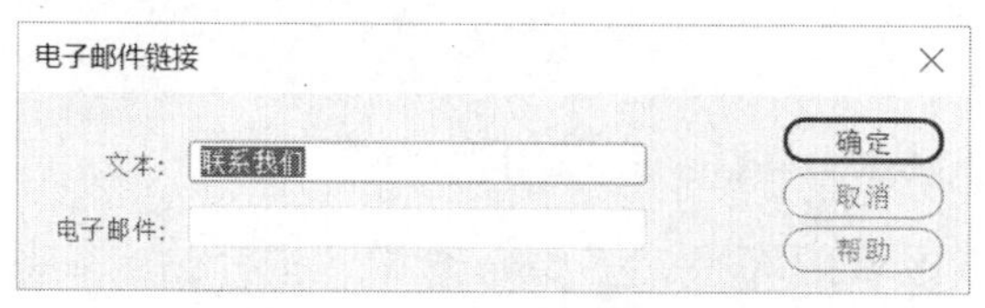

图 8.29 “电子邮件链接”对话框

案例 8.10 视频

③ 单击“确定”按钮后即对该文字创建了一个电子邮件链接。

④ 保存后，按【F12】键，测试该电子邮件链接。

⑤ 打开本站网页 image.html，同样选择页面最后一行中的“联系我们”文字。

⑥ 在“属性”面板的“链接”文本框中输入 mailto:dwtest@163.com，保存并测试该电子邮件链接。

8.4.4 创建下载链接

为了用户能够有效地使用网站中所提供的各种资源、如学习教程、素材、软件等，在网页中可以为用户提供此类资源的下载链接。其创建方法与前面所讲的文字、图像等链接的创建方法相同，只是其链接目标不同。

【案例 8.11】为网页创建下载链接。

① 打开本章案例站点中的 text.html 文件。

② 选中“资料下载”下的“常用软件”，单击“属性”面板右侧的文件夹按钮，选择要链接的文件 other/Dreamweaver_CC_12.0.0.5808_PortableSoft.rar。

③ 保存后，按【F12】键，在浏览器的该网页中，单击“常用软件”，即可打开如图 8.30 所示的“新建下载任务”对话框，即可实现文件的下载。

图 8.30 “新建下载任务”对话框

案例 8.11 视频

8.4.5 创建空链接及脚本链接

空链接是指为指定目标的链接，但利用空链接可以激活文档中链接对应的对象，被激活的对象可以为之添加行为（当鼠标移动到链接上时可以进行图像切换或显示隐藏的切换等动作）。也可以先使所有的链接对象拥有链接效果，以后再具体设置链接的目标地址。

创建空链接，只须在选中链接对象后，在其“属性”面板的链接框中输入一个“#”即可。

脚本链接是一种特殊类型的链接，通过单击带有脚本链接的对象可以运行相应的脚本及函数，从而为浏览者提供更多的动态效果，能够在不离开当前 Web 页面的情况下为访问者提供有关某项的附加信息。脚本链接还可以用于在访问者单击特定项目时，执行计算、验证表单和完成其他处理任务。

在脚本链接中，由于 JavaScript 代码出现在一对双引号当中，所以应将代码中原先的双引号相应地改为单引号。创建脚本链接的具体步骤如下：

① 在“设计”视图中选择要创建链接的文本、图像或其他对象。

② 在“属性”面板的“链接”框中输入“javascript:”，后跟 JavaScript 代码或一个函数调用。

【案例 8.12】为网页创建空链接及脚本链接。

① 打开案例 8.11 中所保存的 text.html 文件。

② 选中“资料下载”下的“课程笔记”，在其“属性”面板的“链接”文本框中，输入“#”，即可完成“课程笔记”的空链接设置。

③ 参照步骤②，分别为“视频教程”和“课程案例”创建空链接。

④ 保存后，按【F12】键，查看空链接效果。

⑤ 在 text.html 文件的“设计”视图中添加“网站动态”项，如图 8.31 所示。

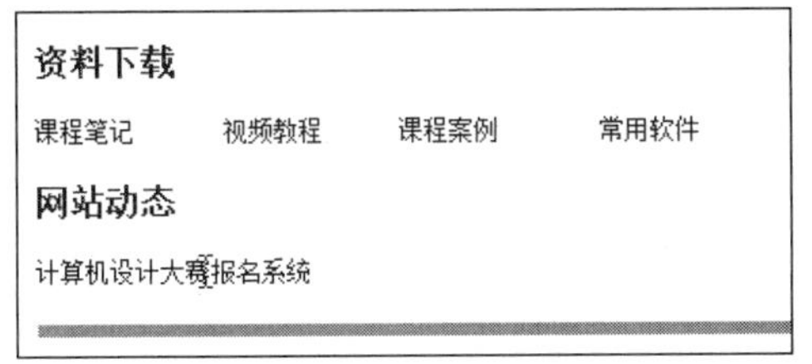

图 8.31　网页新增项

案例 8.12 视频

⑥ 选中文字“计算机设计大赛报名系统”，在其“属性”面板的链接框中输入“javascript:window.open（'form.html'）”，“目标”为“new”，即创建了一个脚本链接。

⑦ 保存后，按【F12】键，单击脚本链接处，在浏览器中打开一个新的“大赛登录”页。

8.5　表　　单

表单是用于实现网页浏览者与网站管理者之间进行信息交互的一种页面元素，在网络中它被广泛用于各种信息的搜集和反馈。例如，人们经常看到的一些登录框、留言本、调查表、订单等内容，这些通常就是使用表单制作的。使用表单，网站不仅仅提供信息，同时也可以收集信息。通过表单处理程序，可以收集分析用户的反馈意见，做出科学合理的决策。

当网页浏览者在页面表单中所输入的内容被提交到服务器端后，这些信息将被发送到服务器，由服务器端的脚本或应用程序进行分析处理。服务器向用户返回所请求的信息或基于该表单内容执行某些操作，以此响应用户请求。

8.5.1 表单域

表单是由表单域和其他表单元素组成的。其余所有的表单元素（文本域、文本区域、按钮、单选按钮、复选框等）都要放在表单域中才会生效，因此，制作表单时要先插入表单域。具体操作步骤如下：

① 在 Dreamweaver 中新建或打开一个页面，将插入点定位在表单要开始的位置。

② 选择“插入”→“表单”→“表单”命令，或者单击“插入”面板“表单”项中的 表单按钮。在“设计”视图中，已插入的表单域以红色虚线框显示。在表单域内可按【Enter】键扩大表单域空间，在表单域内可插入其他表单元素。

③ 在如图 8.32 所示的“属性”面板中可以设置其相应的属性，可以使用换行符、段落标记、预格式化的文本或表格来设置表单的格式。注意不能将一个表单插入到另一个表单中，但是一个页面中可以包含多个表单。

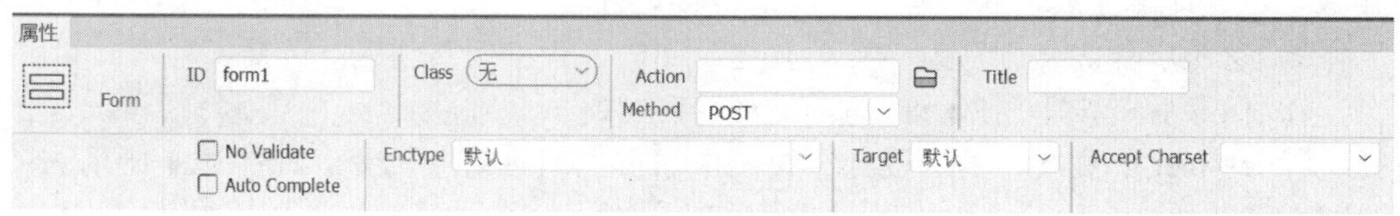

图 8.32 表单域“属性”面板

表单域“属性”面板中各选项的功能如下：

- ID：标识该表单的唯一名称。
- Class：类，定义表单及其中各表单元素的样式。
- Action：指定处理表单数据的页面或脚本。
- Method：指定将表单数据传输到服务器的方法。有“默认”“GET”“POST” 3 个选项。其中，“默认”是使用浏览器的默认设置将表单数据传输到服务器的方法。一般情况下，浏览器默认使用的是 GET 方法。GET 方法是将数据值附加到请求该页面的 URL 中。由于 URL 的长度限制在 8 192 个字符以内，如果发送的数据量太大，数据将被截断，从而会导致意外的或失败的处理结果，因此 GET 方法不适合发送长表单。POST 方法则是将表单数据嵌入到 HTTP 请求中。POST 方法的效率不如 GET 方法，但安全性却比 GET 方法高，因此如果要收集用户名和密码、信用卡号或其他机密信息，建议使用 POST 方法。但是，由 POST 方法发送的信息是未经加密的，容易被黑客获取。若要确保安全性，可以使用“https://”协议访问 Web 服务器。
- No Validate：没有验证，如果用户启用该选项，则在该表单提交时并不进行验证。
- Auto Complete：自动完成，如果用户启用该选项，表单元素则对输入过的内容进行自动提示。
- Target：指定用来显示被调用程序返回的数据窗口。

- Enctype：编码类型，指定表单数据向服务器进行提交时所使用的编码类型，其默认值是 application/x-www-form-urlencoded。在向服务器发送大量的文本、包含非 ASCII 字符的文本或二进制数据时这种编码方式效率很低。因此，在文件上载时，所使用的编码类型应当是 multipart/form-data，它既可以发送文本数据，也支持二进制数据上载。

在表单域创建好后，即可在其中插入其他表单对象，其方法与插入表单域的方法类似，此处不再赘述。在插入表单对象时须注意，每个表单对象均须具有可在表单中标识其自身的唯一名称。表单对象名称不能包含空格或特殊字符，可以使用字母、数字和下画线的任意组合。

8.5.2 文本字段和文本区域

文本字段又称文本域（Text Field）：是一个可以用来输入文本的控件，是网页中经常使用到的一类表单元素。常用于输入内容较短的信息，例如常见的用户名输入框。

密码域（Password）：用于设置一些重要的密码信息，此时，用户输入的文本内容将会被显示为星号，以保护用户的隐私不被旁观者看到。

文本区域（Text Area）：可允许输入的内容较长，一般可用作用户的建议、评论、留言等的输入框。

类似的表单对象，还有“电子邮件”“URL”“Tel”“搜索”，以及“数字”“颜色”“日期”等，其操作与设置的方法均与前面 3 个表单对象一致。插入这些表单对象，有如下两种操作方法：

① 选择“插入”→“表单”→“文本”/“密码”/“文本区域”命令。

② 在“插入”面板的“表单”选项中，可分别单击 文本 按钮， 密码 按钮，以及 文本区域 按钮。

在表单对象添加到表单域中后，就可以在其“属性”面板中对其进行各种属性设置。选择表单中的“文本”对象，“属性”面板将如图 8.33 所示。

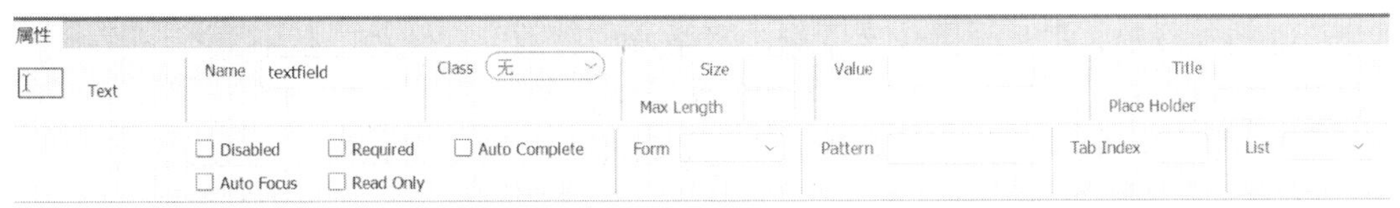

图 8.33 单行文本字段“属性”面板

其中各项的功能描述如下：

- Name：名称，用于指定该文本字段的名称。
- Size：字符宽度，用于指定该文本域对象的显示宽度，不影响可输入的字符数量。
- Max Length：最多字符数，用于限制用户在文本域中最多可输入的字符数量。如果将 Max Length 保留为空白，则用户可以输入任意数量的文本。
- Value：初始值，如果在该文本域中需要显示默认文本，则在该框中指定。

- Class：类，可对文本域应用 CSS 所创建的规则。
- Disabled：禁用，勾选此复选框后，则该文本字段既不可使用，也不可以被选中。
- Read Only：只读，勾选此复选框后，该文本字段中的内容不可被修改，但它仍可以被选中。
- Title：标题，如果当前没有内容显示，则显示该标题内容。
- Place Holder：占位信息，指定可描述该文本字段预期值的提示信息。该提示会在输入字段为空时显示，并会在字段获得焦点时消失。
- Required：必选，如果启用该选项，则该文本字段在提交前必须输入其内容。
- Auto Complete：自动完成，如果用户启用该选项，表单元素则对输入过的内容进行自动提示。
- Auto Focus：自动获得焦点，如果启用该选项，则该文本字段在加载时将自动获得焦点。
- Form：表单名，指定该文本字段所属的一个或多个表单域。
- Pattern：模式/格式，指定该输入字段的值的模式或格式。
- Tab Index：【Tab】键索引，输入一个数字以指定表单对象的【Tab】键顺序。若要设置【Tab】键顺序，就必须为所有对象都设置【Tab】键顺序。
- List：数据列表，引用包含该输入字段的预定义选项的数据列表。

文本区域是一个带有滚动条的输入控件，其“属性”面板如图 8.34 所示。

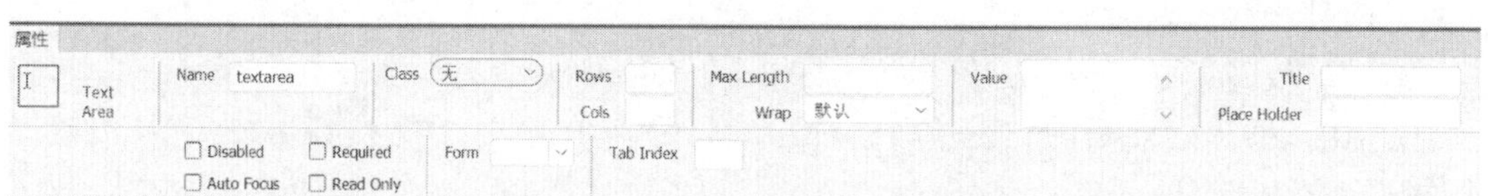

图 8.34　文本区域“属性”面板

它有两个特殊的属性：

- Rows：行数，用于设置该文本域中可显示的行数，默认为 5 行。
- Cols：列数，用于设置该文本域中可显示的列数，默认为 45 列。

【案例 8.13】在网页中添加文本字段及文本区域。

① 打开本章案例站点中的 form.html 网页，将鼠标定位于表格的第二行。

② 选择“插入”→“表单”→“表单”命令，插入一个表单域。

③ 在表单域中，单击“插入”面板“表单”选项中的“文本”按钮，在设计视图中直接修改其标签文字为“姓名：”。

④ 参照上述步骤，再插入一个“密码”域，如图 8.35 所示。

⑤ 保存后，按【F12】键，预览网页效果，并输入姓名、密码观察显示效果。

案例 8.13 视频

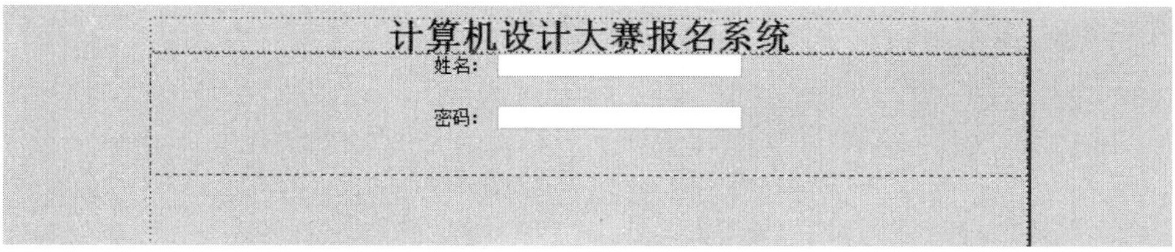

图 8.35　form 页效果图

⑥ 打开本章案例站点中的 form2.html 网页，网页中已插入表格及表单域，如图 8.36 所示。

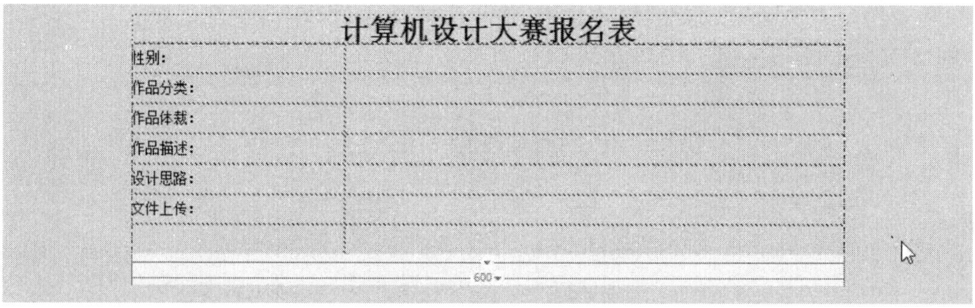

图 8.36　form2 页原始图

⑦ 将鼠标定位在“作品描述:”右侧单元格，选择“插入”→“表单”→“文本区域”命令，删除其前面的标签文字，只留下输入字段的文本区域。

⑧ 在其“属性”面板中设置 Rows 为 10，Cols 为 50。

⑨ 鼠标定位在“设计思路:”右侧单元格，单击“插入”面板“表单”选项中的“文本区域”按钮。同样设置其“属性”面板中的 Rows 为 10，Cols 为 50。

⑩ 保存并预览测试网页。

8.5.3　按钮

按钮有“提交”和“重置”两种保留状态，用于触发表单的相关操作。“提交”会通知表单将表单数据提交给处理程序或脚本。“重置”将该表单域中所有表单元素重置为原始值。可以将表单数据提交到服务器，在表单中无论用户进行什么操作，不单击“提交”按钮，服务器和用户之间就不会有任何交互操作。

“图像按钮”与普通按钮的功能类似，只是“图像按钮”是以图片的方式显示的。使用默认的按钮形式往往会让人感觉单调，如果网页使用了较为丰富的色彩或复杂的设计，再使用表单默认的按钮形式可能会破坏整体的美感，此时，可以使用“图像按钮”，创建和网页整体效果统一的图像提交按钮。

【案例 8.14】为表单添加“提交”和“重置”按钮。

案例 8.14 视频

① 打开案例 8.13 中所保存的 form.html 网页，将鼠标定位在表单域内的下方位置。

② 选择“插入”→“表单”→“‘提交’按钮”命令，添加一个“提交”按钮。

③ 在如图 8.37 所示“属性”面板中，将 Value 的值设置为“登录”。

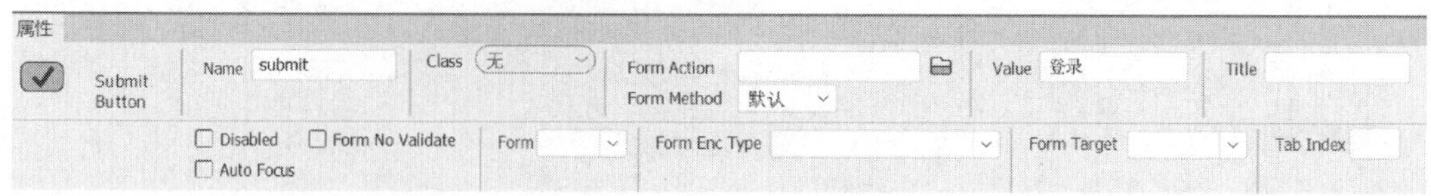

图 8.37 “按钮”属性面板

④ 单击“插入”面板“表单”中的“重置”按钮。

⑤ 选择“设计”视图中刚插入的“提交”按钮，在其“属性”面板中，选择“动作”选项中的“重设表单”，该按钮被转换为“重置”按钮。

⑥ 保存后，按【F12】键，预览网页效果，如图 8.38 所示。

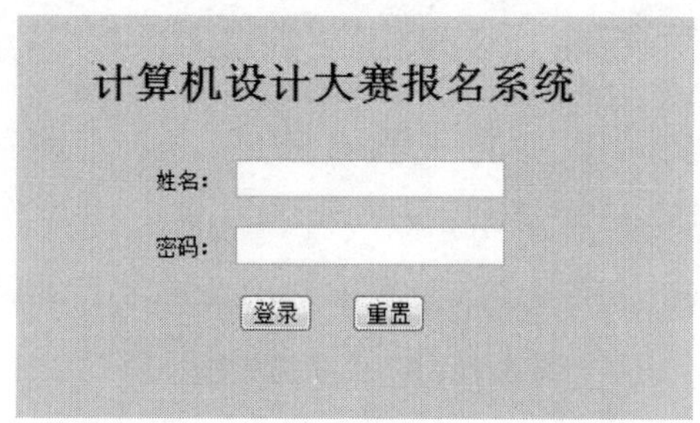

图 8.38 form1 网页浏览效果图

⑦ 打开案例 8.13 中所保存的 form2.html 网页，将鼠标定位在表格中最后一个单元格。

⑧ 选择“插入”→“表单”→“图像按钮”命令，或者单击“插入”面板“表单”中的“图像按钮”，在打开的“选择图像源文件”对话框中，选择素材 ch08\image\form2-btn.png。

⑨ 保存并预览该网页。

8.5.4 复选框与复选框组、单选按钮与单选按钮组

“复选框”及“复选框组”为用户提供了多个可选项，用户可以从中选择一项或多项。

“单选按钮”及“单选按钮组”则提供了一组互相排斥的选项。在某个单选按钮组中选择一个按钮，就会取消选择该组中的所有其他按钮。

此四项表单元素，拥有基本类似的“属性”面板，这里以复选框为例介绍其“属性”面板（见图 8.39）中常用选项的功能意义。

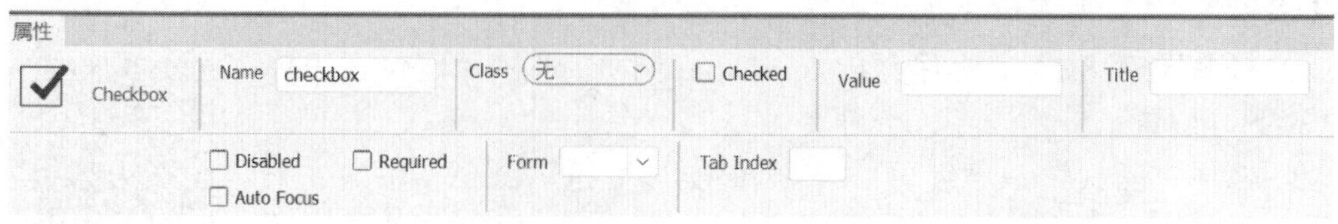

图 8.39 复选框“属性”面板

- Value：选定值，设置当该表单对象被选中时发送给服务器的值。
- Checked：初始状态，设置加载到浏览器中时，复选框是否处于选中状态。

【案例 8.15】为表单添加单选按钮和复选框。

① 打开案例 8.14 中所保存的 form2.html 网页。

② 将鼠标定位在“作品体裁:”右侧单元格，选择“插入”→“表单”→“复选框”命令，设置“标签”为“软件开发”。

③ 在其“属性”面板中，勾选 Checked 属性，设置 Value 为 tc01。

④ 单击“插入”面板“表单”选项中的“复选框”按钮，再次插入两个复选框，“标签”分别为“数字媒体设计”和“电子音乐创作”，“属性”面板 Value 值分别设为 tc02 和 tc03。

⑤ 将鼠标定位在“性别:”右侧单元格，选择“插入”→“表单”→“单选按钮组”命令，或者单击“插入”面板“表单”选项中的“单选按钮组”，在打开的“单选按钮组”对话框中按如图 8.40 所示设置。

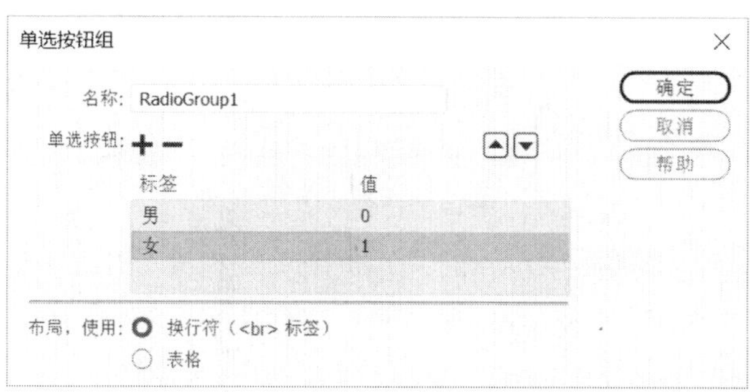

图 8.40 “单选按钮组”对话框

案例 8.15 视频

⑥ 将两个单选按钮项调整至同一行，然后保存网页，效果如图 8.41 所示。按【F12】键预览网页效果，并测试所添加的单选按钮及复选框效果。

计算机设计大赛报名表
性别: 男 女
作品分类:
作品体裁: 软件开发 数字媒体设计 电子音乐创作
作品描述:
设计思路:
文件上传:
提交

图 8.41 案例 8.15 设计效果

8.5.5 列表及菜单

“列表”及“菜单”为用户提供多个可选项。两者功能相近，但形态略有不同。“菜单”是一种下拉列表框，只能显示一项，其余各项需要单击下拉按钮才可以查看。系统默认为“菜单”类型。“列表”的“高度”设为 1 时，外观与“菜单”相同；若将高度设为较大数值，则列表可以直接将其中的所有选项都显示出来。

【案例 8.16】在网页中创建选择列表或选择菜单。

案例 8.16 视频

① 打开案例 8.15 中所保存的 form2.html 网页，将鼠标定位在“作品分类：”的右侧单元格中。

② 单击“插入”面板“表单”中的 选择 按钮，删除其文字标签。

③ 选择所插入的“列表”后，在“属性”面板（见图 8.42）中修改其 Size 的值为 3。

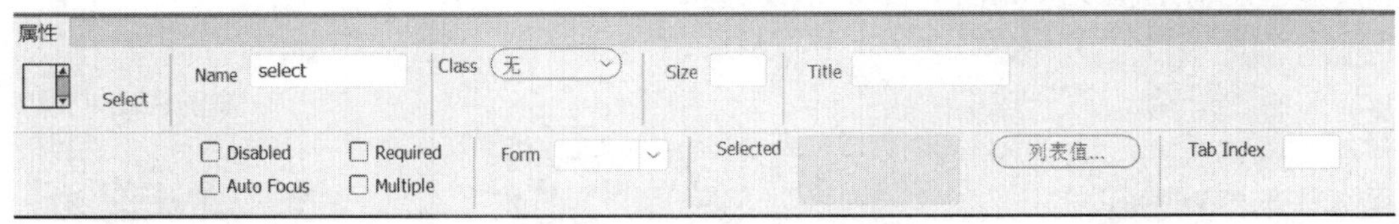

图 8.42　选择“属性”面板

④ 单击“属性”面板中的“列表值”按钮，在打开的“列表值”对话框中按如图 8.43 所示进行设置。单击“确定”按钮后，在“属性”面板的 Selected 框中选择第一项 PS。

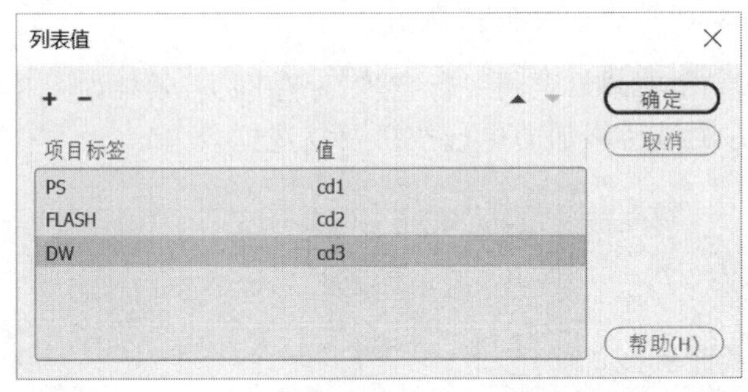

图 8.43　“列表值”对话框

⑤ 在“属性”面板中，将 Size 再次改为 1，其余设置不变。

⑥ 保存后，按【F12】键，预览网页查看此菜单效果。

8.5.6 文件域

“文件域”为用户提供了上传文件的功能。“文件域”的外观分为两部分：一部分是一个“文本字段”；另一部分则是一个“浏览”按钮。用户可以手动输入要上传的文件路径，也可以通过“浏览”按钮选择要上传的文件。当表单被提交时，“文件域”中指定的文件也作为表单数据的一部分被上传至服务器。“文件域”要求表单

使用 POST 方法上传文件，该文件被发送到“表单域”的“动作”框中所指定的地址。

“文件域”的插入方法与“属性”设置，与其他表单元素类似，此处不再赘述。

【案例 8.17】在网页中创建文件域。

案例8.17视频

① 打开案例 8.16 中所保存的 form2.html 网页，将鼠标定位在“文件上传:”的右侧单元格中。

② 单击“插入”面板“表单”中的“文件域”按钮添加一个文件域，然后删除其文字标签。

③ 保存网页文件，按【F12】键进行预览测试。

习　　题

一、问答题

1. 如何插入鼠标经过图像？
2. 如何在网页中插入 Flash 动画？
3. 如何在网页中插入声音文件？
4. 超链接分几种？根据链接的目标，在一个文档中可以创建几种类型的超链接？
5. 怎样为图像的不同区域创建热点链接？
6. 表单元素放在什么地方才会生效？如何创建一个密码文本框？

二、操作题

创建一个站点，为站点创建一个主页和 4 个子网页，实现各页面之间的超链接。要求：

（1）自选网站主题，每个网页有固定主题，内容自定。

（2）参考第 1 章，自选一个网站主页风格，主页上要插入图像和文字，有水平线、LOGO 等元素，所有内容要与网站主题相关，可自行用 Photoshop 制作，对文本和图像创建超链接。

（3）可根据需要，在不同网页中插入多种页面元素，包含文字、图像、鼠标经过图像、声音、Flash 等。

（4）可根据需要，在不同网页中插入多种超链接形式，包含文字、图像链接，电子邮件链接、锚链接和空链接等。

（5）可根据需要，在不同网页中插入常用表单元素。

第9章 网页布局技术 <<<

本章导读

构成网页的要素是否排列和谐、美观主要是由网页的布局决定的。目前有传统的表格布局方式和 DIV+CSS 布局方式，传统表格布局方式实际上利用了 HTML 中表格元素 TABLE 具有的无边框特性，而 DIV+CSS 则摒弃了表格修改烦琐的缺陷，真正实现了 Web 标准中网页设计与内容的分离。除此之外，还有 AP 元素、框架等网页布局技术，都可以帮助我们构造出流行、完美的布局。

本章要点

- 表格的创建、结构调整与美化方法。
- CSS 样式表的创建、修改和应用。
- 使用 DIV+CSS 进行灵活的网页布局。
- 框架网页的基本操作，以及利用框架结构制作网页。

9.1 表　　格

表格在网页制作中有着举足轻重的地位，很多网站的页面都是以表格为框架制作的。因为表格可以实现网页的精确排版和定位，在内容的组织、页面中文本和图形的位置控制方面都有很强的功能，使不规则的内容更有条理。

9.1.1 表格的创建

表格是由行和列组成的。横向为“行”，竖向为“列”，构成表格的一个格子称为“单元格”，也是输入信息的地方，整张表的边缘称为边框。

下面通过实例介绍表格的创建方法。

【案例 9.1】创建一个 4 行 4 列的表格。

① 新建一个空白的网页文档。

② 将鼠标定位在要插入表格的位置，单击“插入”面板中的“表格”按钮，或选择“插入”→“表格”命令。

③ 在打开的表格对话框中设置表格的属性。例如，行数为 4，列数为 4，宽度为 400 像素，其他保持默认设置（见图 9.1），单击“确定”按钮。

④ 表格插入完成（见图 9.2），可以在表格中插入图像或文字。

案例9.1视频

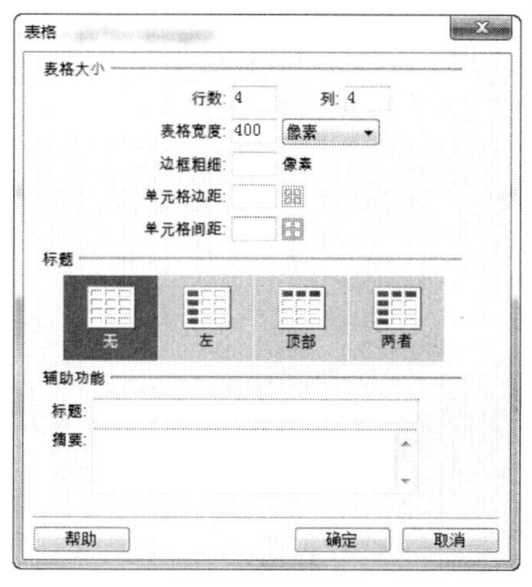

图 9.1 “表格”对话框

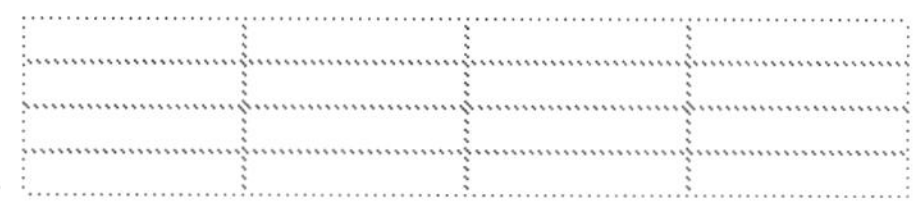

图 9.2 表格插入完成

“表格”对话框中各选项的作用如表 9.1 所示。

表 9.1 表格对话框内各选项的作用

选　　项	作　　用
行数	输入表格的行数
列数	输入表格的列数
表格宽度	输入表格的宽度。单位可以是像素或百分比
边框粗细	输入表格的边框粗细
单元格边距	单元格的内容和单元格边框之间的距离（单位是像素）
单元格间距	表格的相邻单元格之间的间距（单位是像素）
“标题”栏	指定标题的位置
“标题”文本框	输入表格的标题
摘要	保存有关表格的简单说明

提示：指定表格的宽度时可以使用百分比或像素中的一个单位。如果希望固定表格的大小，使用之不受浏览器大小的影响，则要以像素为单位设置表格的大小。相反，如果希望表格的大小与浏览器大小保持一定的比例关系，则要以百分比为单位设置表格的大小。

9.1.2 编辑表格

编辑表格与 Word 文档或 Excel 文档中的用法相似，只有熟练掌握了表格的使用方法以后，才能随意构造出各种形状的布局。

大多数编辑表格的操作可以在“属性”面板中找到。

1．选定表格

编辑表格的第一步就是选择要操作的对象，选定表格元素的方法如下：

- 选定整个表格：单击表格的边框部分，或者选择“标签选择器”中的<table>标签，也可以选择“修改”→“表格”→“选择表格”命令。

- 选定指定的行和列：将鼠标移至行的左边或列的顶端变成 ➜或⬇ 时单击，或者利用鼠标拖动，也可以单击行或列的第一个单元格，然后按下【Shift】键单击行或列的最后一个单元格。
- 选定一个单元格：按住【Ctrl】键并单击单元格，也可以选择<td>标签。
- 选择部分单元格：拖动鼠标或者单击区域内第一个单元格，按住【Shift】键并单击区域内的最后一个单元格可以同时选择多个相邻单元格；按【Ctrl】键单击单元格，可以选择不相邻的多个单元格。
- 使用表格开头菜单选择表格：单击表示表格整体大小的表示线上的“表格开头菜单”按钮后，选择“选择表格”命令可以选择整个表格，如图 9.3 所示。单击列宽度的表示线，也可以选择列，如图 9.4 所示。

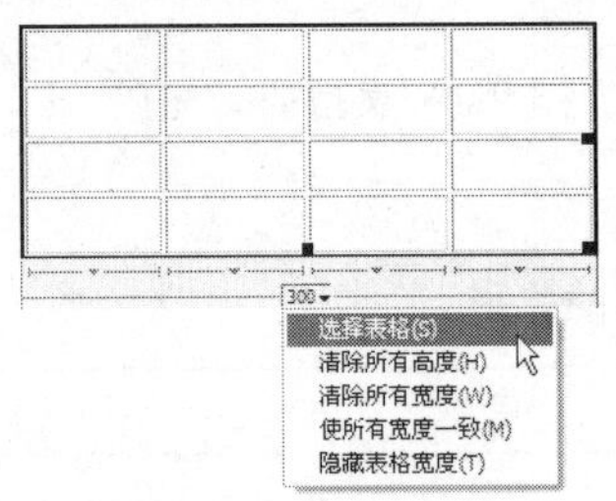

图 9.3　选择表格

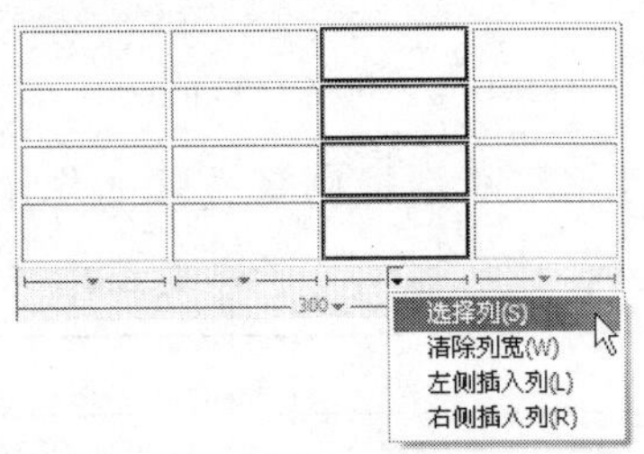

图 9.4　选择列

提示：把光标放在表格内部，表格下方会出现绿色显示的表格宽度，即“表格开头菜单”，单击按钮标识中的小三角形，则弹出相关菜单。可以根据需要，选择菜单中的“隐藏表格宽度”命令隐藏菜单；也可以选择“查看”→“可视化助理”→“表格宽度”命令关闭该选项。

2. 修改表格的大小

- 改变表格大小：选中表格边框或右下角，拖动鼠标。
- 改变单元格的大小：用鼠标向左右或上下方向拖动单元格边界线。
- 设置单元格的精确大小：将光标放置在指定单元格内，在单元格“属性”面板的“高”和“宽”中输入具体的数据，单位是像素或百分比。

提示：默认情况下单元格的大小用像素表示，如果想用百分比表示，则可以在输入的百分值后面输入“%”。另外，改变某个单元格的大小时，可能会引起其他单元格大小的改变，这时需要指定每个单元格的大小。

3. 设置表格相关属性

选择整个表格后，可以在表格“属性”面板中指定表格的大小、边距等有关表格的所有属性，表格“属性”面板如图 9.5 所示。

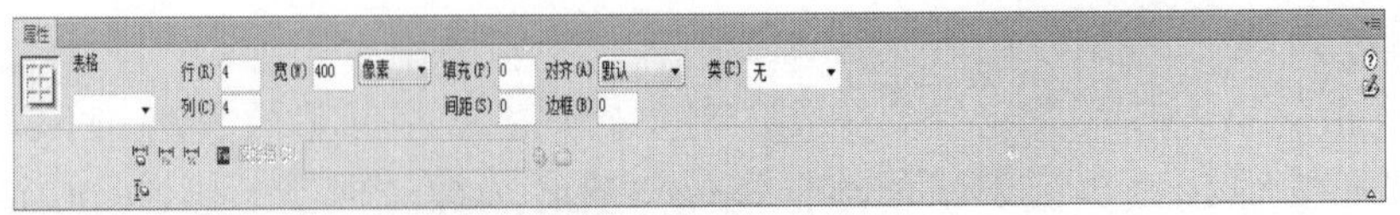

图 9.5　表格“属性”面板

在“行”和“列”文本框中输入数值可以修改所选中表格的行或列，在“宽度”文本框中输入数值可修改选中表格的宽度，可在“边框”中输入边框的粗细值，若设置边框为 0 将隐藏边框，“间距”可设置单元格之间的距离，“填充”可设置单元格内部空白的大小。

4. 设置单元格属性

将光标移至表格中的某个单元格内，可以在单元格“属性”面板中对此单元格的属性进行设置，如图 9.6 所示。

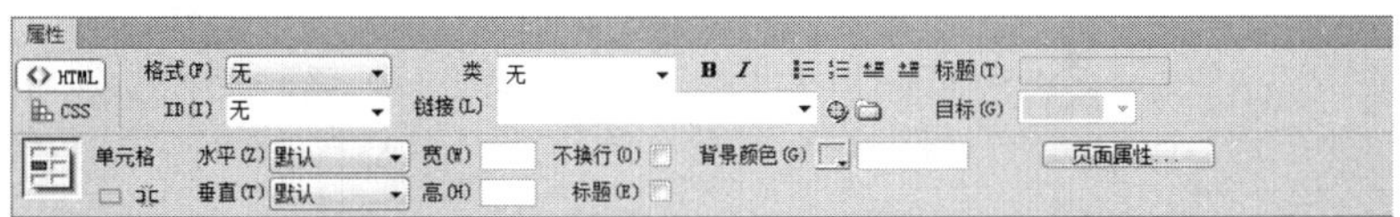

图 9.6 单元格“属性”面板——HTML

可在此面板中设置单元格的宽度与高度、背景颜色及单元格内部元素的对齐方式，并可对单元格进行拆分与合并操作。

在单元格“属性”面板上还有一个 CSS 选项，单击转换到 CSS 选项卡，在该选项卡中设置的选项与在 HTML 选项卡中设置的选项相同，如图 9.7 所示。主要区别在于，在 CSS 选项卡中设置的属性，会生成相应的 CSS 样式表应用于该单元格，而在 HTML 选项卡中设置的属性，会直接在该单元格标签中写入相关属性的设置。

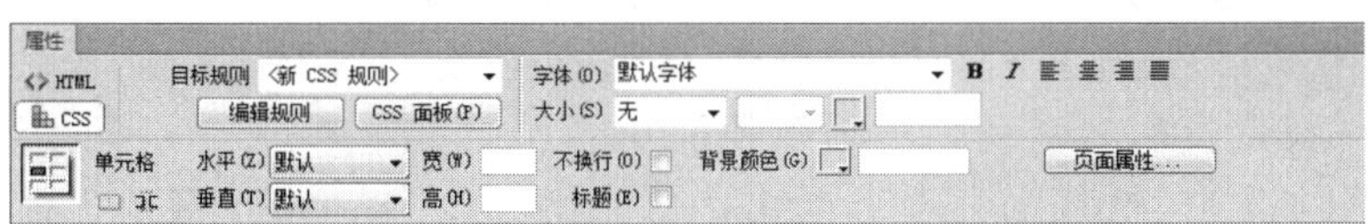

图 9.7 单元格“属性”——CSS

5. 设置对齐方式

- 设置表格的对齐方式：选择整个表格后，在表格“属性”面板的对齐列表中选择需要的排列方式，就可以排列表格在网页文档中左对齐、居中对齐或右对齐。
- 设置单元格内容的对齐方式：选择包含要排列内容的单元格后，在单元格“属性”面板中可以单击需要的排列方式图标，可以排列单元格内部文字或图像的水平及垂直对齐方式。

提示：单元格内容的对齐方式只能在单元格“属性”面板中设置，因此不能选择整个表格，只能通过拖动选择多个单元格后，单击单元格“属性”面板中的排列图标。

6. 插入、删除行或列

创建表格后，有时需要插入或删除行或列，这时不需要重新创建表格，可以在原有表格的基础上进行修改。

① 插入一行或一列　在需要添加行或列的位置上右击，在弹出的快捷菜单中选择“表格”→“插入行”或“插入列”命令，则在当前行的上方添加一行或在当前列左侧添加一列。

提示：添加一行也可以将光标置于最后一行的最后一个单元格，按【Tab】键在当前行下方会添加一行，但此方法不适于添加一列。

② 添加多行或多列：在需要添加行或列的位置右击，在弹出的快捷菜单中选择“表格”→“插入行或列”命令，打开“插入行或列”对话框，如图 9.8 所示。根据需要输入行数或列数，选定插入新行或新列的位置后，单击“确定”按钮。

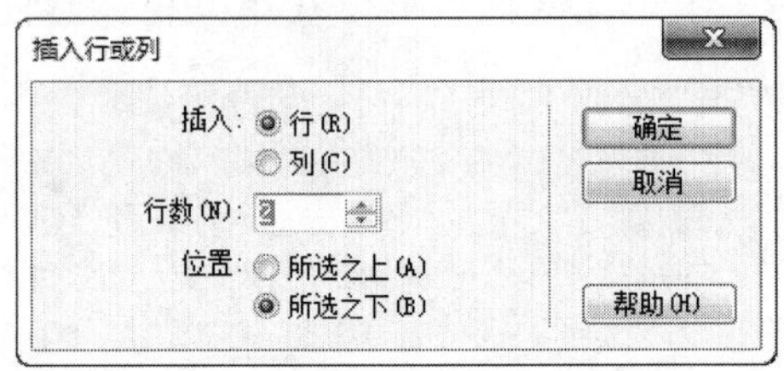

图 9.8 “插入行或列”对话框

③ 使用菜单添加行或列：选择“修改”→“表格”→“插入行”命令可以添加一行，若选择“插入列”命令则可以添加一列，选择“插入行或列”可以添加多行或多列。

④ 删除行或列：将光标放置在要删除的行或列中，右击，在弹出的快捷菜单中选择“表格”→“删除行”或“删除列”命令，或者按【Delete】键进行删除。

7．单元格的拆分与合并

要想使用表格构造网页文档的布局，则需要把表格制作为需要的形状。通过合并或拆分单元格，可以制作各种形状的表格。合并或拆分单元格的功能是在单元格“属性”面板中进行设置的，是表格中最重要的功能。

- 单元格的合并：选择需要合并的多个单元格，单击单元格“属性”面板中的“合并单元格”按钮，即可合并单元格。
- 单元格的拆分：把鼠标放置到要拆分的单元格中，单击单元格“属性”面板中的“拆分单元格”按钮，在打开的对话框中设置要拆分为的行数或列数，即可拆分单元格。

提示：拆分或合并单元格还可以在表格中右击，在弹出的快捷菜单中选择“表格”→“拆分单元格”或“合并单元格”命令，或者选择“修改”→“表格”→“拆分单元格”或“合并单元格”命令。

8．表格的嵌套

在表格的单元格内部还可以插入表格，将光标放置在要插入表格的单元格内部，按照创建表格的方法创建一个新的表格，如图 9.9 所示。

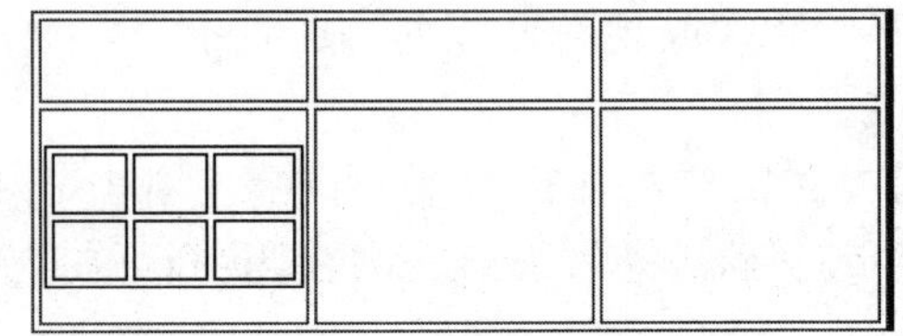

图 9.9 表格的嵌套

9.1.3 表格操作实例

虽然 Web 标准推荐用 DIV+CSS 来布局网页，但表格仍被很多人看作是基础的网页布局工具，因为表格是唯一能让设计者严格按照自己的期望部署页面的方法。本节将通过具体的实例介绍如何使用表格构造网页布局。

【案例 9.2】使用表格构造网页布局，成品实例如图 9.10 所示，在教学资源文件“ch09\成品实例\案例 9.2\9-2.html”中。

案例9.2视频

图 9.10　案例 9.2 网页

① 新建一个空白的网页文档，设置网页的背景颜色为#C1C1C1，标题为“数码单反相机”。

② 单击“插入”面板中的“表格”按钮，在打开的对话框中创建一个 8 行 1 列，宽度为 600 像素的表格，其他参数按图 9.11 设置。选中整个表格，在表格“属性”面板中设置对齐方式为“居中对齐”，页面效果如图 9.12 所示。

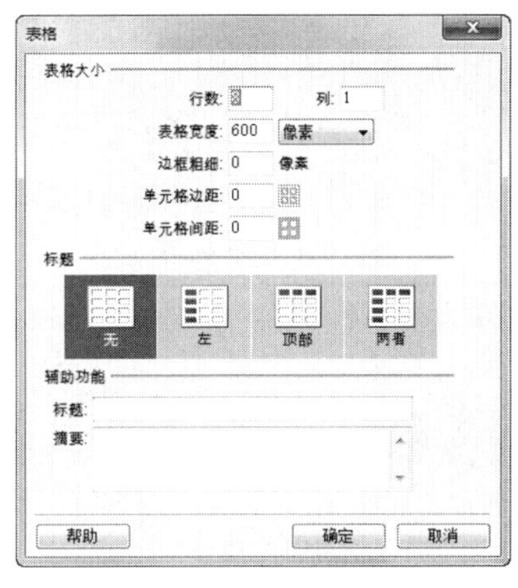

图 9.11　“表格”对话框

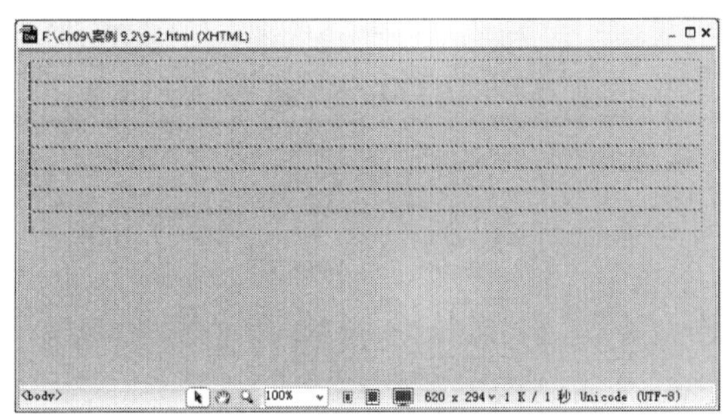

图 9.12　8 行 1 列的表格

③ 将光标定位在第 1 行的单元格中，单击“插入”面板中的按钮插入图像“教学资源\ch09\素材\9-1.gif”，页面效果如图 9.13 所示。

④ 将光标定位在第 2 行单元格，在单元格“属性”面板中设置单元格的高为 25

像素，垂直方向为“居中”，并输入文字“产品->数码单反相机”，将“属性”面板切换至 CSS 选项卡，设置文字大小设置为 9 pt，如图 9.14 所示。

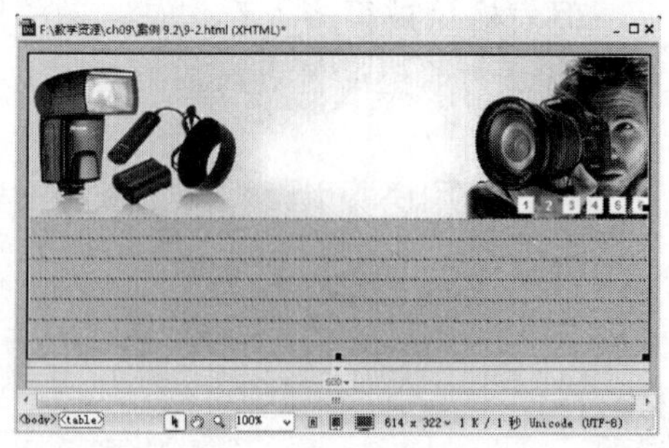

图 9.13　在第 1 行插入图片

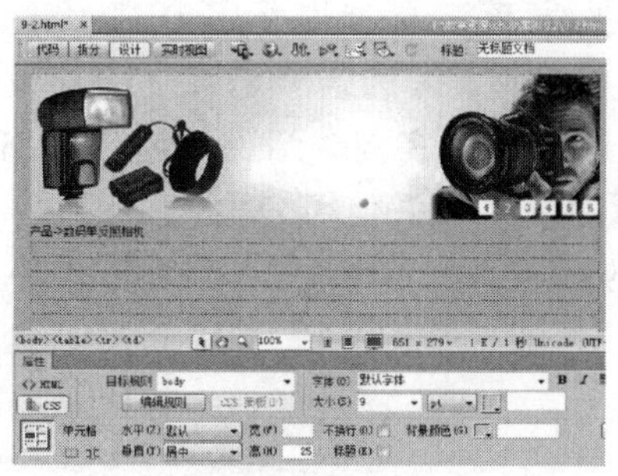

图 9.14　设置第 2 行单元格

⑤ 把光标移到第 3 行，设置单元格的背景图像“教学资源\ch09\素材\9-2.gif”，并依次将第 5 行和第 7 行的背景图片均设置为此图像。

提示：给单元格添加背景图像有两种方法。方法一：将页面切换至代码视图下，将当前的<td> </td>标签修改为“<td background="教学资源\ch09\素材\9-2.gif "> </td>，如图 9.15 所示。方法二：在单元格的“属性”面板中，切换至 CSS 选项卡，创建名为“.bg”的类 CSS 样式，操作步骤如图 9.16 所示。在打开的 CSS 规则定义对话框中设置 Background-image 属性为该图像即可，设置如图 9.17 所示。第 5 行及第 7 行的单元格可直接应用“.bg”样式，如图 9.18 所示。

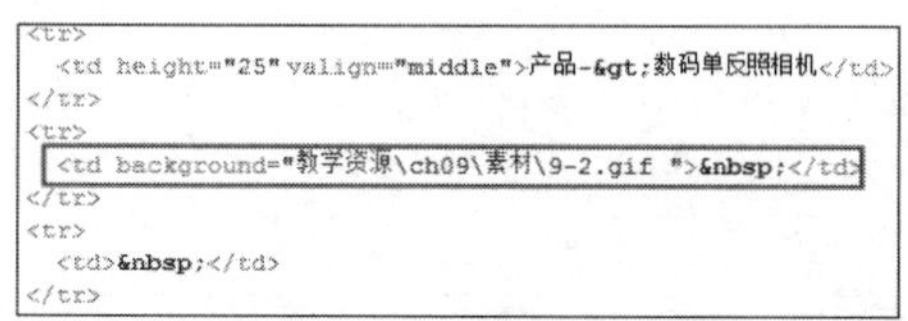

```
<tr>
  <td height="25" valign="middle">产品-&gt;数码单反照相机</td>
</tr>
<tr>
  <td background="教学资源\ch09\素材\9-2.gif "> </td>
</tr>
<tr>
  <td> </td>
</tr>
```

图 9.15　HTML 代码设置

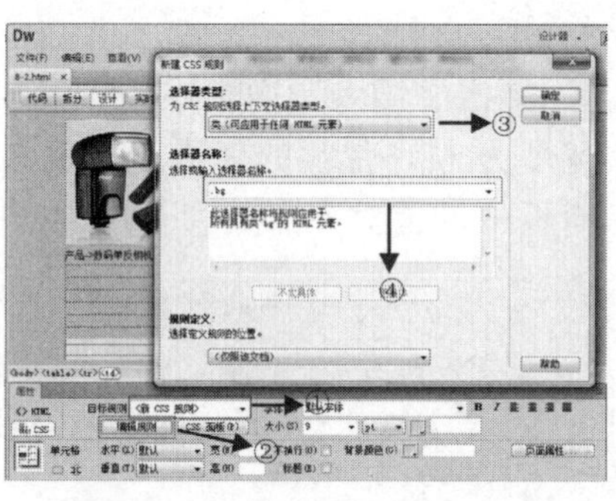

图 9.16　创建新 CSS 样式步骤

图 9.17　CSS 规则定义对话框

图 9.18　应用 CSS 样式

⑥ 在第 3 行、第 5 行和第 7 行的单元格中，分别输入文字“尼康”“佳能”“宾得”，在单元格“属性”面板的“.bg”CSS 规则中设置文字大小为 9 pt，字体颜色为白色，页面效果如图 9.19 所示。

⑦ 将光标移到第 4 行，在单元格“属性”面板中设置背景颜色为白色，然后在内部插入一个 2 行 3 列的表格，宽度为 90%，并设置对齐方式为“居中对齐”，页面如图 9.20 所示。

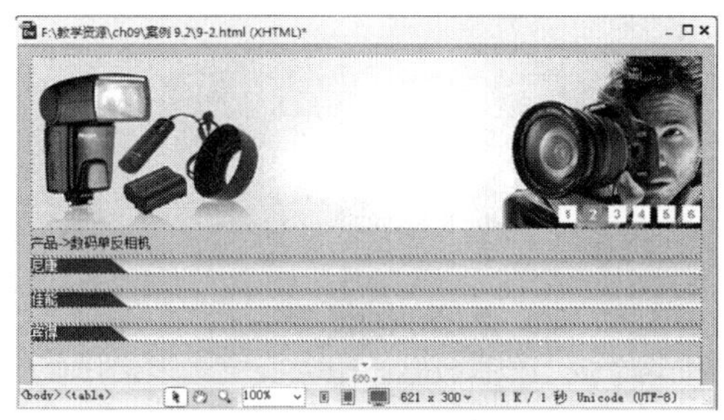

图 9.19 设置文字效果

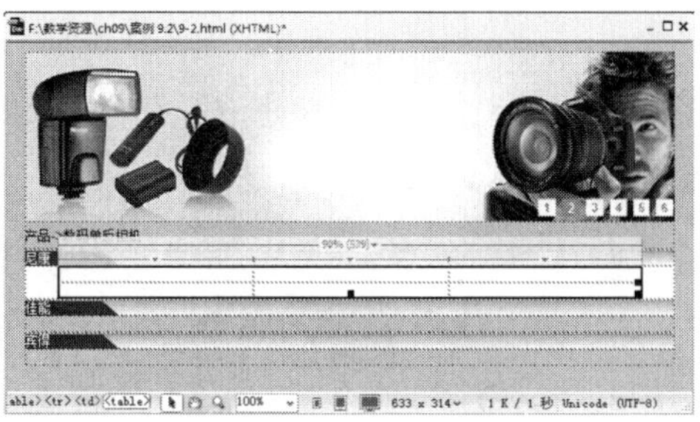

图 9.20 插入嵌套表格

⑧ 选中内部表格的所有单元格，在单元格“属性”面板中设置水平和垂直方向均为“居中对齐”。然后，依次在内部第 1 行的 3 个单元格中按图 9.21 分别插入图像，并调整合适的表格宽度（图像为“教学资源\ch09\素材\”的“nikon_D5.jpg”“nikon_D720.jpg”“nikon_D810.jpg”）。在第 2 行的 3 个单元格中分别输入如图 9.21 所示的文字，大小为 9 pt。

图 9.21 页面效果图

⑨ 按上述第⑦、⑧的步骤，分别在第 6 行和第 8 行单元格内部插入表格并完成相应设置及插入图片与文字。

⑩ 网页制作完成，保存并按【F12】键预览。

9.2 CSS 基 础

层叠样式表（Cascading Style Sheets，CSS）是一系列格式设置规则，它控制着 Web 页面内容的外观。使用 CSS 设置页面格式时，内容与表现形式是相互分开的。页面内容（HTML 代码）位于自身的 HTML 文件中，而定义代码表现形式的 CSS 规则位于另一个文件（外部样式表）或 HTML 文档的另一部分（通常为 HEAD 部分）中。使用 CSS 可以非常灵活且更好地控制页面的外观，从而精确地定位特定的字体和样式。

CSS 是对 HTML 的有效补充，主要优点是能够节省许多重复性的格式设置，而且 CSS 可以控制许多仅使用 HTML 无法控制的属性，从而大大提升网页的美观性。图 9.22 和图 9.23 所示为使用 CSS 样式前后的页面效果。

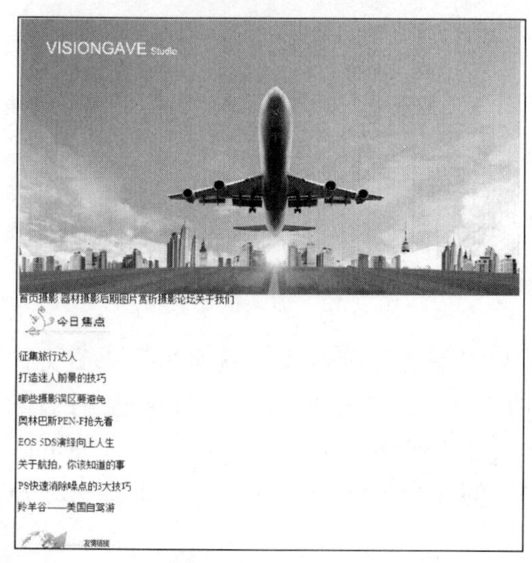

图 9.22　CSS 应用之前

图 9.23　CSS 应用之后

9.2.1　创建 CSS 样式表

“CSS 设计器”面板可以通过选择“窗口”→“CSS 设计器”命令打开，与该命令相对应的快捷键是【Shift+F11】。“CSS 设计器”面板（见图 9.24）是建立、修改和查看所有样式的中心，能执行样式的各种管理操作。

“CSS 设计器”面板由“源”“@媒体”“选择器”“属性”4 个区域组成，但经常使用的是“源”“选择器”“属性”这 3 个区域。

使用“CSS 设计器”面板创建 CSS 样式要经历 3 个步骤：第一步是添加“源”；第二步是在“源”中创建“选择器”；第三步是为“选择器”设置“属性”。

① 添加“源”。在网页中使用的样式主要有两种存在形式：一种是直接写在网页中的样式；另一种是保存在样式文件中的样式。所以，在执行添加“源”操作时就会有 3 种情况，如图 9.25 所示。

- 创建新的 CSS 文件：新建一个 CSS 文件并与当前网页关联。
- 附加现有的 CSS 文件：将已有的 CSS 文件与当前网页关联。
- 在页面中定义：在网页中创建内联式的样式，简单解释就是在 head 元素中创建 style 元素。

图 9.24 “CSS 设计器”面板

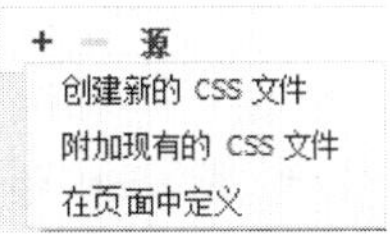

图 9.25 添加“源”

创建新的 CSS 文件的操作过程非常简单，单击添加“源”按钮并选择“创建新的 CSS 文件”，打开“创建新的 CSS 文件”对话框（见图 9.26），接着单击“浏览”按钮打开“将样式表文件另存为”对话框（见图 9.27），通过该对话框选择存储位置及文件名，最后单击“保存”按钮样逐级返回即可。

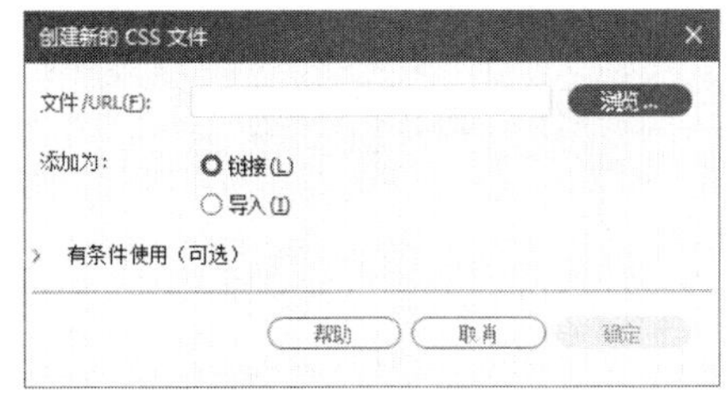

图 9.26 “创建新的 CSS 文件”对话框

图 9.27 “将样式表文件另存为”对话框

② 添加“选择器”。CSS 样式最重要的就是选择器，它决定了某种外观效果在网页中起作用的方式。基础选择器分为三类，分别是元素选择器、类别选择器和 ID 选择器，由基础选择器可以派生出复合选择器，它们是一些稍微复杂的规则（如包含规则、相邻规则等）。

- 元素选择器：这种选择器是对 HTML 元素量身定制的，选择器的名字与 HTML 元素的名字相同。例如，HTML 中的段落元素使用的是“P”标记，那么，如果有一个选择器的名字是“P”，则网页中所有的段落都要按照该规则来展现。
- 类别选择器：这是一种将网页中的元素归类对待的方式，选择器的名字以英文的点号“.”开始（如“.copyright”）。通过属性面板中的 类 copyright，将不同的网页元素设置为这种选择器，就可以将它们归为此类并集体展现。

- ID 选择器：这是一种 VIP 性质的对待方式，只针对网页中的特定元素。这种选择器的名字以“#”字母开始（如“#menu”）。通过“属性”面板中的 ID(I) menu ，可将某个网页元素设置为这种选择器，就可以仅将此元素特殊展现。
- 复合选择器：这是基于前面 3 种选择器的各种组合规则，可以描述诸如“包含”关系、“相邻”关系等多种不同的情境。

添加“选择器”的操作非常简单，单击+按钮然后按上述方式填写选择器的名字即可。图 9.28 所示为添加的 3 种不同类型的选择器。

③ 设置“属性”。属性决定了最终展现的样子，包括大小、位置、颜色、边框、字体等。设置“属性”的操作过程比较简单，找到相应的属性并为其设置一个值即可。图 9.29 中分别设置了 font-size 和 text-indent 两个属性。

图 9.28　添加“选择器”

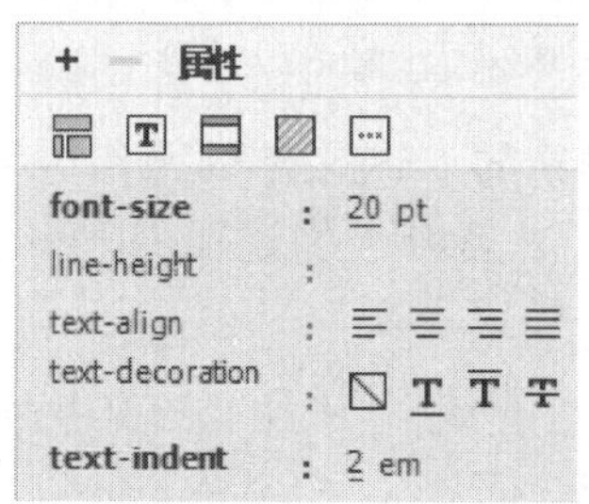

图 9.29　设置“属性”

这种设置属性的方式比较适合对 CSS 比较熟悉的用户。对于习惯使用窗口操作的用户，在添加“选择器”之后，先将选择器应用到网页元素，选中该元素后单击“属性”面板中的 编辑规则 按钮，即可看到熟悉的窗口操作界面，如图 9.30 所示。

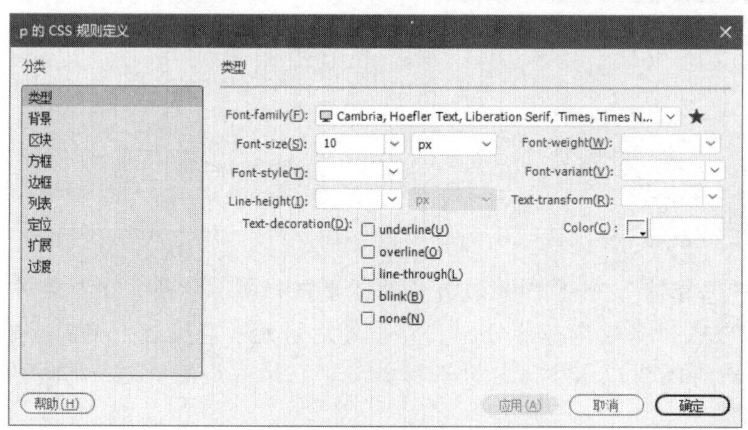

图 9.30　CSS 规则定义对话框

9.2.2　定义 CSS 样式表

属性决定了一种选择器最终展现的样子，其各种设置项非常多，这部分内容是根据图 9.30 所展示的内容所做的详细说明，但并不表示这就是 CSS 属性的全部。这些属性设置被归纳为 9 个 CSS 样式类别：类型、背景、区块、方框、边框、列表、定位、扩展、过渡。

1. “类型”选项

“类型”选项用于定义网页中与文字相关的所有样式。表 9.2 中解释了“类型”选项的可用设置。

表 9.2 “类型”面板中各选项的设置

类型设置	作用
Font-family	选择样式使用的字体
Font-size	选择样式的文字大小
Font-style	指定文字的样式，分别为“正常”“斜体”“偏斜体”
Line-height	指定段落文字的行高，影响的是行间距
Font-weight	指定线条的粗细，有 normal、bold 和 lighter 三种基本类型
Font-variant	在正常与小写型大写字母之间切换。选择“小写型大写字母”，则小写变成大写
Text-transform	强制浏览器显示文本为大写、小写或首字母大写
Text-decoration	给字体装饰特殊效果，包括下画线（为文字添加下画线）、上画线（为文字添加上画线）、删除线（为文字添加删除线）、闪烁（为文字添加闪烁功能，只有 netscape 才支持该样式）和无（文字不应用任何样式，删除超文本的下画线）
Color	为选中的字体选择颜色，可以输入颜色名，或从颜色拾取器中挑选颜色

2. “背景”选项

“背景”选项用于指定背景相关的样式。表 9.3 中解释了“背景”选项的可用设置。

表 9.3 “背景”面板中各选项的设置

类型设置	作用
Background-color	设置网页元素的背景色或输入颜色值
Background-image	设置网页元素的背景图像
Background-repeat	确定背景图像的重复选项： ● 不重复：只显示一次背景图像； ● 重复：横向和纵向重复显示背景图像； ● 横向重复：在水平方向重复显示背景图像； ● 纵向重复：在垂直方向重复显示背景图像
Background-attachment	固定背景图像或使背景图像可以滚动
Background-position（X）	可以使背景图像在水平方向上左对齐、右对齐或居中对齐，也可以输入希望的数值
Background-position（Y）	可以使背景图像在垂直方向上顶端对齐、底部对齐或居中对齐，也可以输入希望的数值

3. “区块”选项

“区块”选项能够定义标签和属性的间距和对齐配置。表 9.4 中解释了“区块”选项的可用设置。

表 9.4 “区块”面板中各选项的设置

类型设置	作用
Word-spacing	设置词组间的间距（负值为间距变窄）
Letter-spacing	设置单词中字母的间距（负值为间距变窄）

续表

类型设置	作 用
Vertical-align	设置样式的垂直排列方式。从基线、下标、上标、顶部、文本顶对齐、中线对齐、底部或本底部对齐中进行选择，也可以自己增加值
Text-align	设置文本的排列方式（左对齐、右对齐、居中或两端对齐）
Text-indent	设置文本首行缩进的数量（负值为悬挂效果）
White-space	控制空格和制表符的显示： ●··正常：使所有空白折叠或消失； ●··保留：所有的空白将被保留； ●··不换行：如果有 标签，允许文本换行
Display	确定如何表现标签

4. “方框”选项

“方框”选项为页面上的元素定义布局和设置。表 9.5 中解释了“方框”选项的可用设置。

表 9.5 “方框”面板中各选项的设置

类 型 设 置	作 用
Width	设置元素的宽度
Height	设置元素的高度
Float	允许文字环绕在选中元素的周围
Clear	设置其他元素是否可以在选定元素的左右
Margin	设置边缘的空白宽度，在下拉列表框中可以输入数值或选择自动
Padding	设置边框与其中内容之间填充的空白间距，在下拉列表框中可以输入数值并在右边的下拉列表中选择数值的单位

5. “边框”选项

“边框”选项可以设置图像的边框，也可以设置表格等其他构成要素的边框。并为边框的四条边指定颜色、宽度等。表 9.6 中解释了“边框”选项的可用设置。

表 9.6 “边框”面板中各选项的设置

类 型 设 置	作 用
Style	设置边框的样式。可用边框样式有：点画线、虚线、实线、双线、槽状、脊状、凹陷和凸出
Width	设置每一侧边框的宽度，可以选择细、中等、粗或输入数值设置宽度
Color	设置每一侧边框的颜色

6. “列表”选项

CSS 提供了在项目符号方面更强的控制。“列表”选项可以设置基于图形图像的特定项目符号，也可以从标准的内置项目符号中选择。“列表”类别还允许指定排序列表的类型。表 9.7 中解释了“列表”选项的可用设置。

表 9.7 “列表”面板中各选项的设置

类型设置	作用
List-style-type	设置内置项目符号类型，包括中圆点、圆圈、方块、数字、小写罗马数字、大写罗马数字、小写字母和大写字母
List-style-image	用自定义图像作为项目符号
List-style-Position	设置项目符号的缩进方式

7. “定位”选项

“定位”选项可以精确控制元素在页面的位置，定位属性经常应用于 div 标签，从而无须借助表格创建页面布局。表 9.8 中解释了“定位”选项的可用设置。

表 9.8 “定位”面板中各选项的设置

类型设置	作用
Position	设置元素在页面上是绝对定位还是相对定位。“静态”选项是不启用定位
Width	设置元素的宽度
Height	设置元素的高度
Visibility	确定元素的可见性，包括继承、可见、隐藏
Z-Index	设置定位元素的显示次序，值越大，越接近顶部
Overflow	设置当文字超出定位元素时的处理方式，包括可见（超出部分仍然可以显示）、隐藏（超出内容不能显示）、滚动（可以利用滚动条显示超出部分）、自动（当文本走出定位元素时自动加入一个滚动条）
Placement	设置定位元素的大小和位置
Clip	设置元素溢出部分的剪切方式

8. “扩展”选项

“扩展”选项中集合了一些前沿的特性，如打印分页、用户光标和“滤镜”的特殊效果。表 9.9 中解释了“扩展”选项的可用设置。

表 9.9 “扩展”面板中各选项的设置

类型设置	作用
Page-break	在页面上强制插入分页符，只有 IE5.0 及以上版本支持
Cursor	设置各种鼠标的指针在，可以在下拉列表中选择
Filter	对图像进行滤镜处理，从而获得各种特殊效果，如透明度（Alpha）、模糊（Blur）、翻转图像（FlipH/FlipV）、波浪（Wave）、蒙版（Mask）、阴影（Shadow）、X 光透视效果（Xray）等

9. “过渡”选项

CSS 过渡功能是 Dreamweaver CC 中的新增功能，用于实现 CSS 过渡的网页效果。表 9.10 中解释了“过渡”选项的可用设置。

表 9.10　“过渡”面板中各选项的设置

类 型 设 置	作　　用
所有可动画属性	选中该选项，为要过渡的所有属性指定相同的“持续时间”“延迟”“计时功能”
属性	添加过渡效果的属性，如宽度和高度的变化
持续时间	设置过渡效果的持续时间，单位为 s（秒）或 ms（毫秒）
延迟	设置过渡效果开始之前的延迟时间，单位为 s（秒）或 ms（毫秒）
计时功能	提供了 Dreamweaver CC 提供的 CSS 过渡效果

提示：初学者可以通过“CSS 规则定义”对话框对 CSS 样式进行设置，若熟记 CSS 样式中的各种属性及各种属性的定义方法，也可以手写 CSS 样式代码，从而更加灵活、方便地创建各种 CSS 样式。

9.2.3　应用、更改和删除 CSS 样式表

1．应用 CSS 样式表

元素选择器会自动在网页中起作用，类别选择器和 ID 选择器则需要指定到网页的元素上才能起作用。指定的方法如下：

方法一：利用“属性”面板“<>HTML”选项卡，如图 9.31 所示。

① 选中想要应用样式的元素。

② 在“属性”面板的“<>HTML”选项卡中，设置“类”或者 ID。

方法二：利用“属性”面板 CSS 选项卡，如图 9.32 所示。

① 选中想要应用样式的元素。

② 在“属性”面板的 CSS 选项卡中，选择“目标规则”列表中定义好的选择器名称。

图 9.31　“HTML”选项卡

图 9.32　“CSS”选项卡

方法三：利用标签选择器 body p，如图 9.33 所示。

在标签选择器上右击相应元素的标签，然后从“设置类”或者“设置 ID”的子菜单中选择样式。

方法四：直接修改 HTML 代码，如图 9.34 所示。

图 9.33　标签选择器

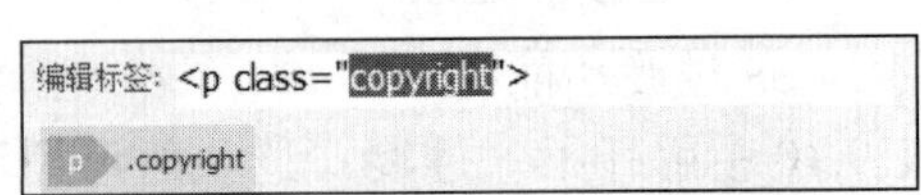

图 9.34　快速标签编辑器

在标签选择器上右击相应元素的标签，然后打开“快速标签编辑器”，为元素添加 class 或 id 属性。

2. 更改样式表

如果更改样式表的某 CSS 规则，可通过以下方式之一对样式进行重新设置。

方法一：利用“CSS 设计器”面板，在“CSS 设计器”面板中选择要更改的“选择器”，然后在“属性”区域（见图 9.29）修改相关的属性值即可。

方法二：利用“属性”面板，在 CSS 选项卡下，选择“目标规则”中要更改的规则，然后单击“编辑规则”按钮打开如图 9.30 所示的“CSS 规则定义”对话框，利用该对话框调整属性。

3. 删除样式表

在“CSS 设计器”面板中选择要删除的样式选择器，按【Delete】键删除该选择器；或者单击“选择器”区域中的“删除选择器”按钮－，即可删除 CSS 选择器。还可以选择某个“源”，然后按【Delete】键或单击“删除 CSS 源”按钮－，但这样会删除“源”中所有的选择器，所以要慎重。

9.2.4　CSS 样式表应用实例

【案例 9.3】利用 CSS 为网页设置样式表。

分析：本例通过为已存在的网页文档创建外部 CSS 样式表，从而使 CSS 能够控制页面的整体效果、局部效果、边框及列表等。

① 打开教学资源中的“ch09\素材\案例 9.3\9-3.html”，如图 9.35 所示。

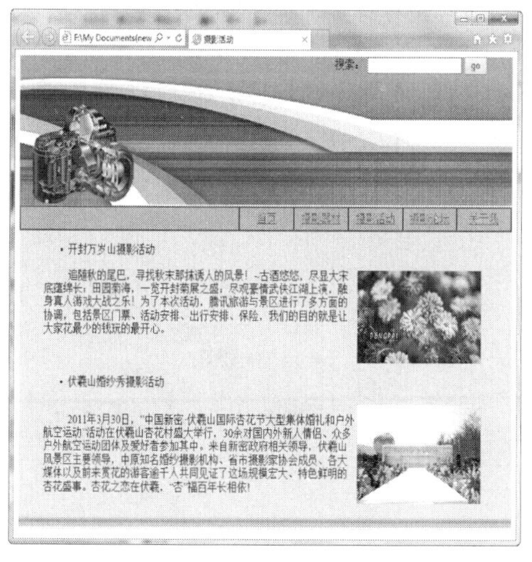

图 9.35　原始网页效果

案例9.3视频

② 定义新的样式表控制整个页面的文字格式。在“CSS 设计器”面板中单击“新建样式”按钮，在打开的“新建 CSS 规则”对话框中，选择器类型选择“标签”，选择器名称选择 td 标签，并选中“新建样式表文件”选项，单击“确定”按钮，在打开的“将样式表文件另存为”对话框中输入新 CSS 的文件名 9-3.css，单击“保存”按钮即可完成外部 CSS 样式表的创建。

提示：推荐使用外部 CSS 样式，优点如下：可独立于 HTML 文件，便于修改；多个文件可以引用同一个 CSS 样式表；浏览器会先显示 HTML 内容，然后再根据 CSS 样式文件进行渲染，使访问者可以更快地看到内容。

③ 在弹出的“td 的 CSS 规则定义”对话框中，选择“类型”类别，并按图 9.36 设置各选项值，然后单击“确定”按钮，页面预览效果如图 9.37 所示。

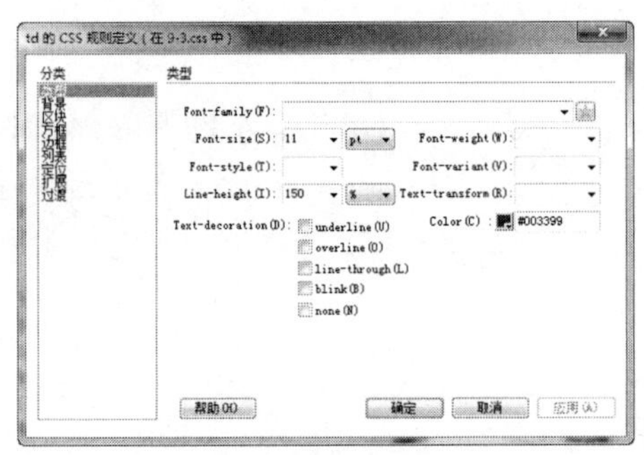

图 9.36　“类型”类别属性设置

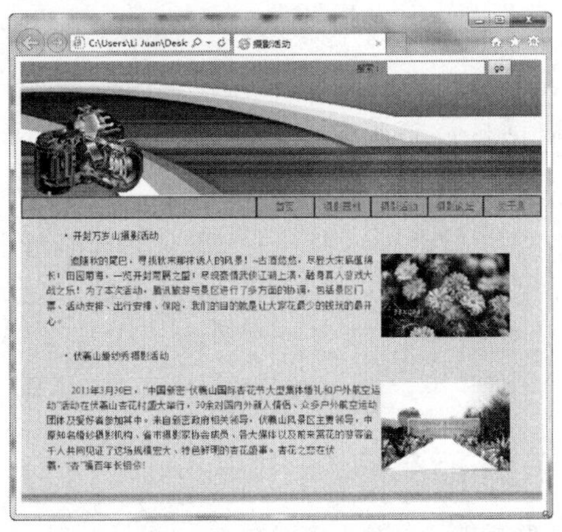

图 9.37　应用 CSS 样式效果图

④ 定义新样式设置标题文字的格式。在“CSS 样式”面板中单击“新建样式”按钮，在打开的“新建 CSS 规则”对话框中，选择“类”选项，在选择器名称中输入“.title”，并选择规则定义位置 9-3.css 选项，单击“确定”按钮。在打开的“.title 的 CSS 规则定义”对话框中，按图 9.38 定义规则，然后单击“确定”按钮。

⑤ 将新样式应用于指定文字。选中页面中的“开封万岁山摄影活动”文字，在“属性”面板中的“目标规则”下拉列表中，选择 title 选项，即可对局部文字进行样式设置。同样，对“伏羲山婚纱秀摄影活动”文字进行相同的设置，页面预览效果如图 9.39 所示。

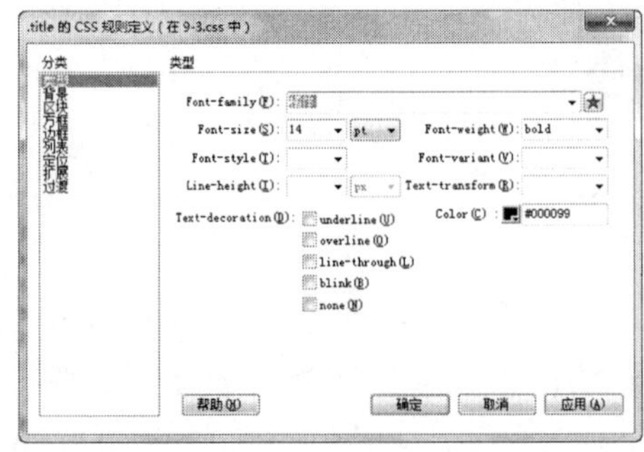

图 9.38　定义“类型”规则

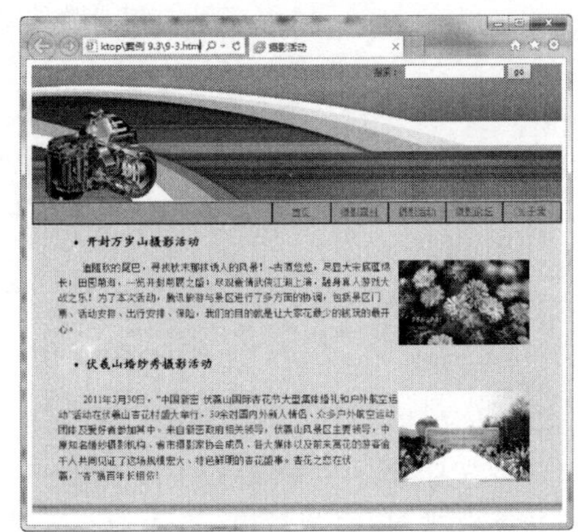

图 9.39　应用 CSS 样式效果图

⑥ 用样式表制作特殊项目符号。在“CSS 样式”面板中选择“.title”样式，单击“编辑样式”按钮，在打开的 CSS 规则定义对话框中，选择“列表”类别，并指定 List-style-image 为教学资源中的“ch09\素材\案例 9.3\images\9-3.gif”，如图 9.40 所示。然后单击“确定”按钮，页面预览效果如图 9.41 所示。

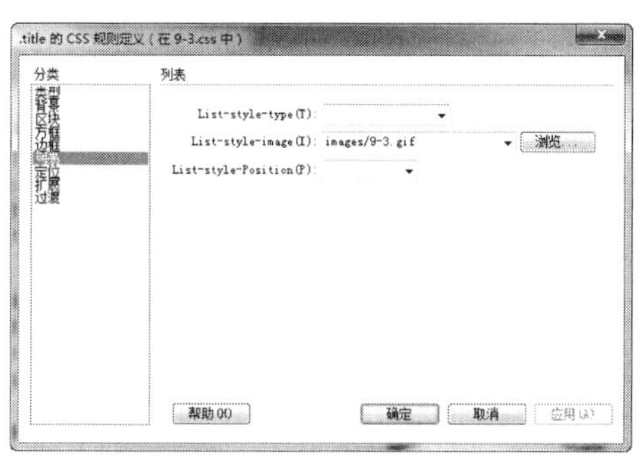

图 9.40 定义“列表”规则

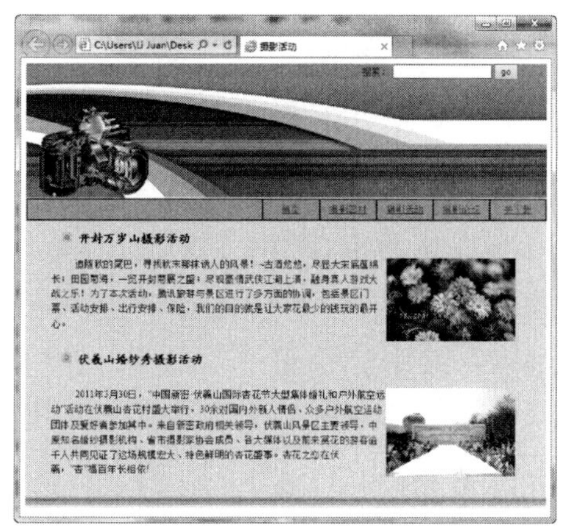

图 9.41 应用 CSS 样式效果

⑦ 为搜索栏制作特殊边框和背景色。在“CSS 样式”面板中单击“新建样式”按钮，在打开的“新建 CSS 规则”对话框中，选择“类”项，在名称中输入“.search”，单击“确定”按钮。在打开的“.search 的 CSS 规则定义”对话框中，按图 9.42 定义边框规则，按图 9.43 定义背景颜色，然后单击“确定”按钮，将“.search”样式应用于搜索栏的文本域上。

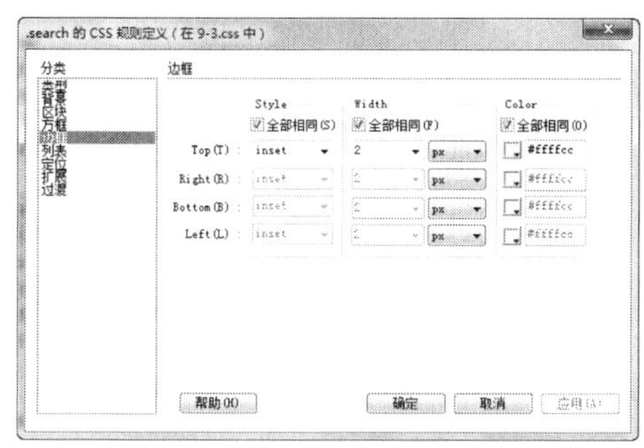

图 9.42 定义“边框”规则

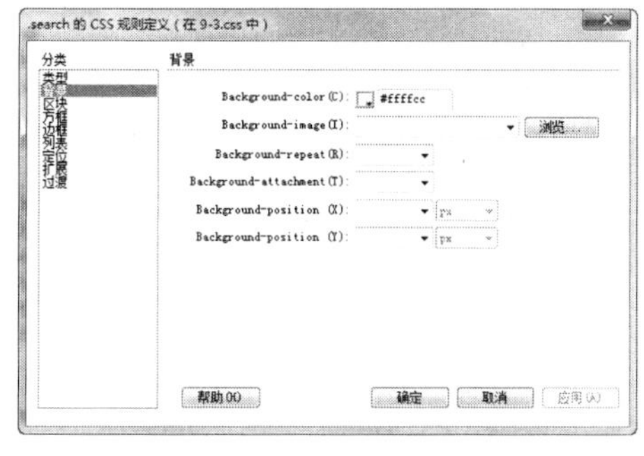

图 9.43 定义“背景”规则

⑧ 网页制作完成，保存并按【F12】键预览。

【案例 9.4】CSS 样式表的滤镜效果。

① 打开教学资源中的网页文档“ch09\成品实例\案例 9.4\9-4.html”，预览效果如图 9.44 所示。

案例9.4视频

② 为图像设置模糊效果。在“CSS 样式”面板中单击“新建样式”按钮，在打开的“新建 CSS 规则”对话框中，选择“类”选项，并输入名称为“.filter”，并选中“新建样式表文件”选项，单击“确定”按钮，保存为外部样式文件 9-4.css，如图 9.45 所示。

图 9.44　原始网页效果

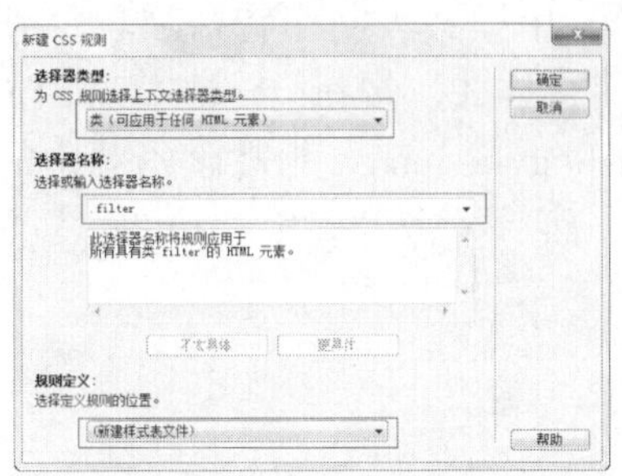

图 9.45　“新建 CSS 规则”对话框

③ 在打开的“. filter 的 CSS 规则定义”对话框中，选择“扩展”类别，并在 Filter 列表框中选择添加 Blur 效果，将 Blur 的相关属性设置为 Blur（Add=1,Direction=135, Strength=50），然后单击“确定”按钮。选择要应用的中央“心形”图像后，在“属性”面板的“类”列表中选择应用的样式名称“.filter”，按【F12】键浏览效果，如图 9.46 所示。

图 9.46　图像的模糊效果

④ 为图像设置透明效果。选择“CSS 样式”面板中的“.filter”样式，单击“编辑样式”按钮，在打开的 CSS 规则定义对话框中，修改“过滤器”列表，选择 Alpha 选择，并设置为 Alpha（Opacity=50），单击“确定”按钮，最后按【F12】键浏览效果，如图 9.47 所示。

⑤ 为图像设置垂直翻转效果。修改“.filter”样式，将“过滤器”设置为 FlipV，预览效果如图 9.48 所示。

图 9.47　图像的透明效果

图 9.48　图像的垂直翻转效果

提示：为图像设置滤镜效果，只能在预览状态下才能看到效果。

9.3 DIV+CSS 布局

对于网页布局的传统方法是利用表格元素（table）具有无边框的特性，将网页中的各个元素按版式划分放至表格的各个单元格中。但是，如果当页面布局需要调整时，往往都要重新制作表格，因此使用表格设计极为困难，修改更加烦琐。而使用 CSS 布局真正意义上实现了设计代码与内容分离，其重点不再是表格元素中的设计，取而代之的是 HTML 中另一个元素——DIV。

DIV 可以理解为“图层”或“块”，是一种比表格更简单的元素，语法上只是从<div>开始到</div>结束。使用 DIV 进行网页排版布局是现在网页设计制作的趋势，通过 CSS 样式可以轻松控制 DIV 的位置，从而实现许多不同的布局方式。

9.3.1 在网页中插入 DIV

DIV 与其他 HTML 标签一样，是一个 HTML 所支持的标签，是 HTML 中专门用于布局设计的容器对象，能够放置内容。例如：

```
<div>文档内容</div>
```

下面通过实例介绍 DIV 的插入方法。

【案例 9.5】在网页中插入 DIV。

① 新建一个空白的网页文档。

② 将鼠标定位在要插入 DIV 的位置，在设计视图下，单击“插入”面板 HTML 中的 Div 按钮（见图 9.49），打开“插入 Div”对话框，如图 9.50 所示。

图 9.49　单击 Div 按钮

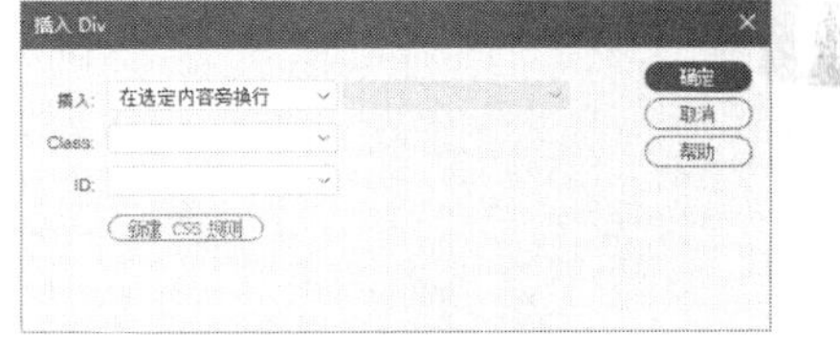

图 9.50　“插入 Div”对话框

提示：也可在代码视图下直接输入<div></div>这样的标签形式，然后将内容放置其中，就可以应用。

③ 打开对话框的“插入”下拉列表中选择“在插入点”选项，在 ID 下拉列表中输入插入 DIV 的 ID 名称 box，设置如图 9.51 所示。

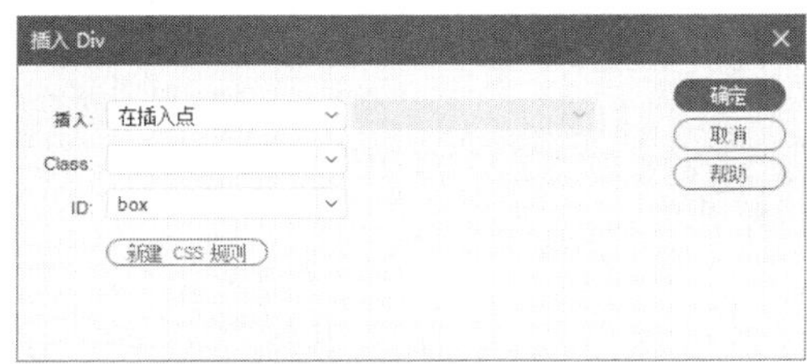

图 9.51　“插入 Div”对话框

提示：这里使用 id 属性，就是将当前这个 DIV 指定一个唯一的名称，从而在 CSS 中使用 id 选择符进行 CSS 样式的编写。可在代码视图下直接输入<div></div>这样的标签形式，然后将内容放置其中，就可以应用。

④ 单击“确定”按钮，即可在网页中插入一个 DIV，如图 9.52 所示。转换到代码视图中，可以看到刚插入的 ID 名为 box 的 DIV 代码，如图 9.53 所示。

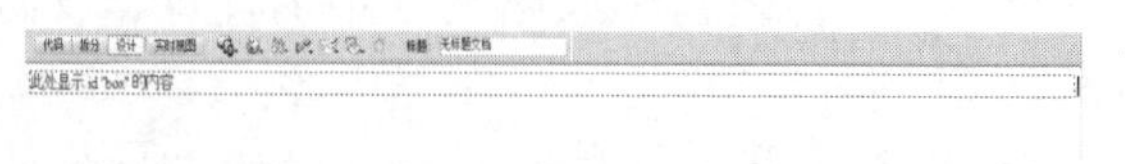

图 9.52 在网页中插入 DIV

```
<body>
<div id="box">此处显示  id "box" 的内容</div>
</body>
</html>
```

图 9.53 DIV 的代码

9.3.2 DIV 的嵌套

DIV 标签除了可以直接放入文本和其他标签，还可以放入多个 DIV 标签进行嵌套使用，从而达到合理的页面布局。

【案例 9.6】 DIV 的嵌套使用，为上例 ID 名为 box 的 DIV 中插入一个名为 top 的 DIV。

案例 9.6 视频

① 打开案例 9.5 创建的网页文件。

② 单击“插入”面板 HTML 中的 Div 按钮，打开“插入 Div”对话框。

③ 设置“插入 Div”对话框，“插入”点选择“在开始标签之后”，元素选择 id 为 box 的 DIV，ID 设置为 top（见图 9.54），单击“确定”按钮，即可在名为 box 的 DIV 中插入名为 top 的 DIV，效果如图 9.55 所示。

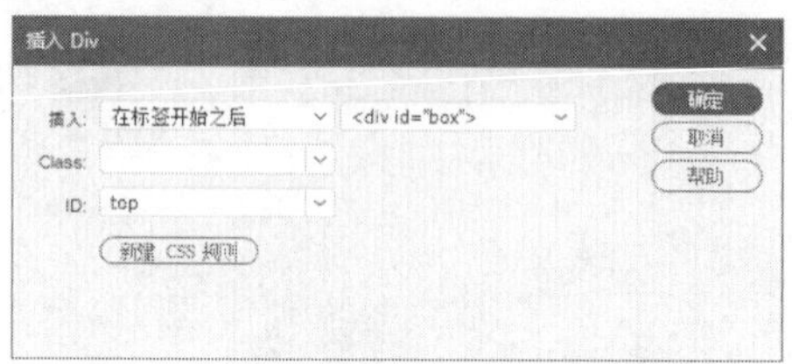

图 9.54 “插入 Div”对话框

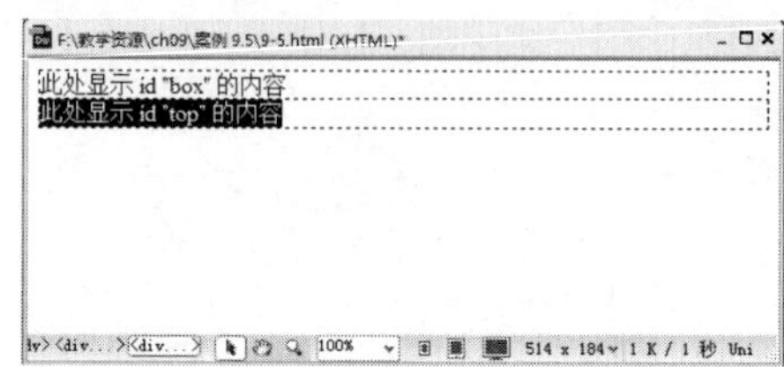

图 9.55 在网页中插入 DIV

“插入 Div”对话框中各选项的含义如下：

- 插入：在该选项的下拉列表中可以选择所要在网页中插入 DIV 的位置，包含“在插入点”“在标签之前”“在开始标签之后”“在结束标签之前”“在标签之后”5 个选项，如图 9.56 所示。当选择除“在插入点”选项之外的任一选项后，都可激活第 2 个下拉列表（见图 9.57），即可在该下拉列表中选择相对于某个已存在的标签进行操作。

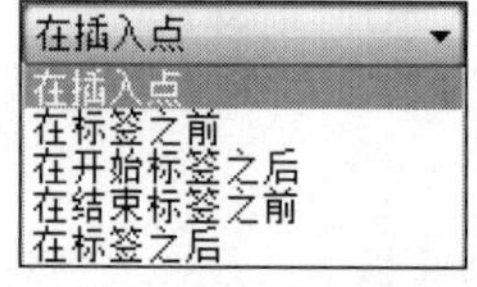

图 9.56 “插入”下拉列表

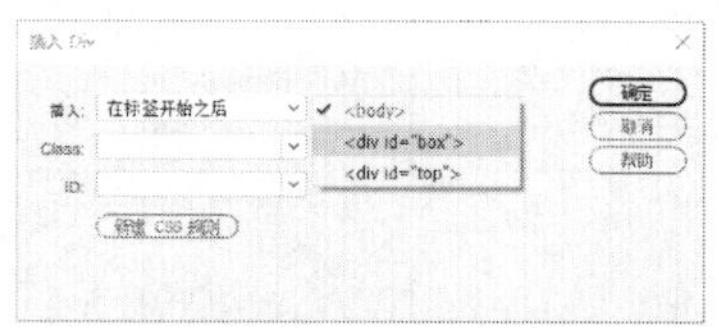

图 9.57 “插入 Div”对话框

其中插入下拉列表中各选项的含义如表 9.11 所示。

表 9.11 “插入”列表中各选项的含义

插 入 位 置	作 用
在插入点	在当前光标所在位置插入相应的 DIV
在标签之前	在第 2 个下拉列表中选择标签，可以在所选择的标签之前插入相应的 DIV
在开始标签之后	在第 2 个下拉列表中选择标签，可以在所选择标签的开始标签之后插入相应的 DIV
在结束标签之前	在第 2 个下拉列表中选择标签，可以在所选择标签的结束标签之前插入相应的 DIV
在标签之后	在第 2 个下拉列表中选择标签，可以在所选择的标签之后插入相应的 DIV

选择不同的选项所插入的 DIV 位置，如图 9.58 所示。

图 9.58 不同选项插入 DIV 的位置

- class：在该选项的下拉列表中可以选择为所插入的 DIV 应用的类 CSS 样式。
- ID：在该选项的下拉列表中可以选择为所插入的 DIV 应用的 ID CSS 样式。
- “新建 CSS 规则”按钮：单击该按钮，将打开“新建 CSS 规则”对话框，新建应用于所插入的 DIV CSS 样式。

提示：同一名称的 id 值在当前的 HTML 页面中，只允许使用一次，不管是应用到 DIV 还是其他对象的 id 中。

9.3.3 DIV+CSS 的盒模型

创建 DIV 只是将页面中的内容元素标识出来，而对内容添加的样式则由 CSS 完成。在 CSS 中，所有的页面元素都包含在一个矩形框内，这个矩形框就称为盒模型。盒模型描述了元素及其属性在页面布局中所占的空间大小，因此盒模型将影响其他元素的位置及大小。用户可以通过整个盒子的边框和距离等参数来调整盒子的位置。

盒模型由 margin（边界）、border（边框）、padding（填充）和 content（内容）4 部分组成，如图 9.59 所示。此外，在盒模型中，还具备高度和宽度两个辅助属性。

从图 9.59 中可以看出，盒模型包含 4 个部分：

- margin：边界或外边距，用来设置内容与内容之间的距离。
- border：边框，可以设置边框的粗细、颜色和样式等。
- padding：填充或内边距，用来设置内容与边框之间的距离。
- content：内容，是盒模型中必须有的一部分，可以放置文字、图像、DIV 等内容。

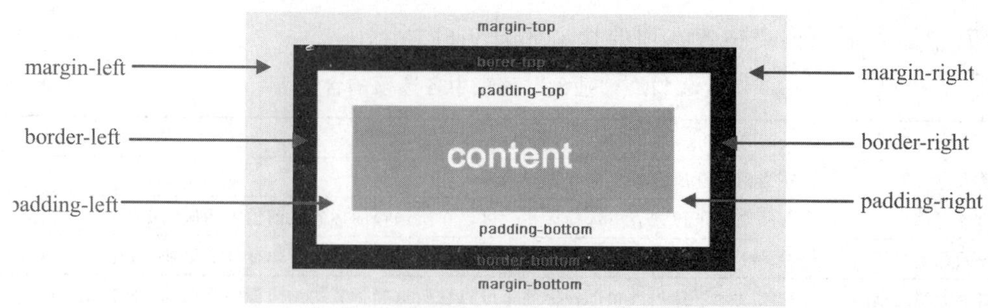

图 9.59　盒模型

一个盒子的实际高度或宽度是由 content+padding+border+margin 组成的。在 CSS 中，可以通过设置 width 或 height 属性来控制 content 部分的大小，并且对于任何一个盒子，都可以分别设置 4 边的 border、margin 和 padding。

提示：如果盒中没有内容，即使定义了宽度和高度都为 100%，实际上也只占 0%，因此不会被显示，此处在使用 DIV+CSS 布局时需要特别注意。

下面通过实例，了解页面中的各个元素的位置如何控制。

【案例 9.7】通过 CSS 来控制 DIV（盒子）的边框和距离等参数。

① 创建一个空白的网页文件 9-7.html。

② 为该网页创建一个名为 9-7.css 的外部 CSS 样式文件，打开“CSS 设计器”面板，创建一个名为“*”的通用 CSS 选择器，设置 border、margin、padding 属性的值均为 0，如图 9.60 所示，其对应的 CSS 样式代码如图 9.61 所示。

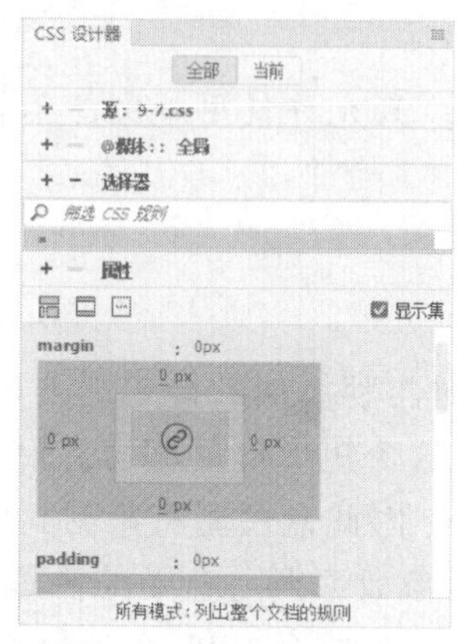

图 9.60　“CSS 设计器”面板

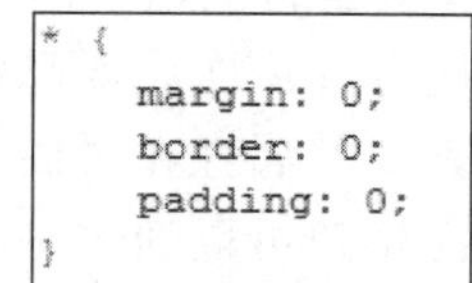

```
* {
    margin: 0;
    border: 0;
    padding: 0;
}
```

图 9.61　选择器“*”的代码

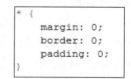

提示：“*”为特殊的 CSS 样式，“*”表示通配符，即对网页中所有标签及元素起作用。通常在制作网页时，首先需要定义通配符的 CSS 样式，因为网页中很多元素的边界、填充等默认情况下并不为 0，可通过通配符 CSS 样式将所有元素的边界、填充、边框都设置为 0。

③ 在“CSS 样式”面板中单击“新建样式”按钮，创建类型为“标签”，选择器名称选择 body 的 CSS 规则，具体设置如图 9.62 和图 9.63 所示。

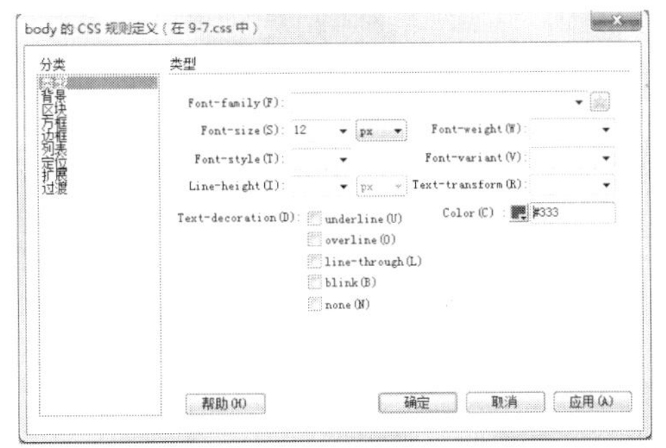

图 9.62　body 的 CSS 规则定义

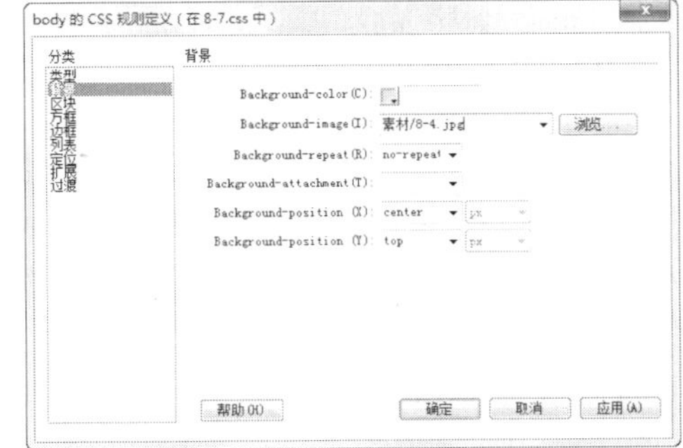

图 9.63　body 的 CSS 规则定义

提示："CSS 规则定义"可通过对话框进行 CSS 样式的设置，也可手写 CSS 代码，若熟记 CSS 样式中的各种属性，建议使用手写代码的方式，这样才能更加灵活、方便地创建各种 CSS 样式。

④ 在页面中插入名为 box 的 DIV，如图 9.64 所示。将 DIV 中多余的文字删除，插入图像"教学资源\ch09\素材\9-5.jpg"，如图 9.65 所示。

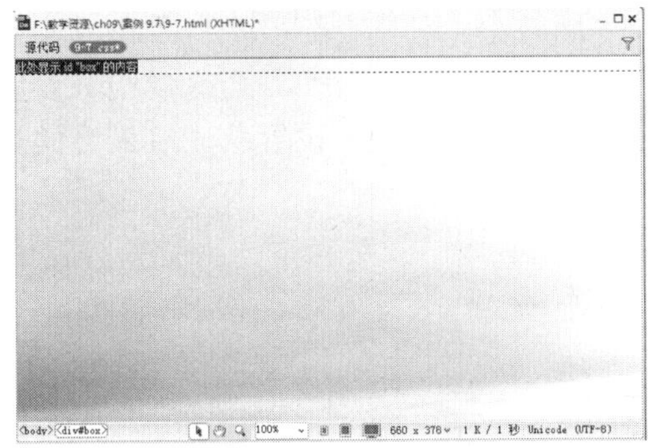

图 9.64　插入 DIV

图 9.65　插入图像

⑤ 为 ID 名为 box 的 DIV 创建 CSS 样式，在"CSS 样式"面板中单击"新建样式"按钮，创建类型为 ID，选择器名称为#box 的 CSS 规则，具体设置如图 9.66 所示。可以看到所设置的上边界效果，如图 9.67 所示。

图 9.66　CSS 样式设置

图 9.67　页面效果

提示：设置 margin-left 和 margin-right 两个属性值为 auto，即设置元素左右边界为自动，这是一种使元素水平居中对齐的方法。

⑥ 为 ID 名为 box 的 DIV 设置 border（边框）属性。打开“#box 的 CSS 规则定义”对话框，修改#box CSS 规则，设置 border 四边的 style 均为 dashed，width 均为 20 px，Color 均为#999，如图 9.68 所示。边框的设置效果如图 9.69 所示。

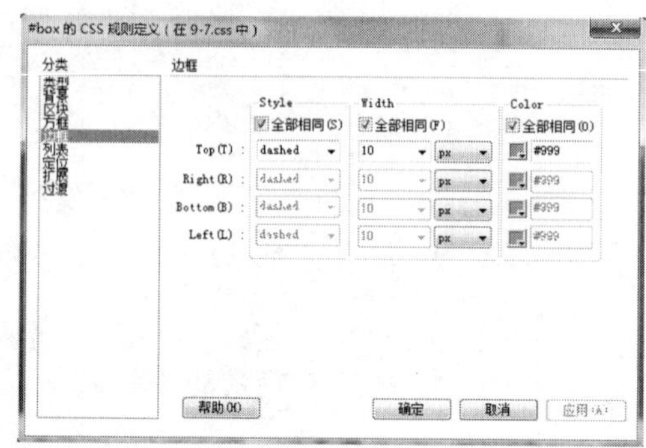

图 9.68 CSS 样式设置

图 9.69 边框的设置效果

⑦ 为 ID 名为 box 的 DIV 设置 padding（填充）属性。修改#box CSS 规则，设置 padding 的四边均为 10 px，设置如图 9.70 所示，背景色为黑色。设置填充后最终的页面预览效果如图 9.71 所示。

图 9.70 CSS 样式设置

图 9.71 页面预览效果

9.3.4 DIV+CSS 布局网页实例

使用 DIV+CSS 的布局方式可以对页面对象的位置排版进行像素级的精确控制，它优秀的盒模型控制能力可以做出比表格更简单更自由的页面版式及样式。下面通过案例简单介绍使用 DIV+CSS 进行网页制作的过程。

【案例 9.8】 使用 DIV+CSS 构造网页布局，成品实例如图 9.72 所示，在教学资源文件“ch09\成品实例\案例 9.8\9-8.html”中。

图 9.72 案例 9.8 网页

案例 9.8 视频

① 创建一个空白的网页文件，并为该网页创建一个名为 9-8.css 的外部 CSS 样式文件，打开“CSS 样式”面板（或切换至 9-8.css 文件中），创建名为“*”的通配符 CSS 规则和一个名为 body 的标签 CSS 规则，如图 9.73 所示。（本例以下操作步骤仅显示 CSS 样式的代码，可自行在相应的 CSS 对话框中放置，也可直接输入）

② 将光标放置在页面中，插入名为 box 的 DIV 页面，并在 9-8.css 中创建一个名为#box 的 CSS 规则，如图 9.74 所示。

提示： overflow 的属性定义为 hidden，表示隐藏溢出，即超出盒子的内容会被隐藏，并且不出现滚动条，但若父块没有指定宽高，当子块设置浮动后，父块的高度可重新包裹子块。

```
*{
    magin:0px;
    padding:0px;
    border:0px;
}
body {
    font-family: "宋体";
    font-size: 12px;
    color: #666666;
    background-image: url(素材/8-6.jpg);
    background-repeat: repeat-x;
}
```

图 9.73 CSS 规则代码（一）

```
#box {
    height: 100%;
    width: 100%;
    margin:0px auto 0px auto;
    overflow: hidden;
}
```

图 9.74 CSS 规则代码（二）

③ 将光标移至名为 box 的 DIV 中，删除多余文字，插入名为 top 的 DIV，并在 9-8.css 中创建名为#top 的 CSS 规则，如图 9.75 所示，页面效果如图 9.76 所示。

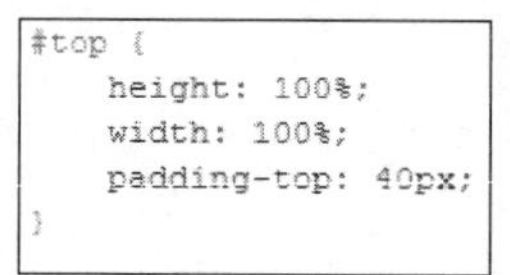

```
#top {
    height: 100%;
    width: 100%;
    padding-top: 40px;
}
```

图 9.75　CSS 规则代码（三）

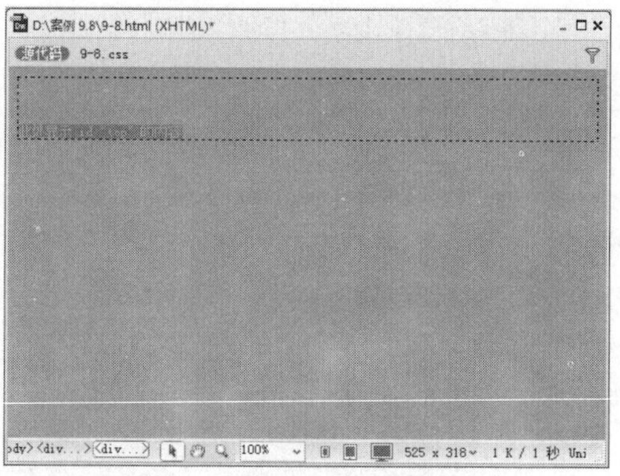

图 9.76　页面效果（一）

④ 将光标移至名为 top 的 DIV 中，删除多余文字，插入名为 img 的 DIV，并创建名为#img 的 CSS 规则，如图 9.77 所示。将 img 中的多余文字删除，并插入图像“教学资源\ch09\素材\9-7.jpg”，效果如图 9.78 所示。

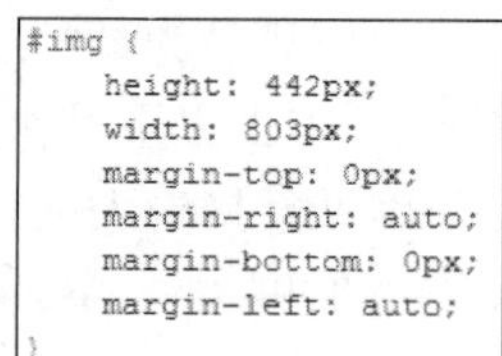

```
#img {
    height: 442px;
    width: 803px;
    margin-top: 0px;
    margin-right: auto;
    margin-bottom: 0px;
    margin-left: auto;
}
```

图 9.77　CSS 规则代码（四）

图 9.78　页面效果（二）

⑤ 在名为 img 的 DIV 后插入名为 menu 的 DIV（见图 9.79），并在 9-8.css 中创建名为#menu 的 CSS 规则，如图 9.80 所示。

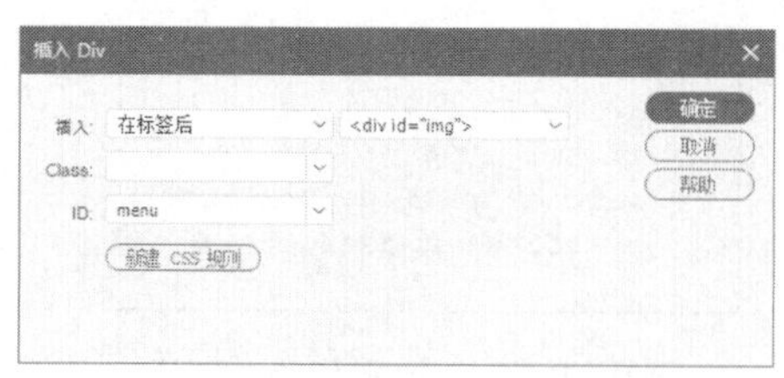

图 9.79　“插入 Div”对话框

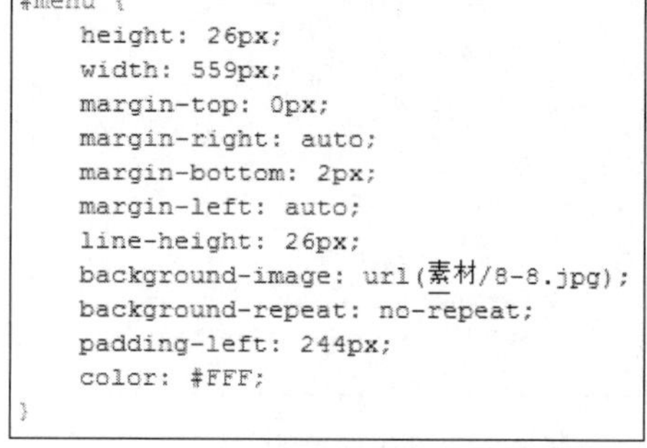

```
#menu {
    height: 26px;
    width: 559px;
    margin-top: 0px;
    margin-right: auto;
    margin-bottom: 2px;
    margin-left: auto;
    line-height: 26px;
    background-image: url(素材/8-8.jpg);
    background-repeat: no-repeat;
    padding-left: 244px;
    color: #FFF;
}
```

图 9.80　CSS 规则代码（五）

⑥ 将光标移至名为 menu 的 DIV 中，删除多余文字，输入相应文字，如图 9.81 所示。切换到页面的代码视图下，为文字添加<span></span>标签，如图 9.82 所示。

图 9.81　页面效果（三）

```
<div id="menu">首页<span></span>摄影
器材<span></span>摄影后期<span></span>图片赏
析<span></span>摄影论坛<span></span>关于我们</div>
```

图 9.82　添加<span></span>标签

⑦ 在 9-8.css 中创建名为#menu span 在 CSS 规则（见图 9.83），返回到页面中，可以看到文字效果，如图 9.84 所示。

```
#menu span {
    margin-right: 22px;
    margin-left: 22px;
}
```

图 9.83　CSS 规则代码（六）

图 9.84　页面效果（四）

⑧ 在名为 top 的 DIV 后插入名为 main 的 DIV，并创建名为#main 的 CSS 规则，如图 9.85 所示。

⑨ 将光标移至名为 main 的 DIV 中，删除多余文字，在当前位置插入名为 left 的 DIV，并创建名为#left 的 CSS 规则，如图 9.86 所示。将 left 中多余文字删除，插入图像“教学资源\ch09\素材\9.10.gif”，页面效果如图 9.87 所示。

提示：float（浮动定位）属性，只能在水平方向上定位，而不能在垂直方向上定位，该属性值有 none|left|right，即浮动的框可以左右移动，直到其外边缘，该例中 left 的浮动框向左浮动直到碰到包含它的框的边缘。

```
#main {
    margin-top: 0px;
    margin-right: auto;
    margin-bottom: 0px;
    margin-left: auto;
    height: 100%;
    width: 802px;
    overflow: hidden;
    padding-top: 19px;
    padding-bottom: 45px;
    background-image: url(images/8-9.jpg);
    background-repeat: no-repeat;
}
```

图 9.85　CSS 规则代码（七）

```
#left {
    float: left;
    height: 100%;
    width: 155px;
    padding-right: 11px;
    padding-left: 11px;
    border-right-width: 1px;
    border-right-style: solid;
    border-right-color: #e5e5e5;
}
```

图 9.86　CSS 规则代码（八）

图 9.87　页面效果（五）

⑩ 将光标移到图像后，插入名为 left_text 的 DIV，并创建名为#left_text 的 CSS 规则，如图 9.88 所示。将该 DIV 中多余文字删除，输入相应文字，如图 9.89 所示。

```
#left_text {
    line-height:20px;
    height: auto;
    width: 155px;
}
```

图 9.88　CSS 规则代码（九）

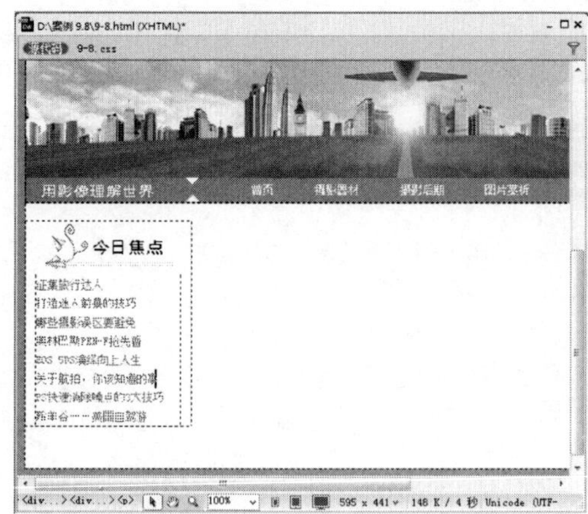

图 9.89　页面效果（六）

⑪ 使用相同方法完成其他部分的制作，效果如图 9.90 所示。在名为 left 的 DIV 后插入名为 center 的 DIV，创建名为#center 的 CSS 规则，如图 9.91 所示。

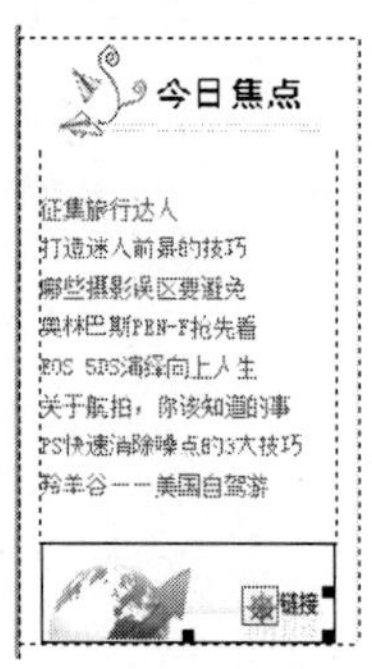

图 9.90　页面效果（七）

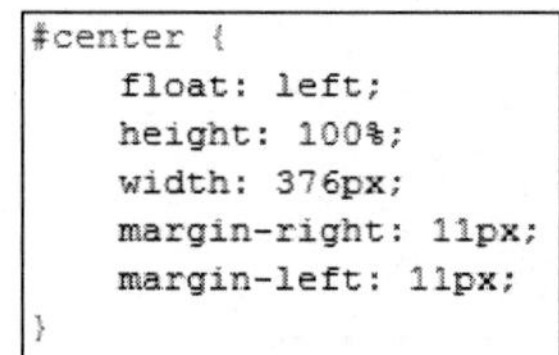

```
#center {
    float: left;
    height: 100%;
    width: 376px;
    margin-right: 11px;
    margin-left: 11px;
}
```

图 9.91　CSS 规则代码（十）

⑫ 将光标移至名为 center 的 DIV 中，删除多余文字，插入图像“教学资源\ch09\素材\9-12.png”，将光标移至该图像后，插入 Class 名为 pic1 的 DIV，并创建名为“.pic1”

的 CSS 规则，如图 9.92 所示，页面效果如图 9.93 所示。

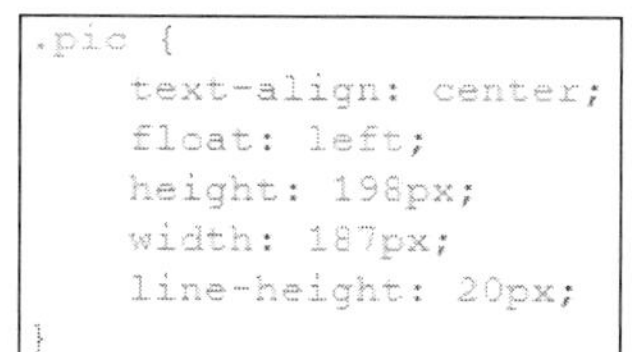

```
.pic {
    text-align: center;
    float: left;
    height: 198px;
    width: 187px;
    line-height: 20px;
}
```

图 9.92 CSS 规则代码（十一）

图 9.93 页面效果（八）

⑬ 将光标移至“.pic1”的 DIV 中，删除多余文字处理，插入相应图像及文字，效果如图 9.94 所示。使用同样的方法完成第 2 个“.pic2”DIV 的制作，效果如图 9.95 所示。

图 9.94 页面效果（九）

图 9.95 页面效果（十）

⑭ 使用相同的方法，完成其他部分内容的制作，其中登录部分使用表格完成设计，效果如图 9.95 所示。

9.4 框 架

在布局页面时还可以使用框架进行布局，框架结构是一种使用多个网页（两个或两个以上）通过多种类型区域的划分，最终显示在同一个窗口的网页结构。

框架是网页中经常使用的网页布局方式，上网时，我们经常浏览到如图 9.96 所示结构的网页，通过点击顶部或左侧菜单，相应内容都在页面右侧的主体部分显示或刷新。实现这种效果最简便的方法就是框架网页。

图 9.96 框架结构

框架结构的作用就是把浏览器窗口划分为几个不同的区域，分别放置不同的 HTML 网页，每个区域就称为一个框架。

使用框架能非常方便地完成页面文档的导航，让网站的风格一致、结构更加清晰，而且可以在一个窗口浏览不同的网页，避免了重复劳力以及来回翻页的麻烦，减小了整个网站的大小，并且各个框架之间互不干扰。

9.4.1 IFrame 框架

IFrame 框架即内联框架，通过 IFrame 框架可以将不同的页面插入到指定的位置，它比框架更容易控制页面的内容。但 Dreamweaver CC 中并没有提供浮动框架的可视化制作方案，因此，在显示浮动框架的位置插入 iframe 后，还需要书写一些页面代码。

下面通过实例介绍使用 IFrame 框架制作网页的方法。

【案例 9.9】 使用 IFrame 框架，实现在一个窗口下显示不同的网页链接效果。

① 打开教学资源中的“ch09\素材\案例 9.9\9-9.html”，如图 9.97 所示。将光标移至页面中需要插入内联框架的位置，单击“插入”面板的 IFRAME 按钮（或选择“插入”菜单→IFRAME 命令），自动转换成拆分模式，并在代码中生成<iframe></iframe>标签，如图 9.98 所示。

案例 9.9 视频

图 9.97 案例 9.9 制作前效果

图 9.98 生成<iframe></iframe>标签对

② 在代码视图的<iframe>标签中，输入如下代码：

```
<iframe width="394" height="320px" name="main" scrolling="auto" frameborder="0" src="main1.html"></iframe>
```

提示：<iframe>为 IFrame 框架的标记，src 属性代表在这个 IFrame 框架中显示的页面，name 属性为 IFrame 框架的名称，width 属性为 IFrame 框架的宽度，height 属性为 IFrame 框架的高度，scrolling 属性为 IFrame 框架滚动条是否显示，frameborder 属性为 IFrame 框架边框显示属性。这里链接的 main.html 页面已经事先制作完成。

③ 页面中插入的内联框架变为灰色区域，而 main.html 页面就会出现在内联框架内部，将文件另存为 9-9-1.hmtl，按【F12】键预览页面效果如图 9.99 所示。

④ 为 IFrame 创建链接。内联框架页面的链接设置与普通链接设置没有太大区别，不同的是需要设置打开的“目标”属性要与浮动框架名称相同。

选中页面导航栏中需要添加链接的文字“摄影器材”，在属性面板中设置链接为 main1.html，在“目标”文本框中输入 main，如图 9.100 所示。

图 9.99 页面效果图

图 9.100 为文字设置链接

⑤ 按同样的方法，可为文字“图片赏析”设置超链接，选中文字，在属性面板上设置链接为 main.html，在“目标”文本框中输入 main。

⑥ 按【F12】键预览页面，单击“摄影器材”或“图片赏析”，观察链接效果。

9.4.2 在 HTML 代码中编辑框架结构

一个框架结构有两部分构成：

① 框架（Frame）：框架是浏览器窗口中的一个区域，它能显示与浏览器窗口的其余部分中所显示内容无关的网页文件。

② 框架集（Frameset）：框架集也是个网页文件，它将一个窗口通过行和列的方式分割成多个框架，框架的多少根据具体有多少网页来决定，每个框架中要显示的就是不同的网页文件。

框架集与框架之间的关系其实就是包含与被包含的关系。框架集相当于一个容器，框架则是放在容器中的东西，框架集记录了框架的位置，以及框架中包含的网页的链接地址。

基本的页面 HTML 代码如下：

```
<frameset>
    <frame>
    </frame>
…
</frameset>
```

Dreamweaver CC 没有提供框架结构的可视化操作，必须在 HTML 代码中建立框架页面。

【案例 9.10】利用 HTML 设计框架网页的操作方法。

① 新建一个空白的网页文档。

② 切换至“代码”或“拆分”视图，删除<body>标签对，并输入如下代码：

```
<frameset rows="40%,60%" >
    <frame/>
    <frame/>
</frameset>
```

上述代码可以将窗口分割成上下两个，高度分别占窗口的 40%和 60%，效果如图 9.101 所示。

其中的百分比数值还可以使用像素值，修改代码：

```
<frameset rows="153,* " >
    <frame/>
    <frame/>
</frameset>
```

上述代码将窗口分割成上下两个，上方框架的高度为 153 像素，*表示剩余部分，效果如图 9.102 所示。

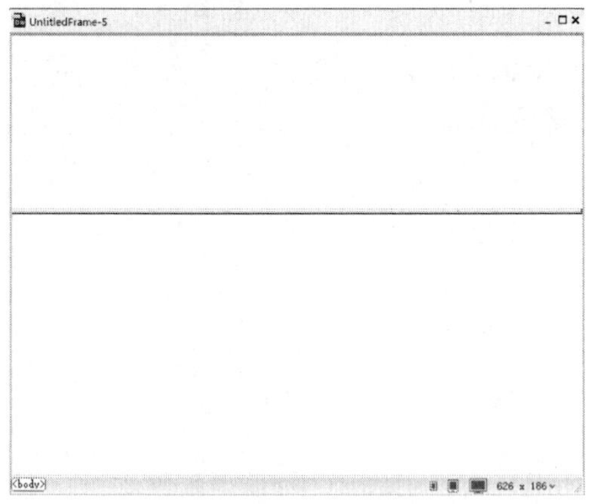

图 9.101　使用百分比分割上下窗口

图 9.102　使用像素值分割上下窗口

③ 窗口还可以纵向分割，将 rows 属性更改为 cols 即可，修改代码如下：

```
<frameset cols="40%,40%,20%" >
    <frame/>
<frame/>
<frame/>
</frameset>
```

上述代码可将窗口分割成左中右 3 个，且宽度分别占整个窗口的 40%、40%和 20%，效果如图 9.103 所示。

④ 设置嵌套框架。若希望将整个页面分为顶部、左侧及右侧 3 个框架，那么下方框架部分再分割为左右两部分，则需要在<frameset>标签对内再嵌套一个<frameset>标签对，代码如下：

```
<frameset rows="30%,*" >
   <frame/>
<frameset cols="20%,*" >
    <frame/>
    <frame/>
    </frameset>
</frameset>
```

上述代码首先将窗口分割成上下两部分，上方窗口的高度占整个窗口的 30%，剩余为下方窗口，然后下方窗口又是一个框架集，分割为左右两部，左侧宽度占 20%，剩余部分为右侧，效果如图 9.104 所示。

图 9.103 左中右分割窗口

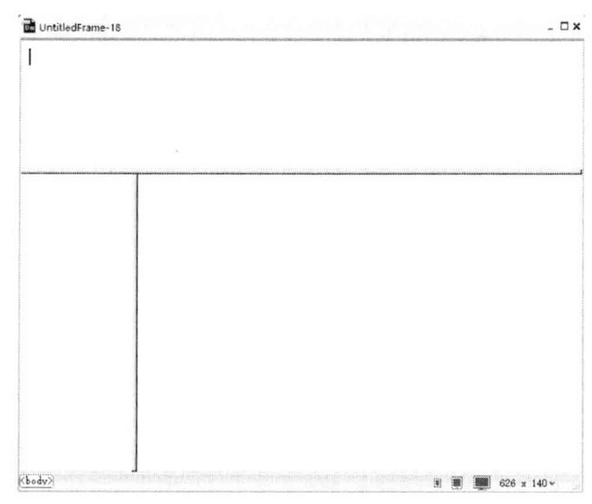

图 9.104 嵌套框架

下面利用上例中的嵌套框架，通过简单案例了解如何使用框架制作网页、框架及框架集属性的设置方法，以及框架网页的保存方法，从而进一步在介绍如何在框架之间建立超链接。

【案例 9.11】利用框架制作简单网页，效果如图 9.105 所示。

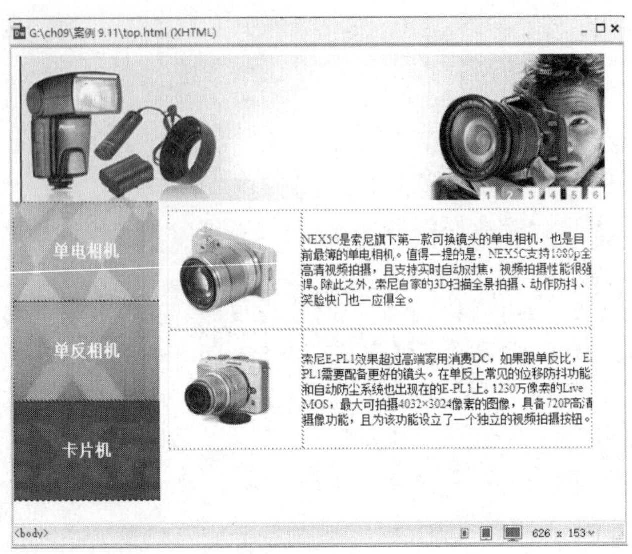

图 9.105 案例 9.11 网页效果图

分析：本实例的设计思路是让整个页面分为顶部、左侧及右侧 3 个框架，并且让该页面的顶部和下方左侧的内容始终保持不变，而只需要使下方右侧发生变化。

① 打开教学资源中的“ch09\素材\案例 9.9”，在“案例 9.9”文件夹下新建一个空白的网页文档，命名为 9-11.html。

② 切换至“代码”或“拆分”视图，删除<body>标签对，并输入如下代码，建立上方及下方嵌套的框架结构：

```
<frameset rows="153,*" >
    <frame/>
<frameset cols="152,*" >
    <frame/>
    <frame/>
    </frameset>
</frameset>
```

③ 设置框架集属性。在代码窗口中为两个 frameset 手动添加属性，代码如下：

```
<frameset rows="153,*" frameborder="no" border="0" framespacing="0">
    <frame/>
<frameset cols="152,*" frameborder="no" border="0" framespacing="0">
    <frame/>
    <frame/>
    </frameset>
</frameset>
```

④ 为上方框架设置属性，代码修改如下：

```
<frameset rows="153,*" frameborder="no" border="0" framespacing="0" >
    <frame src="top.html" name="topFrame" scrolling="no" noresize=
"noresize" />
```

```
<frameset cols="152,*" frameborder="no" border="0" framespacing="0">
    <frame/>
    <frame/>
    </frameset>
</frameset>
```

框架集属性的选项说明如表 9.12 所示。

表 9.12 框架属性的选项

属 性	说 明
frameborder	是否显示边框
border	指定框架边界线的宽度
cols/rows	定义框架集中列/行的数目和尺寸
name	拆分为多个框架时，指定相应框架的名称
src	显示当前框架中的网页文档。可以在相应框架中使用图像或文档制作网页文档后保存文档，也可以指定已经完成的其他网页文档
scrolling	设置内容超过框架大小时是否显示滚动条。Yes 表示一直显示滚动条，No 表示一直都不显示滚动条，Auto 表示必要时显示滚动条
noresize	设置该选项表示不能用鼠标改变框架的大小
bordercolor	指定框架边界线的颜色
framespacing	指定框架到框架内容之间的间距

提示： 框架是不能合并的。在创建链接时要用到框架名称，所以必须要设置每个框架对应的框架名。

上方框架使用已经设计好的页面 top.html，且指定框架名称为 topFrame，效果如图 9.106 所示。

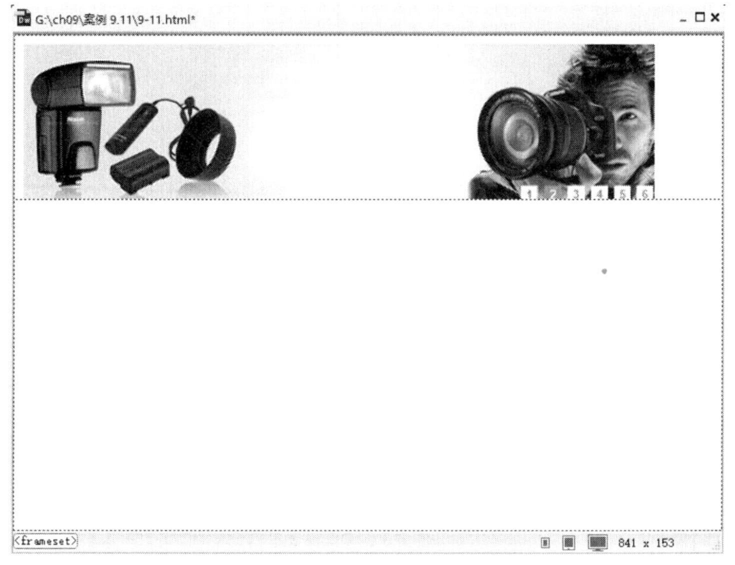

图 9.106 上方框架页面效果

⑤ 制作下方左侧及右侧框架页面。在代码视图中设置这两个框架名称分别为 leftFrame 和 mainFrame，代码如下：

```
<frameset rows="153,*" frameborder="no" border="0" framespacing="0" >
    <frame src="top.html" name="topFrame" scrolling="no" noresize=
"noresize" />
<frameset cols="152,*" frameborder="no" border="0" framespacing="0">
    <frame src="left.html" name="leftFrame" scrolling="no" noresize=
"noresize" />
    <frame src="right.html" name="mainFrame" scrolling="no" noresize=
"noresize" />
    </frameset>
</frameset>
```

下方左右两侧的框架页面均为提前设计好的页面。

⑥ 按【F12】键预览网页，效果如图 9.105 所示。

9.4.3 框架的链接

框架的主要用途之一在于导航的控制。当用户选择其中一个链接时，相应的 Web 页面应该显示在指定的框架中，所以在网页中制作链接时，一定要设置链接的“目标”属性，为链接的目标文件指定显示窗口。

按照如下步骤把一个框架作为一个链接的目标。

① 选择想要用作链接的文本或图像。

② 在“文本”（或“图像”）属性面板的“链接”文本框中输入 URL 或命名锚记，或者通过文件夹图标找到所需要的文件。

③ 从“目标”下拉列表中选择如下的目标名称之一作为该链接的目标框架，如图 9.107 所示。

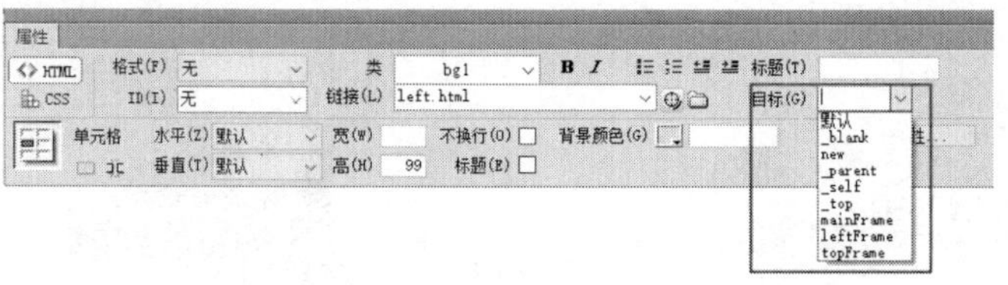

图 9.107 “属性”面板的“目标”选项

“目标”下拉菜单中的选项如下：

- _blank：在新的浏览器窗口中打开该链接并保持当前窗口可用。
- _parent：在当前框架的父框架集或包含该链接的框架窗口中打开该链接。
- _self：在当前框架中打开该链接（默认选项）。
- _top：在当前页面最外层的框架集中打开该链接，取代所有框架。

【案例 9.12】为案例 9.11 创建框架链接。

分析：本例通过为文字设置链接效果，使相应的页面在指定的 mainFrame 框架中显示，链接的网页均在教学资源“ch09\素材”中提供，分别为 right.html、right2.html

和 right3.html。

① 打开案例 9.12 制作的网页 9-12.html。

② 选中左侧框架的“单电相机”文字部分，在“属性”面板中设置“链接”选项，单击文件夹图标，选择教学资源中的“ch09\素材\right.html”，然后将“目标”选项设置为 mainFrame，如图 9.108 所示。

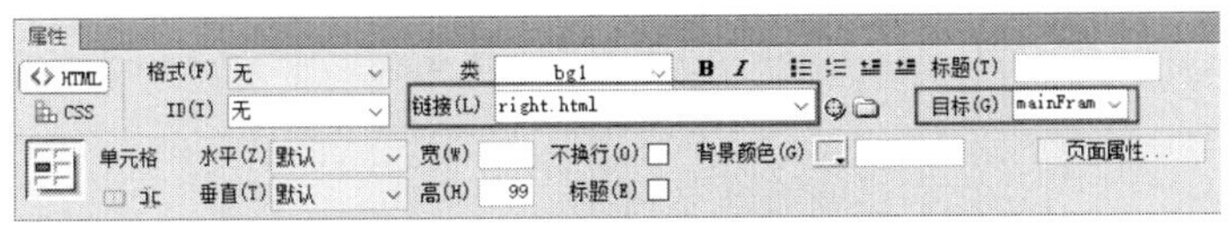

图 9.108 设置文本的链接属性

③ 按上述步骤，分别为“单反相机”和“卡片机”文字部分设置链接，分别链接至文件 right2.html 和 right3.thml，并设置目标位置为 mainFrame。

④ 最后保存各个网页，按【F12】键预览，并观察链接效果。

习　题

一、问答题

1. 表格在网页制作中的作用是什么？
2. 什么是表格的嵌套？
3. CSS 的英文全称是什么？它的主要作用是什么？
4. DIV 是什么？简单解释盒模型的组成？
5. 使用 DIV+CSS 有什么优势？
6. 框架结构的网页主要用于哪种情况？

二、操作题

1. 利用表格技术制作一个个人网页，要求：表格宽度为 780 像素，边框为 0，水平居中对齐。

2. 使用框架新建一个网页，要求实现各页面之间相互链接，并在目标位置显示链接页面。

3. 使用 DIV+CSS 制作一个简洁美观的诗词页面，格式如下：

（1）设置页面背景图片。

（2）标题字体大小为 30 点数，粗体，字体隶书。

（3）正文字体大小为 15 点数，字体幼圆；行高为 1.8 倍行高。

（4）其他格式可自行定义。

第 10 章

网页高级操作 ‹‹‹

本章导读

在网站制作过程中，模板可以保证一组网页具有相同的布局、风格，并且可以使用模板快速创建新的网页；库可以保证网站制作使用的素材保持一致，并且高度可维护；脚本可以增加网页与终端用户的交互从而改进用户的使用体验。

本章要点

- 模板的创建及应用。
- 模板对象的使用方法。
- 库项目的创建、使用、修改与删除。
- 应用行为实现网页动态效果。
- 应用 JavaScript 脚本实现网页特效。

10.1 模　　板

模板是 Dreamweaver 网站中的特殊文件，本身不是网页文件，不能通过浏览器访问，但却可以使用模板创建新的网页。

一个模板只需要创建一次就可以反复使用，但可以在使用模板创建网页后再修改模板。模板修改后可以用来更新那些用该模板创建的网页（一个或多个）。

设计模板时，可以指定在基于模板的网页中哪些内容是用户“可编辑的”。

10.1.1　创建模板

创建模板的方法有多种，最常用的方法是在新建文件时指定创建新的模板，也可以将现有的 HTML 文档另存为模板，还可以通过“资源”面板创建模板并在网站中使用。

1. 新建模板

【案例 10.1】使用“新建”命令创建空白 HTML 模板并添加内容。

案例 10.1 视频

① 在 Dreamweaver CC 中，选择“文件”→“新建”命令打开“新建文档”对话框（见图 10.1），在其中“新建文档”分类下的“文档类型”中选择“HTML 模板”，“布局”选择“无”，最后单击“创建”按钮即可创建模板并进入到模板编辑界面。

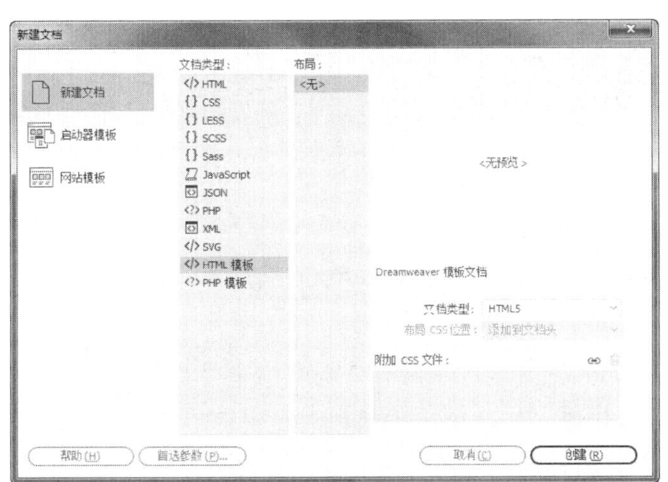

图 10.1 新建 HTML 模板

② 为保证模板中插入的图片等外部素材的引用关系能正确表示，需要在具体制作模板内容前保存模板文件。选择“文件”→“保存”命令，但在未添加“可编辑区域”的情况下会遇到提示对话框 [见图 10.2（a）]，单击“确定”按钮忽略此警告。然后，在如图 10.2（b）所示的对话框中，填写“另存为”的模板名字为 arts，最后单击“保存”按钮完成模板的保存。

说明：所有的模板都会保存在站点根文件夹下名为 Templates [见图 10.2（c）] 的文件夹中，Dreamweaver 会自动创建该文件夹。

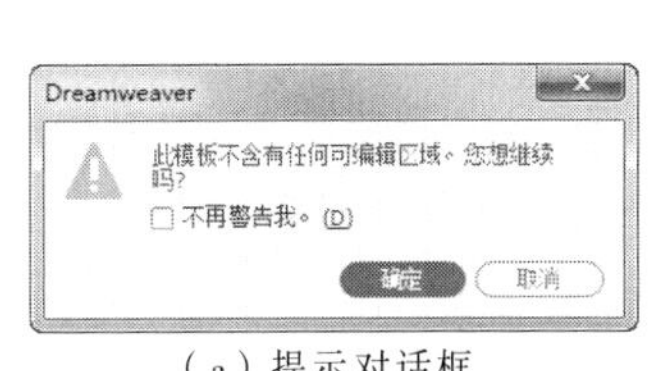

（a）提示对话框

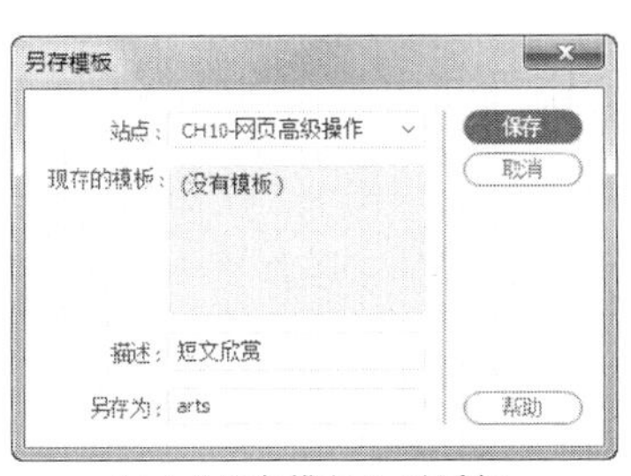

（b）“另存模板”对话框

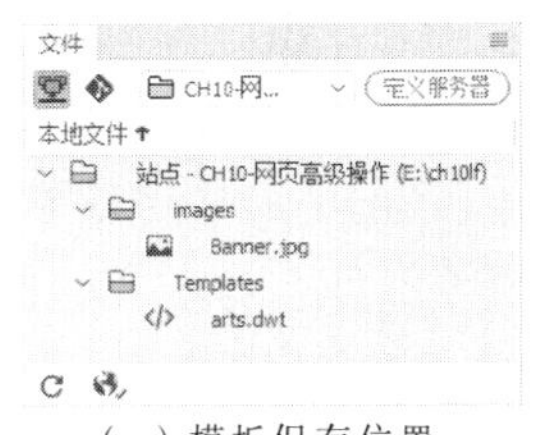

（c）模板保存位置

图 10.2 保存模板

③ 在模板的编辑界面中创建内容，编辑的方法与普通网页的制作方法完全相同。不同之处在于，模板中的内容会全部被由它所创建的网页继承下来，而且不可修改。所以，模板中通常包含的是全局性质的内容，如布局方式、通用的 Logo 标志、固定的版权信息及网站的注册信息等。本例中制作的是一个常见网页的布局，由一个 3 行 2 列的表格来实现，在顶部加入一个 Logo 图片，并在底部加入简单的版权文字信息，保存模板时忽略警告，最终效果如图 10.3 所示。

图 10.3 模板文档效果图

2．网页转存为模板

创建模板的第二种方法，是将制作好的普通网页另存为模板，由于模板包含共有的内容，所以这样的网页只能包含布局控制及共有的元素。

【案例 10.2】由网页生成模板。

案例 10.2 视频

① 选择“文件”→“新建”命令新建一个 HTML 文档，然后以制作普通网页的方式制作如图 10.3 所示的网页。

② 选择“文件”→“另存为模板”命令，在打开的如图 10.2（b）所示的对话框中填写模板的描述及文件名。

③ 单击“保存”按钮完成模板的保存。

3．通过“资源”面板创建模板

创建模板的第三种方法是使用“资源”面板。选择“窗口”→“资源”命令打开或切换到“资源”面板，然后单击左侧的“模板”按钮切换到模板类资源，再单击“新建模板”按钮添加新的模板并为其命名（见图 10.4），最后打开该模板编辑其内容即可。

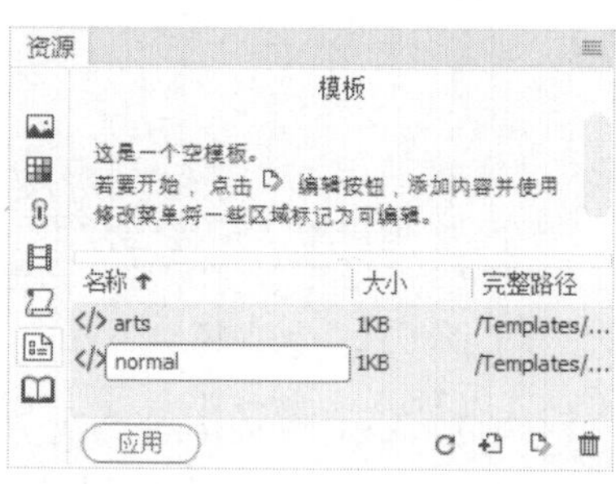

图 10.4 “资源”面板

10.1.2 使用模板

使用模板有两种方法：一种方法是在创建新网页时选择需要使用的模板；另一种方法是创建新的网页后再套用网页模板（通常在创建网页后立即执行）。

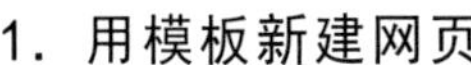

1. 用模板新建网页

案例 10.3 视频

【案例 10.3】利用模板创建新的网页。

① 选择“文件”→“新建”命令，打开“新建文档”对话框，

② 选择左侧的“网站模板”选项，然后依次选择“站点”及站点中的模板（这里选择的是 arts 模板），单击“创建”按钮，如图 10.5 所示。

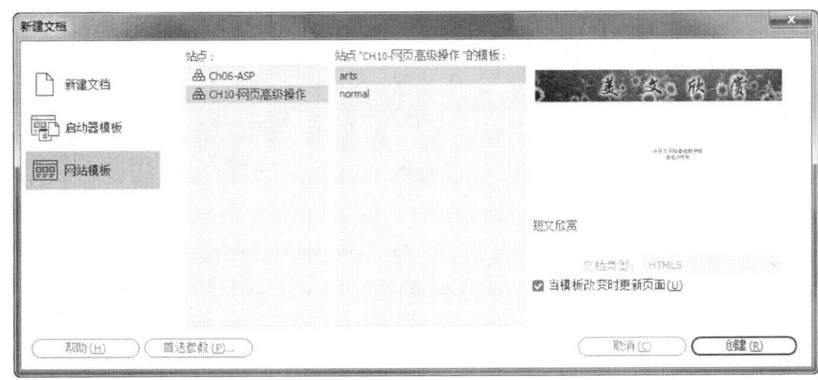

图 10.5　用模板创建网页

③ 此时的模板中没有任何“可编辑区域”，所以整个网页都是不可编辑的。

④ 选择“文件”→“保存”命令保存网页为 art1.html，为后续的练习做好准备。

2. 在网页中套用模板

【案例 10.4】在网页中套用模板。

案例 10.4 视频

① 新建一个空白的 HTML 文档，随意添加一些内容（文字、图片均可）。

② 选择“工具”→“模板”→“应用模板到页”命令打开“选择模板”对话框如图 10.6 所示。在“选择模板”对话框中选择要套用的目标模板，单击“选定”按钮。

③ 在打开的如图 10.7 所示的“不一致的区域名称”对话框中，可处理当前网页中现有的内容。

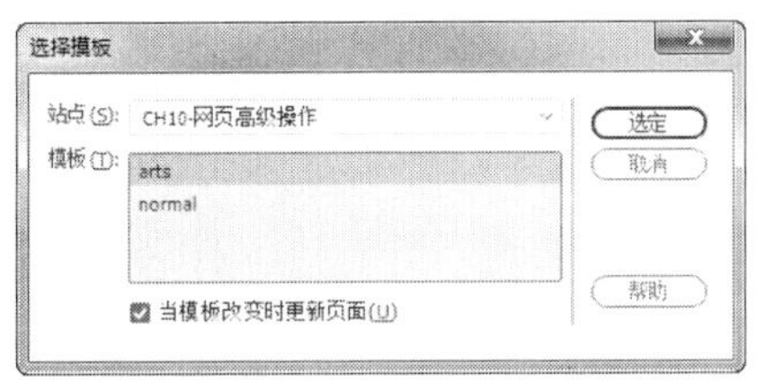

图 10.6　“选择模板”对话框

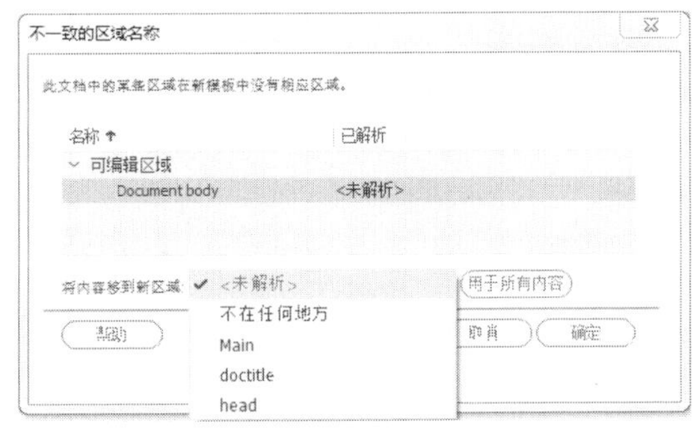

图 10.7　“不一致的区域名称”对话框

④ 对于图 10.7 中的 Document body，可以选择将其放入指定的可编辑区（如图

10.7 中的 Main，前提是要先添加可编辑区域），也可以选择“不在任何地方”将其删除，还可以将这些内容作为模板的 doctitle 或 head 的内容，doctitle 或 head 的内容放在网页的最前面，编辑网页时不可见，但在浏览时可见。

⑤ 本例中未添加任何“可编辑区域”，故选择“不在任何地方”，然后单击“确定”按钮删除原网页中的内容，只保留模板中的内容。

⑥ 选择“文件”→“保存”命令保存网页为 art2.html。

10.1.3 使用模板对象

模板对象是一组只能在模板中使用的对象，主要有可编辑区域、可选区域和重复区域 3 个基本对象，还有可编辑的可选区域和重复表格两个组合对象。模板对象可以通过选择“插入”→“模板”子菜单中的相关命令添加到模板文件中。

1．可编辑区域

可编辑区域是模板中必须要有的模板对象，在模板中相应的位置添加可编辑区域后，该位置所对应的标签中的内容便可以修改。如果整个模板中没有任何可编辑区域，则由模板创建的网页将彻底无法修改。

【案例 10.5】在模板中添加“可编辑区域”。

① 打开案例 10.1 所制作的模板 arts.dwt。

② 调整第 2 行单元格的对齐方式为水平“左对齐”、垂直“顶端”对齐，然后选择“插入”→“模板”→“可编辑区域”命令，在模板中添加两个“可编辑区域”，并分别命名为“导航区”和“文字区”，最后保存该模板，完成后的效果如图 10.8 所示。

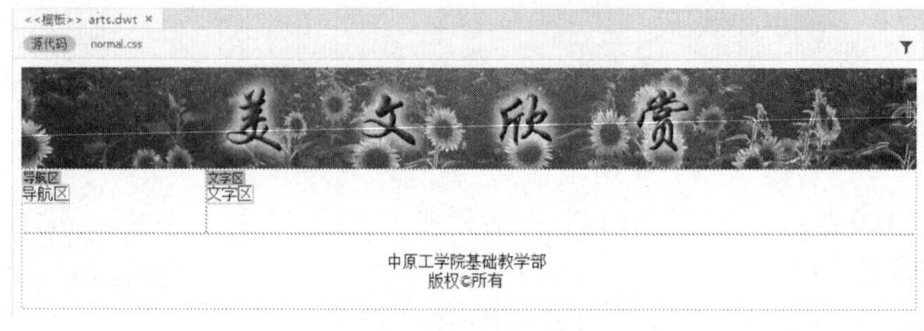

案例 10.5 视频

图 10.8 在模板中添加“可编辑区域”

由于之前依据模板创建了 art1.html 和 art2.html 两个网页，因此在保存模板时会提示更新这两个文件［见图 10.9（a）］，单击“更新”按钮，完成后单击“关闭”按钮，如图 10.9（b）所示。

（a）更新模板文件

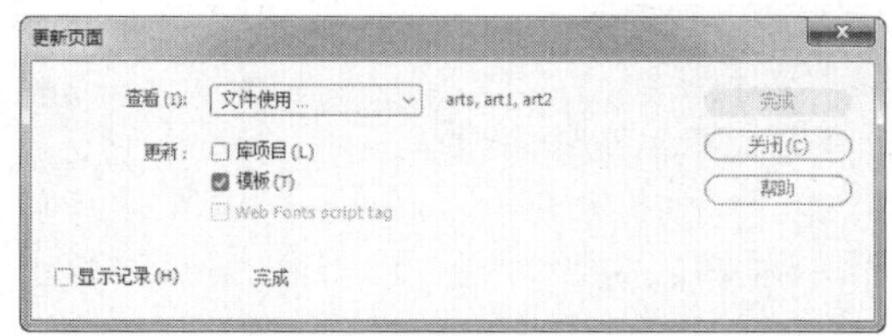

（b）更新页面

图 10.9 更新基于模板的网页

③ 打开网页 art1.html 和 art2.html，并为其文字区及导航区添加内容（图 10.10 可作参考），最后设置导航区的链接并在浏览器中测试。

提示：可根据需要在模板中添加任意多个“可编辑区域”，也可以删除不需要的“可编辑区域”，但是在删除“可编辑区域”后保存模板文件时可能会出现如图 10.7 所示的对话框。其他模板对象也有同样的情况，请注意正确处理。

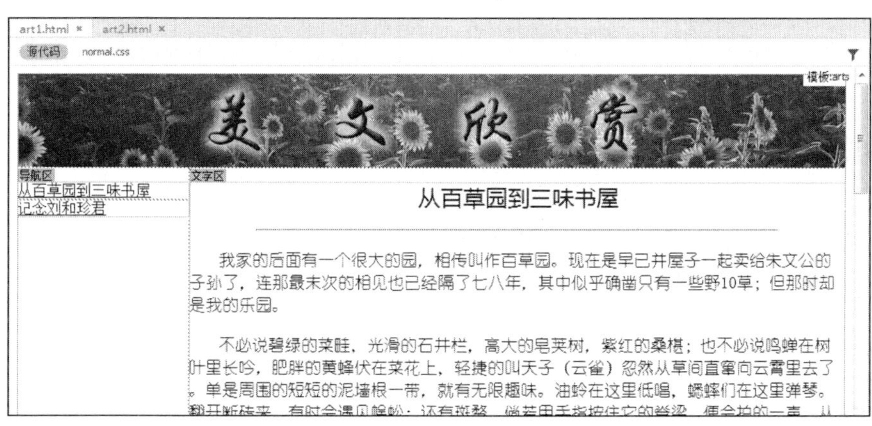

图 10.10　创建网页“可编辑区域”的内容

2. 可选区域

“可选区域”是模板中的区域，用于控制相应的内容在基于模板的网页中是否可见。“可选区域”又分为不可编辑的可选区域和可编辑的可选区域两类，其区别是在基于模板的网页中可选区域中的内容是否允许修改。

案例 10.6 视频

【案例 10.6】在模板中添加不可编辑的“可选区域”，制作各网页中都相同的“友情链接”导航列表。

① 打开案例 10.5 所制作的模板 arts.dwt。

② 选择“插入”→“模板”→“可选区域”命令，在“导航区”的下面添加一个名称为“友情链接”的可选区域，如图 10.11（a）所示。然后设置“高级”选项，如图 10.11（b）所示。

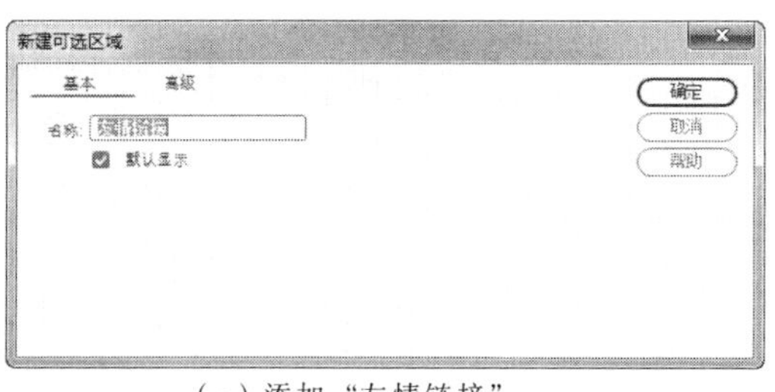

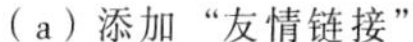
（a）添加“友情链接”

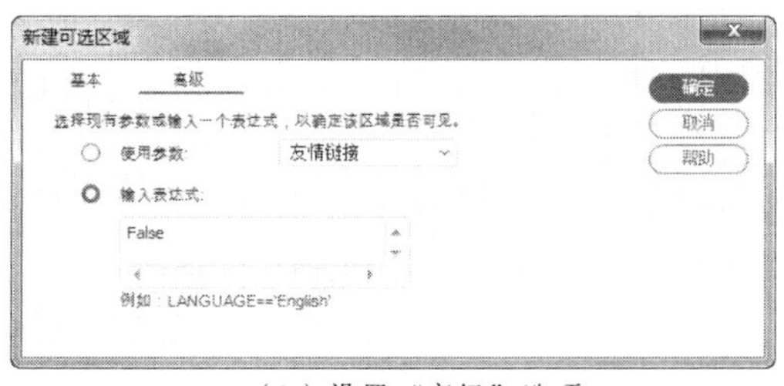

（b）设置“高级”选项

图 10.11　添加可选区域

③ 在“友情链接”可选区域中添加一个选择列表对象，然后参考图 10.12（a）制作列表内容，完成后的状态如图 10.12（b）所示。

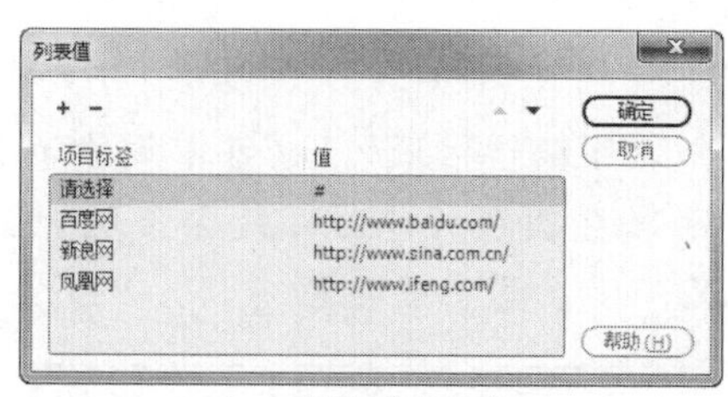

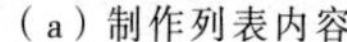
（a）制作列表内容

（b）填加列表对象后的效果

图 10.12　制作友情链接

④ 切换到“代码”窗口并修改列表对象的代码，为其添加如下的 onChange 属性。保存模板文件并更新相关的网页。

```
    <select name="friendships" id="friendships" onChange="javascript:
window.open(this.value);">
      <option value="#">请选择</option>
      <option value="http://www.baidu.com/">百度网</option>
      …
    </select>
```

⑤ 打开基于该模板的网页 art1.html，选择“编辑”→“模板属性”命令，在“模板属性”对话框中取消勾选“显示友情链接”复选框，如图 10.13 所示。

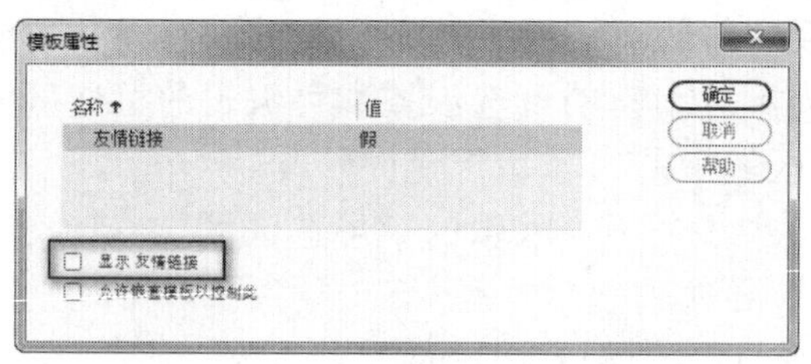

图 10.13　改变可选区域的可见性

⑥ 保存网页文件，然后在浏览器中测试，结果是 art1.html 中的“友情链接”区域不可见，而在 art2.html 网页中可见。

在模板中新添加的“可选区域”默认是可见的。若欲使“友情链接”默认不可见，可以在模板中单击该可选区域的标签 If 友情链接，然后单击“属性”面板中的 编辑... 按钮，在打开的对话框［见图 10.11（a）］中取消勾选“默认显示”复选框即可。也可以如图 10.11（b）所示那样，在“高级”选项中选择其他参数或书写一个逻辑表达式（如 False），使其不可见。

在案例 10.6 中，基于模板的网页中的“友情链接”菜单是不可编辑的。若要创建一个既可以控制是否可见，又可以在可见时进行编辑的区域，可以在模板中添加一个“可编辑的可选区域”。

案例 10.7 视频

【案例 10.7】在模板中添加“可编辑的可选区域”，制作各网页中可以定制的“友情链接”导航列表。

① 打开案例 10.6 所制作的模板 arts.dwt，删除原有的“友情链接”

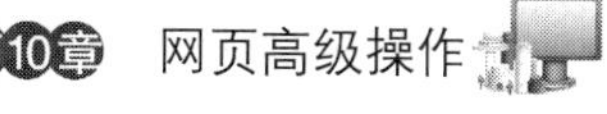

可选区域。

② 选择“插入”→“模板”→“可编辑的可选区域”命令，在“导航区”的下面添加一个名称为“合作伙伴”的可编辑的可选区域。选择“合作伙伴”内的“可编辑区域”并将其命名为“友情链接”，然后在“友情链接”中依照前一案例的方法制作选项菜单，菜单只有“请选择”一项，如图 10.14（a）所示。完成后保存模板并更新相关网页。

③ 打开网页 art1.html 和 art2.html 并为其制作不同的“友情链接”内容，图 10.14（b）中的内容仅供参考。

④ 保存所有相关网页，然后在浏览器中查看网页的内容。

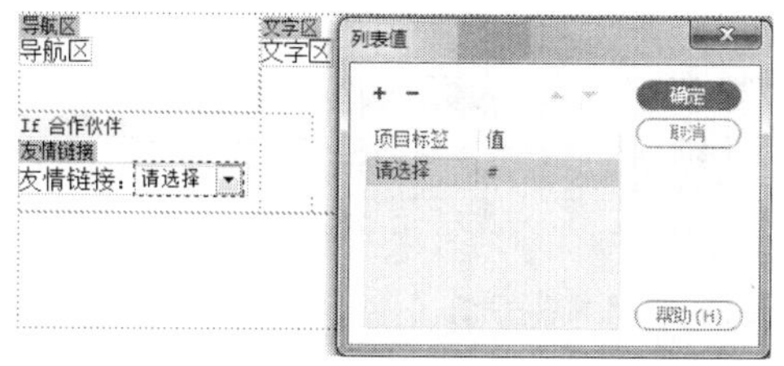

（a）制作选项菜单

（b）制作“友情链接”内容

图 10.14　可编辑的可选区域

3. 重复区域

“重复区域”是另外一种模板对象，该对象中的内容，可以在基于模板的页面中重复生成。重复区域通常与表格一起使用，但也可以在重复区域中使用其他页面元素。

使用重复区域，可以重复特定网页元素来控制页面布局，例如目录项或者重复数据行（如项目列表）。

模板中可以使用重复区域和重复表格这两种模板对象。重复区域通常用于制作水平方式的布局结构，重复表格则多用于制作垂直方式的布局结构。

【案例 10.8】在模板中添加“重复区域”，制作水平的导航区。

① 打开案例 10.7 所制作的模板 arts.dwt。

② 选择“编辑”→“表格”→“插入行”命令在 Logo 图片下面添加一个表格行，然后调整新行的高度为 30。

③ 选择“插入”→“模板”→“重复区域”命令，在空白行中添加一个名为“水平导航”的重复区域，如图 10.15（a）所示。保存模板文档并更新相关网页。

④ 打开网页 art1.html，单击水平导航区中的+按钮添加两个重复项，结果如图 10.15（b）所示。

说明：网页中的重复区域右上方会出现 4 个按钮，这些按钮在模板中不会出现。这 4 个按钮的功能分别是添加一个重复项（+）、删除一个重复项（−）、使某一重复项后移（▼）和使某一重复项前移（▲），如图 10.15（b）所示。默认情况下可以添加重复项但不可以删除和移动。如果单击“删除”按钮会出现如图 10.15（c）所示的警示对话框。

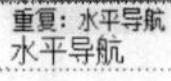

（a）插入重复区域

（b）填加重复项

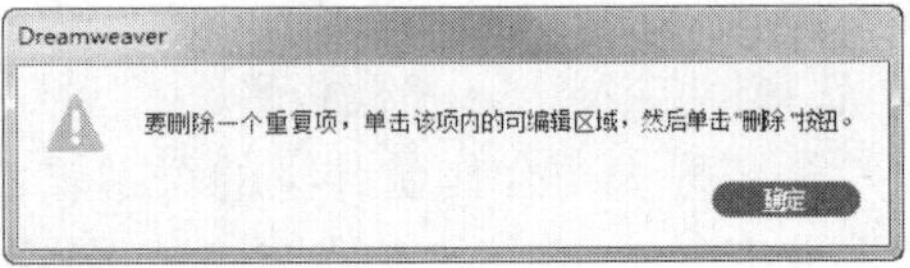

（c）警示对话框

图 10.15　添加重复区域

⑤ 修改模板并在“水平导航”重复区域中添加一个名为“导航文字”的可编辑区域，如图 10.16（a）所示。保存模板并在基于模板的网页中制作各自的导航区内容，如图 10.16（b）所示。

⑥ 保存并用浏览器查看网页，导航区效果如图 10.16（c）所示（仅供参考）。

（a）添加可编辑区域

（b）制作导航区内容

（c）导航区效果

图 10.16　用重复区域制作导航

【案例 10.9】 在模板中使用“重复表格”，制作垂直的导航区。

① 打开案例 10.8 所制作的模板 arts.dwt。

② 删除左侧原有的“导航区”，然后选择“插入”→“模板”→“重复表格”命令，在打开“插入重复表格”对话框中调整选项［见图 10.17（a）］制作一个重复表格。然后在表格的第一行加入文字“导航区”，并将“友情链接”的内容移到第三行内，最后保存模板并更新网页，完成后应如图 10.17（b）所示。

案例 10.9 视频

③ 打开网页 art1.html 和 art2.html，利用重复表格为每个网页制作导航区的内容，如图 10.17（c）所示。

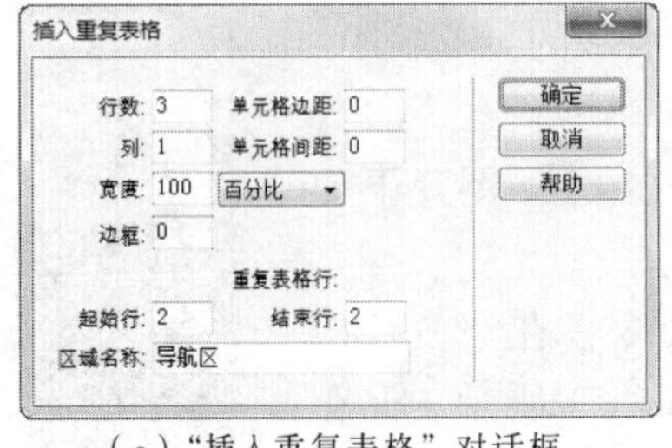

（a）“插入重复表格”对话框

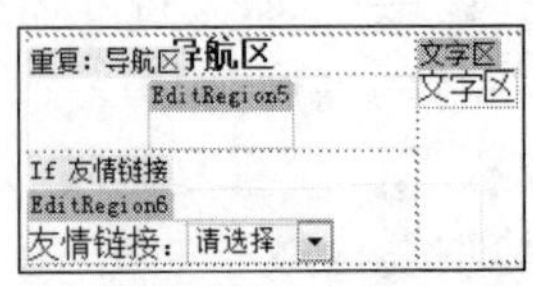

（b）制作导航区内容（一）

（c）制作导航区内容（二）

图 10.17　用重复表格制作导航

④ 保存所有网页并在浏览器中查看网页的内容。

10.2　库

库是一种特殊的 Dreamweaver 文件，其中包含可放置到 Web 页面中的一组单个资源或资源副本。库中的这些资源称为库项目。可在库中存储的项目包括图像、表格、声音和使用 Adobe Flash 创建的文件。每当编辑某个库项目时，可以自动更新所有使用该项目的页面。

Dreamweaver 将库项目存储在每个站点的本地根文件夹下的 Library 文件夹中，如果 Library 文件夹不存在则自动创建。每个站点都可以有自己的库。

10.2.1 资源面板

“库”并不是以独立的面板存在，而是作为“资源”面板中的一个组存在。Dreamweaver CC 的“资源”面板跟踪和预览站点中存储的所有资源，如图像、影片、颜色、脚本和链接。可以直接从“资源”面板中拖动某个资源，将其插入到当前的页面中。

库和模板都属于链接资源，其特点是编辑库项目或模板时，Dreamweaver 会更新所有使用这些资源的文档。库项目通常代表诸如站点徽标或版权信息这类小型的设计资源。若要控制较大的设计区域，应当选择使用模板。

选择“窗口”→“资源”命令，打开“资源”面板来管理当前站点中的资源。必须首先定义并打开一个本地站点，然后才能在“资源”面板中查看资源。

如果在“文档”区域打开了不同站点的多个文档，则在切换活动文档后，“资源”面板中的内容会随之发生变化。

图 10.18 所示为某个“站点”的“资源”面板的内容。列表左侧为“类别”图标，列表上方为预览区域。

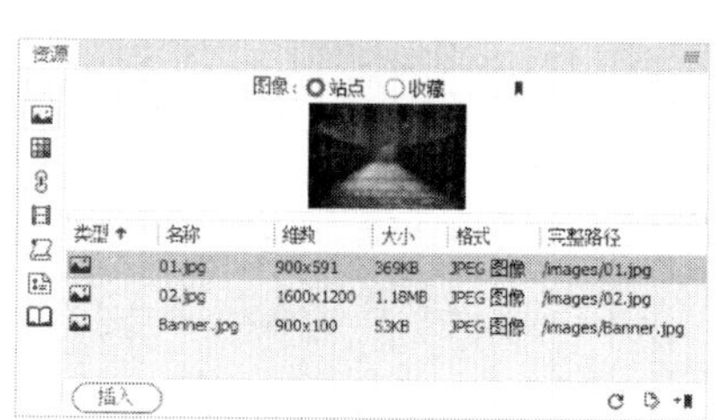

图 10.18 “资源”面板

“资源”面板提供了两种查看资源的方式：

- “站点”列表：显示站点的所有资源，包括该站点中使用的所有颜色和 URL 等。
- “收藏”列表：仅显示明确选择收藏的资源。

若要在这两个视图之间切换，可单击预览区域上方的“站点”或“收藏”按钮，注意这两个视图均不影响“模板”和“库”项目类别。

大部分“资源”面板操作在这两个列表中的工作方式相同，但是有几个任务只能在“收藏”列表中执行。

在这两个列表中，资源属于下列类别之一：

- 图像：GIF、JPEG 或 PNG 格式的图像文件。
- 颜色：文档和样式表中使用的颜色，包括文本颜色、背景颜色和链接颜色。
- URL：当前站点文档中使用的外部链接，包括 FTP、gopher、HTTP、HTTPS、JavaScript、电子邮件（mailto）以及本地文件（file://）链接。
- 媒体：媒体文件，如 Adobe Flash（SWF）文件、Adobe Shockwave 文件、QuickTime 或 MPEG 文件。

- 脚本：JavaScript 或 VBScript 文件。HTML 文件中的脚本不出现在“资源”面板中。
- 模板：多个页面上使用的主页面布局。修改模板时会自动修改附加该模板的所有页面。
- 库：在多个页面中使用的设计元素；当修改一个库项目时，会更新所有包含该项目的页面。

若要使某个文件在“资源”面板上出现，该文件必须属于上述类别中的某个类别。某些其他类型的文件也称为资源，但这些文件由于不属于以上类别，不会在面板中显示出来。

10.2.2 创建与使用库项目

1. 创建库项目

任何网页中的元素，无论文本还是图形均可以添加到库中成为库项目。库项目还可以被转换为非库项目，也可以从一个站点复制到另一个站点中。

【案例 10.10】为网站创建自己的“库项目”。

① 在网站中创建一个新的网页文件，图 10.19（a）可作参考。

② 打开“资源”面板，单击按钮切换到“库”界面。

③ 选择人物图片，然后单击“资源”面板下方的“新建库项目”按钮创建一个名为 YuanChun 的库项目，并根据提示更新网页。

④ 选择网页中右侧的“判词”文字，仿照步骤③创建名为 PanCi 的库项目。

⑤ 选择网页中下方的“音乐”插件，仿照步骤③创建名为 Music 的库项目。

完成后库中的项目列表如图 10.19（b）所示。

（a）创建网页文件

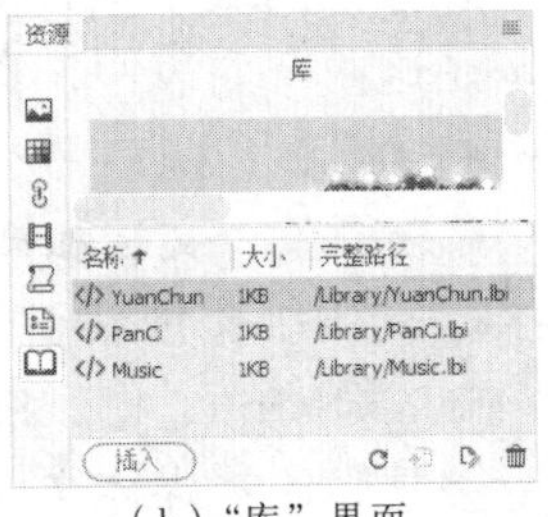

（b）“库”界面

图 10.19 创建库项目

对于简单的网页元素，也可以通过鼠标拖入库的方式创建库项目。

Dreamweaver 将每个库项目作为一个单独的文件（文件扩展名为 .lbi）保存在站点本地根文件夹下的 Library 文件夹中。

2. 使用库项目

库中的项目随时都可以应用在站点的网页中，其主要步骤如下：

①：新建或打开一个已存在的网页文件。

②：打开“资源”面板，单击“库”按钮切换到库项目列表。

③：拖动所需库项目到网页中的适当位置，库项目即被应用到该网页中。也可以通过单击该面板下方的“插入”按钮将库项目插入到网页中的光标位置。

10.2.3 管理库项目

1. 修改库项目

库项目是站点中可重复使用的对象，通常是少量几个网页元素的简单组合。库项目的修改会造成使用库项目的网页内容的改变，这也是网站中使用库项目的重要原因。

【案例 10.11】通过网页修改所插入的库项目（以案例 10.10 为例）。

① 选中网页中已插入的库项目 YuanChun。

② 在“属性”面板中单击“打开”按钮。

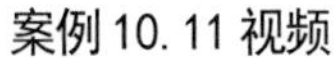

③ 在打开的修改库项目窗口，修改图片为另一位金陵十二钗的人物图像。

④ 修改完成之后关闭并保存库项目，之后会弹出“更新库项目”对话框，单击“更新”按钮。

⑤ 在打开的“更新页面”对话框中选择更新范围，更新完成后单击“关闭”按钮。

⑥ 完成后观察相关的网页内容的变化。

也可在“资源”面板的“库”类别下直接选择需要更新库项目，单击“编辑”按钮或双击该项目，即可打开该项目进行修改，此后操作与上述③~⑤相同。

2. 删除库项目

① 在“资源”面板的“库”类别中选择要删除的库项目，单击“删除”按钮。

② 在弹出的提示框中选择“是”即可从库中将此项目删除。

如果无意中错删了某个库项目，可以在应用库项目的文档中选择该库项目，然后在“属性”面板中单击“重新创建”按钮，则 Dreamweaver 会自动使用原来的库名称，重新建立该项目。

3. 更新使用库项目的页面

如果在修改完库项目后没有立即更新网页的内容，可采用以下方法手动更新。

- 选择“修改”→“库”→“更新页面”命令，可更新整个站点中所有使用某个特定库项目的页面。
- 选择“修改”→“库”→“更新当前页”命令，可使当前页面中所有库项目都更新到当前的最新版本。

4．库项目变为普通网页元素

如果希望将添加到网页中的库项目变成普通的网页元素，可以选中该库项目并单击“属性”面板中的“从源文件中分离”按钮。

操作完成之后该库项目将变成普通网页元素，就可以像编辑普通网页元素一样编辑它们。这一操作并不会对库中的对应库项目产生影响。

10.2.4 共享库项目

所有库项目都保存在网站根目录下面的 Library 文件夹中，复制 Library 文件夹到其他网站的根文件夹下，即可在其他网站中使用相同的一组库项目。

有一点需要注意，因为除文字以外，其他如图像、音频、视频等内容，在网页中均以“引用”的方式使用，所以如果“库项目”中存在对外部资源的引用，则这些资源必须存放在 Library 文件夹中。如果有必要，可以在 Library 中建立诸如 images、music 之类的子文件夹。

如果根据以上原则重新调整本节用到的几个库项目，则 Library 中的内容应该如图 10.20 所示。

图 10.20 调整后的 Library 文件夹

10.3 网 页 特 效

所谓的网页特效是指网页包含的具有响应用户操作的交互能力，用于提高用户的使用体验。这些交互能力包括信息提示、内容变化、样式变化及显示控制等诸多内容。网页特效通常是使用 Javascript、ASP、PHP 之类的脚本语言编写的，这对于没有编程基础的初学者来说具有相当的难度。为使没有脚本编程经验的设计者也能为网页添加特效，Dreamweaver 提供了通过添加行为来创建网页特效的方法。

10.3.1 行为

行为就是在浏览网页时进行的操作，通过为操作关联相应的代码可以产生页面的变化，从而实现用户与网页的交互。利用 Dreamweaver 的行为设置功能，几乎不用写代码，就可以实现丰富的动态页面效果。

行为是由事件和动作组成的。事件是引发动作产生的条件，即触发动态效果的原因，如鼠标对某个对象的单击、双击操作等，而动作是事件发生后，计算机系统所执行的处理过程，如弹出信息、打开一个浏览器窗口、播放声音等。

Dreamweaver 中通过“行为”面板（见图 10.21）来完成各种行为的管理。“行为”面板可通过选择“窗口”→“行为”命令或按【Shift+F4】快捷键打开。

1. 添加行为

“行为”面板中的 +按钮可给网页中的某个对象添加行为，方法如下：

① 在网页中选中要添加行为的对象，如图像、文字、按钮等。

② 单击“行为”面板中的 +按钮，弹出动作名称菜单（见图 10.22），从中选择某种动作类型，即可进行相应动作参数的设置。动作设置完成后，在“行为”面板的行为列表中即可列出动作的名称（右列）以及与其对应的系统所给的默认事件名称（左列），参见图 10.21。

图 10.21 “行为”面板

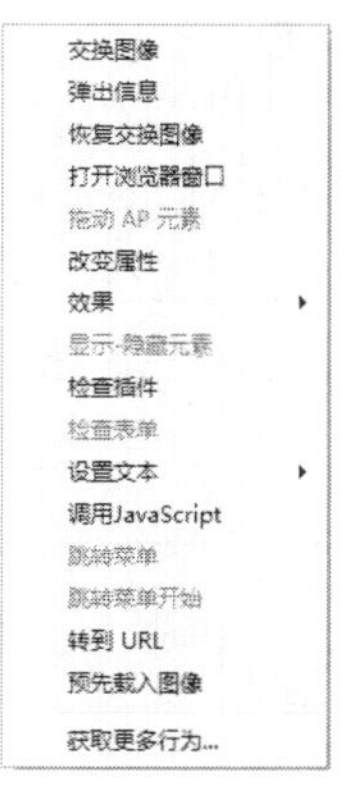

图 10.22 动作名称菜单

③ 如果要更换系统的默认事件，可单击“事件”栏中默认事件名称，此时会在事件名称处出现下拉列表框，单击右边的下拉按钮，在弹出的事件名称菜单中，选择一个事件名称即可。

2. 更改或删除行为

在更改或删除行为前，同样需要先选择对象，此时“行为”面板会显示该对象上具有的行为列表，然后针对相应的行为执行更改或删除的操作。

- 编辑行为中的动作参数，可在“行为”面板中双击要编辑参数的动作的名称，或选中名称后按【Enter】键。
- 更改动作顺序，单击“行为”面板中的 ▲ 或 ▼ 按钮即可改变相应顺序。
- 删除当前行为，单击“行为”面板中的 - 按钮可删除当前选中的行为（包括动作和事件）。

3. 其余操作

单击“显示所有事件”按钮，将在“行为”面板中显示出网页中所选对象所能使用的所有事件。单击“显示设置事件”按钮，则只在“行为”面板中显示出所有已经使用的事件。

4. 行为的事件名称及其作用

不同的浏览器所支持的事件类型不同，下面将介绍一些常见事件的名称及其触发条件，如表 10.1 所示。

表 10.1　常见事件的名称及其触发条件

序　　号	事 件 名 称	事件触发条件
1	onFocus	当前对象获得焦点时触发
2	onBlur	当前对象失去焦点时触发
3	onClick	单击指定对象时触发
4	onDblClick	双击指定对象时触发
5	onKeyDown	按下键盘上的某个键，不放开时触发
6	onKeyPress	按下键盘上的某个键，放开时触发
7	onKeyUp	放开按下的键时触发
8	onLoad	在载入图像或页面等对象时触发
9	onMouseDown	按下鼠标左键未放开时触发
10	onMouseUp	按下鼠标左键并释放鼠标时触发
11	onMouseMove	当鼠标移向指定对象或在指定对象上移动时触发
12	onMouseOver	当鼠标指针移入指定对象区域时触发
13	onMouseOut	当鼠标指针移出指定对象区域时触发
14	onReset	表单重置时触发
15	onResize	当重设浏览窗口或框架大小时触发
16	onScroll	网页上下滚动时触发
17	onSelect	从一个文本框或选择框中选择文本时触发
18	onSubmit	表单提交时触发
19	onUnLoad	在离开主页面时触发

5．常用动作的作用及其设置

当用户在浏览器中触发一个事件时，事件就会调用与其相关的动作，即一段预先编写好的 JavaScript 代码。Dreamweaver 内置了一些动作的 JavaScript 程序脚本，可供用户直接调用，对于不同的选定对象，在动作名称列表中可以使用的动作也不一样。

需要说明的是在添加行为之前，相应添加行为的对象需要先设置好其 id 属性。下面将介绍 Dreamweaver 中的常用动作设置。

（1）交换图像

交换图像功能可以实现当鼠标指向网页中的图像时，使该图像区变换显示另一幅图像。添加该行为的方法是先设置图像的 id 属性［见图 10.23（a）中的 img1］，然后单击“行为”面板上的“添加行为”按钮并选择“交换图像”命令，打开“交换图像”对话框，如图 10.23（a）所示。该对话框中各项设置含义如下：

- 图像：列出的是已添加到网页的图像，可选作“交换图像”行为的原始图像。
- 设置原始档为：可输入或通过“浏览”按钮选择用来交换的图像。
- 预先载入图像：勾选此复选框，可预先载入图像，使图像在切换时更流畅。
- 鼠标滑开时恢复图像：勾选此复选框，当鼠标指针离开时图像区恢复为原始图像。

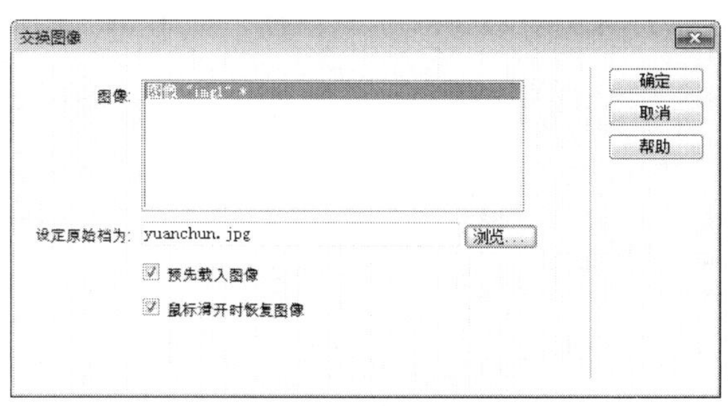

（a）“交换图像”对话框

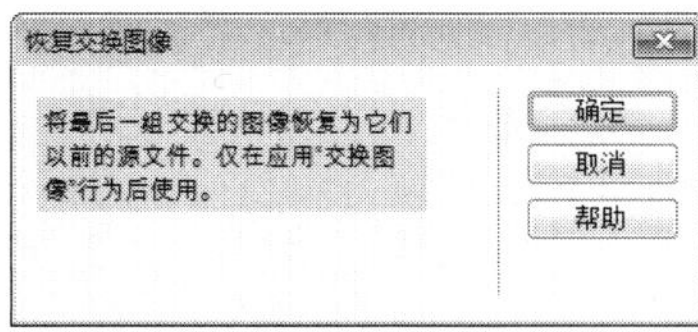

（b）“恢复交换图像”框

图 10.23　“交换图像”与“恢复交换图像”对话框

（2）恢复交换图像

“恢复交换图像”行为只能在使用了“交换图像”行为之后的图片上使用。它可以把交换后的图像恢复为原始图像。选择该命令后将打开“恢复交换图像”对话框［见图 10.23（b）］，此时只需单击“确定”按钮，即可完成“恢复交换图像”行为的设置。

【案例 10.12】给网页图像添加“交换图像”和“恢复交换图像”行为。

案例 10.12 视频

① 新建 HTML 文档，在文档中插入一幅图片，给图像 id 命名为 img1。

② 选中图像，单击“行为”面板上的“添加行为”按钮，并选择“交换图像”命令，打开“交换图像”对话框，参见图 10.23（a）。

③ 单击“浏览”按钮并选择要交换的图像，其他设置参见图 10.23，单击“确定”按钮完成设置。

④ 完成后在“行为”面板中会自动添加“交换图像”和“恢复交换图像”两个行为，并自动添加了触发行为的 onMouseOver 和 onMouseOut 两个事件。按【F12】键预览网页。

（3）弹出信息

弹出信息是指在浏览网页过程中，打开网页或操作网页元素时弹出一个信息框，信息的内容由设计者指定。

【案例 10.13】在浏览器中打开网页时弹出一个“欢迎”信息框。

案例 10.13 视频

① 新建一个 HTML 文档。

② 单击“行为”面板上的“添加行为”按钮，选择“弹出信息”命令，打开“弹出信息”对话框，如图 10.24 所示。

③ 在该对话框的“消息”框中输入要显示的信息，本案例在此处输入“欢迎光临我的站点!”，单击“确定”按钮完成行为的添加。

④ 保存文档，按【F12】键预览网页并查看弹出的信息窗口。

（4）打开浏览器窗口

打开浏览器窗口与弹出信息相似，只是打开的不是信息框而是一个新的浏览器窗口，因此要求事先制作好要打开的网页。单击“行为”面板上的“添加行为”按钮，选择“打开浏览器窗口”命令，打开“打开浏览器窗口”对话框，如图 10.25 所示。

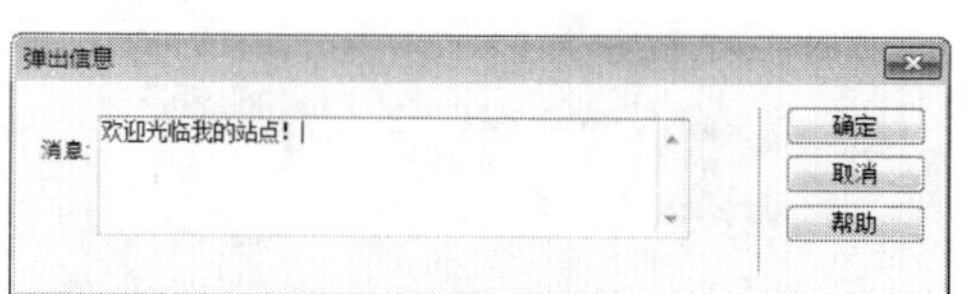

图 10.24　“弹出信息”对话框

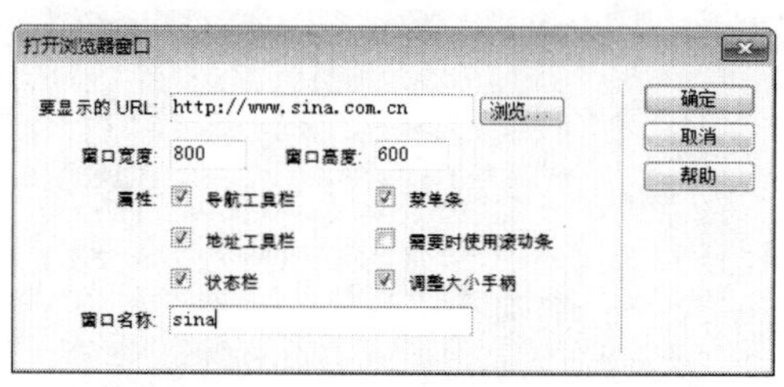

图 10.25　“打开浏览器窗口”对话框

该对话框中各项设置含义如下：

- 要显示的 URL：输入一个网址或通过“浏览”按钮选择站点内要打开的网页文件。
- 窗口宽度与窗口高度：设置要打开的浏览器窗口的宽度和高度。
- 属性：用来设置要打开的浏览器的属性。各项复选框分别代表在新的浏览器窗口中是否包含导航工具栏、菜单条、地址工具栏、滚动条、状态栏以及是否可以通过鼠标拖动来调整浏览器显示窗口的大小。需要说明的是这些选项并非对所有的浏览器都有效。
- 窗口名称：设置新打开窗口的名称，方便通过程序对其进行操作。

图 10.25 打开的是“新浪网”，也可以打开本站点内的其他网页，操作方法是单击其中的“浏览”按钮找到站点内的相应网页即可。

（5）拖动 AP 元素

拖动 AP 元素行为可以让访问网页的用户拖动本来是绝对定位的（AP）元素。使用此行为可以创建拼图游戏、滑块控件和其他可以移动的界面元素。

【案例 10.14】在一个网页上放置一个可以拖动的“通知”对象。

① 新建 HTML 文档，在此 HTML 文档添加一个 Div 层元素，修改其 id 为 apDiv1，创建 CSS 选择器如下：其内容与属性可参考图 10.26 进行设置。

案例 10. 14 视频

```
#apDiv {
    width: 300px;
    height: 300px;
    position: absolute;
    left: 424px;
    top: 68px;
    background-color: #F7F65D;
}
```

② 单击 HTML 文档的空白处，即选定<body>对象（注意不要选择层），单击“行为”面板上的“添加行为”按钮，选择“拖动 AP 元素”命令，打开“拖动 AP 元素”对话框，如图 10.27 所示。

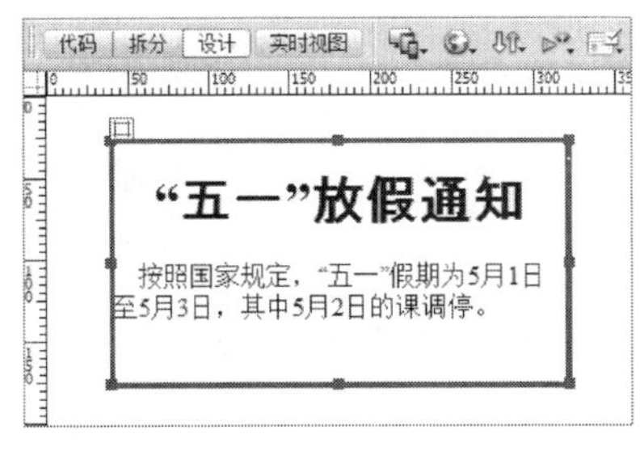

图 10.26 包含层的 HTML 文档

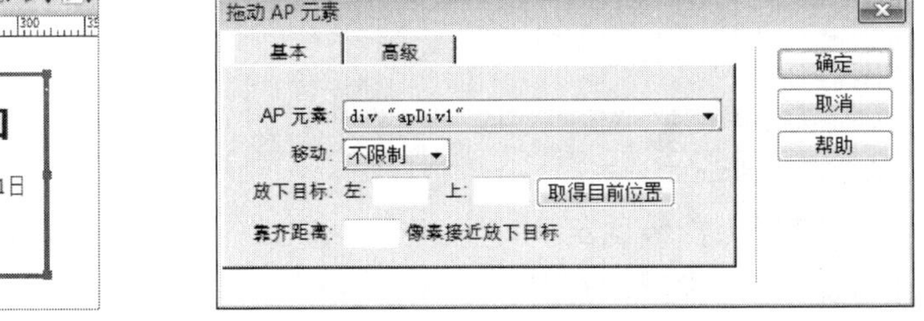

图 10.27 "拖动 AP 元素"对话框

③ 选择"AP 元素"中要拖动的元素名称，"不限制"其移动范围，单击"确定"按钮。

④ 按【F12】键预览网页，可以拖动该层到网页中的任何位置。

⑤ 双击"行为"面板中刚添加的"拖动 AP 元素"行为，再次打开"拖动 AP 元素"对话框，在"放下目标"的"左"和"上"文本框都输入 0。靠齐距离"50"像素接近放下目标。

⑥ 再次按【F12】键预览网页，当拖动该层到网页左上角并接近目标位置 50 像素范围内时，松开鼠标会自动吸附到目标位置，即网页的左上角。

（6）改变属性

使用此行为可以动态改变某些对象的属性值。在"行为"面板上单击"添加行为"按钮，选择"改变属性"命令，打开"改变属性"对话框，如图 10.28（a）所示。

其中各选项设置含义如下：

- 元素类型：在其下拉列表中选择要改变属性的对象类型。
- 元素 ID：选择要改变属性的对象的 ID。
- 属性：若单击"选择"单选项，可在其右边的下拉框中选择要改变的属性名称。若单击"输入"单选项，则可在其右边的文本框中输入要改变的属性名。
- 新的值：用于输入要改变的属性的新值。

【案例 10.15】在网页中放置一个文字层，当鼠标移入和移出该层时该层的背景颜色发生改变。

案例 10.15 视频

① 新建一个的 HTML 文档，在文档中插入一个新的层，命名为 c2。在 c2 层中输入"五一放假通知"，格式设为"标题 1"。

② 选中 c2 层，添加"改变属性"行为，在打开的"改变属性"对话框中各项设置如图 10.28（a）所示，单击"确定"完成设置。

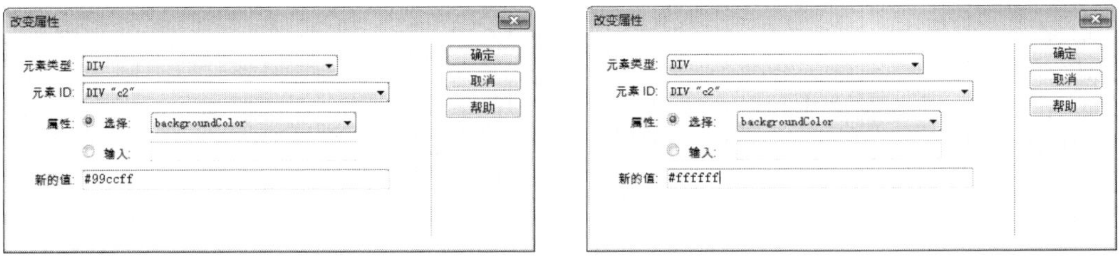

（a）

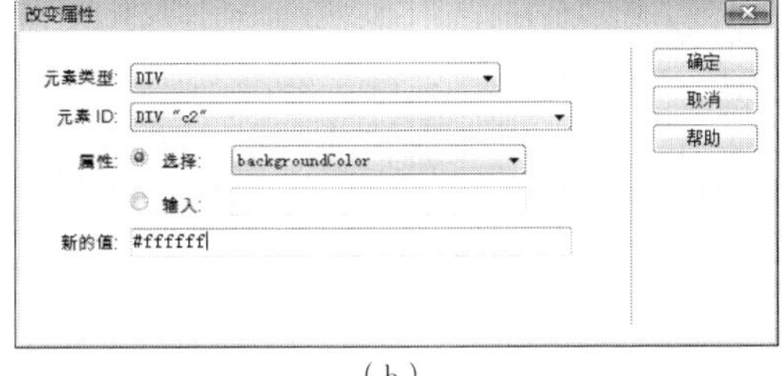

（b）

图 10.28 "改变属性"对话框

③ 将“行为”面板的行为显示区域中显示的“改变属性”行为前面的事件改为 onMouseOver 事件。

④ 选中 c2 层，添加“改变属性”行为，在打开的“改变属性”对话框中设置各项参数［见图 10.28（b）］，单击“确定”按钮完成设置。

⑤ 将行为面板的行为显示区域中显示的新添加的“改变属性”行为（注意与前面步骤②中添加的行为区别开），事件改为 onMouseOut 事件。

⑥ 保存文档并按【F12】键预览网页，将鼠标移动到 c2 层上时层的背景颜色变为蓝色，将鼠标移出此层时，背景颜色恢复为白色。

（7）显示-隐藏元素

使用此行可以改变元素的显示/隐藏状态。在“行为”面板上单击“添加行为”按钮，选择“显示-隐藏元素”命令，打开“显示-隐藏元素”对话框，如图 10.29 所示。在此对话框中选择“元素”列表框中的元素名称，然后单击“显示”或“隐藏”按钮，即可完成相应的设置。若单击“默认”按钮，即可将元素的显示或隐藏状态设置为默认。

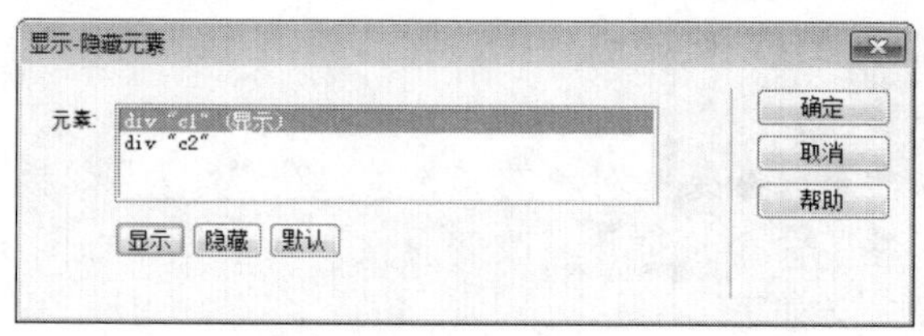

图 10.29　“显示-隐藏元素”对话框

【案例 10.16】利用鼠标移入和移出 c2 层的时机，来控制 c1 层的显示和隐藏状态。

① 创建一个 HTML 文档并添加 c1、c2 两个层，层中的具体内容可随意设置。

② 选中 c1 层，在属性面板中将“可见性”设为 hidden。

案例 10.16 视频

③ 选中 c2 层，为其添加“显示-隐藏元素”行为，在打开的“显示-隐藏元素”对话框的“元素”框中选择“div "c1"”，再单击“显示”按钮，此时在“元素”框中的“div "c1"”后会看到“显示”字样（见图 10.29）。完成后单击“确定”按钮。

④ 将“行为”面板的行为显示区域中显示的“显示-隐藏元素”行为前面的事件改为 onMouseOver 事件。

⑤ 选中 c2 层，再次添加“显示-隐藏元素”行为，在打开的“显示-隐藏元素”对话框的“元素”框中选择“div "c1"”，再单击“隐藏”按钮，完成后单击“确定”按钮。

⑥ 将“行为”面板的行为显示区域中显示的新添加的“显示-隐藏元素”行为（注意与前面步骤②中添加的行为区别开）事件改为 onMouseOut 事件。

⑦ 保存文档并按【F12】键预览网页，此时只能看到 c2 层，c1 层处于隐藏状态。将鼠标移动到 c2 层上，此时 c1 层显示出来，再将鼠标从 c2 层移开时，c1 层再次隐藏。

（8）检查插件

当制作的网页中包含 Flash、QuickTime、Shockwave 等需要安装专门的播放程序才能播放的对象时，通常需要设置检查插件行为来确定用户的计算机中是否安装了此类插件，并根据检查结果来确定网页的显示内容。

【案例 10.17】检查客户端计算机中是否安装了 Flash 插件。

① 创建一个新的 HTML 文件并在网页中添加一个 swf 类型的 Flash 对象。

② 选中插入的 Flash 对象，单击“行为”面板上的“添加行为”按钮，选择“检查插件”命令，打开“检查插件”对话框，如图 10.30 所示。

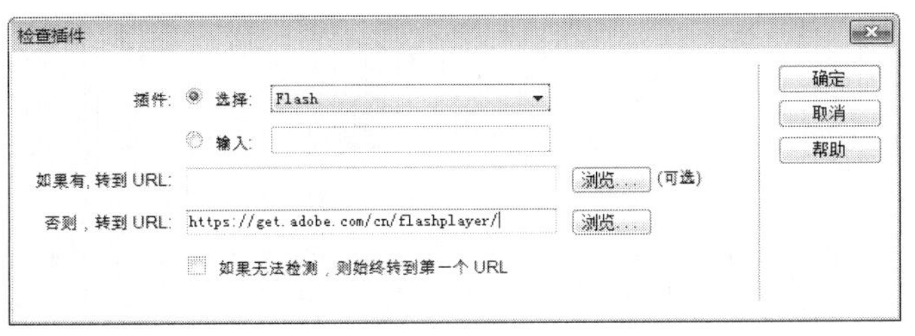

图 10.30 “检查插件”对话框

案例 10.17 视频

对话框中各选项的含义如下：

- 插件：可通过“选择”或“输入”方式来设置插件的类型。
- 如果有，转到 URL：如果检测到用户安装了该插件，则跳转到此处所指向的网页。
- 否则，转到 URL：如果未检测到用户安装该插件，则跳转到此 URL 所指网页。
- 如果无法检测，则始终转到第一个 URL：如果插件内容对页面来说是必需的，则选择此选项；否则，取消选择此选项。

③ 完成对话框中的相关设置，单击“确定”按钮。

④ 按【F12】键预览网页。

（9）检查表单

一个表单通常有它的填写规范。如果访问者不清楚该规范，将表单的内容填错，结果将导致无法从用户那里获得正确的信息。因此，在网页中提醒用户避免填写错误是很有必要的。

使用“检查表单”行为，可以在用户提交表单时，先检查用户所提交的信息是否填写规范。若符合则将表单信息上传至服务器，否则向用户反馈相应的错误提示信息。

【案例 10.18】检查浏览者提交的表单信息是否符合设计要求。

案例 10.18 视频

① 新建 HTML 文档并在文档内插入表单域，其设置布局如图 10.31 所示。

② 单击文档内的“提交”按钮，单击“行为”面板中的“添加行为”按钮，选择“检查表单”命令，打开“检查表单”对话框，如图 10.32 所示。

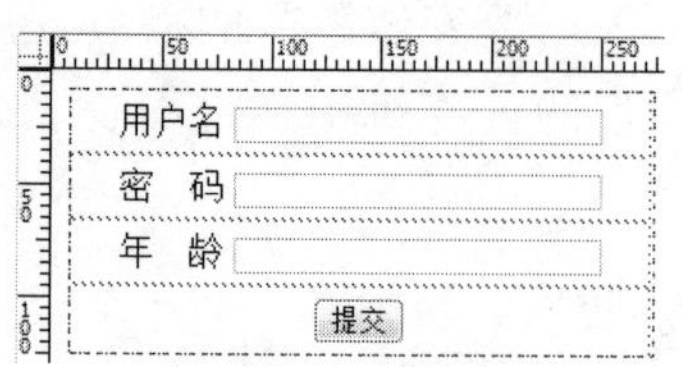

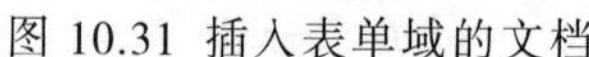
图 10.31 插入表单域的文档

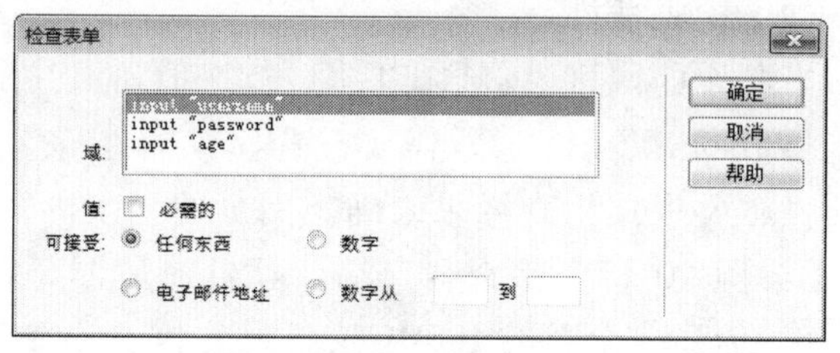

图 10.32 “检查表单”对话框

③ 对话框的“域”中列出了该网页中的所有表单域，可从中选择要检查的域。根据需要勾选“值”复选框，若勾选，代表该项必填。在“可接受”栏中勾选该项允许填写的内容。

④ 在“域”中选择 username 选项，选中“必需的”复选框，可接受“电子邮件地址”。

⑤ 在“域”中选择 password 选项，选中“必需的”复选框，可接受“数字”。

⑥ 在“域”中选择 age 选项，不勾选“必需的”复选框，可接受区勾选中“数字从……到……”单选按钮，输入从“1”到“150”。

⑦ 单击“确定”按钮完成设置。

⑧ 保存文档并按【F12】键预览网页，在网页中输入不同的数据验证“检查表单”行为。

（10）设置文本

此行为包含四项，可分别对所选容器、框架、文本域及状态栏中的文字内容进行改变。

【案例 10.19】在浏览器中单击网页上的某层时，层中的文本变为预定值。

① 将案例 10.18 中的 HTML 文档另存为 main.html，然后在其后添加一个表格，其内容可参照图 10.33 来制作。

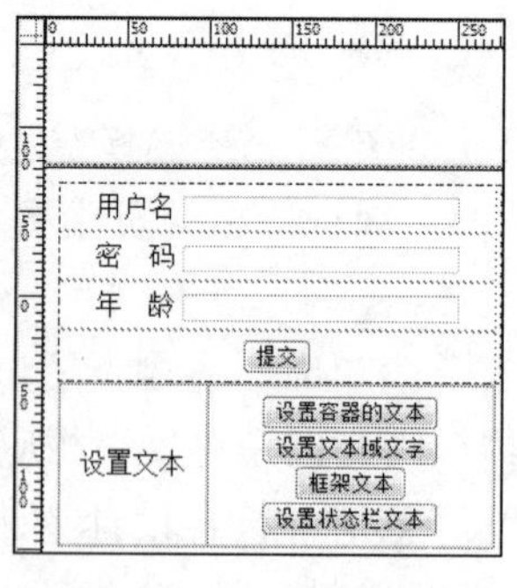

图 10.33 网页的内容

案例 10. 19 视频

② 创建上下结构的框架集，构架名称分别为 logo 和 main，其中分别显示 logo.html 和 main.html 的内容，如图 10.33 所示。

③ 分别为其下面的 4 个按钮的 onClick 事件添加“设置文本”的行为。文本的具体内容如图 10.34 所示。

（a）文本内容（一）

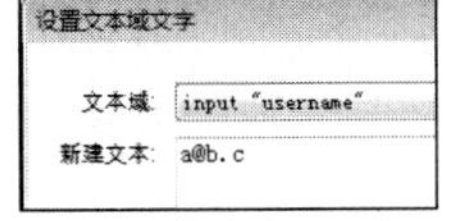

（b）文本内容（二）

（c）文本内容（三）

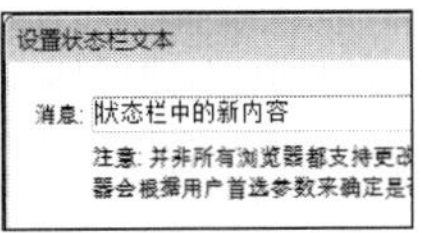

（d）文本内容（四）

图 10.34　设置文本对话框

④ 保存文档并按【F12】键预览网页，分别测试每个按钮观察网页内容的变化。

（11）调用 JavaScript

JavaScript 是一种客户端脚本语言，可以实现丰富的网页交互功能。本节所介绍的“行为”都是这样实现的。

如果了解一些 JavaScript 语法，可以使用此行为实现一些自定义的交互功能，如关闭窗口、显示信息、显示操作提示等等。

【案例 10.20】当按下网页中的“关闭窗口”按钮时，关掉当前网页窗口。

① 新建 HTML 文档，在文档中插入一个普通按钮，按钮的属性设置如图 10.35 所示。

案例 10.20 视频

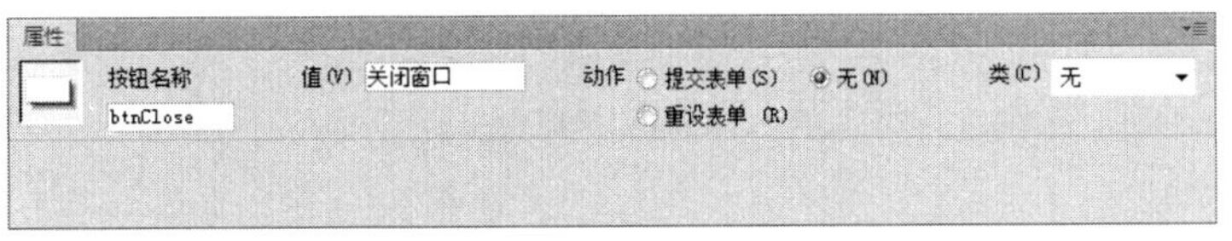

图 10.35　按钮属性设置

② 选择该按钮，然后在“行为”面板上单击“添加行为”按钮，选择“调用 JavaScript”命令，打开“调用 JavaScript”对话框，如图 10.36（a）所示。

③ 在对话框中输入 JavaScript 语句或函数，此处输入“window.close();”，单击“确定”按钮完成设置。

④ 保存文档，并按【F12】键预览网页，单击按钮后会打开如图 10.36（b）所示的提示对话框，若单击“是”按钮，则关闭该网页。

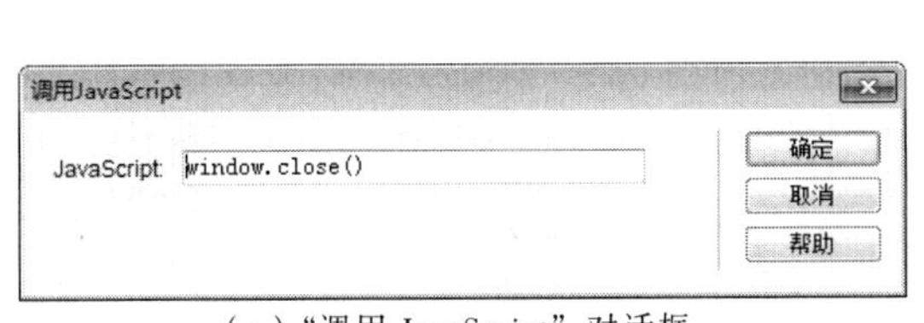

（a）“调用 JavaScript”对话框

（b）提示对话框

图 10.36　“调用 JavaScript”及提示对话框

（12）转到 URL

使用此行为，可以打开 URL 所设置的网页，与 HTML 中的超链接不同的是此类跳转是通过程序控制实现的。此行为的设置对话框如图 10.37 所示，其中除了设置 URL 外，在使用框架集的情况下还可以通过“打开在”框设置网页所要显示的框架位置。

图 10.37 “转到 URL”对话框

（13）预先载入图像

网页中的图像通常在需要时才从远程 Web 服务器上下载，所以当一个网页中有很多图像时其加载速度就会变慢。“预先载入图像”就是将某些图像提前下载下来，以提高某些网页加载速度。

图 10.38 即为“预先载入图像”对话框，将需要预先载入的图像逐一加入列表，然后单击“确定”按钮即可完成设置。

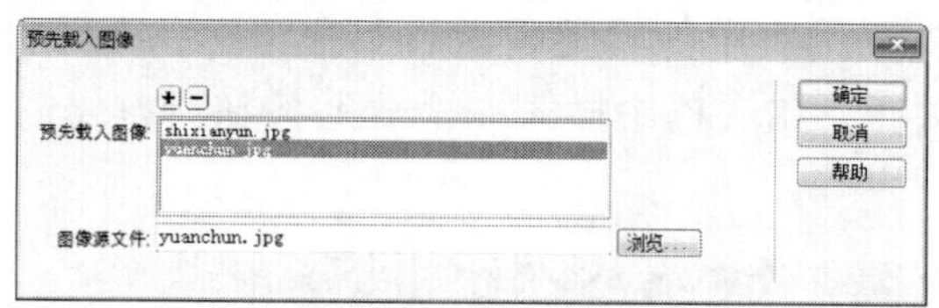

图 10.38 “预先载入图像”对话框

10.3.2 JavaScript

使用 JavaScript 脚本编程可以实现许多动态的网页特效。对于初学者来说，即使不能独立编写这些特效脚本，也可以通过复制、粘贴将脚本添加到自己的网页中，只要根据自己的需求修改这些脚本程序，就可以给自己的网页添加炫丽的效果。本节将通过案例来介绍几种网页常用的特效。

JavaScript 脚本在网页代码中写在一对<script>标签中，当查看一段网页代码时要特别注意这一部分内容。

【案例 10.21】滚动文字特效。

① 新建 HTML 文档。

案例 10.21 视频

② 切换到“代码”视图，在<body> </body>区域内插入以下代码：

```
    <marquee  onmouseover="this.stop()"  onmouseout="this.
start()" direction ="left">
    <a href="http://www.zzti.edu.cn">欢迎光临我的站点</a>
    </marquee>
```

③ 保存文档，按【F12】键预览网页。此时在网页上显示“欢迎光临我的站点”滚动文字，当鼠标移动到文字上时滚动停止，当鼠标从文字上移出时滚动继续，当鼠标在文字上单击时，则可以链接到其他网页，如图 10.39 所示。

提示：direction 的值有 left、right、up 和 down 四项，用来控制文字的滚动方向。

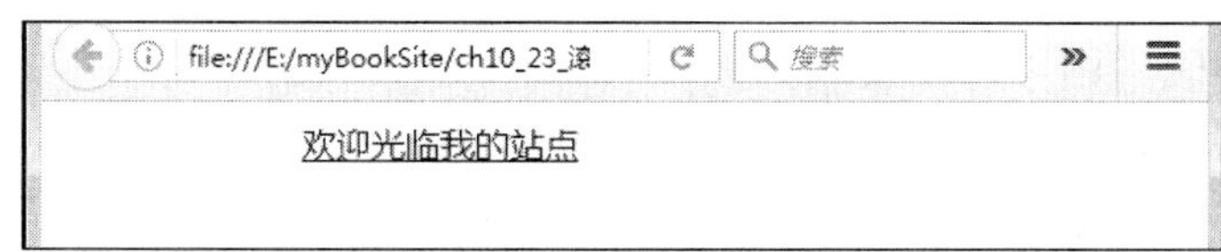

图 10.39　滚动文字特效

【案例 10.22】图片滚动特效。

案例 10.22 视频

① 新建 HTML 文档。

② 切换到“代码”视图，在<body> </body>区域内插入以下代码：

```
    <table width="600" border="0" align="center" cellpadding=
"0" cellspacing= "0">
     <tr><td>
      <div  id="c1"  style="overflow:hidden;  height:100px;  width:600px;
color:#ff0000">
       <table align="left" cellpadding="0" border="0">
        <tr><td id="t1" valign="top">
         <table border="0" cellpadding="0" cellspacing="0">
          <tr valign="top">
           <td><a href="#" target="_blank"><img border="0" src="images/
元春.jpg" width="120" height="90" hspace="22"/></a></td>
           <td><a href="#" target="_blank"><img border="0" src="images/
史湘云.jpg" width="120" height="90" hspace="22"/></a></td>
           <td><a href="#" target="_blank"><img border="0" src="images/
妙玉.jpg" width="120" height="90" hspace="22"/></a></td>
           <td><a href="#" target="_blank"><img border="0" src="images/
巧姐.jpg" width="120" height="90" hspace="22"/></a></td>
           <td><a href="#" target="_blank"><img border="0" src="images/
惜春.jpg" width="120" height="90" hspace="22"/></a></td>
          </tr></table></td>
         <td id="t2" valign="top"></td>
        </tr></table></div></td></tr>
    </table>
    <script type="text/javascript" language="javascript">
        var speed = 10;  //速度数值越大速度越慢
        t2.innerHTML = t1.innerHTML;
        function Marquee(){
            if (t2.offsetWidth - c1.scrollLeft <= 0) c1.scrollLeft -= t1.o
ffsetWidth;
            else  c1.scrollLeft++;
        }
        var MyMar=setInterval(Marquee, speed);
        c1.onmouseover=function (){clearInterval(MyMar);}
        c1.onmouseout=function (){MyMar = setInterval(Marquee, speed);}
    </script>
```

③ 保存文档，按【F12】键预览网页。在网页上可以显示多张不停滚动的图片（见图 10.40），当鼠标移动到图片上时滚动停止，当鼠标从图片上移出时滚动继续，当鼠

标在图片上单击时，则可以链接到其他网页。

图 10.40　滚动图片特效

【案例 10.23】动态表格特效。

案例 10.23 视频

① 新建 HTML 文档。

② 切换到“代码”视图，在<body> </body>区域内插入以下代码：

```
    <table width="600" border="1" align="center" cellpadding=
"5" cellspacing="0" id="t1">
      <caption>成绩单</caption>
      <tr>
        <th width="110" scope="row">学号</th>
        <th width="110">姓名</th>    <th width="110">英语</th>
        <th width="110">数学</th>    <th width="110">计算机</th>
      </tr>
      <tr>
        <th scope="row">1001</th>
        <td align="center">刘志明</td>    <td align="center">84</td>
        <td align="center">84</td>    <td align="center">89</td>
      </tr>
      <tr>
        <th scope="row">1002</th>
        <td align="center">张浩鹏</td>    <td align="center">79</td>
        <td align="center">80</td>    <td align="center">76</td>
      </tr>
      <tr>
        <th scope="row">2001</th>
        <td align="center">孙小波</td>    <td align="center">80</td>
        <td align="center">67</td>    <td align="center">64</td>
      </tr>
      <tr>
        <th scope="row">2002</th>
        <td align="center">张明亮</td>    <td align="center">70</td>
        <td align="center">81</td>    <td align="center">80</td>
      </tr>
      <tr>
        <th scope="row">2003</th>
        <td align="center">胡乐天</td>    <td align="center">75</td>
        <td align="center">80</td>    <td align="center">77</td>
      </tr>
    </table>
    <script language="javascript">
```

```
    var t1=document.getElementById("t1");    //获取网页中的表格对象
    for(var i=0;i<t1.rows.length;i++){        //为表格行注册行为
      t1.rows[i].onmouseover=function (){this.style="background-color: yellow";};
      t1.rows[i].onmouseout=function (){this.style="background-color: white";};
    }
  </script>
```

③ 保存文档，按【F12】键预览网页。用鼠标在表格行间移动，表格行的背景会随着鼠标的进入、离开而变换，如图 10.41 所示。

成绩单

学号	姓名	英语	数学	计算机
1001	刘志明	84	84	89
1002	张浩鹏	79	80	76
2001	孙小波	80	67	64
2002	张明亮	70	81	80
2003	胡乐天	75	80	77

图 10.41　动态表格行特效

习　题

一、问答题

1. 模板的作用是什么？
2. 库的作用是什么？
3. 模板和库具有哪些主要的区别，如何在网页中应用它们？
4. 行为的主要作用是什么？
5. 在 HTML 中如何引用 JavaScript 脚本？

二、操作题

1. 为网站创建一个简历模板，并利用该模板创建一个网页。
2. 打开前面章节所建站点，为站点设计自己的“标题区”和“版权区”，然后将其以库项目的形式保存到库中。
3. 使用行为制作一个交换图像效果，当鼠标指向目标图像时，图像将会发生改变。
4. 在网页中插入一个 Flash 影片，并添加“播放”“停止”“重新播放”3 个按钮，通过添加行为，使 3 个按钮实现对该影片的简单控制。
5. 通过网络查找一段在网页中显示日历的 JavaScript 脚本，利用其在网页中显示日历。

第 11 章

网站设计综合案例 «‹

本章导读

本章通过一个综合站点实例的练习，从网站的规划、素材的准备到页面的编辑，详细介绍一个网站的制作过程，内容包括使用表格、框架规划网页结构，插入各种网页素材，设置网页中的超链接等。

本章要点

- 网站制作的基本流程。
- 网站的规划、网站素材的选择。
- 网页设计的一些基本准则。
- 网站的发布和推广。

11.1 网站制作的一般流程

一项建筑工程在开始之前需要进行详细的规划，网站建设也是一样。在网站规划过程中，要仔细考虑的网站规划要素主要有：网站的主题、网站的命名、网站的标志、网页的布局、网页的色彩搭配以及字体等。在网站设计过程中，这些网站规划的要素要统一，只有做好相互协调和搭配，才能设计出美观实用的网页。

11.1.1 网站的总体规划

1. 确定网站主题

网站主题是网站的中心内容，用于指明网站的主要内容，一个网站必须有一个明确的主题。网站的主题包括很多，可以有新闻、财经、娱乐、女性、房产、旅游、游戏、军事、体育、交友、科技、音乐、育儿、家居、证券、基金和计算机技术等。而且，其中的每一个主题都可以进行进一步的细分。一般来说，个人网站要选择自己感兴趣或自己熟悉和了解的题材，对于企业网站来说，网站的题材不能脱离企业的商业目的，要根据网站的功能确定网站的主题。

2. 网站的命名

网站的命名要根据网站的主题进行概括和浓缩。一般来说，能体现出网站主题的命名才是一个好的网站命名，网站的命名要适合宣传和推广，个性化命名也是网站中很重要的一点。有个性的网站命名不仅赋予了网站生命的感觉，也容易让人们记住。其次，要从合法性考虑网站的命名，要做到合理和合法，千万不要取一些不健康的网站名称，以为哗众取宠的方式达到宣传效果。

3．网站的标志

网站的标志也称为网站的Logo。网站标志的设计能反映网站的主题和命名，必须遵循标志设计的一般原则，例如，公用性、显著性和艺术性等。在设计时，巧妙地利用网站的名字或域名，将其艺术化和显著化，使用字体变形等效果，可以很容易地制作出美观简练的网站标志。

4．网页的布局

网页的布局，就是对网页上的网站Logo、导航栏、菜单和网站内容等元素的位置进行排版。不同的网页，各种网页元素所处的地位不同，出现在网页上的位置也就不同。好的网页布局能使访问者产生心情愉悦之感，因此，网页布局是网页设计过程中的关键。一般来说，重要的元素应放在突出的位置，次要的元素放在不太突出的位置。

在网页布局的设计中，一定要注意页面的美观性、平衡感、对比度，以及疏度和密度的把握。一般来说，常见的网页布局有以下几种结构：

（1）"国字"型布局

"国"字型布局由"同"字型布局进化而来，因布局结构与汉字"国"相似而得名。其页面的最上面是网站的标题以及横幅广告条，接下来就是网站的主要内容，左右分列两小条内容，中间是主要部分，与左右一起罗列到底，最下面是网站的一些基本信息、联系方式、版权声明等。

（2）T型布局

T型布局结构因与英文大写字母T相似而得名。其页面的顶部一般放置横网站的标志或Banner广告，下方左侧是导航栏菜单，下方右侧则用于放置网页正文等主要内容。

（3）标题文本型

标题文本型布局是指页面内容以文本为主，这种类型的页面最上面往往是标题或类似的一些东西，下面是正文，例如，一些文章页面或注册页面等就是这一类。

（4）左右框架型布局

左右框架型布局结构是一些大型论坛和企业经常使用的一种布局结构。其布局结构主要分为左右两侧的页面。左侧一般主要为导航栏链接，右侧则放置网站的主要内容。

（5）上下框架型

上下框架型布局与前面的左右框架型布局类似。其区别仅在于是一种上下分为两页的框架。

（6）综合框架型

综合框架型布局是结合左右框架型布局和上下框架型布局的页面布局技术

（7）POP布局

POP布局是一种颇具艺术感和时尚感的网页布局方式。页面设计通常以一张精美的海报画面为布局的主体。

（8）Flash 布局

Flash 布局是指网页页面以一个或多个 Flash 作为页面主体的布局方式。在这种布局中，大部分甚至整个页面都是 Flash。

5. 网页布局的技术

现今网站设计的网页布局技术可分为 3 种：表格布局技术、框架布局技术和 DIV + CSS 布局技术。其中，最广泛应用的是表格布局技术、表格布局的好处是方便排列有规律、结构均匀的内容或数据，具有灵活性不太难于修改等特点，主要应用在内容或数据整齐的页面。框架布局的优点是支持滚动条，方便导航，节省页面下载时间；缺点是兼容性不好，保存时不方便，应用范围有限等，主要应用在小型商业网站、论坛、后台管理、学习教程等场合。DIV + CSS 是新兴的网页布局技术，它的优点是代码精简、页面下载速度快；缺点是难于学习，难于掌握，主要应用在复杂的不规则页面、业务种类较多的大型商业网站。

11.1.2 网站的设计与制作

1. 素材的选择

对于个人网站建设来说，选择素材一般按如下原则：

网站的主题应该选择自己非常熟悉的内容，例如，自己的专业、与自己工作有关的某个方面、自己的业余爱好等。选择这些内容便于自己充分收集素材，也便于更好地组织收集到的内容。

（1）内容专一

网站设计不可能包括所有的内容，因此内容应该专一，办出特色，这样才能吸引一些固定的网友常来观看，增加回头率。如果想包罗万象，访问者往往只会偶尔来一次，就不可能再访问此站点。

（2）突出特点

突出特点可以是选题有特色、风格独特，也可以是内容精彩。例如，现在介绍网站建设的站点很多，如果只告诉网友自己的站点的网页建设，或者站点上只有个人简历，恐怕没有人来访问。如果主要介绍 DHTML 语言，则对此感兴趣的网友将蜂拥而至。

（3）具有深度

网站建设应有自己的风格和思想，不要只是从其他网站下载、粘贴内容，如果只是将其他网站的内容规程在一起，就会有很多回头客。因此，个人站点应该注重深度。

对于个人建网站，选择适合自己站点的素材是吸引用户的重点，能充分利用网络素材也是决定网站建设成败的关键。

2. 网页的色彩和字体

色彩能够帮助网站树立形象，不同的色彩搭配在很大程度上能形成不同的页面风格，给访问者不同的感觉。例如，对于欣赏性的艺术网站来说，良好的色彩搭配能给访问者舒服和亲切的感觉。对于政府网站，色彩的搭配要显示出政府的庄重、威严以及平易近人等。

在网页设计中，字体也是一种考究。字体要结合网站的主题，体现网页特有的风

格。现代网页设计中一般以磅为网页字体的单位，大多采用 9 磅作为标准字号，而在显示网页正文的地方采用 12 磅的字体，要注意字号给浏览者的感觉。另外，在页面的不同地方要注意使用不同的字体或字号。例如，页脚的文字可以使用较小的字号等。

3. 网页图像的设计

在网页中恰当地加入图像可以让网站更加具有吸引力。例如，在线销售产品的网站需要为用户提供具有视觉吸引力的内容，而不仅仅是简单的文字说明。在设计网页图片时，有些设计者常会出现以下问题：

- 图像方方正正，基本上看不出是否经过处理。
- 不注意图像与文字的互补搭配。
- 图像处理过暗，图像上的文字模糊不清。
- 图像孤立，与周围内容缺乏统一。
- 用色怪异，图像颜色随意、不和谐。
- 背景与文字缺乏明度对比，复杂的背景图像掩盖了前景文字的内容。
- 为了填补网页上的空白，用图像来填空、凑数。

其实，网页中图像的真正意义在于深化网站的思想，因此，网站图像一定要少而精，不必要的、与企业或网站形象不符的图像一定要去掉。网页中的图像设计要注意以下几点：

- 在突出图像主题的情况下，修改图像尺寸。
- 避免利用图像标签中的内容修改图像尺寸，应该利用图像编辑软件进行修改，如 Photoshop 等。在保证图像质量的同时，尽可能地压缩图像。
- 创建与大图片链接的微型图像。
- 不要将小图片直接拉大来使用，这样会使图像显示质量明显下降，影响浏览效果。

4. 网页的设计

网页的设计实现可以分为两步：首先，规划站点草图，这一步可以在纸上完成；第二步是网页的制作，这一过程是在计算机上完成的。用户要做的就是通过使用软件，将设计的蓝图变为现实，最终的实现一般是在 Dreamweaver 中完成的。材料有了，工具也选好了，下面就需要按照规划一步步地把自己的想法变成现实。这是一个复杂而细致的过程，一定要按照先大后小、先简单后复杂的顺序来进行制作。所谓先大后小，就是说在制作网页时，先把大的结构设计好，然后再逐步完善小的结构设计。

11.1.3 网站的发布与维护

网站设计完成后，接下来要进行的是网站的测试和发布操作。在网站规划阶段必须做好网站的测试和发布的方案。很多网页设计的初学者以为网站设计好了就可以进行网站的发布，其实不然。在网站制作完成后，要认真地检测网站存在的错误。在检查完错误后才能进行网站的发布。这是因为网站在发布到互联网后，如果被访问者发现有错误，其影响是很不好的，会降低访问者对企业网站及企业的信任度。

在确定网站的测试和发布方案后，最后还应确定网站的维护和推广方案。不论是个人网站还是企业的公司网站，或者是运营性质的网站，都需要进行维护和定期更新。不仅如此，对于商务型网站，还必须安排专门的推广人员进行网站的推广工作。网站的推广对网站的运营有重大的作用，一般可以通过搜索引擎推广、电子邮件推广、网站资源合作推广、信息发布推广、广告推广等方式，对网站进行推广。

11.2 网站制作详细过程

下面以“视点”摄影网站为例，详细介绍网站的制作过程。网站的最终效果图如图 11.1 所示。

图 11.1 网站效果图

11.2.1 创建站点

创建站点是网站制作必不可少的关键步骤，任何类型的网站和网页设计都必须从定义本地站点开始。合理的站点结构能够加快网站的设计，提高工作效率，节省时间。

1. 规划站点目录结构

本站点共包括 5 个主要页面，每个页面都需要用到较多的图像素材，可以把每个页面用到的素材放在各自对应的文件夹中，所有的网页文件直接放在站点根目录文件夹 shidian 中。选择站点根文件夹的存放地点（如 D 盘），创建站点的目录结构，如图 11.2 所示。

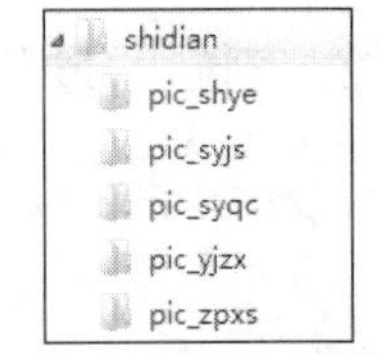

图 11.2 网站目录结构

2. 新建站点

创建好文件夹后，在 Dreamweaver CC 中选择“站点”→“新建站点”命令新建一个名称为“视点”，站点根目录为 D:\shidian 的本地站点，创建好站点后可以在“文件”面板中查看到。

11.2.2 制作欢迎页面

欢迎页面通常比较简洁，是网站呈现给浏览者的第一个页面，吸引浏览者进入到网站中进行浏览访问。本例中欢迎页面的效果如图 11.3 所示。

COPYRITE

图 11.3 欢迎页面

制作方法如下：

① 在站点根目录下，新建 HTML 文档，重命名为 welcome.html，插入一个 3 行 1 列表格，宽 960 像素，设置表格的对齐方式为居中对齐。

② 设置表格 3 行的行高分别为 150、416、25，将表格的 3 行全部选中，设置单元格水平方向对齐方式为居中对齐.

③ 在第一行插入图片 "ch11\素材\11-1.jpg"，第二行插入图片 "ch11\素材\11-2.jpg"，第三行输入文字 COPYRIGHT。

④ 选中第二行，利用矩形热点工具将整个图片的区域设置为热点，并将链接地址填写为 index.html。

提示： 插入图片时，系统会提示"您愿意将该文件复制到根文件夹中吗"，选择"是"，并将图片文件按照目录结构的规划放在根目录下不同页面对应的文件夹内。

说明： 此处的 index.html 是下面要制作的网站的主页。

11.2.3 制作网页模板

本站点中主页与各子页的设计结构相同，每个页面的顶部完全一样，页面的中部和底部内容各不相同。因此，可以利用模板将网页中不变的顶部元素固定下来，把设计好的布局保存为模板，再使用模板来创建网页。具体操作步骤如下：

① 选择"文件"→"新建"命令，在打开的"新建文档"对话框（见图 11.4）中选择"新建文档"→"HTML 模板"命令，单击"创建"按钮，此时将创建一个新的模板页面。

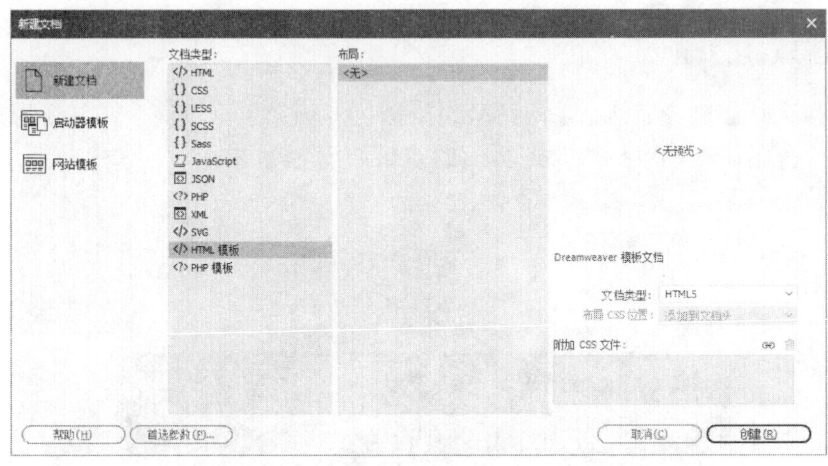

图 11.4　创建 HTML 模板

② 在“属性”面板中单击“页面属性”按钮，设置“标题/编码”中的标题为“视点”，设置“链接（CSS）”中的“链接颜色”和“已访问链接”均为白色，下画线样式为“始终无下画线”，如图 11.5 所示。

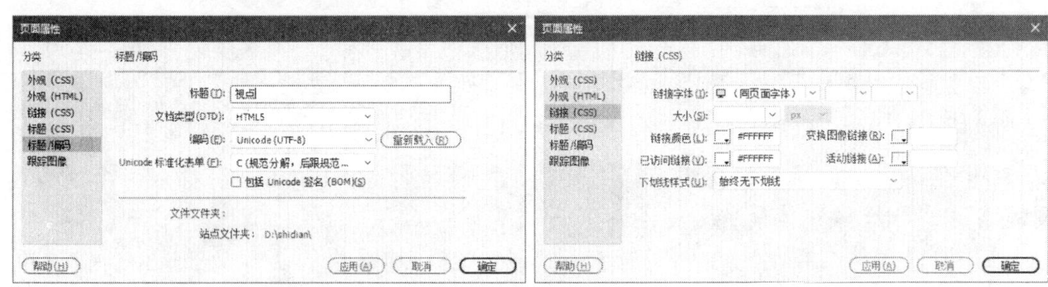

（a）设置“标题/编码”　　　　（b）设置“链接（CSS）”

图 11.5　设置页面属性

③ 定义新的样式表控制整个页面的文字格式。在“CSS 设计器”面板中新建样式定义 td 标签，设置字体大小为 9 pt，颜色为#000000；定义新样式设置标题文字的格式，在“CSS 设计器”面板中新建类样式“.title”“.title2”“.title3”，样式代码如下：

```
td{
    font-size: 9px;
    font-family: 宋体;
    color: #000;
}
.title{
    font-size: 9px;
    font-family: 宋体;
    color: #006;
}
.title2{
    font-size: 9px;
    font-family: 宋体;
    color: #000;
```

```
    }
    .title3{
        font-size: 12px;
        font-family: 宋体;
        color: #336;
        font-weight: bold;
    }
```

④ 在创建的模板页面中，插入一个 3 行 2 列的表格，表格宽度为 960 像素，边框粗细、单元格边距、单元格间距均为 0，如图 11.6 所示。调整表格为居中对齐方式，背景颜色为#eaeaea。

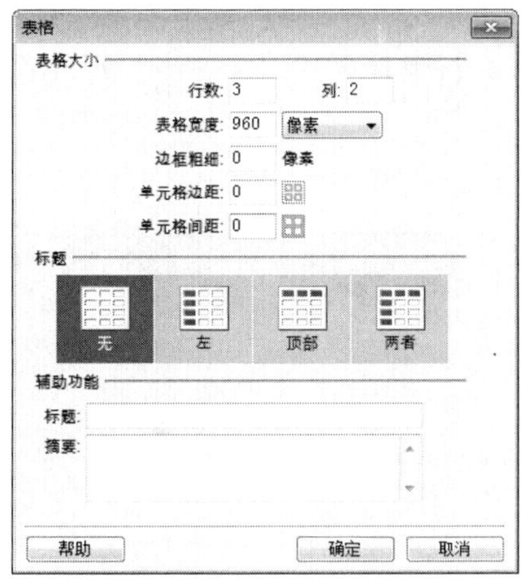

图 11.6　添加表格

⑤ 将表格第一列宽度设置为 220 像素，表格第一、二、三行高度分别设置为 129、451、100，将表格第三行合并为一个单元格，完成后如图 11.7 所示。

图 11.7　调整表格

⑥ 在第一行左侧单元格中插入一个3行1列表格，宽度220像素，3行的行高分别为20、100、9，将第二行拆分成3列，列宽分别为60、100、60，在第二行的第二个单元各种插入图片“ch11\素材\11-3.jpg”。

⑦ 在第一行右侧单元格内插入一个3行3列宽度740像素的表格，高度分别为52、68、9，3列宽度分别为95、620、25，在第一行第二个单元格插入图片“ch11\素材\11-4.jpg”，右对齐，将第二行第2个单元格拆分为5列，每列宽124，选中这5列，将其背景图片设置为“ch11\素材\11-5.jpg”，并且设置每个单元格在垂直方向和水平方向均居中对齐，分别输入各页面的标题文字，分别选中每个单元格中的文字，将下方“属性”面板中的链接设置为#。

⑧ 保存模板页为shidian.dwt，选中模板页中的第二、三行，选择“插入”→“模板”→“可编辑区域”命令，将模板页中的第二、三行设置成可编辑区域。制作好的模板页面如图11.8所示。

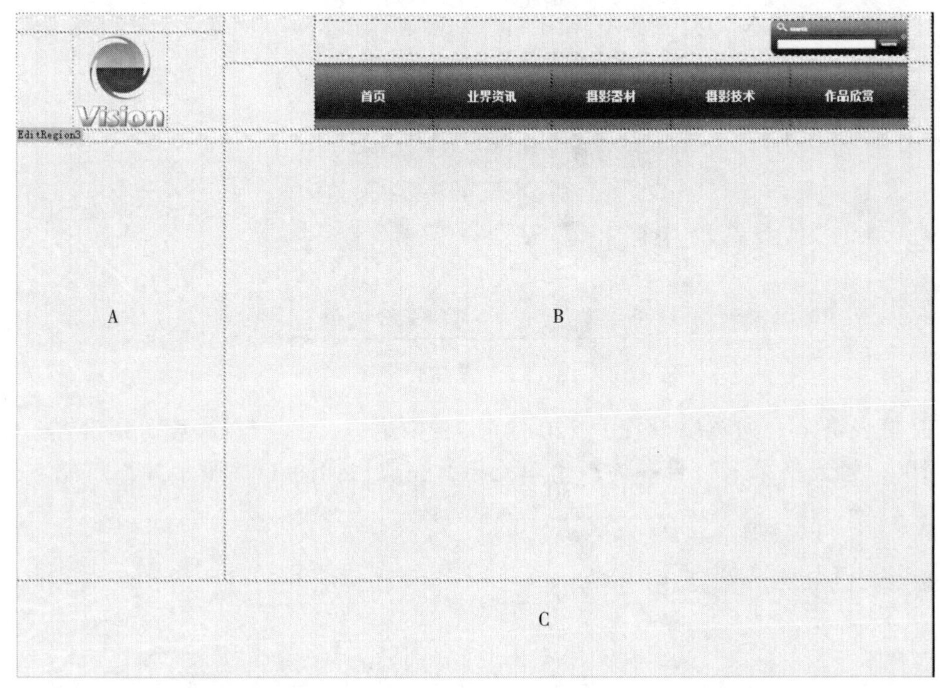

图11.8 模板页面

11.2.4 利用模板生成其他页面

利用模板，只需编辑各页面A、B、C三个区域的内容，即可完成各页面的设计。

1. 制作主页

选择“文件”→“新建”命令，在“网站模板”分类中选择“视点”站点中的shidian模板，然后单击“创建”按钮，利用模板创建一个新的页面，将其保存为index.html。

（1）编辑A区的内容

① 插入一个3行1列，宽度为220像素的表格，3行的高度分别设置为159、180、112。

② 在第一行中插入一个2行1列，宽194像素的表格，居中对齐，行高分别设置为140、9，表格第一行背景色为白色。

③ 在第一行中连续插入3个表格（依步骤④～⑥所述），宽度均为165，居中对齐，背景均为黑色。

④ 第一个表格1行2列，高58，第一列宽105，第二列宽60，将第一列拆分成两行，选中样式中的.title，在第二行第一列中输入sign in，居中对齐，第二列中插入图片“ch11\素材\11-6.jpg”。

⑤ 第二个表格2行2列，行高均为26，列宽分别为23、122，第一行第一列插入“ch11\素材\11-7.jpg”，第二行第一列插入“ch11\素材\11-8.jpg”，均水平居中对齐，每一行的第二列插入一个文本域，将字符宽度设置为15。

⑥ 第三个表格 1 行 2 列，均宽，分别插入“ch11\素材\11-9.jpg”“ch11\素材\11-10.jpg”，单元格中的内容水平居中对齐。

⑦ 第二行中插入一个1行1列，宽194、高180像素表格，居中对齐，白色背景。

⑧ 在此表格内部插入一个5行2列，宽158像素表格，居中对齐，设置背景图片为“ch11\素材\11-11.jpg”，第一行高55，合并成一列，输入文字，其余每行高30；设置第一列宽 20，并设置单元格水平垂直方向均居中，分别插入图片“ch11\素材\11-12.jpg”，选择样式“.title2”，在每一行的第二列输入相应文字。

⑨ 第三行中插入一个1行1列，宽194像素、高112的表格，居中对齐，白色背景。

⑩ 在此表格内部插入一个3行1列，宽158像素的表格，每行高33，居中对齐，设置背景图片为“ch11\素材\11-13.jpg”，每行输入相应文字内容。

（2）编辑B区的内容

① 插入一个7行10列，宽715像素的表格，白色背景。

② 行高分别设置为15、145、30、60、145、30、10，列宽分别设置为25、42、145、42、42、145、42、42、145、45。

③ 在第二行、第五行的第一列分别插入图片“ch11\素材\11-14.jpg”“ch11\素材\11-15.jpg”。

④ 在第二行、第五行的第三、六、九列分别插入图片“ch11\素材\11-16.jpg”～“ch11\素材\11-21.jpg”，并将每个图片下方单元格的背景色改为#eaeaea，居中对齐，选择样式.title2，输入文字内容。

（3）编辑C区的内容

插入图片“ch11\素材\11-22 .jpg”，居中对齐。

2. 制作业界资讯页面

选择“文件”→“新建”命令，在“网站模板”分类中选择“视点”中的shidian模板，单击“创建”按钮，利用模板创建一个新的页面，将其保存为yjzx.html。

（1）编辑A区的内容

① 在A区连续插入3个表格，宽度均为90%，居中对齐。

② 第一个表格3行1列，3行的高度分别设置为30、50、30。

③ 将第一行的背景图片设置为“ch11\素材\11-5.jpg”，选择样式“.title”，输入文字内容。

④ 将第二行拆分成 3 列，第二列的宽度设置为 10，第一列和第三列分别插入图片“ch11\素材\11-23 .jpg”“ch11\素材\11-24 .jpg”。

⑤ 在第三行插入一条水平线。

⑥ 第二个表格 5 行 2 列，每行行高为 26，第一列宽为 20。

⑦ 在第一列的每一个单元格中插入图片“ch11\素材\11-25.jpg”；每行的第二个单元格输入文字内容。

⑧ 第三个表格 8 行 2 列，第一行行高 30，中间 5 行行高均为 26，最后一行行高 51；第一列宽 10。

⑨ 将第一行合并为一列，设置背景图片为“ch11\素材\11-5.jpg”，选择样式“.title”，输入文字内容。

⑩ 参考图 11.9，输入其他单元格中的内容。

图 11.9　业界资讯页面内容

（2）编辑 B 区的内容

① 在 B 区插入一个 14 行 2 列，宽度为 715 像素的表格。

② 将表格每行的高度均设置为 30，第一列宽度设置为 150。

③ 将第一行的背景设置为“ch11\素材\11-26.jpg”，选择样式.title2，输入标题内容。

④ 将第 6、10、14 行的背景图片设置为“ch11\素材\11-27.jpg”。

⑤ 将第一列中的 3、4、5 行合并为一个单元格，插入图片“ch11\素材\11-28.jpg”；7、8、9 行合并为一个单元格，插入图片“ch11\素材\11-29.jpg”，11、12、13 行合并为一个单元格，插入图片“ch11\素材\11-30.jpg”。

⑥ 选择样式“.title3”，在第二列的 3、7、11 行输入标题文字。

⑦ 将第二列的 4、5 行合并为一行，8、9 行合并为一行，12、13 行合并为一行，并且选择样式.content，在其中输入文字内容。

（3）编辑 C 区的内容

① 在 C 区插入一个 1 行 6 列，宽度为 863 像素的表格，居中对齐。

② 设置表格第一列的宽度为 33，其余各列宽 166。

③ 在表格的每一单元格内分别插入图片“ch11\素材\11-31.jpg”～“ch11\素材\11-36.jpg”。

3. 制作摄影器材页面

选择“文件”→“新建”命令，然后依次选择“网站模板”→“视点”→shidian，单击“创建”按钮，利用模板创建一个新的页面，将其保存为 syqc.html。

（1）编辑 A 区的内容

① 在 A 区插入一个 8 行 2 列，宽 95%的表格，居中对齐。

② 将表格每行的行高分别设置为 30、80、30、80、30、80、30、80，第一列宽 120。

③ 将第 1、3、5、7 行的两列合并成一列，第一行设置背景图片为“ch11\素材\11-26.jpg”，选择“.title2”，输入标题文字。

④ 将第 3、5、7 行的背景图片设置为“ch11\素材\11-27.jpg”。

⑤ 在 2、4、6、8 行的第一个单元格中插入图片“ch11\素材\11-37jpg”～“ch11\素材\11-40.jpg”。

⑥ 在 2、4、6、8 行的第二个单元格中输入文字内容。

（2）编辑 B 区的内容

B 区的内容包括 B1、B2 两部分，如图 11.10 所示。

图 11.10 摄影器材 B 区内容

B1 部分的制作参考前面的方法，B2 部分的制作过程如下：

① 插入一个 5 行 1 列，宽度为 120 像素的表格。

② 将表格的行高分别设置为 30，100、107、127、90。

③ 将第一行的背景设置为“ch11\素材\11-26.jpg”，选择样式“.title2”，输入标题内容。

④ 其余各行单元格内插入图片“ch11\素材\11-41.jpg”～“ch11\素材\11-44.jpg”。

（3）编辑 C 区的内容

插入图片“ch11\素材\11-45 .jpg”，居中对齐。

4. 制作摄影技术页面

选择“文件”→“新建”命令，然后依次选择“网站模板”→“视点”→shidian，单击“创建”按钮，利用模板创建一个新的页面，将其保存为 syjs.html。

（1）编辑 A 区的内容

① 在 A 区插入一个 8 行 2 列表格，宽度为 220 像素，居中对齐。

② 将表格各行的高度分别设置为 30、35、20、72、20、72、20、178。

③ 将第一行的背景设置为“ch11\素材\11-26.jpg”，选择样式“.title2”，输入标题内容。

④ 分别将 3、5、7、8 行合并，在第 3、5、7 行分别插入一条水平线。

⑤ 在第 2、4、6、8 行的单元格中插入相应的图片“ch11\素材\11-45.jpg”～“ch11\素材\11-51.jpg”。

（2）编辑 B 区的内容

① 在 B 区插入一个 10 行 7 列，宽度为 740 像素的表格。

② 将表格的行高度分别设置为 30、20、75、44、20、75、44、20、75、44，列宽度分别设置为 45、120、10、120、45、320、80。

③ 将第一行的 2、3、4 列合并，6、7 列合并，将其背景图片设置为“ch11\素材\11-26.jpg”，选择样式“.title2”，输入标题内容。

④ 将第 5、8 行的第 6、7 列合并，将其背景图片设置为“ch11\素材\11-27.jpg”。

⑤ 参考图 11.11，在相应的单元格中插入图片“ch11\素材\11-52.jpg”～“ch11\素材\11-57.jpg”，并输入文字内容。

图 11.11 摄影技术页面

说明：摄影技术页面没有 C 区内容，直接删除 C 区所在行即可。

5. 制作作品欣赏页面

选择“文件”→“新建”命令，然后依次选择“网站模板”→“视点”→shidian，单击“创建”按钮，利用模板创建一个新的页面，将其保存为 zpxs.html。

（1）编辑 A 区的内容

① 在 A 区连续插入两个表格，宽度均为 190 像素，居中对齐，背景为白色。

② 第一个表格 10 行 2 列，将第一行和第十行的高度分别设置为 30、15，其余各

行的高度均设置为 32。

③ 将第一行和最后一行分别合并，设置第一行的背景图片为“ch11\素材\11-5.jpg”，选择样式“.title”，输入文字内容。

④ 在第十行插入一条水平线。

⑤ 第二个表格 5 行 1 列，第一行行高 30，其余每行行高为 32。

⑥ 设置第一行的背景图片为“ch11\素材\11-5.jpg”，选择样式“.title”，输入文字内容。

⑦ 输入其他各行的文字内容。

（2）编辑 B 区的内容

① 在 B 区插入一个 7 行 4 列，宽度为 720 像素的表格。

② 将表格的行高度分别设置为 30、117、25、117、25、117、25，每列宽均为 180。

③ 将第一行的背景设置为“ch11\素材\11-26.jpg”，选择样式“.title2”，输入标题内容。

④ 参考图 11.12，在相应的单元格中插入图片“ch11\素材\11-58.jpg”～“ch11\素材\11-69.jpg”，并输入文字内容。

图 11.12 “作品欣赏”页面

（3）编辑 C 区的内容

插入图片“ch11\素材\11-70.jpg”，居中对齐。

6．设置各页面间的链接

各页面的主要内容编辑完毕以后，需要设置各页面之间的链接，只需修改模板文件即可。

① 双击站点根目录下 Templates 文件夹中的 shidian.dwt 文件，打开模板文件进行编辑。

② 将模板中各标题文字对应的链接进行设置，使之对应相应页面。

③ 保存模板文件，更新当前站点中所有使用该模板建立的网页。

11.2.5 使用框架制作二级页面

使用框架制作“作品欣赏”页面中的作品排行榜二级页面，单击页面左侧的导航栏，使页面的右侧的内容发生改变，如图 11.13 所示。

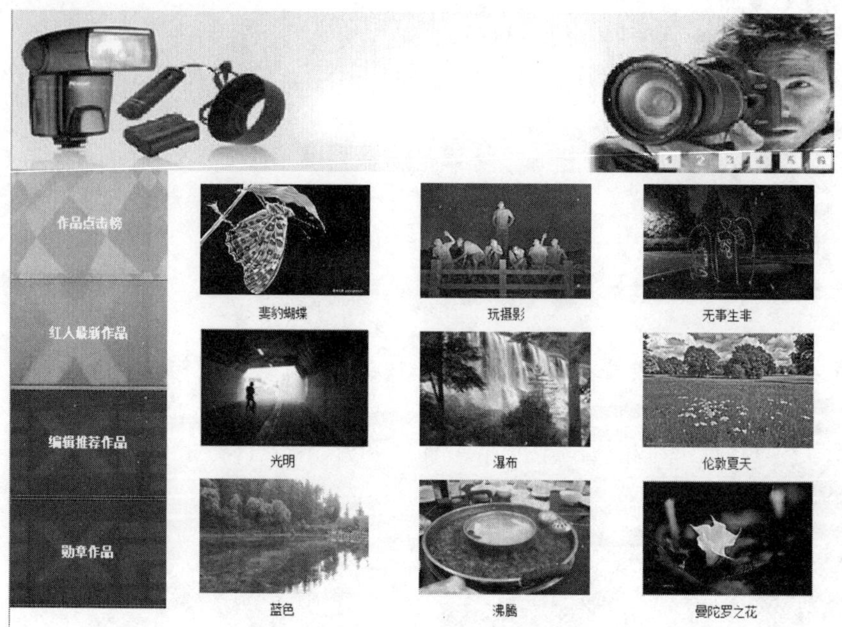

图 11.13 “作品排行榜”页面

制作完成后，将“作品欣赏”页面中的“作品排行榜”文字链接到该页面。

说明：其他二级页面和三级页面的制作参考上面几个页面的制作方法，页面全部完成后需要设置所有的超链接。

11.2.6 网站的测试

所有页面制作完毕后，将其所用到的素材和文档保存到站点根目录的相应位置，双击 welcome.html 文档，打开文档页面，单击文档工具栏上的“在浏览器中预览/调试”按钮，在浏览器中检查各页面是否能正常显示，测试各链接是否正确。如果没有问题，网站制作完毕。

习 题

一、问答题

1. 网站制作的一般流程是什么？
2. 在网站的总体规划阶段主要做的工作有哪些？
3. 网站的设计与制作过程中应该考虑哪些因素？
4. 网页素材选择的一般原则是什么？
5. 如何对制作好的网站进行发布？

二、操作题

设计一个个人网站，网站内容要围绕一个主题展开，例如音乐、文学、体育、美术、书法、摄影、旅游等。

设计任务：

1. 网站至少采用3层结构（参考图11.14）。
2. 主页（index.htm/ index.html）和用线条框起来的网页要围绕主题内容展开。
3. “网站导读”包含设计说明和网站结构图（类似图11.14），网站结构图要采用图片热点链接，使其具有超链接功能，能链接到具体的某个网页。
4. “个人信息”除了院系、专业、班级、学号、姓名、性别等个人真实信息外，还需要书写课程小结，并包含打开作业的链接等。

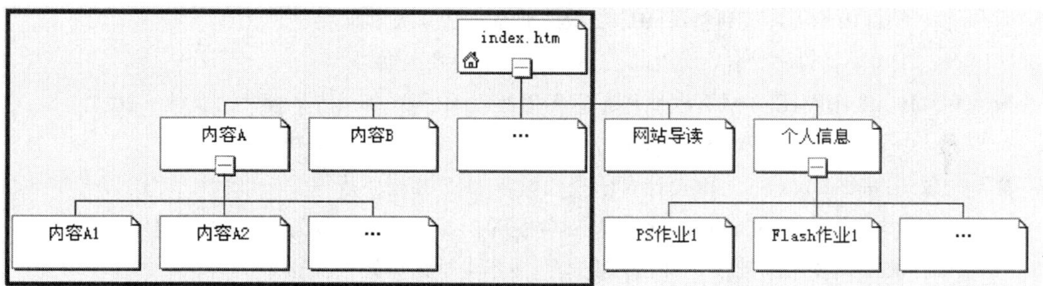

图11.14 网站结构示意图

设计规范与要求：

1. 要用表格进行布局并限制页面的宽度（采用像素为单位，1 024×768像素的屏幕，表格宽度可设置为980像素），排版时网页整体要居中。
2. 各个网页之间的导航必须正确，即上级要链接到下级，同一个上级下的同层网页要相互链接，下级能返回上级。
3. 页面设计美观大方，颜色搭配合理，版面清新，超链接要放在明显的位置，便于浏览者查看和使用。

参 考 文 献

[1] 龙马高新教育. 网页设计与网站建设从入门到精通[M]. 北京：北京大学出版杜，2017.

[2] 杜永红. 网页设计与网站建设[M]. 北京：科学出版社，2014.

[3] 弗里曼. HTML5 权威指南[M]. 谢延晟，等译. 北京：人民邮电出版社，2014.

[4] 明日科技. HTML5 从入门到精通[M]. 2 版. 北京：清华大学出版杜，2017.

[5] 刘国利. HTML5 布局之路[M]. 北京：清华大学出版社，2017.

[6] 徐洪峰. HTML+DIV+CSS 网页设计与布局实用教程[M]. 北京：清华大学出版社，2017.

[7] 李金明. 中文版 Photoshop CS6 完全自学教程[M]. 北京：人民邮电出版社，2017.

[8] 唯美映像. Photoshop CS6 平面设计自学视频教程[M]. 北京：清华大学出版社，2015.

[9] 凤凰高新教育. 中文版 Photoshop CS6 基础教程[M]. 北京：北京大学出版社，2016.

[10] 林福宗. 多媒体技术基础[M]. 4 版. 北京：清华大学出版社，2017.

[11] 王智强. Flash 动画设计经典 100 例[M]. 北京：中国电力出版社，2017.

[12] 华天印象. 中文版 Flash CS6 实用教程[M]. 北京：人民邮电出版社，2016.

[13] 于志恒. FLASH 动画制作[M]. 北京：中国青年出版社，2015.

[14] 文杰书院. Dreamweaver CS6 中文版网页设计与制作[M]. 北京：清华大学出版社，2015.

[15] 孙膺. Dreamweaver CS6 网页设计与网站组建标准教程[M]. 北京：清华大学出版社，2014.

[16] 邢彩霞. Dreamweaver CS6 网页设计与制作案例教程[M]. 3 版. 北京：电子工业出版社，2016.

[17] 朱印宏. Dreamweaver 动态网站开发与设计教程 [M]. 北京：机械工业出版社，2014.

[18] 陈益材. PHP+MySQL+Dreamweaver 动态网站开发从入门到精通[M]. 2 版. 北京：机械工业出版社，2015.